Physik für Ingenieure

Gebhard von Oppen
Frank Melchert

Physik für Ingenieure

Von der klassischen Mechanik zu den Quantengasen

ein Imprint von Pearson Education

München • Boston • San Francisco • Harlow, England
Don Mills, Ontario • Sydney • Mexico City
Madrid • Amsterdam

Bibliografische Information Der Deutschen Bibliothek

Die Deutsche Bibliothek verzeichnet diese Publikation in der Deutschen Nationalbibliografie; detaillierte bibliografische Daten sind im Internet über *http://dnb.ddb.de* abrufbar.

10 9 8 7 6 5 4 3 2 1

07 06 05

ISBN 3-8273-7161-9

© 2005 Pearson Studium
ein Imprint der Pearson Education Deutschland GmbH,
Martin-Kollar-Straße 10-12, D-81829 München/Germany
Alle Rechte vorbehalten
www.pearson-studium.de
Lektorat: Marc-Boris Rode, mrode@pearson.de
         Rainer Fuchs, rfuchs@pearson.de
Korrektorat: Barbara Decker, München
Einbandgestaltung: adesso 21, Thomas Arlt, München
Herstellung: Philipp Burkart, pburkart@pearson.de
Satz: mediaService, Siegen (www.media-service.tv)
Druck und Verarbeitung: Kösel, Krugzell (www.KoeselBuch.de)

Printed in Germany

Inhaltsverzeichnis

Vorwort

Grundlage aller Ingenieurwissenschaften ist die Physik. Daher steht am Anfang der meisten ingenieurwissenschaftlichen Studiengänge eine Kursvorlesung über Physik. Sie wird gewöhnlich im ersten Studienjahr gehört, also von jungen Menschen, die mit großen Erwartungen einen neuen aufregenden Lebensabschnitt beginnen. Eine Vorlesung über ein so faszinierendes Gebiet wie die Physik darf daher nicht nur in kompakter Form physikalisches Grundwissen vermitteln, sondern sollte in gleichem Maße auch die Neugier und das Interesse der Studierenden, die grundlegenden Gesetzmäßigkeiten im Naturgeschehen zu erfassen, erwecken und befriedigen. Dabei darf natürlich weder die klassische noch die moderne Physik zu kurz kommen. Denn ohne die klassische Physik ist die moderne Physik nicht zu verstehen, und ohne die moderne Physik verliert der Einführungskurs für viele Ingenieurstudiengänge an Wert.

Der Wunschliste an einen Einführungskurs in die Physik sind aber leider Grenzen gesetzt. Ein Studienjahr hat 30 Semesterwochen, und bei den meisten Studiengängen sind in jeder Woche höchstens zwei Vorlesungsstunden und günstigstenfalls noch zwei Übungsstunden vorgesehen. Es ist offensichtlich nicht möglich, in diesen 30 Semesterwochen die Physik in ihrer ganzen Vielfalt als Lehrender umfassend darzustellen oder gar als Lernende zu lernen und zu begreifen.

Die Physik begeistert aber nicht nur aufgrund ihrer Vielfalt, sondern viel mehr aufgrund ihrer inneren Geschlossenheit. Mit wenigen grundlegenden Begriffsbildungen und Gesetzmäßigkeiten lassen sich überraschend viele Phänomene der Natur beschreiben und logisch begreifen. Die damit verbundenen Konzepte der Physik gilt es, verständlich zu machen. Dabei ist es wichtig, immer wieder den Bezug zur täglichen Erfahrung und zum Experiment herzustellen. Denn es ist das Wechselspiel zwischen Theorie und Experiment, das die geschichtliche Entwicklung der Physik bestimmt hat. Scheinbar in sich abgeschlossene Konzepte, wie Newtons Mechanik oder Maxwells Elektrodynamik, mussten aufgrund neuer Einsichten und Beobachtungen durch neue theoretische Konzepte erweitert und ersetzt werden.

In diesem Lehrbuch haben wir versucht, im Rahmen eines einjährigen Einführungskurses die grundlegenden Konzepte der physikalischen Naturbeschreibung darzulegen. Um auch durch die äußere Struktur des Lehrbuchs den Bezug zu einer einjährigen Kursvorlesung hervorzuheben, ist der Inhalt in 33 Lektionen eingeteilt. Jede Lektion ist für eine Doppelstunde gedacht. Gemessen an einem akademischen Jahr sind es also mindestens drei Lektionen zu viel. Wir meinen, dieses Zuviel ist mit Hinblick auf eine gewisse Abrundung des dargestellten Lehrgebiets noch vertretbar, ohne Lernende oder auch Lehrende bei der Auswahl des Lehrstoffes zu überfordern.

Die 33 Lektionen sind in sechs Kapitel gruppiert. Die drei ersten Kapitel mit insgesamt 17 Lektionen behandeln die klassische Physik von der Mechanik über die Wärmelehre bis zur Elektrodynamik. Bei der Darstellung dieser Bereiche haben wir uns bemüht, schon hier die Unterschiede in den grundlegenden Konzepten dieser Teilgebiete der Physik deutlich werden zu lassen, um so die Lernenden auf den tief greifenden Wechsel zur modernen Quantenphysik vorzubereiten. In den letzten drei Kapiteln mit insgesamt 16 Lektionen werden dann jene Bereiche der Physik dargestellt, die nur im Rahmen der Quantenphysik umfassend verstanden werden können.

Diesem Lehrbuch liegt eine vieljährige Lehrerfahrung in der Grundausbildung in Physik an der Technischen Universität Berlin zugrunde. Es baut auf Vorlesungsskripten auf, die vor vielen Jahren von einem der Autoren (G. v. O.) zusammen mit seinen damaligen Mitarbeitern W.-D. Perschmann bzw. D. Kaiser für Studierende des Studiengangs Elektrotechnik geschrieben wurden. Die Abstimmung des Lehrstoffs auf den Studiengang Elektrotechnik mit den modernen Fachrichtungen der Halbleitertechnik und Optoelektronik machte es von Anfang an notwendig, der Quantenphysik einen ähnlich breiten Raum einzuräumen wie der klassischen Physik.

Bei der Darstellung der theoretischen Grundlagen haben wir uns bemüht, mit möglichst elementarer Mathematik auszukommen. Wir hoffen, dass damit auch Studierenden im ersten Studienjahr eine Chance gegeben wird, die wesentlichen gedanklichen Konzepte der Physik zu erfassen. Um die Aufmerksamkeit der Studierenden auf das Wesentliche zu lenken, ist jede Lektion in vier Abschnitte gegliedert und am Ende eines jeden Abschnittes eine Kernaussage hervorgehoben. Mit in den Text eingestreuten Aufgaben werden die Studierenden aufgefordert, über das passive Lernen hinaus den Lehrstoff auch aktiv zu bearbeiten.

Auf der Companion Website (CWS), dem Online-Serviceplatz des Verlags für seine Leser, der unter *www.pearson-studium.de* geöffnet wird, finden sich Hinweise zur Lösung der im Buch gestellten Aufgaben sowie (für Dozenten) alle Abbildungen zum sofortigen Einsatz in Vorlesungen.

Die Autoren danken allen, die in vielen Jahren als Lehrende oder Lernende durch ihre Mitarbeit bei der Lehrveranstaltung *Physik für Elektrotechnik* an der TU Berlin zum Konzept dieses Lehrbuchs beigetragen haben. Unser besonderer Dank gilt Herrn Dr. Thorsten Ludwig für seine unermüdliche Hilfe bei der Formatierung und Herrn Dr. Uwe Brinkmann für die Durchsicht des Manuskripts. Wir wünschen uns, dass viele Studierende dieses Buch nutzen, um einen ersten Einblick in die grundlegenden Konzepte der Physik zu gewinnen, und den Studierenden, dass sie viel Freude und auch Spaß bei der Erarbeitung des Lehrstoffes haben.

Berlin, im Juni 2005

Gebhard von Oppen,
Frank Melchert

Einleitung

> **❝** *Die Blätter fallen, fallen wie von weit, als welkten in den Himmeln ferne Gärten. Sie fallen mit verneinender Gebärde. Und in den Nächten fällt die schwere Erde aus allen Sternen in die Einsamkeit.* **❞**

So wunderbar wird das Fallen der herbstlichen Blätter von einem Dichter wie Rainer Maria Rilke beschrieben. Das Fallen der Blätter kann auch einen Physiker interessieren. Aber er oder sie wird die Blätter nicht einfach dem Spiel der Herbstwinde überlassen, sondern das Fallen unter wohlkontrollierten Bedingungen messend beobachten. Ziel eines physikalischen Experiments ist es, Bedingungen zu schaffen, unter denen die Messungen möglichst genau reproduzierbar sind. Nur wenn jede Art von unkontrollierten äußeren Einwirkungen auf das untersuchte Objekt so gut wie möglich vermieden wird, besteht Hoffnung, grundlegende Gesetzmäßigkeiten des Naturgeschehens zu entdecken. So erfreuen die *verneinenden Gebärden* der Blätter zwar den Dichter und den Freund der Poesie, aber sie stören wegen ihrer Zufälligkeit den experimentierenden Physiker. Um sie zu vermeiden, kann man – wie beispielsweise im Vorlesungsexperiment – Fallversuche im Vakuum durchführen oder Körper – wie massive Kugeln – mit geringer Luftreibung fallen lassen.

Beim Streben nach perfekten Versuchsbedingungen stellt aber jeder Experimentator schnell fest, dass trotz aller Mühen Messungen niemals exakt reproduzierbar sind. Immer bleibt ein bisschen Poesie erhalten. Bei wiederholt durchgeführten Messungen streuen die Messwerte gewöhnlich um einen Mittelwert. Die mittlere (quadratische) Abweichung der Messwerte vom Mittelwert ist ein Maß für die Unsicherheit, mit der ein Messergebnis behaftet ist, und daher unbedingt mit anzugeben.

Größter Wunsch eines jeden Experimentators ist es, die mit Unsicherheiten behafteten Messungen mit einem neuen oder auch mit einem vorher schon vermuteten Naturgesetz erklären zu können. Gelingt es, erfreut es ihn und andere in vergleichbarer Weise wie ein Gedicht von Rilke. Dabei sollte aber nicht unbeachtet bleiben, dass ein Naturgesetz – wie beispielsweise das Fallgesetz

$$s = \frac{1}{2} g \cdot t^2$$

nur idealisierte Messungen beschreibt. Die mathematische Gleichung stellt einen exakten Zusammenhang zwischen den Messungen von Zeit und Ort her. So exakt kann ein Naturgesetz niemals durch Experimente bestätigt werden! Die Theorie gibt also nicht nur den experimentellen Sachverhalt wieder, sondern geht mit der Formulierung einer solchen mathematisch exakten Beziehung wesentlich über das experimentelle Ergebnis hinaus.

Wir werden im Verlauf der Vorlesungen sehen, wie wichtig es ist, sich dieser übertriebenen Genauigkeit der Theorie ständig bewusst zu sein. Denn mit zunehmender Raffinesse und Genauigkeit der Experimentiertechniken werden wir wiederholt erfahren, dass auch als grundlegend betrachtete Naturgesetze nur in einem begrenzten Erfahrungsbereich anwendbar sind und außerhalb dieses Erfahrungsbereichs ihre Gültigkeit verlieren. Es stellt sich dann die Aufgabe, nach besseren Formulierungen zu suchen.

Das Unvermögen der Theorie, der „Poesie" des Experiments zu entsprechen, hat aber häufig weit radikalere Konsequenzen, als dass nur Gesetze mit begrenzter Gültigkeit durch genauere Fomulierungen ersetzt werden müssen. Jede Theorie hat eine gedankliche und begriffliche Grundlage, basiert also auf einem Weltbild. Ein solches Weltbild ist wie ein Gedicht von Rilke ein Kunstwerk des menschlichen Geistes und keine objektiv vorgegebene Realität. Ausgelöst durch unerwartete, neue experimentelle Ergebnisse, hat das Weltbild der Physik im Lauf der Jahrhunderte mehrere einschneidende Veränderungen erfahren. Neben dem Wunsch, einen kompakten Überblick über die Konzepte der Physik – insbesondere für Ingenieure – zu geben, ist es auch ein Anliegen dieser Vorlesungen, diese Wechsel im Weltbild der Physik deutlich und nachvollziehbar zu machen.

Wir beginnen mit der Newtonschen Mechanik. Die Newtonsche Mechanik basiert auf der Annahme, dass sich materielle Körper unter dem Einfluss von äußeren Kräften in Raum und Zeit bewegen. Diese Bewegungsabläufe sind kontinuierlich. *Natura non facit saltus* – die Natur macht keine Sprünge – ist eine der Grundannahmen der klassischen Physik. Tatsächlich scheint uns die tägliche Erfahrung zu lehren, dass alle Körper ihre Lage im Raum stetig und nicht etwa sprunghaft verändern. Diese Kontinuumshypothese der klassischen Physik wird aber infragegestellt durch Atom- und Quantenhypothese der modernen Physik.

Um in die Grundideen der Newtonschen Mechanik einzuführen, beschränken wir uns in Kapitel 1 auf die Betrachtung einfachster Körper, wie Massenpunkt und starrer Körper. Beides sind extreme Idealisierungen der im Experiment untersuchten Körper. Denn alle materiellen Körper haben eine Ausdehnung und sind mehr oder minder verformbar. Den Bauingenieur beispielsweise werden gerade die Belastbarkeit und die Verformung der Bauteile bei Belastung interessieren. Es stellt sich daher die Frage, warum in einem Lehrbuch für Ingenieure statt der Idealisierungen nicht realistische Körper betrachtet werden. Dazu ist zweierlei zu sagen: 1. Auch die Physik der für den Bauingenieur interessanten ausgedehnten und verformbaren Körper beruht auf den elementaren Gesetzmäßigkeiten, die hier anhand einfacher Idealisierungen verständlich gemacht werden sollen. Der Einführungskurs in Physik soll die angehenden Ingenieurinnen und Ingenieure nur befähigen, die elementaren Konzepte hinter den häufig schwierigen und komplexen praktischen und theoretischen Verfahren der Ingenieurwissenschaften zu erkennen und damit zu einem tieferen Verständnis zu gelangen, nicht aber Spezialwissen bereitstellen. 2. Die grundlegenden Gesetzmäßigkeiten der Natur erschließen sich nicht nur dem Forscher, sondern auch den Studierenden am ehesten bei der Untersuchung einfacher Objekte und Prozesse. Die elementaren Naturgesetze selbst beziehen sich dann stets auf idealisierte Grenzsituationen, die im Rahmen des zugrundeliegenden Weltbilds gesehen werden müssen.

In den folgenden Kapiteln wird sich zeigen, wie das Weltbild der Physik sich mit dem Fortschritt der Experimente ändert. In Kapitel 2 tritt mit der Atomhypothese zum ersten Mal eine diskrete Struktur im physikalischen Weltbild in Erscheinung. Eng mit ihr verknüpft ist die Idee des Zufalls, die in krassem Widerspruch zum Determinismus der klassischen Mechanik steht. Das Kapitel 3 führt von den Phänomenen der Wellenausbreitung und Ausgleichsprozesse in materiellen Körpern zur Faraday'schen Idee des elektromagnetischen Feldes. Zunächst erscheint das Feld als perfektes Kontinuum und scheint daher der klassischen Kontinuumshypothese vollkommen zu entsprechen. Umso erstaunlicher war es, als Max Planck aus Messungen am elektromagnetischen Strahlungsfeld des Schwarzen Körpers den Schluss zog, dass auch dem elektromagnetischen Feld eine diskrete Struktur zugeordnet werden muss. Die Quantenhypothese werden wir in Kapitel 4 begründen.

Die Quantenhypothese stellt einerseits einen großen Schritt hin zu einem einheitlichen physikalischen Weltbild dar, die mit der Atomhypothese offenbar gewordene diskrete Struktur der Materie und die mit ihr einhergehende Zufälligkeit im Naturgeschehen finden mit der Quantenhypthese ihre Entsprechungen in der Physik des elektromagnetischen Feldes. Andererseits hat die Quantenhypothese einen im Rahmen des durch die klassische Physik geprägten Weltbilds schwer zu begreifenden Dualismus von Wellen- und Teilchenbild zur Folge. Mal ist es vorteilhaft, sich die Ausbreitung elektromagnetischer Strahlung als Wellenbewegung vorzustellen, das andere Mal als Teilchenbewegung. In Kapitel 5 zeigen wir, dass dieser Welle-Teilchen-Dualismus keine Besonderheit des elektromagnetischen Feldes ist, sondern gleichermaßen für materielle Körper wie Elektronen gilt. Die Quantenhypothese in Verbindung mit der Wellennatur der Elektronen liefert auch den Schlüssel zum Verständnis der Physik der Atome und Moleküle. Die quantenphysikalische Idee des Welle-Teilchen-Dualismus eröffnet auch einen Zugang zu Festkörperphysik und Quantenoptik, die Grundlage der modernen Elektrotechnik sind. Das aus der klassischen Physik bekannte Modell des idealen Gases hat eine quantenphysikalische Entsprechung: das Quantengas. Wir werden es in Kapitel 6 behandeln. Dank des Welle-Teilchen-Dualismus können so unterschiedliche Prozesse wie die Gitterschwingungen von Kristallen und die elektromagnetischen Schwingungen in Resonatoren oder die Elektronenbewegungen in Metallen, Isolatoren und Halbleitern in guter Näherung mit dem einfachen Modell des Quantengases beschrieben werden.

Am Schluss des 6. Kapitels kehren wir noch einmal zum Grundproblem der so genannten exakten Naturwissenschaften zurück, der experimentellen Unsicherheit aller Messungen. Sie scheint ein elementarer Wesenszug jeder Naturwissenschaft zu sein und weist den Weg zu einem tieferen Verständnis der scheinbaren inneren Widersprüche in den physikalischen Weltbildern.

Mechanik idealisierter Körper

1

ÜBERBLICK

Die von Newton begründete Mechanik steht am Anfang der neuzeitlichen Physik. Bis zur Jahrhundertwende um 1900 galten in der Natur oder im Experiment beobachtete Phänomene erst dann als physikalisch verstanden, wenn sie mit den Gesetzen der Mechanik erklärt werden konnten. Mit der Entwicklung von Relativitätstheorie und Quantenmechanik hat die Mechanik diese zentrale Bedeutung für die Physik verloren. Dem Gültigkeitsbereich der Gesetze der Mechanik sind durch die Naturkonstanten c (Lichtgeschwindigkeit) und h (Plancksches Wirkungsquantum) Grenzen gesetzt. Dennoch hat die Mechanik unsere Vorstellungen von der Natur nachhaltig geprägt. Viele Begriffe, wie Masse, Energie, Impuls und Drehimpuls, die zunächst im Rahmen der Mechanik eingeführt werden, behalten ihre grundlegende Bedeutung auch in der modernen Physik. Allein aus diesem Grunde ist eine gründliche Kenntnis der Mechanik auch heute noch Voraussetzung für ein Verständnis physikalischer Zusammenhänge im Allgemeinen.

1.1 Bewegung in Raum und Zeit

Die Wahrnehmung von Bewegungen gehört zu den ersten Erfahrungen im menschlichen Leben. Um Bewegungen experimentell zu erfassen und darstellen zu können, brauchen wir einerseits Messgeräte, wie Maßstäbe und Uhren, und andererseits eine begriffliche Vorstellung von Raum und Zeit. In dieser Lektion sollen anhand einfacher Beispiele, wie freier Fall, gleichförmige Bewegung auf Geraden und Kreisen und Planetenbewegung die grundlegenden Begriffe und Gesetzmäßigkeiten der Kinematik erörtert werden.

1.1.1 Raum und Zeit

Die begrifflichen Bilder von Raum und Zeit sind wesentlich an unsere Wahrnehmungen von Gegenständen und die Ausbreitung des Lichts gebunden. Beispielsweise betrachten wir eine Kante als Gerade, wenn sie mit der Linie eines Lichtstrahls zusammenfällt. Zur Charakterisierung geometrischer Strukturen und zur Beschreibung von Bewegungen müssen Längen und Zeiten gemessen werden. Dazu werden Maßeinheiten benötigt. Diese Maßeinheiten müssen durch geeignete Techniken realisiert werden. Wir werden im Folgenden die international vereinbarten *SI-Einheiten* (Système International d'Unités) benutzen. Bei der Realisierung der Einheiten kommt es darauf an, möglichst präzise Techniken zu entwickeln, die jederzeit und überall zu gut reproduzierbaren Ergebnissen führen. Es nimmt daher nicht Wunder, dass die modernen Techniken zur Realisierung der SI-Einheiten nicht bereits am Anfang, sondern eher erst am Ende eines Kurzlehrgangs in Physik physikalisch verstanden werden können. Zur Erklärung der SI-Einheiten von Länge und Zeit beschränken wir uns daher auf wenige Bemerkungen. Beide Einheiten werden mit Hilfe der Quantenstruktur der Atome (Abschnitt 5.1.3) und der Wellennatur des Lichts oder anderer elektromagnetischer Wellen (Abschnitt 3.6) festgelegt. Die *SI-Einheit der Zeit* ist die Sekunde und ist seit 1960 definiert als die Zeitdauer einer festen Anzahl von Schwingungen des Cs-Atoms, (bei denen Übergänge zwischen den Hyperfeinniveaus des Grundzustands von ^{133}Cs stattfinden):

$$1\ \text{s} = 9\ 192\ 631\ 770\ \text{Grundzustandsschwingungen von}\ ^{133}\text{Cs}$$

Die so genannte Cs-Atomuhr erlaubt es, Zeitintervalle der Länge Δt mit einer relativen Genauigkeit $\delta t/\Delta t = 10^{-12}$ zu messen, d.h. beim Vergleich zweier Cs-Atomuhren differieren die Zeitangaben nach 10^{12} s ($\approx 10^7$ Tagen $\approx 30\ 000$ Jahren) höchstens um etwa $\delta t \approx 1$ s.

Um die SI-Einheit der Länge festzulegen, nutzt man seit 1983 die Tatsache, dass sich das Licht im Vakuum stets mit derselben Geschwindigkeit ausbreitet (Abschnitt 1.2.4). Die *Lichtgeschwindigkeit* setzt man heute willkürlich zu

$$c = 299792458\ m/s$$

fest. Damit ist dann auch die *SI-Einheit der Länge*, das Meter, definiert. 1 m ist die Strecke, die Licht im Vakuum in $(1/299\ 792\ 458)$ s $\approx 3{,}3 \cdot 10^{-9}$ s zurücklegt.

Mit der Festsetzung des Wertes c der Lichtgeschwindigkeit im Vakuum ist zwar die Längeneinheit definiert; um aber in diesen Einheiten Abstände zwischen vorgegebenen Punkten des Raumes präzise zu messen, werden auch geeignete Messverfahren benötigt. Eine Möglichkeit besteht darin, den vorgegebenen Abstand mit der Wellenlänge

$\lambda = c/v$ des Lichts einer Spektrallinie, deren Frequenz v bekannt ist, zu vergleichen. Ein solcher Vergleich kann beispielsweise mit dem in Abschnitt 4.2.2 beschriebenen Michelson-Interferometer durchgeführt werden.

Da die Wellenlänge des sichtbaren Lichts von der Größenordnung $\lambda \sim 10^{-6}$ m ist, können mit dem klassischen Michelson-Interferometer Längen der Größenordnungen 10^{-6} m bis 10^{-2} m gemessen werden. Die Physik befasst sich aber mit Objekten, die sich in ihrer Ausdehnung nicht nur um vier, sondern um 40 Größenordnungen unterscheiden (Tabelle 1). Abhängig von der Größenordnung der zu vermessenden Objekte werden daher sehr unterschiedliche Messverfahren benötigt. Entsprechendes gilt für Zeitmessungen, da die Dauer physikalischer Prozesse ebenfalls um etwa 40 Größenordnungen variiert.

Tabelle 1.1

Größenordnungen von Längen und Entfernungen (in [m])	
Radius des Protons	10^{-15}
Radius eines Atoms	10^{-10}
Größe eines Virus	10^{-7}
Wellenlänge des sichtbaren Lichts	10^{-6}
Größe des Menschen	10^{0}
Durchmesser der Erde	10^{7}
Abstand Sonne – Erde	10^{11}
1 Lichtjahr	10^{16}
Durchmesser der Milchstraße	10^{21}
Entfernung zu den fernsten Galaxien	10^{26}

Längenmessungen sind die Grundlage der *Geometrie*. Der physikalische Raum hat bekanntlich die Dimension 3 (Länge, Breite, Höhe), und es wird gewöhnlich angenommen, dass er *euklidisch* ist. Ob diese Annahme gerechtfertigt ist, ist aufgrund experimenteller Untersuchungen zu entscheiden. Beispielsweise ist die Summe der drei Winkel eines Dreiecks in der euklidischen Geometrie 180^{0}. Ob diese Aussage auch auf den physikalischen Raum zutrifft, wurde erstmalig von dem berühmten Mathematiker **C.F. Gauß (1777 – 1855)** mit hoher Genauigkeit überprüft. In den Jahren 1821 – 1823 wurde von ihm die Winkelsumme des Dreiecks zwischen den Bergspitzen Brocken, Hoher Hagen und Inselsberg (die Länge der längsten Seite beträgt etwa 100 km) gemessen.

Um den Winkel zwischen zwei sich schneidenden Geraden zu bestimmen, ist das Verhältnis b/r zweier Längen, nämlich eines Kreisbogens b zu seinem Radius r, präzise zu messen. Dieses (dimensionslose) Verhältnis zweier Längen ist das *Bogenmaß* des Winkels. Es wird häufig mit der Zusatzangabe *rad* gekennzeichnet. Bei einer vollen Umdrehung dreht man sich um den Winkel 2π. Dementsprechend gilt $180^{0} = \pi$.

Die Messungen von Gauß ergaben im Rahmen der experimentellen Unsicherheit als Summe der drei Winkel tatsächlich den Wert π und bestätigten damit die euklidische Geometrie. Bei kosmischen Entfernungen sind aber Raumkrümmungen durchaus nachweisbar. Sie wurden von Einstein im Rahmen der allgemeinen Relativitätstheorie vorhergesagt. Im Rahmen der Vorlesung beschäftigen wir uns jedoch im Wesentlichen mit der Physik irdischer Prozesse und werden daher bei allen Betrachtungen die euklidische Geometrie zugrunde legen.

Um die Lage eines Körpers im Raum zu kennzeichnen, muss man sich auf einen *Bezugskörper* beziehen. Im Hörsaal können wir uns beispielsweise auf einen Tisch beziehen und damit ein *Bezugssystem* festlegen. Man wählt z. B. die drei von einer Ecke der Tischplatte ausgehenden Kanten als x-, y- und z-Achse eines (rechtshändigen und rechtwinkligen) *kartesischen Koordinatensystems*. Hierbei wird deutlich, dass der physikalische Raum tatsächlich dreidimensional ist. Der Ort eines beliebigen Punktes im Raum kann dann durch die Angabe von drei Koordinaten beschrieben werden, die man zu einem *Ortsvektor* $\mathbf{r} = (x, y, z)$ zusammenfasst. Anstelle der drei kartesischen Koordinaten x, y, z kann ein Ortsvektor auch durch die drei *Polarkoordinaten* (r, ϑ, φ) gekennzeichnet werden. Wie Abbildung 1.1 zeigt, ist $r = \sqrt{(x^2 + y^2 + z^2)}$ die Länge des Vektors, ϑ der Winkel zwischen dem Vektor und der z-Achse ($0 \leq \vartheta \leq \pi$) und φ der Winkel zwischen der Projektion des Vektors auf die x-y-Ebene und der x-Achse ($0 \leq \varphi < 2\pi$). Dementsprechend ist:

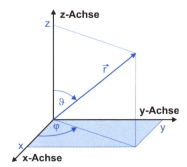

Abbildung 1.1: Kartesische Koordinaten und Polarkoordinaten eines Vektors r

$$x = r \cdot \sin \vartheta \cdot \cos \varphi$$
$$y = r \cdot \sin \vartheta \cdot \sin \varphi$$
$$z = r \cdot \cos \vartheta$$

Die Werte der Koordinaten x, y, z und die Winkel ϑ und φ hängen von der Wahl des Koordinatensystems ab. Hingegen ist die Länge r des Vektors der Abstand zweier vorgegebener Orte im Raum und somit von der Wahl des Koordinatensystems unabhängig, d. h. die Länge r ist ein *Skalar*. Sind zwei Vektoren $\mathbf{r}_1$ und $\mathbf{r}_2$ gegeben, so sind nicht nur die Längen der beiden Vektoren Skalare, sondern auch der von ihnen eingeschlossene Winkel $\vartheta_{1,2}$ und das *Skalarprodukt*:

$$(\vec{r}_1 \cdot \vec{r}_2) = x_1 x_2 + y_1 y_2 + z_1 z_2 = r_1 r_2 \cdot \cos \vartheta_{1,2}$$

Außer dem Skalarprodukt ist auch die Fläche des von beiden Vektoren aufgespannten Parallelogramms von Interesse. Wir beschreiben die Fläche mit einem Vektor $\mathbf{A}$ und kennzeichnen so nicht nur die Größe, sondern auch die Orientierung der Fläche im

Raum. Der Vektor **A** steht senkrecht auf $\mathbf{r}_1$ und $\mathbf{r}_2$ und das Tripel $(\mathbf{A}, \mathbf{r}_1, \mathbf{r}_2)$ erfüllt die Rechte-Hand-Regel (Abbildung 1.2). Die Länge $A = |\mathbf{A}| = r_1\, r_2\, |\sin \vartheta_{1,2}|$ von **A** ist der Betrag der Fläche des Parallelogramms. Man nennt

$$\vec{A} = [\vec{r}_1 \times \vec{r}_2]$$

das *Vektorprodukt* von $\mathbf{r}_1$ und $\mathbf{r}_2$. Seine Koordinaten sind:

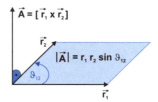

Abbildung 1.2: Zur Definition des Vektorprodukts A zweier Vektoren r_1 und r_2.

$$A_x = y_1 z_2 - y_2 z_1$$
$$A_y = z_1 x_2 - z_2 x_1$$
$$A_z = x_1 y_2 - x_2 y_1$$

Die hier betrachteten Skalare und Vektoren haben im Rahmen der euklidischen Geometrie des dreidimensionalen Raumes eine anschauliche Bedeutung. Bei der mathematischen Beschreibung physikalischer Beziehungen werden außerdem häufig *Tensoren* benötigt. Einen Tensor bilden beispielsweise die 3×3 Produkte der kartesischen Komponenten zweier Vektoren $\mathbf{r}_1$ und $\mathbf{r}_2$. Er kann als dreireihige Matrix geschrieben werden, lässt sich aber nicht so leicht veranschaulichen wie Skalar und Vektor. In diesem Lehrbuch werden wir den Gebrauch von Tensoren vermeiden.

Aufgabe 1.1

Berechnen Sie das Volumen $V = ([\mathbf{r}_1 \times \mathbf{r}_2]\cdot\mathbf{r}_3)$ (*Spatprodukt*) des von den drei Vektoren $\mathbf{r}_1 = (1, 0, 0)$, $\mathbf{r}_2 = (1, 1, 0)$, $\mathbf{r}_3 = (1, 1, 1)$ aufgespannten Parallelepipeds und die von den Vektoren eingeschlossenen Winkel.

Merke

Die Eigenschaften des physikalischen Raumes sind experimentell zu bestimmen. Um beispielsweise die Winkelsumme eines Dreiecks zu messen, sind zunächst drei Punkte im Raum zu markieren, die sie verbindenden Geraden physikalisch auszuzeichnen, eine Längeneinheit und ein geeignetes Messverfahren festzulegen und schließlich die Längen von Strecken und Kreisbögen zu messen. Bei allen Schritten sind experimentelle Unsicherheiten zu berücksichtigen.

1.1.2 Kinematik

Ein bewegter Körper ändert mit der Zeit seine Lage im Raum. Idealisiert man den Körper als Massenpunkt, so kann die Bewegung des Körpers durch Angabe einer *Bahnkurve* $\mathbf{r}(t)$ beschrieben werden. Außer dem Ort $\mathbf{r}(t)$ des Körpers zur Zeit t interessieren auch seine *Geschwindigkeit* $\mathbf{v}(t)$ und seine *Beschleunigung* $\mathbf{a}(t)$ zur Zeit t. Die Geschwindigkeit $\mathbf{v}(t)$ misst man, indem man den Ort $\mathbf{r}$ des Körpers zur Zeit t und zu einer etwas späteren Zeit $t+\Delta t$ bestimmt. Dann ist näherungsweise $\mathbf{v}(t) \approx \{\mathbf{r}(t+\Delta t) - \mathbf{r}(t)\}/\Delta t$. Die Näherung ist aus theoretischer Sicht umso besser, je kleiner Δt gewählt wird. (Man bedenke aber auch die experimentellen Unsicherheiten.) Im Grenzfall $\Delta t \to 0$ erhält man:

$$\vec{v}(t) = \frac{d\vec{r}}{dt} \quad \text{(gemessen in m/s)}$$

Gemäß dieser Beziehung sind die Vektorkomponenten von $\mathbf{v} = (v_x, v_y, v_z)$:

$$v_x = \frac{dx}{dt}, \quad v_y = \frac{dy}{dt}, \quad v_z = \frac{dz}{dt}$$

Die Beschleunigung $\mathbf{a}(t)$ des Körpers zur Zeit t misst man entsprechend, indem man die Geschwindigkeiten $\mathbf{v}(t)$ und $\mathbf{v}(t+\Delta t)$ bestimmt. Dann ist:

$$\vec{a}(t) = \frac{d\vec{v}}{dt} = \frac{d^2\vec{r}}{dt^2} \quad \text{(gemessen in m/s}^2\text{)}$$

Ein einfaches Beispiel ist die geradlinig gleichförmige Bewegung. Für sie ist $\mathbf{r}(t) = \mathbf{r}_0 + \mathbf{v}_0 \cdot t$, $\mathbf{v}(t) = \mathbf{v}_0$ und $\mathbf{a}(t) = 0$. Ein weiteres Beispiel ist die *Fallbewegung*, für die $\mathbf{a}(t) = \mathbf{g}$ zeitlich konstant ist. Dabei ist die *Erdbschleunigung* $\mathbf{g}$ ein Vektor, der auf den Erdmittelpunkt hin gerichtet ist und in Mitteleuropa den Betrag $g = 9{,}81$ m/s^2 hat. Geschwindigkeit $\mathbf{v}(t)$ und Bahnbewegung $\mathbf{r}(t)$ der Fallbewegung ergeben sich durch Integration über die Zeit:

$$\vec{v}(t) = \vec{v}_0 + \vec{g}t$$

$$\vec{r}(t) = \vec{r}_0 + \vec{v}_0 t + \frac{1}{2}\vec{g}t^2$$

Dabei sind $\mathbf{r}_0$ und $\mathbf{v}_0$ Ort und Geschwindigkeit zur Zeit $t = 0$. Falls $\mathbf{r}_0 = \mathbf{v}_0 = 0$ ist, ist $s = |\mathbf{r}(t)|$ die von einem anfangs ruhenden Körper in der Zeit t zurückgelegte Fallstrecke:

$$s = \frac{1}{2}gt^2$$

Freier Fall

Ein Experiment bestätigt, dass innerhalb der experimentellen Unsicherheit tatsächlich alle Körper beim freien Fall dieselbe Beschleunigung $g = 9{,}81$ m/s² erfahren. Um Luftreibung zu vermeiden, lassen wir die Körper in einem evakuierten Glasrohr fallen (Abbildung 1.3). Die Vakuumpumpe reduziert den Luftdruck auf etwa 1 Promille des Normaldrucks. Gemessen wird die Fallzeit der Körper von der Ausgangsposition bis zum Erreichen der Lichtschranke mit einer elektronischen Stoppuhr. Sie wird eingeschaltet, wenn mit dem Ausschalten des Elektromagneten die Fallbewegung gestartet wird, und ausgeschaltet, wenn der fallende Körper die Lichtschranke passiert. Auch die mit einer Vogelfeder verzierte Reißzwecke benötigt etwa (innerhalb der Messgenauigkeit) dieselbe Zeit für die Fallstrecke wie eine Stahlkugel.

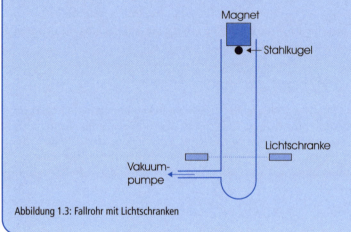

Abbildung 1.3: Fallrohr mit Lichtschranken

Etwas schwieriger ist die Beschreibung der *gleichförmigen Kreisbewegung*. Falls die Kreisbahn mit dem Radius r in der x-y-Ebene liegt und sich der Körper zur Zeit $t = 0$ auf der x-Achse befindet, wird eine gleichförmige Kreisbewegung gegen den Uhrzeigersinn durch die folgenden Funktionen beschrieben:

$$\vec{r}(t) = r(\cos\omega t, \sin\omega t, 0)$$
$$\vec{v}(t) = \omega\, r(-\sin\omega t, \cos\omega t, 0)$$
$$\vec{a}(t) = -\omega^2\, r(\cos\omega t, \sin\omega t, 0)$$

Dabei ist $\omega t = \varphi$ der linear mit der Zeit wachsende Winkel φ zwischen Radiusvektor **r** und x-Achse. Die konstante Größe ω (gemessen in s⁻¹) heißt *Winkelgeschwindigkeit* der Kreisbewegung.

Die Beziehungen zwischen **r**, **v** und **a** können eleganter, nämlich unabhängig von der Wahl des Koordinatensystems, mit Hilfe des Vektorprodukts formuliert werden. Dazu betrachten wir die Winkelgeschwindigkeit ϖ als Vektor, der im Sinne der Rechten-Hand-Regel senkrecht auf der Kreisbahn steht. In dem oben benutzten Koordinatensystem wäre $\varpi = (0, 0, \omega)$. Dann gilt zu jeder Zeit t:

$$\vec{v} = [\vec{\omega} \times \vec{r}]$$
$$\vec{a} = [\vec{\omega} \times \vec{v}] = -\omega^2 \vec{r}$$

Da $\mathbf{a} = d^2\mathbf{r}/dt^2$, zeigt die letzte Beziehung, dass die gleichförmige Kreisbewegung einer einfachen Differentialgleichung genügt:

$$\frac{d^2\vec{r}}{dt^2} = -\omega^2 \vec{r}$$

Experiment 1.2 **Geschwindigkeitsmessung**

Wir nutzen diese Gesetzmäßigkeiten der gleichförmigen Bewegungen, um die Geschwindigkeit einer Gewehrkugel zu messen (Abbildung 1.4). Dabei wird die gleichförmig geradlinige Bewegung der Gewehrkugel mit der gleichförmigen Kreisbewegung zweier Scheiben verglichen, die im Abstand l fest auf einer mit der Winkelgeschwindigkeit ω rotierenden Achse montiert sind. Die mit der Geschwindigkeit v bewegte Kugel durchschlägt in einem Zeitabstand Δt nacheinander die beiden Scheiben und hinterlässt zwei um den Winkel $\Delta\varphi = \omega \cdot \Delta t$ versetzte Einschlaglöcher. Gemessen wird die Rotationsfrequenz $\nu = \omega/2\pi$ (Anzahl der Umdrehungen pro s) der Scheiben (beispielsweise durch Vergleich mit der Frequenz einer geeichten Stroboskoplampe, d. h. einer Lampe, die periodisch aufleuchtet). Dann ist $v = l/\Delta t = 2\pi\nu l/\Delta\varphi$. Für die Geschwindigkeit einer Luftgewehrkugel ergibt sich ein Wert etwas über 100 m/s.

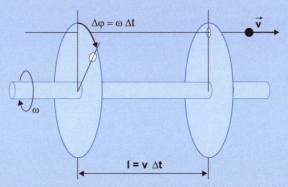

Abbildung 1.4: Experimentelle Anordnung zur Messung der Geschwindigkeit einer Gewehrkugel

---

Aufgabe 1.2 Planen Sie eine praktische Ausführung des Experiments. Wie groß würden Sie die Rotationsfrequenz wählen? Diskutieren Sie die Genauigkeit der Geschwindigkeitsmessung.

> | Merke | Beim freien Fall erfahren (an einem vorgegebenen Ort auf der Erdoberfläche) alle Körper dieselbe Beschleunigung $g = 9,81$ m/s.
>
> Bei der gleichförmigen Kreisbewegung mit der Winkelgeschwindigkeit ϖ sind Geschwindigkeitsvektor **v** und Beschleunigungsvektor **a** des Körpers gleich den Vektorprodukten aus Winkelgeschwindigkeit ϖ und Radiusvektor **r** bzw. linearer Geschwindigkeit **v**:
>
> $$\vec{v} = [\vec{\omega} \times \vec{r}]$$
> $$\vec{a} = [\vec{\omega} \times \vec{v}]$$
>
> Aus beiden Beziehungen folgt, dass der Beschleunigungsvektor **a** auf das Zentrum der Kreisbewegung gerichtet ist:
>
> $$\vec{a} = -\omega^2 \cdot \vec{r}$$

1.1.3 Wechsel des Bezugssystems

Um für einen bewegten Körper eine Bahnkurve $r(t)$ angeben zu können, muss man, wie im Abschnitt 1.1.2 betont, auf einen Bezugskörper Bezug nehmen. Zwei Beobachter A und B können daher die Bewegung desselben Objekts beschreiben, aber dabei verschiedene Bezugskörper wählen. Dementsprechend ergeben sich zwei verschiedene Bahnkurven $r_A(t)$ und $r_B(t)$. Es stellt sich dann die Frage, wie sich die Bahnkurve $r_B(t)$ aus der Bahnkurve $r_A(t)$ errechnet.

Die Frage lässt sich aufgrund einfacher mathematischer Überlegungen beantworten, wenn die beiden Bezugskörper relativ zueinander ruhen, sofern man voraussetzt, dass die Struktur des physikalischen Raumes euklidisch ist. Bezieht sich beispielsweise B auf einen Tisch, der relativ zu dem Bezugstisch von A um den Vektor **b** verschoben ist, so geht $r_B(t)$ aus $r_A(t)$ durch eine Translation hervor:

$$\vec{r}_B(t) = \vec{r}_A(t) - \vec{b}$$

Dabei wurde stillschweigend angenommen, dass sich beide Beobachter auf dieselbe Uhrzeit beziehen.

Die Frage nach der Umrechnung der Bahnkurven lässt sich aber nicht allein mit mathematischen Überlegungen beantworten, wenn A und B zueinander bewegte Bezugskörper wählen. Lange Zeit nahm man an, dass sich auch in diesem Fall A und B auf dieselbe Uhrzeit beziehen können. Mit dieser Annahme ergibt sich bei der Betrachtung gleichförmig geradliniger Bewegungen ein Gesetz für die Addition von Geschwindigkeiten. Nehmen wir also an, dass sich der Bezugskörper von B mit der Geschwindigkeit v_0 relativ zum Bezugskörper von A bewegt. Dann ergibt die *Galilei-Transfomation* (Abbildung 1.5): $r_B(t) = r_A(t) - b(t)$ mit $b(t) = v_0 \cdot t$. Eine Differentiation nach der Zeit ergibt das folgende Additionsgesetz für die Geschwindigkeiten:

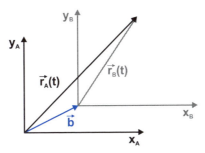

Abbildung 1.5: Galilei-Transformation

$$\vec{v}_A = \vec{v}_B + \vec{v}_0 \quad \text{(Galileisches Additionsgesetz für Geschwindigkeiten)}$$

Dieses Additionsgesetz wurde in Frage gestellt, als Experimente mit dem Michelson-Interferometer (Abschnitt 4.2.2) zeigten, dass sich die Ausbreitungsgeschwindigkeit c des Lichts im Vakuum bei einem Wechsel des Bezugsystems nicht ändert. Dieser Befund steht offensichtlich nicht im Einklang mit der Galilei-Transformation. Wie Einstein 1905 zeigte, beruht der Widerspruch auf einer unzulänglichen Vorstellung von Raum und Zeit. Nur wenn $v_0 \ll c$, können A und B sich praktisch auf dieselbe Uhrzeit beziehen, aber nicht, wenn $\mathbf{v}_0$ nicht mehr sehr viel kleiner als die Lichtgeschwindigkeit ist. Die uns vertrauten Gesetze sind dann im Sinne der speziellen Relativitätstheorie abzuändern. Kollineare (gleich gerichtete) Geschwindigkeiten addieren sich dann gemäß der Beziehung:

$$v_A = \frac{v_B + v_0}{1 + v_B v_0 / c^2} \quad \text{(relativistisches Additionsgesetz für Geschwindigkeiten)}$$

Im Grenzfall $v_0 \ll c$ oder $v_B \ll c$ liefern beide Additionsgesetze – innerhalb der experimentellen Unsicherheit – dasselbe Ergebnis.

Aufgabe 1.3 Wie genau müssten Sie die Geschwindigkeiten zweier Autos, die sich mit jeweils 100 km/h auf der Autobahn begegnen, messen, um eine Abweichung der Relativgeschwindigkeit vom Wert $v_{rel} = 200$ km/h nachweisen zu können?

Abschließend sei an einem einfachen Beispiel (Abbildung 1.6) illustriert, dass bei einem Wechsel des Bezugsystems nicht nur die Geschwindigkeit eines Körpers zu transformieren ist, sondern auch die von dem Körper beschriebene Bahnkurve. Auf einem mit konstanter Geschwindigkeit fahrenden Wagen wirft ein Ballspieler einen Ball senkrecht in die Höhe, um ihn anschließend wieder fangen zu können. (Die Wirkung des Fahrtwinds sei vernachlässigbar.) Für den Spieler bewegt sich der Ball auf einer Geraden. Für einen neben dem Wagen stehenden Beobachter hingegen bewegt sich der Ball auf einer *Wurfparabel*. Dieses einfache Beispiel zeigt, dass die Form der Bahnkurve eines Körpers wesentlich von der Wahl des Bezugsystems abhängt. Grundlegende Bedeutung gewinnt diese Einsicht bei der Wahl eines geeigneten Bezugsystems zur Beschreibung der Bewegung der Planeten, die wir am Nachthimmel beobachten können (Abschnitt 1.1.4).

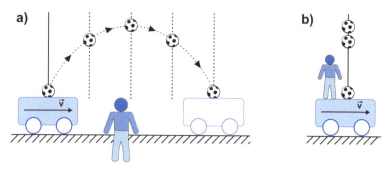

Abbildung 1.6: Ballspieler A auf fahrendem Wagen und Beobachter B am Bahndamm sehen verschiedene Bahnkurven. Für B bewegt sich der Ball auf einer Wurfparabel, für A auf einer Geraden.

> **Merke**
>
> Um die Bewegung eines Körpers zu beschreiben, muss man sich auf einen Bezugskörper beziehen. Die Wahl des Bezugskörpers steht jedem Beobachter frei. Die Bahnkurven, mit denen zwei Beobachter, die sich auf verschiedene Bezugskörper beziehen, die Bewegung ein und desselben Körpers beschreiben, können sehr verschieden sein. Um die Ergebnisse beider Beobachter miteinander vergleichen zu können, müssen Transformationsgleichungen bekannt sein. Falls sich die Bezugskörper relativ zueinander langsam ($v \ll c$) geradlinig gleichförmig bewegen, darf die Galilei-Transformation benutzt werden.

1.1.4 Planetenbewegung

Bislang haben wir nur Bewegungen von Körpern auf der Erde betrachtet. Da wird natürlich bevorzugt die Erde als Bezugskörper gewählt. Schwieriger ist es, einen geeigneten Bezugskörper zur Beschreibung der Bewegung der Gestirne zu wählen. Einerseits sehen wir, wie sie sich im Laufe eines Tages einmal um die Erde bewegen. Andererseits bemerken wir aber auch, dass die meisten Gestirne sich relativ zueinander nicht bewegen, d.h. über viele Jahrhunderte ihren Abstand (genauer: den Winkelabstand, unter dem wir sie sehen) praktisch nicht verändern. Wir nennen diese Gestirne *Fixsterne*. Daneben gibt es aber auch einige Gestirne, die sich relativ zu den Fixsternen bewegen. Wir nennen sie *Wandelsterne* oder *Planeten*. Wenn wir die Lage der Planeten Nacht für Nacht beobachten und ihre Position am Fixsternhimmel messen, scheint die Bewegung der Planeten relativ zum Fixsternhimmel sehr kompliziert zu sein. Es war die große Leistung von **Nikolaus Kopernikus (1473 – 1543)** zu erkennen, dass die Planeten sich (näherungsweise) auf Kreisbahnen bewegen, wenn man statt der Erde die Sonne als Koordinatenursprung wählt und die Richtung der Koordinatenachsen in Bezug auf den Fixsternhimmel festlegt. Dieser Wechsel vom *geozentrischen* zum *heliozentrischen* Bezugssystem markiert historisch den Beginn der neuzeitlichen Naturwissenschaft.

Der am dänischen Hof arbeitende Astronom **Tycho de Brahe (1546 – 1601)** hat die Planetenbewegung mit einer für die damalige Zeit hohen Genauigkeit vermessen. Noch ohne Fernrohr konnte er die Positionen der Planeten mit einer Unsicherheit von etwa 2 Winkelminuten ($2' \approx 0.6 \cdot 10^{-3}$ rad) bestimmen. Auf Grund dieser Messungen konnte **Johannes Kepler (1571 – 1630)** die Bahnen der Planeten im heliozentrischen Bezugssystem berechnen. Die Ergebnisse werden in den drei Keplerschen Gesetzen zusammengefasst (Abbildung 1.7):

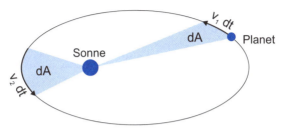

Abbildung 1.7: Planetenbahnen im heliozentrischen Bezugssystem

 ## Keplersche Gesetze

1. Keplersches Gesetz: Die Planeten bewegen sich auf elliptischen Bahnen **r**(t), in deren gemeinsamen Brennpunkt die Sonne steht.

2. Keplersches Gesetz: Der Radiusvektor eines Planeten überstreicht in gleichen Zeiten dt gleiche Flächen dA, d. h. die Flächengeschwindigkeit dA/dt der Planetenbewegung ist konstant. Mit **v** = d**r**/dt gilt also:

$$\frac{d\vec{A}}{dt} = [\vec{r} \times \vec{v}]/2 = const$$

3. Keplersches Gesetz: Die Quadrate der Umlaufzeiten T der Planeten verhalten sich wie die Kuben der großen Halbachsen a ihrer elliptischen Bahnen:

$$T^2 \propto a^3$$

Ausgehend von diesen Gesetzen, formulierte Isaac Newton gut ein halbes Jahrhundert später (1687) das Gravitationsgesetz der Massenanziehung und *erklärte* damit die Bewegung der Planeten. Indem er den Begriffen *Kraft* und *Masse* eine präzise physikalische Bedeutung gab, legte er den Grundstein für die klassische Mechanik.

Aufgabe 1.4 Berechnen Sie für die Bewegung des Mondes um die Erde und die Bewegung der Erde um die Sonne die Winkelgeschwindigkeit, die lineare Geschwindigkeit und die Flächengeschwindigkeit. Der Einfachheit halber nehmen Sie dabei an, dass sich beide Körper auf Kreisbahnen (mit Radien $R_M \approx 1$ s$\cdot c$ bzw. $R_S \approx 8$ min$\cdot c$) im geo- bzw. heliozentrischen Bezugssystem bewegen.

> **Merke**
> Im heliozentrischen Bezugssystem, in dem die Sonne und die Fixsterne ruhen, bewegen sich die Planeten auf elliptischen Bahnen um die Sonne. Sie steht in dem gemeinsamen Brennpunkt der elliptischen Bahnen. Jeder Planet bewegt sich mit konstanter Flächengeschwindigkeit, und die Quadrate der Umlaufszeiten der Planeten sind proportional zu den Kuben der großen Achsen der Planetenbahnen.

1.2 Dynamik der Massenpunkte

Die Kinematik begnügt sich mit der Beschreibung der Bewegungen von Körpern in Raum und Zeit. Die Dynamik fragt nach den Ursachen und versucht sie zu erklären. Entgegen der in früheren Zeiten üblichen Annahme, dass die Bewegung eines Körpers gegenüber der als absolut ruhend betrachteten Erde zu erklären sei, ging **Isaak Newton (1643 – 1727)** davon aus, dass ein Körper, der sich gleichförmig geradlinig bewegt, keine äußere Einwirkung benötigt, aber für jede Veränderung des Bewegungszustands eine von außen auf den Körper wirkende Kraft erforderlich ist. Aus dieser Sicht gewinnen die Begriffe Kraft und Masse zentrale Bedeutung. Wir werden sie in den ersten beiden Abschnitten dieser Lektion einführen und anschließend zur Erklärung beschleunigter Bewegungen nutzen. Die bereits in Abschnitt 1.1.1 erwähnte Konstanz der Lichtgeschwindigkeit setzt dem Anwendungsbereich der Newtonschen Mechanik Grenzen. Diese Grenzen sollen im letzten Abschnitt dieser Lektion umrissen werden.

1.2.1 Träge und schwere Masse

Die Massen von Körpern können durch zwei grundverschiedene Messverfahren miteinander verglichen werden. Dementsprechend unterscheidet man zwischen träger und schwerer Masse eines Körpers.

Das Messverfahren für die träge Masse (dynamischer Massenvergleich) beruht auf Geschwindigkeitsmessungen. Um den Einfluss von Reibung und Schwerkraft auf die Geschwindigkeiten der Körper zu vermeiden, untersuchen wir beispielsweise Körper, die sich auf einem horizontal aufgestellten Luftkissentisch bewegen. Die aus vielen kleinen Poren der Tischplatte ausströmende Luft bildet zwischen Körper und Tischplatte ein Luftkissen, auf dem sich die Körper nahezu reibungsfrei geradlinig gleichförmig bewegen können. Nur bei einem Stoß zweier Körper ändern sich ihre Geschwindigkeiten. Wir untersuchen insbesondere die Geschwindigkeiten zweier Körper A und B, die zunächst ruhen und dann beispielsweise nach Auslösung einer gespannten Feder auseinander gestoßen werden (Abbildung 1.8). Diese Messungen ergeben, dass die in entgegengesetzte Richtungen weisenden Geschwindigkeiten $\mathbf{v}_A$ und $\mathbf{v}_B$ nach der Abstoßung je nach Spannung der Feder zwar sehr unterschiedlich sein können. Aber das Verhältnis der Beträge v_A/v_B hat stets denselben Wert, solange der Versuch mit denselben Körpern durchgeführt wird. Dank dieser Gesetzmäßigkeit kann jedem Körper eine träge Masse zugeschrieben werden.

Abbildung 1.8: Dynamischer Massenvergleich

Dazu wird einem bestimmten Körper, dem in Sèvre bei Paris aufbewahrten Archiv-kilogramm, die Masse $m_A = 1$ kg zugeschrieben und damit die *SI-Einheit der Masse* festgelegt. Die Masse eines beliebigen anderen Körpers B kann dann durch eine Abstoßungs-messung mit der Masse m_A des Archivkilogramms verglichen werden. Die träge Masse des Körpers B ist dann:

$$m_B = m_A \frac{v_A}{v_B}$$

Das Messverfahren für die *schwere* Masse (statischer Massenvergleich) beruht auf der Wägung durch Ortsmessungen. Die Massen zweier Körper A und B werden mit einer Balkenwaage verglichen (Abbildung 1.9). Dazu werden die Körper so aufgehängt, dass die Waage im Gleichgewicht ist, und die Abstände l_A und l_B der Aufhängepunkte vom Unterstützungspunkt gemessen werden. Zwar kann der eine Aufhängepunkt willkür-lich gewählt werden, aber der andere ist dann festgelegt, und als Verhältnis erhält man auch hier stets denselben Wert. Dementsprechend kann dem Körper B auch eine schwere Masse M_B zugeschrieben werden, die sich nach folgender Beziehung aus der schweren Masse $M_A = m_A = 1$ kg des Archivkilogramms, das wieder als Masseneinheit gewählt wird, errechnet:

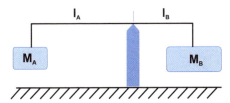

Abbildung 1.9: Statischer Massenvergleich

$$M_B = M_A \frac{l_A}{l_B}$$

Es mag überraschen, dass für zwei fest vorgegebene Körper nach der Abstoßung stets dasselbe Geschwindigkeitsverhältnis v_A/v_B und bei der Wägung stets dasselbe Längen-verhältnis l_A/l_B gemessen wird. Noch überraschender ist aber, dass ebenso gilt: $v_A/v_B = l_A/l_B$. Dieser experimentelle Befund hat zunächst die Äquivalenz von träger und schwerer Masse zur Folge. Wir werden daher im Folgenden nur von der Masse eines Körpers sprechen.

Die Äquivalenz von träger und schwerer Masse ist aber darüber hinaus von grund-sätzlicher Bedeutung. Die 1916 von A. Einstein formulierte allgemeine Relativitäts-theorie basiert wesentlich auf dieser Äquivalenz. Sie revolutionierte unsere Vorstel-lung von Raum und Zeit. Statt der ebenen Metrik des euklidischen Raumes ist bei der Beschreibung kosmischer Prozesse eine gekrümmte Raum-Zeit-Metrik zugrunde zu legen.

Aufgabe 1.5   Bauen Sie sich eine Balkenwaage und versuchen Sie, mit dem angegebenen Verfahren das Verhältnis der schweren Massen zweier Körper zu bestimmen. Wie beeinträchtigt die Masse des Balkens den Messprozess? Wie werden mit einer Apothekerwaage Massen mit hoher Genauigkeit verglichen?

Merke   Die Massen zweier Körper können dynamisch und statisch miteinander verglichen werden. Beide Verfahren ergeben für alle Körper gleiche Werte, sofern man sich auf dieselbe Masseneinheit bezieht.

1.2.2 Newtonscher Kraftbegriff

Wie eingangs erwähnt, ging Newton von der Vorstellung aus, dass ein Körper sich ohne äußere Einwirkung gleichförmig geradlinig bewegt (oder ruht), seine Geschwindigkeit sich aber dann und nur dann ändert, wenn eine Kraft von außen auf ihn einwirkt. Nach dieser Auffassung wirkt also sowohl auf einen fallenden Stein als auch auf einen Körper, der sich auf einer Kreisbahn bewegt, eine äußere Kraft. Aus dieser Sicht und in Anlehnung an unsere alltäglichen Erfahrungen mit der Wirkung von Kräften formulierte Newton die drei grundlegenden Axiome der Mechanik:

Newtonsche Axiome

- **Axiom 1 (Trägheitsprinzip):** *Ein Körper bleibt im Zustand der Ruhe oder der gleichförmig geradlinigen Bewegung, wenn keine äußeren Kräfte auf ihn einwirken.*

- **Axiom 2 (Aktionsprinzip):** *Wenn eine Kraft F auf einen Körper mit der Masse m einwirkt, wird er gemäß der Beziehung – Kraft = Masse × Beschleunigung – beschleunigt:* $\mathbf{F} = m \cdot \mathbf{a}$

- **Axiom 3 (Reaktionsprinzip):** *Die Kräfte, die zwei Körper aufeinander ausüben, sind betragsmäßig gleich, aber entgegengesetzt gerichtet: actio = reactio*

Das 2. Axiom zeigt insbesondere, dass die Kraft eine gerichtete Größe, also ein Vektor ist. Es legt aber auch die *SI-Einheit der Kraft*, das *Newton*, fest:

$$1\,\text{N} = 1\,\text{kg} \cdot \text{m} \cdot \text{s}^{-2}$$

Wenn eine Kraft auf einen Körper A wirkt, dann gibt es einen anderen Körper B, von dem die Kraft ausgeht. Umgekehrt wirkt dann aber auch der Körper A auf den Körper B, wie wir beim Abstoßungsexperiment gesehen haben. Dieser experimentelle Befund ist die Grundlage des dritten Axioms.

Diese drei Axiome bilden, wie gesagt, die gedankliche Grundlage der klassischen Mechanik. Doch ehe wir sie anwenden, um Bewegungen, wie z. B. die Fallbewegung oder die Planetenbewegung, dynamisch zu erklären, muss noch auf das Problem der Wahl des Bezugssystems hingewiesen werden. Ein Körper, der im Hörsaal ruht oder sich gleichförmig geradlinig bewegt, führt im heliozentrischen Bezugssystem eine beschleunigte Bewegung aus. Berücksichtigen wir nur die tägliche Rotation der Erde um die Nord-Süd-Achse, so erfährt ein Körper am Äquator nach Abschnitt 1.1.2 eine Beschleunigung $a \approx 0{,}034$ m/s^2.

Aufgabe 1.6 Schätzen Sie selbst den Wert von a ab. (Dauer eines Tages = knapp 10^5 s, Erdumfang = $2\pi R$ = 40 000 km).

Bei vielen irdischen Experimenten können wir diesen im Vergleich zur Erdbeschleunigung kleinen Wert vernachlässigen. Aber schon bei weiträumigen Bewegungen auf der Erde, wie bei der Bildung von Tiefdruckwirbeln in der Atmosphäre (Abbildung 1.10), oder bei Präzisionsexperimenten, wie dem Pendelversuch von Foucault, der beispielsweise im Deutschen Museum in München und im Deutschen Technikmuseum in Berlin zu sehen ist, spielt sie eine Rolle.

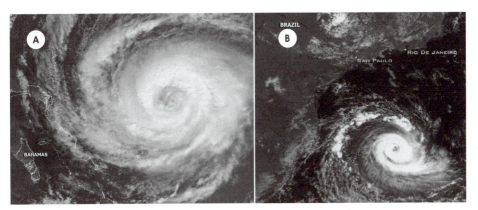

Abbildung 1.10: Tiefdruckwirbel über dem Atlantik; a) Nordhalbkugel, b) Südhalbkugel

Aus dieser Betrachtung ergibt sich die grundsätzliche Frage: Auf welches Bezugssystem soll man sich beziehen, um aus der Beschleunigung eines Körpers die Stärke einer Kraft zu bestimmen? Newton wählte das durch den Fixsternhimmel bestimmte heliozentrische Bezugssystem als so genanntes *Inertialsystem*, also als Bezugssystem, in welchem das Trägheitsprinzip gilt. Aus den Keplerschen Gesetzen für die Planetenbewegung konnte er damit die auf die Planeten wirkende Gravitationskraft (Abschnitt 2.2.3) bestimmen.

Der Bezug auf die Fixsterne zur Festlegung der Inertialsysteme ist problemlos, solange Bewegungen in unserem Sonnensystem betrachtet werden. Es finden aber auch Bewegungen im Kosmos statt, die in Millionen oder Milliarden von Jahren die relative Lage auch der Fixsterne und ganzer Galaxien merklich verändern. Die Spiralstrukturen der Galaxien (Abbildung 1.11) zeugen davon. Relativ zu einem Bezugssystem, das durch die Positionen ferner Galaxien (wie z. B. der Andromeda-Galaxie, die etwa $2{,}2 \cdot 10^6$ Lichtjahre $\approx 2{,}1 \cdot 10^{22}$ m von uns entfernt ist) definiert ist, bewegen sich auch die Sterne unserer Galaxie um das Zentrum der Milchstraße, also auch die Sonne. Die Sonne braucht dazu allerdings etwa 250 Millionen Jahre. Sie bewegt sich dabei etwa auf einer Kreisbahn mit einem Radius von $3 \cdot 10^4$ Lichtjahren. Zur Beschreibung solcher kosmischen Bewegungen ist das Konzept der Newtonschen Mechanik letztlich ungeeignet, da bereits die Wahl eines Inertialsystems fragwürdig wird. Einsteins allgemeine Relativitätstheorie bietet hier einen Ausweg aus den konzeptuellen Schwierigkeiten der Newtonschen Mechanik. Im Rahmen der Vorlesung können wir uns aber getrost auf die Newtonsche Mechanik beziehen und das heliozentrische Bezugssystem als ein Inertialsystem benutzen, in dem das Trägheitsprinzip praktisch exakt gilt. Denn bei allen irdischen Prozessen sind die wegen der Unzulänglichkeit dieses Inertialsystems zu erwartenden Abweichungen weit kleiner als die bei experimentellen Untersuchungen auftretenden Messfehler.

Abbildung 1.11: Spiralstruktur der Galaxie M 51 im Sternbild der Jagdhunde

Um einige Kräfte, die bei vielen Prozessen des täglichen Lebens eine Rolle spielen, zu messen, können wir uns sogar auch auf den Hörsaal beziehen, ohne allzu große Fehler zu machen. Im Folgenden sollen drei dieser Kräfte genannt und kurz beschrieben werden:

- **Schwerkraft:** Die Schwerkraft $\mathbf{F}_S$ beschleunigt die Körper beim freien Fall. Daher ist:

$$\vec{F}_S = m \cdot \vec{g}$$

Dabei ist m die Masse des Körpers und $\mathbf{g}$ die zum Erdmittelpunkt gerichtete Erdbeschleunigung mit dem Betrag $g = 9{,}81 \ \text{m/s}^2$. Die Schwerkraft wirkt zwischen auf der Erdoberfläche befindlichen Körpern und der Erde und beschleunigt daher nach dem Reaktionsprinzip auch diese.

> **Aufgabe 1.7**   Schätzen Sie die Beschleunigung der Erde beim Fall eines Apfels ab. Ist sie messbar?

■ **Federkraft:** Hängt man ein Gewicht an eine Federwaage (Abbildung 1.12), so dehnt die Schwerkraft F_S des Gewichts die Feder um eine Länge z. Nach dem 3. Axiom wirkt der Schwerkraft eine Kraft F_F der Feder, die aus der Dehnung der Feder resultiert, entgegen. Bei nicht zu großer Dehnung gilt das Hookesche Gesetz:

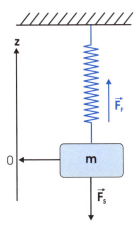

Abbildung 1.12: Federwaage

$$F_F = -F_S = -D \cdot z \quad \text{(Hookesches Gesetz)}$$

Die *Federkonstante D* ist ein Maß für die Elastizität der Feder.

■ **Reibungskraft:** Auf der Erde kommt jeder (selbst ein auf einem „reibungsfreien" Tisch bewegter) Körper irgendwann zur Ruhe. Im Rahmen des Konzepts der Newtonschen Mechanik wirkt also auf alle irdischen Körper eine abbremsende Kraft. Man nennt sie *Reibung*. Sie spielt im täglichen Leben und bei allen technischen Geräten mit bewegten Bauteilen eine außerordentlich große Rolle. Es gibt aber für die Reibung kein einfaches Kraftgesetz, wie z.B. für die Schwerkraft. Wie jeder aus eigener Erfahrung weiß, hängen Gleit- und Haftreibung empfindlich von der Beschaffenheit der sich reibenden Oberflächen ab. Auch die Luftreibung z. B. eines fahrenden Autos hängt in komplizierter Weise von Form und Beschaffenheit der Oberfläche ab und nimmt mit wachsender Geschwindigkeit des Körpers zu. Da die Wirkung der Reibung auf die Bewegung von Körpern nur schlecht zu kontrollieren und damit auch schlecht zu reproduzieren ist, betrachten wir die Reibung zunächst als lästige Störung und versuchen, sie – wie beim Fallversuch – so gut wie möglich zu vermeiden. Viele elementare Gesetzmäßigkeiten der klassischen Mechanik werden in (idealisierten) Prozessen ohne Reibung klarer erkennbar. Letztlich steht die Reibung in enger Beziehung zur thermischen Bewegung der Atome (Abschnitt 2.1.3), also einem Bereich der Physik, der nicht mehr zur Mechanik gehört. Für einfache Modellsysteme kann dieser Zusammenhang quantitativ dargestellt werden. So lässt sich beispielsweise die innere Reibung von Gasen im Rahmen einfacher Modelle quantitativ deuten (Abschnitt 3.2.1).

> | **Merke** | In Inertialsystemen ergibt sich die Beschleunigung **a** eines Körpers mit der Masse m aus der auf ihn einwirkenden Kraft **F**: |
>
> $$\vec{F} = m \cdot \vec{a}$$
>
> Für einen kräftefreien Körper ist folglich **a** = 0. Er bewegt sich also in einem Inertialsystem mit einer zeitlich konstanten Geschwindigkeit **v**.

1.2.3 Die Gravitation

Die Planeten bewegen sich im Weltraum praktisch reibungsfrei. Aus den von Kepler berechneten elliptischen Bahnen, die die Planeten in Bezug auf das heliozentrische Inertialsystem durchlaufen, ergibt sich gemäß dem Konzept der Newtonschen Mechanik eine zwischen Sonne und Planet anziehend wirkende Kraft, die mit dem Quadrat des Abstandes r abnimmt:

$$F_G \propto \frac{1}{r^2}$$

Newton erkannte, dass diese *Gravitation* genannte Kraft nicht nur zwischen der Sonne und den Planeten wirkt, sondern eine universelle Kraft ist, die zwischen allen Paaren von Körpern mit den Massen m und M wirkt und proportional zu den Massen der Körper ist:

$$F_G = G \cdot \frac{mM}{r^2} \quad \text{(Gravitationsgesetz)}$$

Die Proportionalitätskonstante

$$G = 0{,}672 \cdot 10^{-10}\, m^3 s^{-2} kg^{-1} \quad \text{(Gravitationskonstante)}$$

ist eine universelle Konstante der Natur. Sie heißt *Gravitationskonstante*. Die Gravitation wirkt also nicht nur zwischen himmlischen, sondern auch zwischen irdischen Körpern und ist daher auch Ursache für den freien Fall von Körpern auf der Erdoberfläche. Die Schwerkraft ist also ein Sonderfall der Gravitation. Demnach ergibt sich die Erdbeschleunigung aus der Masse M_E der Erde und dem Erdradius R_E:

$$g = G \cdot \frac{M_E}{R_E^{\ 2}}$$

Um die Gravitationskonstante G zu bestimmen, muss man die zwischen Körpern bekannter Masse wirkende Gravitationskraft messen. Gewöhnlich wird die Gravitationskraft zwischen den uns umgebenden Körpern nicht wahrgenommen, da ihre Massen sehr viel kleiner als M_E sind. Zwei 1-kg-Massen im Abstand $r = 0{,}1$ m ziehen sich nur mit einer Kraft $F = 0{,}67 \cdot 10^{-8}$ N an. Sie entspricht dem Gewicht einer Masse von 0,68 μg. Mit einer extrem empfindlichen Waage, einer so genannten *Gravitationswaage*, hat man diese Kraft im Labor gemessen und damit die Gravitationskonstante bestimmt.

> **Aufgabe 1.8**
>
> Nutzen Sie das Gravitationsgesetz, um die Massen der Erde und der Sonne zu bestimmen. Wie groß sind die mittleren Dichten (Masse/Volumen) dieser Körper?

Newton hat die Keplerschen Gesetze genutzt, um das Gravitationsgesetz zu finden. Umgekehrt können die Keplerschen Gesetze aus dem Gravitationsgesetz abgeleitet werden. Dazu geht man von dem Aktionsprinzip aus und setzt für **F** die Gravitationskraft ein. Es ergibt sich die folgende *Bewegungsgleichung* für die Bahnbewegung **r**(t) der Planeten:

$$m_P \frac{d^2\vec{r}}{dt^2} = -G \cdot \frac{m_P m_S}{r^2} \cdot \frac{\vec{r}}{r}$$

Die Keplerschen Ellipsenbahnen sind Lösungen dieser Differentialgleichung. Wir verzichten hier darauf, diese Behauptung allgemein zu beweisen. Der Beweis ist aber sehr einfach, wenn wir den Spezialfall der Kreisbahnen betrachten. In diesem Fall bewegen sich die Planeten mit konstanter Winkelgeschwindigkeit ω und konstantem Abstand r um ein Zentrum, in dem aber nur näherungsweise die Sonne steht. Denn nach dem Reaktionsprinzip bewegt sich auch die Sonne auf einer Kreisbahn um dieses Zentrum, allerdings mit einem sehr viel kleineren Radius.

Sehen wir auch von dieser Korrektur ab, so sind für Kreisbahnen offensichtlich das erste und zweite Keplersche Gesetz erfüllt. Das 3. Keplersche Gesetz ergibt sich dann aus der Gravitationskraft der Sonne, die die *zentripetale* Beschleunigung **a** = $-\omega^2$**r** des Planeten bewirkt:

$$G \cdot \frac{m_P m_S}{r^2} = m_P \omega^2 r$$

Da die Umlaufzeit $T = 2\pi/\omega$ ist, folgt aus obiger Gleichung: $T^2 = (2\pi)^2/(G\, m_S) \cdot r^3$, d. h. für alle Planeten hat das Verhältnis T^2/r^3 denselben Wert. Der Wert des Verhältnisses wird durch die Gravitationskonstante G und die Sonnenmasse m_S bestimmt:

$$\frac{T^2}{r^3} = \frac{4\pi^2}{G \cdot m_S}$$

> **Merke**
>
> Zwischen allen Paaren von Körpern mit den Massen M und m wirkt die Gravitationskraft:
>
> $$F_G = G \cdot \frac{mM}{r^2} \quad \text{(Gravitationsgesetz)}$$
>
> Alle Körper ziehen sich also gegenseitig an. Die anziehend wirkende Gravitationskraft nimmt mit dem Quadrat des Abstandes r ab.
>
> Aus Aktionsprinzip und Kraftgesetz ergibt sich eine Differentialgleichung für die Bewegung von Körpern, auf die diese Kraft wirkt. Durch Integration dieser *Bewegungsgleichung* lassen sich die möglichen Bahnkurven **r**(t) der Körper berechnen.

1.2.4 Konstanz der Lichtgeschwindigkeit

Der Newtonschen Mechanik liegen einige Annahmen zugrunde, die keinesfalls selbstverständlich sind. Es lohnt sich, über die grundlegenden Annahmen der Newtonschen Mechanik nachzudenken, um die Grenzen ihres Anwendungsbereichs zu erkennen. Im Abschnitt 1.2.2 wiesen wir bereits darauf hin, dass die Wahl eines geeigneten Inertialsystems fragwürdig wird, wenn es gilt, die mit modernen Messtechniken nachweisbaren Bewegungen von Galaxien zu beschreiben. Der experimentelle Befund, dass das Licht sich in allen Bezugssystemen mit gleicher Geschwindigkeit c ausbreitet, ist ein weiterer Hinweis darauf, dass die Gesetze der Newtonschen Mechanik nur einen begrenzten Anwendungsbereich haben.

Da die Lichtgeschwindigkeit c unabhängig von der Wahl des Bezugssystems ist, ist c ebenso wie die Gravitationskonstante G eine Naturkonstante. Wir werden später weiteren Naturkonstanten begegnen, nämlich in Abschnitt 2.1.3 der Boltzmann-Konstanten k, in Abschnitt 3.4.1 der Elementarladung e und in Abschnitt 4.3.2 dem Planckschen Wirkungsquantum h. Sie alle passen nicht in das Weltbild der Mechanik. Ihre Entdeckung hat daher zu einschneidenden Änderungen im Weltbild der Physik geführt. Hier wollen wir nur einige Konsequenzen der Konstanz der Lichtgeschwindigkeit hervorheben.

Der Newtonschen Mechanik liegt u. a. die Annahme zugrunde, dass die Gleichzeitigkeit von zwei an verschiedenen Orten stattfindenden Ereignissen unabhängig vom Bewegungszustand des Beobachters ist. Der Gleichzeitigkeit zweier Ereignisse käme demnach eine absolute Bedeutung zu. Die Konstanz der Lichtgeschwindigkeit hat hingegen die Konsequenz, dass zwei relativ zueinander bewegte Beobachter die zeitliche Reihenfolge zweier an verschiedenen Orten stattfindenden Ereignisse unter gewissen Voraussetzungen unterschiedlich beurteilen (Abbildung 1.13). Einstein beseitigte 1905 diesen Widerspruch, indem er deutlich machte, dass die Newtonsche Mechanik nur auf Bewegungen mit Geschwindigkeiten $v \ll c$ anwendbar ist. Seine Überlegungen führten zur *speziellen* und zur *allgemeinen Relativitätstheorie*.

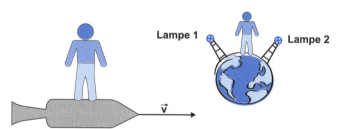

Abbildung 1.13: Relativität der Gleichzeitigkeit: Zwei d = 10 000 km voneinander entfernte Signallampen A und B, die für uns Erdbewohner gleichzeitig aufleuchten, sieht ein mit der Geschwindigkeit v = 9 km/s in Richtung $A{\rightarrow}B$ fliegender Raumfahrer nacheinander in einem zeitlichen Abstand von $\Delta t = v{\cdot}d/c^2 = 1\mu s$ aufleuchten. (Die Dauer der Signalübertragung ist bei der Zeitangabe berücksichtigt.)

Nach der speziellen Relativitätstheorie können Ereignisse, die einem Beobachter gleichzeitig erscheinen, sich für einen anderen Beobachter nacheinander ereignen. Für irdische Entfernungen d ($d < 10^7$ km) sind diese Zeitverschiebungen Δt meistens (aber nicht immer, man denke z. B. an das GPS – Global Positioning System) vernachlässigbar. Selbst bei hohen Relativgeschwindigkeiten ($v \sim c$) ist $\Delta t \le d/c$, also eine Zeitdifferenz viel kleiner als 1 s. Trotzdem ist diese Relativität der Gleichzeitigkeit von grundlegendem Interesse, denn sie stellt das Newtonsche Konzept der Fernkräfte, also insbesondere das Gesetz der auf große Entfernungen wirkenden Gravitation, in Frage. Diese Kraft ist umgekehrt proportional zum Quadrat des *momentanen* Abstands r zweier Körper, also des Abstands, an dem sich die beiden Körper gleichzeitig befinden. Wegen der Relativität der Gleichzeitigkeit macht diese Annahme im Rahmen der Relativitätstheorie keinen Sinn. Die Idee der *Fernkräfte* wird deshalb später (Abschnitt 3.4.2) durch die Idee des *Feldes* zu ersetzen sein.

Diese Anmerkungen mögen genügen, um verständlich zu machen, weshalb die Entdeckung der Konstanz der Lichtgeschwindigkeit zu einer revolutionären Neuorientierung des physikalischen Weltbildes führte. Im Rahmen des Lehrbuches können wir leider die theoretische Grundlage dieses Weltbildes, die Relativitätstheorie, nicht ausführlich behandeln und beschränken uns deshalb auf einige Anmerkungen:

Ausblick auf die relativistische Mechanik

- Nur wenn $v \ll c$, dürfen Geschwindigkeiten einfach vektoriell addiert werden. Im Allgemeinen ist das relativistische Additionsgesetz für Geschwindigkeiten anzuwenden (Abschnitt 1.1.3).

- Die Geschwindigkeiten materieller Körper sind stets kleiner als die Lichtgeschwindigkeit.

- In der Newtonschen Mechanik gilt ein Gesetz der Massenerhaltung: Die Masse m eines aus zwei Körpern mit den Massen m_1 und m_2 zusammengesetzten Körpers ist gleich $m = m_1 + m_2$. Hingegen sind nach der speziellen Relativitätstheorie Masse und Energie äquivalent. Masse kann sich in Energie und Energie in Masse umwandeln. Es gilt die bekannte Formel:

$$E = mc^2$$

Daher ist beispielsweise die Masse m_d eines Deuterons, das aus einem Proton und einem Neutron zusammengesetzt ist, kleiner als die Summe der Massen m_p und m_n von Proton und Neutron. Man nennt $\Delta m = m_p + m_n - m_d$ den Massendefekt. Um ein Deuteron in ein Proton und ein Neutron zu spalten, wird die Energie $E = (m_p + m_n - m_d)\, c^2$ benötigt.

Aufgabe 1.9 Berechnen Sie den Fehler der Ortsangaben eines Global-Positioning-Systems, dessen Zeitbasis nur auf etwa $\pm 1\,\mu s$ genau ist.

Merke Licht breitet sich in allen Inertialsystemen mit derselben Geschwindigkeit $c = 3 \cdot 10^8$ m/s aus. Da die Lichtgeschwindigkeit unabhängig von der Wahl des Bezugssystems ist, kann die zeitliche Reihenfolge zweier Ereignisse, die in großer Entfernung voneinander stattfinden, von Beobachtern, die sich relativ zueinander bewegen, unterschiedlich beurteilt werden.

1.3 Energie- und Impulssatz

In allen Bereichen der Physik spielt der Energiebegriff eine zentrale und grundlegende Rolle. Man kennt ihn (oder meint ihn zu kennen) aus den tagespolitischen Diskussionen um „Energievorräte" und „Energieversorgung". Seine physikalische Bedeutung gewinnt er aufgrund des Satzes von der Energieerhaltung. Die experimentelle Grundlage des Energiesatzes wird deutlich bei der Betrachtung von Kreisprozessen. Im Rahmen der Mechanik basiert er auf dem Begriff der *Arbeit*. Er gilt aber zunächst nur unter der einschränkenden Bedingung, dass nur konservative Kräfte (Abschnitt 1.3.1) wirken. Seine universelle Bedeutung gewinnt er erst bei Einbeziehung thermodynamischer Prozesse (Abschnitt 2.3.2).

Uneingeschränkt gültig ist hingegen auch im Rahmen der Mechanik der Impulssatz. Die experimentelle Grundlage bilden die Stoßexperimente, auf die wir schon bei der Definition des Begriffs der trägen Masse verwiesen haben (Abschnitt 1.2.1).

1.3.1 Arbeit und Kreisprozesse

Jeder, der eine Rundfahrt mit einem Fahrrad gemacht hat, weiß, dass man dabei nicht ständig bergab fahren kann. Nach einer Talfahrt geht es später wieder bergauf. Nur in der Phantasie eines Künstlers wie M. C. Escher (Abbildung 1.14) gibt es einen geschlossenen Wasserkreislauf, bei dem es ständig bergab geht. Die elementare Erfahrung des Bergab und Bergauf auf Rundwegen ist Grundlage dafür, dass man jedem Ort auf der Erdoberfläche ein *Potenzial*, nämlich die Höhe über NN (Normal-Null) gleich Meeresspiegel, zuordnen kann. Eine Verallgemeinerung dieser elementaren Erkenntnis kommt in dem Satz *Es gibt kein Perpetuum mobile* und dem *Energiesatz* zum Ausdruck. Die folgenden Überlegungen führen darauf hin.

Abbildung 1.14: In einem Kreislauf ständig bergab fließendes Wasser (M. C. Escher)

Wird ein Körper (wir denken zunächst an einen Massenpunkt) durch Einwirkung einer Kraft **F** von einem Ort $\mathbf{r}_1$ geradlinig zu einem Ort $\mathbf{r}_2$ bewegt, so wird dabei eine *Arbeit* verrichtet. Physikalisch wird sie definiert als Skalarprodukt aus Kraft und Weg:

$$W = (\vec{F} \cdot [\vec{r}_2 - \vec{r}_1])$$

Gemäß der Definition ist die *SI-Einheit der Arbeit* 1 N·m = 1 kg·m^2·s^{-2} = 1 J. Sie heißt nach dem Physiker **J. P. Joule (1818 – 1889)**. Ist die Kraft ortsabhängig und der Weg gekrümmt, so ist die Arbeit durch Summation über viele kleine geradlinige Wegsegmente d**r** als Integral längs des Weges von einem Ausgangsort A zu einem Endpunkt Z zu berechnen:

$$W = \int_A^Z (\vec{F}(\vec{r}) \cdot d\vec{r})$$

Im Allgemeinen hat der Körper nach der Bewegung einen anderen Ort und eine andere Geschwindigkeit als vorher. Kehrt hingegen der Körper wieder zu seinem Ausgangsort und zu seiner Anfangsgeschwindigkeit zurück, so sagt man, er habe einen *Kreisprozess* durchlaufen. Die dabei verrichtete Arbeit ist dann durch ein Wegintegral entlang eines geschlossenen Weges gegeben:

$$W = \oint \vec{F}(\vec{r}) \cdot d\vec{r}) \geq 0$$

Experimentell ergibt sich, dass die bei einem Kreisprozess verrichtete Arbeit immer größer oder allenfalls gleich Null, aber niemals kleiner als Null ist.

Ein entsprechendes Ergebnis findet man auch für komplexe mechanische Maschinen. Eine Maschine (man denke z. B. an den Schwungradspeicher (Abbildung 1.15) eines Stirling-Motors, der in Abschnitt 2.4.4 behandelt wird) durchläuft einen Kreisprozess, wenn am Ende des Prozesses alle Massenpunkte der Maschine zu ihrem Ausgangsort und ihrer Anfangsgeschwindigkeit zurückkehren.

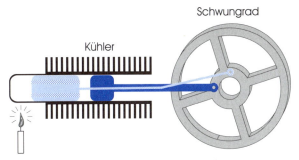

Abbildung 1.15: Schwungradspeicher eines Stirling-Motors (Abschnitt 2.4.4)

Bei einem solchen Kreisprozess wird einerseits eine Arbeit W_{zu} zugeführt (wenn das Schwungrad angetrieben wird) und andererseits eine Arbeit W_{ab} abgegeben (wenn das Schwungrad das Gas des Stirling-Motors komprimiert). Wir stellen den Ablauf eines solchen Kreisprozesses schematisch durch ein Piktogramm dar (Abbildung 1.16). Lange Zeit bemühten sich viele Erfinder, ein so genanntes *Perpetuum mobile* zu bauen, also eine Maschine, für die $W_{ab} > W_{zu}$ ist. Alle diese Bemühungen haben letztlich nur gezeigt, dass – ganz gleich, wie raffiniert die Maschine erdacht wurde – im Laufe eines Kreisprozesses stets weniger Arbeit abgegeben als zugeführt wird:

Abbildung 1.16: Arbeitsdiagramm für mechanische Kreisprozesse

$$W_{ab} \leq W_{zu} \quad \text{(experimentelle Basis des Energiesatzes der Mechanik)}$$

Nur in einem idealisierten Grenzfall, wenn nämlich die Maschine reibungsfrei läuft, ist $W_{ab} = W_{zu}$.

Die Untersuchung von Kreisprozessen ermöglicht eine grundlegende Klassifikation der in der Natur vorkommenden Kräfte. Man unterscheidet:

- **konservative Kräfte** – das sind Kräfte, die zu keinem Verlust von Arbeit führen – und

- **dissipative Kräfte** – das sind Kräfte, die bei Kreisprozessen einen Verlust von Arbeit bewirken.

Konservative Kräfte sind beispielsweise Schwerkraft, Gravitation und Federkraft (sofern die Feder vollkommen elastisch ist). Dissipative Kräfte treten auf bei Reibung und plastischer Verformung.

Aufgabe 1.10 Berechnen Sie die beim Heben eines 10-kg-Gewichts verrichtete Arbeit. Welche Arbeit wird verrichtet, wenn das Gewicht auf einen 1 m hohen Tisch gehoben wird, und welche, wenn es anschließend wieder auf den Fußboden gestellt wird? Ist sie positiv oder negativ zu werten?

Merke Bei mechanischen Kreisprozessen haben am Ende des Prozesses alle Massenpunkte des betrachteten Systems wieder denselben Ort und dieselbe Geschwindigkeit wie am Anfang. Wenn während des Kreisprozesses nur konservative Kräfte in dem System wirken, verrichtet das System während des Prozesses genau so viel Arbeit, wie ihm zugeführt wird.

Im Arbeitsintegral wird die zugeführte Arbeit positiv und die abgegebene Arbeit negativ gewertet. Mit dieser Wertung hat die bei dem Kreisprozess verrichtete Arbeit den Wert Null.

1.3.2 Potenzielle und kinetische Energie

Wir betrachten im Folgenden mechanische Systeme, in denen keine dissipativen Kräfte wirken. In diesem Fall gilt für Kreisprozesse $W_{zu} = W_{ab}$. Falls hingegen das System von einem Anfangszustand A in einen Endzustand Z übergeht (Abbildung 1.17), ist im Allgemeinen $W_{zu} \neq W_{ab}$. Da aber bei Kreisprozessen zugeführte und abgegebene Arbeit betragsmäßig gleich sind, folgt für diese offenen Prozesse, dass die Differenz $W_{zu} - W_{ab}$ unabhängig von dem Weg ist, auf dem das System vom Zustand A in den Zustand Z gebracht wurde. Denn ergäben sich für verschiedene Wege unterschiedliche Werte für $W_{zu} - W_{ab}$, so könnte man das System auf dem einen Weg hin und auf dem anderen Weg zurück zum Anfangszustand führen und hätte damit einen Kreisprozess mit $W_{zu} \neq W_{ab}$ im Widerspruch zur Voraussetzung, dass nur konservative Kräfte wirken.

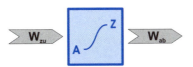

Abbildung 1.17: Energiediagramm für einen konservativen Prozess, der ein mechanisches System aus einem Anfangszustand A in einen Endzustand Z überführt

Die *Wegunabhängigkeit* der Differenz $W_{zu} - W_{ab}$ oder, allgemeiner gesagt, des Arbeitsintegrals $\int \mathbf{F} \cdot d\mathbf{r}$ erlaubt es, eine neue, den Zustand des mechanischen Systems charakterisierende Größe, nämlich die *Energie*, zu definieren. Dazu wählt man einen beliebigen Anfangszustand A des mechanischen Systems aus, um den Nullpunkt der Energieskala festzulegen. Die Energie E eines beliebigen anderen Zustands Z des mechanischen Systems ist dann gleich der Arbeit, die netto (W_{zu} wird positiv und W_{ab} wird negativ gewertet) aufgewendet werden muss, um das System vom Zustand A in den Zustand Z zu überführen:

$$E = W(A \to Z) = \int_{A}^{Z} (\vec{F}(\vec{r}) \cdot d\vec{r})$$

Die *SI-Einheit der Energie* ist wie die der Arbeit 1 J. Bei Prozessen, bei denen dem mechanischen System Arbeit weder zugeführt noch entzogen wird, bleibt offensichtlich die Energie des Systems konstant. Für konservative und dynamisch abgeschlossene Systeme gilt also ein Energieerhaltungssatz.

Für viele Überlegungen ist es von großem Vorteil, die Energie als Funktion der Orts- und Geschwindigkeitskoordinaten des Systems zu kennen. Wir betrachten als elementares Beispiel die Energie eines Massenpunkts. Allgemein lässt sich die Gesamtenergie E_{ges} in einen potenziellen (nur von den Ortskoordinaten abhängigen) und einen kinetischen (nur von den Geschwindigkeitskoordinaten abhängigen) Anteil zerlegen:

$$E_{ges} = E_{kin} + E_{pot}$$

Um die *potenzielle Energie* E_{pot} eines Massenpunkts zu berechnen, auf den nur die Schwerkraft $\mathbf{F} = m\mathbf{g}$ wirkt, ist die Arbeit zu berechnen, die benötigt wird, um den Massenpunkt von der Höhe 0 auf die Höhe h zu heben. Daher ist in diesem Fall $E_{pot} = m \cdot g \cdot h$. Im Allgemeinen ist aber die Ortsabhängigkeit der auf den Massenpunkt wirkenden Kräfte zu beachten und das *Arbeitsintegral* zu berechnen:

$$E_{pot} = \int_0^z (\vec{F}(\vec{r}) \cdot d\vec{r})$$

Für einen an einer Feder aufgehängten Massenpunkt ergibt sich die potenzielle Energie aus dem Hookeschen Gesetz (Abschnitt 1.2.2): $F(z) = D{\cdot}z$. Bei einer Verschiebung aus der Ruhelage bei $z = 0$ beträgt die potenzielle Energie des Massenpunkts am Ort z:

$$E_{pot}(z) = \frac{1}{2} D \cdot z^2$$

Die potenzielle Energie eines Planeten (mit der Masse m_P), auf den die Gravitationskraft der Sonne (mit der Masse m_S) wirkt, ergibt sich aus dem Gravitationsgesetz (Abschnitt 1.2.3):

$$E_{pot}(r) = -G \cdot \frac{m_S m_P}{r}$$

Dabei wurde die Energie bei $r \to \infty$ als Nullpunkt der Energieskala gewählt.

> **Aufgabe 1.11** Beweisen Sie die Formeln für die potenzielle Energie der Masse m an einer Feder und eines Planeten mit der Masse m_P, der die Sonne mit der Masse m_S umkreist, und stellen Sie die Funktionen $E_{pot}(z)$ und $E_{pot}(r)$ grafisch dar.

Die *kinetische Energie* ist eine einfache Funktion der Geschwindigkeit v. Sie ist gleich der Arbeit, die bei einer Beschleunigung einer Masse m von der Geschwindigkeit $v = 0$ auf eine Geschwindigkeit $v > 0$ aufzubringen ist:

$$E_{kin} = \frac{1}{2} mv^2$$

> **Aufgabe 1.12** Beweisen Sie die Formel für die kinetische Energie, indem Sie die Arbeit berechnen, die bei einer gleichförmigen Beschleunigung verrichtet wird.

Viele Fragen zur Bewegung von Körpern lassen sich beantworten, ohne den Bewegungsablauf im Einzelnen zu untersuchen. Wesentliche Aussagen können bereits gemacht werden, wenn man nur die Energie des Anfangs- und des Endzustands kennt.

Um beispielsweise die Geschwindigkeit einer Rakete zu bestimmen, die sie nahe der Erdoberfläche erreichen muss, um anschließend ohne weiteren Antrieb den Anziehungsbereich der Erde verlassen zu können, braucht man keine Raketenbahn zu berechnen. Es reicht, die kinetische Energie $E_{kin} = m\, v_0^2/2$ und die potenzielle Energie $E_{pot} = -G\, m\, M_E/R_E$ der Rakete zunächst auf der Erdoberfläche ($r = R_E$) und dann im Weltraum ($r \to \infty$) zu berechnen und dabei zu beachten, dass auch für $r \to \infty$ ein positiver Wert für die kinetische Energie herauskommen muss. Da sowohl die kinetische

Energie als auch die potenzielle Energie der Rakete proportional zur Masse m der Rakete sind, ist die *Fluchtgeschwindigkeit* v_0, die als Mindestgeschwindigkeit benötigt wird, unabhängig von der Masse der Rakete. Natürlich bleibt bei dieser Rechnung der Einfluss von Reibung unberücksichtigt.

Aufgabe 1.13 Berechnen Sie die Fluchtgeschwindigkeit v_o für Raketen, die von der Erdoberfläche aus starten. Es ergibt sich etwa $v_0 \approx 11$ km/s.

Merke Die kinetische Energie eines Körpers mit der Masse m, der sich mit der Geschwindigkeit **v** bewegt, hat den Wert:

$$E_{kin} = \frac{1}{2} m \vec{v}^2$$

Die potenzielle Energie eines Körpers, auf den die Gravitationskraft eines Zentralgestirns im Abstand r wirkt, hat den Wert:

$$E_{pot}(r) = -G \cdot \frac{m_S m_P}{r}$$

Allgemein ergibt sich die potenzielle Energie $E_{pot}(Z)$ eines Systems im Zustand Z aus dem Arbeitsintegral vom Ausgangszustand A zum Zustand Z.

1.3.3 Impulserhaltung

Der *Impuls* eines Körpers ist definiert als das Produkt aus Masse und Geschwindigkeit:

$$\vec{p} = m\vec{v}$$

Der Impuls ist also ein Vektor. Da sich gewöhnlich die Masse eines Körpers nicht mit der Zeit ändert, ist $dp/dt = m \cdot \mathbf{a}$. Nach dem Aktionsprinzip ändert sich der Impuls eines Körpers also nur, wenn von außen eine Kraft F auf den Körper einwirkt:

$$\vec{F} = \frac{d\vec{p}}{dt}$$

Wenn zwei Körper *1* und *2* gegeneinander stoßen, wirken auf beide Körper betragsmäßig gleiche, aber entgegengesetzt gerichtete Kräfte (Reaktionsprinzip). Daher gilt bei Stößen der *Impulssatz*:

$$m_1\vec{v}_1 + m_2\vec{v}_2 = m_1\vec{u}_1 + m_2\vec{u}_2 \quad \text{(Impulssatz)}$$

Die Summe der Impulse vor dem Stoß ist gleich der Summe der Impulse nach dem Stoß. Dabei sind v_i die Geschwindigkeiten der Massen m_i vor dem Stoß und u_i die Geschwindigkeiten nach dem Stoß. Der Impulssatz gilt ebenso wie das Reaktionsprinzip universell und hängt insbesondere nicht davon ab, ob beim Stoß nur konservative oder auch dissipative Kräfte wirken.

Der Impuls eines Körpers kann sich nur ändern, wenn eine äußere Kraft auf ihn einwirkt. Da Kräfte stets zwischen zwei Körpern wirken, erfährt dabei ein anderer Körper eine Gegenkraft und ändert daher seinen Impuls in entgegengesetzter Richtung. Die Summe der Impulse beider Körper ändert sich nicht. Wird, wie beim Abschießen einer Kugel, ein kurzer Kraftstoß $\mathbf{p} = \int \mathbf{F} \cdot dt$ übertragen, erfährt der Schütze einen gleich großen *Rückstoß*.

Auch der *Raketenantrieb* beruht auf der Impulserhaltung (Abbildung 1.18). Eine Rakete stößt mit einer (möglichst großen, relativ zur Rakete gemessenen) Geschwindigkeit **u** kontinuierlich Masse ab und wird durch den Rückstoß beschleunigt. Wird innerhalb eines Zeitintervalls dt die Masse dm mit der Geschwindigkeit **u** ausgestoßen, so ergibt sich aufgrund der Impulserhaltung für die Geschwindigkeitsänderung $d\mathbf{v}$ der Rakete mit der momentanen Masse m:

Abbildung 1.18: Raketenantrieb

$$m \cdot d\vec{v} = -dm \cdot \vec{u}$$

Nach Integration über die Antriebszeit ergibt sich daraus für die Endgeschwindigkeit $\mathbf{v}_f$ der Rakete:

$$\vec{v}_f = \vec{u} \cdot \ln \frac{m_i}{m_f}$$

Die Masse der Rakete verringert sich während des Antriebs von einem Wert m_i beim Start auf eine Endmasse m_f. Um eine möglichst große Endgeschwindigkeit zu erreichen, sollte die Massenabnahme m_i / m_f möglichst groß sein.

Experiment 1.3   ## Rakete

Eine raketenförmige Plastikhülle wird mit Pressluft gefüllt. Beim Öffnen des Raketenausgangs strömt dank des Überdrucks die Luft aus, und die senkrecht aufgestellte Rakete hebt ab. Allerdings steigt sie nur knapp 1 m hoch. Die Massenabnahme ist zu gering. Eindrucksvoll wirkt der Versuch erst, wenn die Rakete zunächst etwa zur Hälfte mit Wasser und dann mit Pressluft gefüllt wird. Denn die Masse des ausgestoßenen Wassers ist um ein Vielfaches größer als die Masse des Raketenkörpers.

Aufgabe 1.14   Vergleichen Sie die kinetischen Energien zweier Körper mit den Massen $m_1 < m_2$, die betragsmäßig gleiche Impulse haben. Welcher der beiden Körper hat die größere kinetische Energie, und um welchen Faktor unterscheiden sich die kinetischen Energien?

> **Merke** Wenn zwei Körper gegeneinander stoßen, bleibt die Summe $m_1v_1 + m_2v_2$ der Impulse beider Körper unverändert.

1.3.4 Elastische und inelastische Stöße

Der Impulssatz gilt universell, der Energiesatz hingegen im Rahmen der Mechanik nur, wenn keine dissipativen Kräfte wirken. Bei Stößen unterscheidet man daher elastische und inelastische Stöße. Bei einem *elastischen Stoß* bleibt nicht nur der Impuls, sondern auch die Energie erhalten, beim *inelastischen Stoß* hingegen nur der Impuls. Stoßen zwei Kugeln *elastisch* zusammen, so gilt also:

$$m_1\vec{v}_1 + m_2\vec{v}_2 = m_1\vec{u}_1 + m_2\vec{u}_2$$

und

$$m_1\vec{v}_1^{\,2} + m_2\vec{v}_2^{\,2} = m_1\vec{u}_1^{\,2} + m_2\vec{u}_2^{\,2} \ .$$

Stößt insbesondere eine Kugel 1 auf eine ruhende Kugel 2 gleicher Masse, so folgt (Satz des Pythagoras) aus den beiden Gleichungen: $\mathbf{v}_1 = \mathbf{u}_1 + \mathbf{u}_2$ und $\mathbf{v}_1^2 = \mathbf{u}_1^2 + \mathbf{u}_2^2$, dass die beiden Kugeln nach dem Stoß senkrecht zueinander auseinander fliegen. Nach einem zentralen Stoß ist insbesondere $\mathbf{u}_1 = 0$. Kugel 2 übernimmt dann beim Stoß Impuls und Energie von Kugel 1.

> **Experiment 1.4** **Newtonsches Pendel**
>
> Die Gesetzmäßigkeiten (fast) elastischer Stöße von Kugeln gleicher Masse lassen sich experimentell mit der in Abbildung 1.19 gezeigten Anordnung von Stahlkugeln eindrucksvoll illustrieren. Trifft die Kugel am Anfang der Reihe zentral auf die nächste Kugel, so pflanzen sich Impuls und Energie von Kugel zu Kugel fort, so dass schließlich die Kugel am anderen Ende mit der ursprünglichen Energie der Anfangskugel ausschwingt.
>
>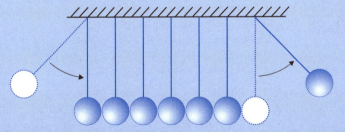
>
> Abbildung 1.19: Newtonsches Pendel

Nach einem extrem inelastischen Stoß hingegen haften beide Kugeln aneinander und fliegen mit gleicher Geschwindigkeit weiter. Zwar ändert sich der Gesamtimpuls der beiden Kugeln dabei nicht, aber die kinetische Energie beider Kugeln ist nach dem Stoß kleiner als vor dem Stoß.

Experiment 1.5 Ballistisches Pendel

Wir nutzen einen solchen Stoß zur Messung der Geschwindigkeit einer Gewehr-kugel (Abbildung 1.20). Die Gewehrkugel trifft auf eine plastische Kugel aus Knete, die an einem Faden aufgehängt ist. Da die Gewehrkugel in der Knete stecken bleibt, fliegen beide Kugeln nach dem Stoß zusammen weiter. Das aus Faden und Knete bestehende Pendel schlägt anschließend bis zu einer Höhe h aus. Die Höhe h und die Massen m_G und m_K der Kugeln werden gemessen.

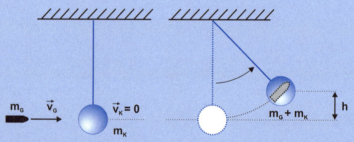

Abbildung 1.20: Ballistisches Pendel (v_G Geschwindigkeit der Gewehrkugel, v_K Geschwindigkeit der Kugel aus Knete, mit der darin stecken gebliebenen Gewehrkugel unmittelbar nach dem Stoß)

Aus der Impulserhaltung beim Stoß und der Energieerhaltung bei der Pendel-bewegung erhält man für die Geschwindigkeit v_G der Gewehrkugel vor dem Stoß:

$$v_G = \sqrt{2gh} \cdot \frac{m_G + m_K}{m_G}$$

Aufgabe 1.15

Beweisen Sie das Ergebnis. Berechnen Sie dabei in einem ersten Schritt v_K und dann in einem zweiten Schritt v_G. Für welchen Teil der Bewegung gilt nur der Energiesatz und für welchen Teil nur der Impulssatz? Warum? Welcher Anteil der kinetischen Energie der Gewehrkugel geht als mechanische Energie verloren?

Merke

Bei elastischen Stößen bleiben Impuls und kinetische Energie des gesamten Stoßsystems erhalten, bei inelastischen Stößen nur der Impuls.

1.4 Der Drehimpuls

Neben Energie- und Impulserhaltung ist für die Mechanik der Satz von der Erhaltung des Drehimpulses von zentraler Bedeutung. Der Drehimpuls ist insbesondere bei allen Drehbewegungen eine den Bewegungsablauf bestimmende Größe. Wie Energie und Impuls spielt auch der Drehimpuls nicht nur in der Mechanik, sondern auch in anderen Bereichen der Physik eine wichtige Rolle. Die Quantenphysik zeigt, dass es eine natürliche kleinste Einheit des Drehimpulses gibt, das *Plancksche Wirkungsquantum* $\hbar$ (Quantisierung des Drehimpulses, Abschnitt 5.1.3). Das Wirkungsquantum $\hbar$ hat den Wert $\hbar = 1{,}05 \cdot 10^{-34}$ J·s. Dieser Wert ist verglichen mit den Drehimpulsen der Rotationsbewegungen, die wir im täglichen Leben beobachten, infinitesimal klein. Wir können daher im Folgenden den Drehimpuls getrost als eine kontinuierlich variable Größe betrachten.

1.4.1 Der Drehimpuls bewegter Massenpunkte

Im täglichen Leben nutzen wir den Satz von der Erhaltung des Drehimpulses bei allen Drehbewegungen, beispielsweise beim Sport und beim Tanzen. Man denke z. B. an einen Salto oder eine Pirouette. Um mit den grundlegenden Größen vertraut zu werden, mit denen Drehbewegungen physikalisch beschrieben werden, betrachten wir zunächst noch einmal die Bewegung eines Massenpunktes um ein Kraftzentrum (Abschnitt 1.1.4).

Ein Massenpunkt, der sich wie die Planeten um die Sonne auf einer Bahn $\mathbf{r}(t)$ um ein Kraftzentrum bewegt, hat zwar einen Impuls $\mathbf{p}(t) = m \cdot \mathbf{v}$, der sich aufgrund der Krafteinwirkung zeitlich ändert, aber die Flächengeschwindigkeit $d\mathbf{A}/dt$ ist nach dem 2. Keplerschen Gesetz konstant. Dieser spezielle Sachverhalt soll in einen größeren Zusammenhang gestellt werden. Wir definieren dazu den *Drehimpuls* eines Massenpunktes, der sich auf einer Bahn $\mathbf{r}(t)$ um ein Kraftzentrum bei $\mathbf{r} = 0$ bewegt:

$$\vec{L} = \left[\vec{r} \times \vec{p}\right] = m\left[\vec{r} \times \vec{v}\right] \quad \text{(Definition des Drehimpulses)}$$

Der Drehimpuls hat die SI-Einheit kg·m^2·s^{-1} und damit die gleiche Dimension wie die Produkte *Impuls × Länge* und *Energie × Zeit*. Da für auf das Zentrum $\mathbf{r} = 0$ gerichtete Kräfte $\mathbf{F} \propto -\mathbf{r}$ und damit nach dem Aktionsprinzip auch $d\mathbf{p}/dt \propto -\mathbf{r}$ bis auf das Vorzeichen die gleiche Richtung wie der Radiusvektor $\mathbf{r}$ haben, ergibt sich für die zeitliche Ableitung des Drehimpulses:

$$\frac{d\vec{L}}{dt} = m\left[\vec{v} \times \vec{v}\right] + \left[\vec{r} \times \frac{d\vec{p}}{dt}\right] = 0$$

Da $d\mathbf{L}/dt = 0$, ist der Drehimpuls $\mathbf{L}$ eines sich um einen Zentralkörper bewegenden Massenpunkts konstant. Im Einklang damit bleibt auch der Drehimpuls der Planeten beim Umlauf um die Sonne erhalten (2. Keplersches Gesetz, Abschnitt 1.1.4).

Experiment 1.6 Rotation mit Hanteln

Um die Bedeutung des Drehimpulssatzes für rotierende Bewegungen beim Sport oder in der Technik zu illustrieren, stellen wir eine Versuchsperson mit zwei Hanteln auf einen Drehtisch (Abbildung 1.21). Werden die Hanteln in entgegengesetzte Richtungen gehalten, so heben sich die bei Rotation auf die Versuchsperson rückwirkenden Kräfte auf. Es besteht keine Gefahr, vom Tisch zu fallen, wenn die Versuchsperson in der Mitte des Tisches steht! Sie kann dann also gefahrlos die Hanteln von sich strecken oder an den Körper heranziehen und dabei beobachten, wie sich ihre Rotationsgeschwindigkeit ändert.

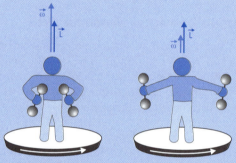

Abbildung 1.21: Drehtisch-Experiment mit Hanteln

Bei freier Rotation nimmt die Winkelgeschwindigkeit ω zu, wenn die Hanteln an den Körper herangezogen werden, und sie nimmt wieder ab, wenn der Abstand der Hanteln vom Körper wieder vergrößert wird.

Zur Begründung gehen wir von den stark vereinfachenden Annahmen aus, dass der Beitrag von Versuchsperson und Drehtisch zum Drehimpuls des Gesamtsystems vernachlässigt werden kann und die Hanteln als Massenpunkte mit den Massen m betrachtet werden können. Dann lassen sich die Änderungen der Winkelgeschwindigkeit ω bei Variation des Abstandes r der Hanteln von der Drehachse berechnen. Weil der Drehimpuls bei der Rotation erhalten bleibt, gilt in diesem Fall: $L = 2m \cdot r^2 \cdot \omega = const$. Bei einer Halbierung des Abstands wird folglich die Winkelgeschwindigkeit um einen Faktor 4 größer.

Aufgabe 1.16

Berechnen Sie die Zunahme der kinetischen Energie bei der Verringerung von r. Um welchen Faktor erhöht sich die kinetische Energie der Hanteln, wenn ihr Abstand von der Drehachse halbiert wird? Steht das Ergebnis im Einklang mit dem Energiesatz?

> **Merke**
>
> Bei freier Rotation bleibt der Drehimpuls **L** eines Körpers konstant:
>
> $$\vec{L} = m \cdot [\vec{r} \times \vec{v}] = const$$

1.4.2 Starrer Körper

Für die Bewegung eines Massenpunkts im Zentralfeld ergibt sich der Erhaltungssatz des Drehimpulses fast unmittelbar aus den Newtonschen Axiomen. Weniger offensichtlich ist die Gültigkeit des Drehimpulssatzes bei Drehbewegungen ausgedehnter Körper, da die zwischen verschiedenen Teilen eines ausgedehnten Körpers wirkenden Kräfte nicht so einfach wie eine Zentralkraft beschrieben werden können. Ein stark idealisierter ausgedehnter Körper ist der *starre Körper*. Er soll im Folgenden definiert und charakterisiert werden, bevor wir anschließend die Drehbewegungen ausgedehnter Körper diskutieren. Der starre Körper dient dabei als hilfreiches Beispiel.

Ausgedehnte Körper mit einer Masse m kann man sich aus vielen kleinen Massenelementen dm, die sich wie Massenpunkte verhalten, zusammengesetzt vorstellen. Im Allgemeinen kann sich jedes dieser Massenelemente mehr oder minder unabhängig von den anderen bewegen. Man denke beispielsweise an Gase, Flüssigkeiten oder plastisch und elastisch deformierbare Körper. Hier betrachten wir einen Körper, dessen Massenelemente relativ zueinander nicht verschoben werden können, d. h. einen *starren* Körper. Ebenso wenig wie einen Massenpunkt gibt es in der Natur einen ideal starren Körper. Die Idee des starren Körpers ist aber ebenso wie die des Massenpunkts geeignet, grundlegende Prinzipien der Naturgesetze herauszuarbeiten.

Die Lage eines Massenpunkts im Raum wird durch die Angabe von drei Ortskoordinaten gekennzeichnet. Der Massenpunkt hat dementsprechend drei *Freiheitsgrade*. Um die Lage eines *starren Körpers* im Raum zu kennzeichnen, sind der Ort eines körperfesten Bezugspunkts und die Orientierung des Körpers im Raum festzulegen (Abbildung 1.22). Dafür werden drei Orts- und drei Winkelkoordinaten benötigt. (Versuchen Sie an einem praktischen Beispiel, die Lage eines starren Körpers, z. B. eines Tisches, im Raum eindeutig durch Angabe von sechs Koordinaten zu beschreiben.) Der starre Körper hat also sechs Freiheitsgrade.

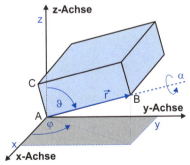

Abbildung 1.22: Kennzeichnung der Lage eines starren Körpers im Raum mit drei Ortskoordinaten und drei Richtungswinkeln. Im dargestellten Beispiel bestimmen die drei Ortskoordinaten die Lage der Ecke A des Quaders und die zwei Richtungswinkel ϑ und φ die Richtung $A{\to}B$ der einen Kante. Der dritte Winkel α bestimmt die Richtung der Kante $A{\to}C$.

Entsprechend den sechs Freiheitsgraden sind außer den sechs Koordinaten der Lage auch sechs Geschwindigkeitsparameter anzugeben, um die Bewegung eines starren Körpers zur Zeit t zu kennzeichnen, nämlich die drei Komponenten des Geschwindigkeitsvektors v(t) eines Massenelements und die drei Komponenten der Winkelgeschwindigkeit $\varpi(t)$, mit der der Körper seine Orientierung im Raum ändert.

Zunächst scheint es unerheblich zu sein, welcher körperfeste Bezugspunkt gewählt wird, um Lage und Bewegungszustand des Körpers zu beschreiben. Bei der Behandlung der Dynamik des starren Körpers (Abschnitt 1.5) wird sich aber zeigen, dass es ebenso wie in der Statik (Abschnitt 1.5.3) vorteilhaft ist, den Schwerpunkt des Körpers als Bezugspunkt zu wählen.

Der *Schwerpunkt* oder *Massenmittelpunkt* eines Körpers mit der Masse m hat den Ortsvektor (Abbildung 1.22):

$$\vec{r}_S = \frac{1}{m} \int \vec{r} \cdot dm \quad \text{(Definition des Massenmittelpunkts)}$$

Aus dieser Formel folgt beispielsweise, dass der Massenmittelpunkt einer aus zwei Massenpunkten m_1 und m_2 bestehenden Hantel bei $\mathbf{r}_S = (m_1 + m_2)^{-1} \cdot (m_1 \cdot \mathbf{r}_1 + m_2 \cdot \mathbf{r}_2)$ liegt.

Bezug nehmend auf den Massenmittelpunkt werden wir von nun an die Bewegungen starrer Körper als Überlagerung einer Translationsbewegung $\mathbf{r}_S(t)$ des Massenmittelpunkts mit dem Geschwindigkeitsvektor $\mathbf{v}_S = d\mathbf{r}_S/dt$ und einer Rotationsbewegung des Körpers um eine durch den Massenmittelpunkt gehende Achse mit der Winkelgeschwindigkeit ϖ beschreiben.

Aufgabe 1.17   Beweisen Sie, dass der Schwerpunkt eines starren Körpers, der aus drei Punkten gleicher Masse besteht, auf dem Schnittpunkt der Seitenhalbierenden des von den Massenpunkten gebildeten Dreiecks liegt.

Merke   Der Schwerpunkt eines aus N Massenpunkten mit den Ortsvektoren $\mathbf{r}_i$ bestehenden Körpers hat den Ortsvektor:

$$\vec{r}_S = \frac{1}{m} \cdot \sum_{i=1}^{N} m_i \, \vec{r}_i$$

Dabei ist $m = \sum m_i$ die Gesamtmasse des Körpers.

1.4.3   Der Drehimpuls ausgedehnter Körper

Definitionsgemäß steht der Drehimpuls **L** eines Massenpunkts, der sich in einer Ebene um ein Zentrum bewegt, senkrecht auf **r** und **p** und damit senkrecht auf der Bahnebene. Schwieriger ist es, die Richtung des Drehimpulses eines rotierenden starren Körpers zu bestimmen. Denn im Allgemeinen ist der Drehimpuls nicht parallel zur Drehachse des Körpers. Das einfache Beispiel einer rotierenden Hantel, die aus zwei

starr verbundenen Massenpunkten besteht, zeigt, dass Drehimpuls und Rotationsachse verschiedene Richtungen haben können (Abbildung 1.23).

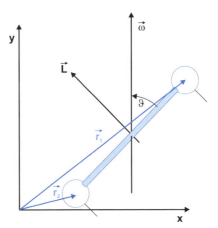

Abbildung 1.23: Drehimpuls einer Hantel

Betrachten wir also eine solche aus zwei Massenpunkten mit gleichen Massen m
bestehende Hantel, die mit der Winkelgeschwindigkeit ϖ um eine feste Achse (in
Richtung ϖ) rotiert. Die Massen mögen den Abstand $2d$ haben und die Rotationsachse
kreuze die Hantelachse in dem auf der Mitte der Achse gelegenen Massenmittelpunkt
unter einem Winkel ϑ. Um den Drehimpuls der Hantel zu berechnen, sind die Drehimpulse der beiden Massenpunkte zu summieren:

$$\vec{L} = \left[\vec{r}_1 \times \vec{p}_1\right] + \left[\vec{r}_2 \times \vec{p}_2\right]$$

Da die Rotationsachse die Hantelachse im Mittelpunkt schneidet, ist $\mathbf{p}_1 = -\mathbf{p}_2$ und folglich der Drehimpuls der Hantel

$$\vec{L} = \left[(\vec{r}_1 - \vec{r}_2) \times \vec{p}_1\right]$$

nur von der relativen Lage $\mathbf{r}_1 - \mathbf{r}_2$ der beiden Massenpunkte abhängig, nicht aber von
der Wahl des Koordinatenursprungs. Da $\mathbf{p}_1$ senkrecht zur Hantelachse steht, liegt $\mathbf{L}$ in
der von Hantel und Rotationsachse aufgespannten Ebene und senkrecht zur Hantel-
achse. Daher ist $\mathbf{L}$ im Allgemeinen nicht parallel zu ϖ. Falls $\vartheta \neq 0$ und $\vartheta \neq \pi/2$, ändert
sich also bei rotierender Hantel laufend die Richtung von $\mathbf{L}$. Nur die Projektion L_z von
$\mathbf{L}$ auf die Rotationsachse bleibt konstant.

Einen beliebigen ausgedehnten Körper kann man sich, wie im Abschnitt 1.4.2 dar-
gelegt, aus vielen kleinen Massenelementen dm (Atomen) zusammengesetzt denken.
Der Drehimpuls des gesamten Körpers ist dann die Summe der Drehimpulse aller
Massenpunkte:

$$\vec{L} = \int dm\,[\vec{r} \times \vec{v}]$$

Dabei bezieht sich der Drehimpuls auf die Bewegung um den Ursprung der Ortsvektoren $\mathbf{r}$ der Massenelemente dm. Wir nehmen zunächst an, dass dies der Massenmittelpunkt des Körpers ist und dass dieser auf der Rotationsachse liegt, um die der Körper

mit der Winkelgeschwindigkeit ϖ rotiert. In diesem Fall ruht der Massenmittelpunkt, und es ist (Abschnitt 1.1.2) $\mathbf{v} = [\varpi \times \mathbf{r}]$ und folglich:

$$\vec{L} = \int dm \left[\vec{r} \times [\vec{\omega} \times \vec{r}] \right]$$

Im Allgemeinen bewegt sich auch der Massenmittelpunkt eines rotierenden Körpers auf einer Bahn $\mathbf{r}_S(t)$ (Abbildung 1.24). Der Gesamtdrehimpuls des Körpers ergibt sich dann aus der Bewegung des Massenmittelpunkts und der Rotation um eine Schwerpunktsachse:

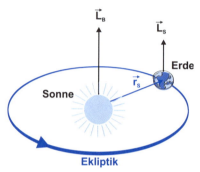

Abbildung 1.24: Bahndrehimpuls und Eigendrehimpuls der Erde

$$\vec{L} = \int dm \left[(\vec{r}_S + \vec{r}) \times (\vec{v}_S + [\vec{\omega} \times \vec{r}]) \right]$$

Da als Ursprung der Vektoren **r** der Massenmittelpunkt angenommen wurde, vereinfacht sich diese Formel zu:

$$\vec{L} = m \left[\vec{r}_S \times \vec{v}_S \right] + \int dm \left[\vec{r} \times [\omega \times \vec{r}] \right]$$

Aufgabe 1.18 Beweisen Sie die Behauptung. Zerlegen Sie dazu den Integranden in eine Summe von vier Produkten und nutzen Sie beim Integrieren der einzelnen Summanden, dass $\int \mathbf{r} \cdot dm = 0$ und $\int dm = m$ ist.

Der Gesamtdrehimpuls des Körpers setzt sich also additiv zusammen aus einem mit der Bahnbewegung des Massenmittelpunkts verknüpften Bahndrehimpuls $\mathbf{L}_B$ und einem mit der Rotation um eine Schwerpunktsachse verknüpften Eigendrehimpuls (englisch: spin) $\mathbf{L}_S$:

$$\vec{L} = \vec{L}_B + \vec{L}_S$$

Aufgabe 1.19 Schätzen Sie Bahndrehimpuls und Spin der Erde ab. Wie groß sind sie relativ zu $\hbar$?

> **Merke** Der Drehimpuls **L** eines mit der Winkelgeschwindigkeit ϖ rotierenden starren Körpers ist gewöhnlich nicht parallel zu ϖ. Der Drehimpuls **L** einer Hantel ist nicht parallel zu ϖ, wenn die Hantelachse weder parallel noch senkrecht zur Drehachse (ϖ) steht.

1.4.4 Drehimpulserhaltung

Der Bahndrehimpuls eines Massenpunktes, der sich um ein Kraftzentrum bewegt, bleibt zeitlich konstant (Abschnitt 1.4.1). Ebenso bleibt der Eigendrehimpuls der Erde, die tägliche Rotation der Erde um ihre Nord-Süd-Achse, wie wir aus Erfahrung wissen, konstant. Genauere Messungen ergeben allerdings kleinere Schwankungen und Änderungen der Erdrotation, von denen wir hier absehen. Sie resultieren z. B. aus einer schwachen Kopplung der Erdrotation an die Bewegung des Mondes (Ebbe und Flut) und an die Bahnbewegungen der Planeten. Laborexperimente zeigen, dass auch der Drehimpuls vieler irdischer Körper erhalten bleibt, wenn sie ungestört rotieren können. Einige *Experimente* sollen die universelle Gültigkeit des Satzes von der Drehimpulserhaltung belegen.

Wir betrachten zunächst die Rotation von Körpern um die im Raum ruhende (in z-Richtung zeigende) Achse eines Drehtisches (Abbildung 1.21 und Abbildung 1.25). Das in Abschnitt 1.4.1 betrachtete Experiment *Rotation mit Hanteln* hat bereits gezeigt, dass sich bei einer Bewegung der Hanteln zwar die Winkelgeschwindigkeit der Rotation, nicht aber die z-Komponente L_z des Drehimpulses **L** ändert. Für die Erhaltung des Drehimpulses ist dabei allein wichtig, dass die Rotation nicht durch von außen einwirkende Kräfte gestört wird. Der Erhaltungssatz ist gültig – unabhängig davon, wie der rotierende Körper verformt wird und welche Kräfte zwischen den Massenelementen des Körpers wirken.

Experiment 1.7   ## Drehtisch

Die universelle Gültigkeit der Drehimpulserhaltung wird noch eindrucksvoller belegt mit Experimenten, bei denen die Versuchsperson auf dem Drehtisch ein rotierendes Rad bewegt (Abbildung 1.25).

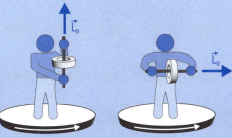

Abbildung 1.25: Drehtischexperimente mit Rad

Wird beispielsweise das rotierende Rad bei vertikaler Achsenstellung von der zunächst ruhenden Versuchsperson übernommen und anschließend in eine horizontale Achsenstellung gedreht, so rotiert danach Versuchsperson samt Rad auf dem Drehstuhl mit dem ursprünglichen Drehimpuls des Rades. Denn auch bei der Drehung der Radachse gilt für das um die z-Achse frei rotierende Gesamtsystem $L_z = const$. Da vor der Achsendrehung das Rad einen Drehimpuls $L_z(\text{Rad}) = L_R$ hat und nach der Achsendrehung $L_z(\text{Rad}) = 0$ ist, dreht sich anschließend das Gesamtsystem auf dem Drehstuhl mit dem Drehimpuls $L_z = L_R$.

Wird die Radachse um weitere 90^0 in eine Vertikalstellung gebracht, die der ursprünglichen entgegengerichtet ist, so dreht sich anschließend die Versuchsperson wegen $L_z = const$ mit doppelter Winkelgeschwindigkeit, da jetzt $L_z(\text{Rad}) = -L_R$ ist.

In einem dritten Schritt wird das noch rotierende Rad von der Versuchsperson abgebremst, so dass es zum Stillstand kommt. Danach ist wieder $L_z(\text{Rad}) = 0$. Die Versuchsperson hat also wieder dieselbe Winkelgeschwindigkeit wie nach dem ersten Schritt.

Bei diesen Experimenten bleibt nur die z-Komponente des Drehimpulses erhalten, da sich die Rotationsachse des Drehtischs relativ zum Hörsaal nicht bewegen kann. Anders ist es bei der Erde. Ihre Rotationsachse ist im Raum frei beweglich. Trotzdem bleibt ihre Richtung im Raum (genauer: in dem durch den Fixsternhimmel vorgegebenen Inertialsystem) und damit die Neigung der Erdachse relativ zur Ebene der Erdbahn (der Ekliptik) näherungsweise konstant. Denn in diesem Fall gilt der Erhaltungssatz für alle drei Komponenten des Drehimpulses. Um im Labor einen frei rotierenden Körper beobachten zu können, kann man ihn mit einem Drall in die Luft werfen oder ihn in einer *kardanischen Aufhängung* (Abbildung 1.26) rotieren lassen.

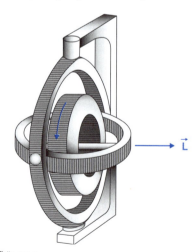

Abbildung 1.26: Kardanische Aufhängung

Bewegt man einen in einer solchen kardanischen Aufhängung (um seine Symmetrieachse) rotierenden Körper im Raum und ändert dabei die Stellung der Halterung, so bleibt dabei die Richtung des Drehimpulses (das ist in diesem Fall die Richtung der Rotationsachse) im Raum unverändert. Dabei ist aber darauf zu achten, dass die drei Rotationsachsen voneinander unabhängige Drehungen ermöglichen, also insbesondere keine zwei Achsen zueinander parallel stehen. Bei der in Abbildung 1.26 dargestellten kardanischen Aufhängung dreht sich zwar der äußere Bügel um die senkrechte Achse und der innere Bügel um eine (dazu stets senkrechte) horizontale Achse. Aber die Rotorachse kann jede beliebige Richtung haben und insbesondere parallel zur Rotationsachse des äußeren Bügels sein.

Aufgabe 1.20 Führen Sie selbst den Versuch mit dem rotierenden Rad auf dem Drehtisch durch, und versuchen Sie herauszufinden, welche Kräfte zwischen dem Rad und Ihrem Körper wirken, wenn Sie die Radachse z. B. aus der senkrechten in eine horizontale Richtung drehen. Dank dieser Kräfte ändert sich dabei die Rotation um die Drehtisch-Achse.

Merke Bei freier Rotation um eine feste Achse (z-Achse) bleibt nur die z-Komponente des Drehimpulses erhalten: $L_z = const$.
Bei freier Rotation eines Körpers im Raum bleiben alle drei Komponenten des Drehimpulses, d. h. der Drehimpulsvektor, erhalten: $\mathbf{L} = const$.

1.5 Dynamik starrer Körper

Ein auf der Spitze rotierender Kreisel erfreut nicht nur Kinder, sondern versetzt auch berühmte Physiker in Verwunderung und angeregte Diskussionen (Abbildung 1.27). Warum bleibt ein rotierender Kreisel auf der Spitze stehen, während ein auf die Spitze gestellter Bleistift umkippt? Noch mehr verblüfft der Umkehrkreisel, der sich erst im Verlauf der Rotation auf den Stiel stellt. Um das überraschende Verhalten rotierender Körper zumindest ansatzweise verstehen zu können, muss man sich mit der Dynamik starrer Körper befassen. Wir beginnen mit einer kurzen Betrachtung der Gleichgewichtsbedingungen des starren Körpers.

Abbildung 1.27: Ein Umkehrkreisel fasziniert zwei Nobelpreisträger, N. Bohr und W. Pauli.

1.5.1 Gleichgewichtsbedingungen

Ein Massenpunkt bleibt in Ruhe, wenn keine Kraft an ihm angreift oder die Summe der an ihm angreifenden Kräfte $\mathbf{F}_i$ verschwindet:

$$\sum_i \vec{F}_i = 0 \quad \text{(Gleichgewichtsbedingung der Translation)}$$

Da die Kraft ein Vektor mit drei Komponenten ist, umfasst diese Vektorgleichung drei Bedingungen. Entsprechend den drei Translationsfreiheitsgraden des Massenpunktes müssen drei Gleichgewichtsbedingungen erfüllt sein, damit ein Massenpunkt in Ruhe bleibt. Ein starrer Körper hat zusätzlich zu den drei Translationsfreiheitsgraden noch drei Rotationsfreiheitsgrade. Damit ein starrer Körper in Ruhe bleibt, müssen daher drei weitere Gleichgewichtsbedingungen erfüllt sein. Diese gilt es zu finden.

Um ein auf einer festen Achse montiertes Rad in Bewegung zu setzen, lässt man am besten auf die Felge tangential eine Kraft wirken. Dieses jedem vertraute Beispiel macht deutlich, dass es bei der Beschleunigung eines starren Körpers nicht allein auf Betrag und Richtung der Kraft ankommt, sondern auch darauf, wo die Kraft angreift. Bezeichne also der Ortsvektor r den Angriffspunkt der Kraft. Dann wirkt mit der Kraft **F** auch ein *Drehmoment* **T** auf den Körper:

$$\vec{T} = [\vec{r} \times \vec{F}] \quad \text{(Definition des Drehmoments)}$$

Damit ein starrer Körper in Ruhe bleibt, also insbesondere auch nicht umkippt, müssen sich nicht nur die an ihn angreifenden Kräfte gegenseitig aufheben, sondern auch die auf ihn einwirkenden Drehmomente $\mathbf{T}_i$:

$$\sum_i \vec{T}_i = 0 \quad \text{(Gleichgewichtsbedingung der Rotation)}$$

Diese Vektorgleichung ergibt bei Anwendung auf eine Balkenwaage die vertraute Gleichgewichtsbedingung: *Kraft × Kraftarm = Last × Lastarm*.

Für einen starren Körper, der wie die Waage nur in einem Punkt unterstützt wird, ergibt sich aus der Bedingung, dass die Summe der Drehmomente verschwindet: Der Körper ist dann und nur dann im Gleichgewicht, wenn Unterstützungspunkt und Schwerpunkt übereinander liegen. Das Gleichgewicht heißt *stabil*, wenn der Schwerpunkt unter dem Unterstützungspunkt liegt. In diesem Fall pendelt der Körper nach einer Auslenkung um die Gleichgewichtslage. Das Gleichgewicht heißt *labil*, wenn der Schwerpunkt über dem Unterstützungspunkt liegt, und *indifferent*, wenn Schwerpunkt und Unterstützungspunkt zusammenfallen.

Aufgabe 1.21
Ein dreibeiniger Hocker soll auf einer schiefen Ebene mit vorgegebener Neigung stabil stehen. Formulieren Sie eine Gleichgewichtsbedingung, die bei der Konstruktion des Hockers zu beachten ist.

Merke
Damit ein starrer Körper in Ruhe bleibt, müssen sechs Gleichgewichtsbedingungen erfüllt sein: Der Schwerpunkt bleibt in Ruhe, wenn die Summe $\sum \mathbf{F}_i = 0$ der an den Körper angreifenden Kräfte verschwindet, und der starre Körper dreht sich nicht, wenn die Summe $\sum \mathbf{T}_i = 0$ der an den Körper angreifenden Drehmomente verschwindet. Die Gesamtzahl der Gleichgewichtsbedingungen für die drei Kraftkomponenten und für die drei Drehmomentkomponenten entspricht der Anzahl der sechs Freiheitsgrade des starren Körpers.

1.5.2 Das Trägheitsmoment

Wenn auf einen Massenpunkt eine Kraft $\mathbf{F}$ wirkt, ändert sich sein Impuls $\mathbf{p}$:

$$\vec{F} = d\vec{p}/dt \quad \text{(Aktionsprinzip für die Translation)}$$

Diese Gleichung ist gleichbedeutend mit dem Newtonschen Aktionsprinzip $\mathbf{F} = m \cdot \mathbf{a}$, da der Impuls eines Massenpunktes durch $\mathbf{p} = m \cdot \mathbf{v}$ gegeben ist.

Entsprechend ändert sich der Drehimpuls $\mathbf{L}$ eines starren Körpers, wenn auf ihn ein Drehmoment $\mathbf{T}$ wirkt:

$$\vec{T} = d\vec{L}/dt \quad \text{(Aktionsprinzip für die Rotation)}$$

Soweit entspricht die Grundgleichung der Rotation starrer Körper derjenigen der Translation von Massenpunkten. Aber während $\mathbf{p} = m\cdot\mathbf{v}$ und $\mathbf{v}$ zueinander parallel sind, können die entsprechenden Größen der Rotation, Drehimpuls $\mathbf{L}$ und Winkelgeschwindigkeit ϖ, verschiedene Richtungen haben, wie das Beispiel der rotierenden Hantel zeigt (Abschnitt 1.4.3). $\mathbf{L}$ und ϖ sind durch eine tensorielle Transformation miteinander verknüpft und unterscheiden sich nicht nur wie $\mathbf{p}$ und $\mathbf{v}$ durch einen skalaren Faktor. Wegen dieses Unterschieds ist die Theorie der Drehbewegungen wesentlich schwieriger, aber auch interessanter als die der Translationsbewegungen.

Um einen ersten Einblick in die Dynamik starrer Körper zu gewinnen, betrachten wir zunächst die potenzielle Energie eines starren Körpers im Bereich der Schwerkraft und seine kinetische Energie. Wie bereits bei der Berechnung des Drehimpulses starrer Körper (Abschnitt 1.4.3) ist es auch hier vorteilhaft, Bewegung und Lage der Massenelemente dm des starren Körpers relativ zu seinem Massenmittelpunkt zu beschreiben und damit die Bewegung des starren Körpers in *Schwerpunktsbewegung* und *Relativbewegung* zu zerlegen. Ort und Geschwindigkeit des Massenmittelpunkts seien $\mathbf{r}_S$ und $\mathbf{v}_S$ und die Relativbewegung eines Massenelements dm werde mit $\mathbf{r}$ und $\mathbf{v}$ beschrieben. Die potenzielle Energie der Massenelemente im Bereich der (räumlich konstanten) Schwerkraft ist $dE_{pot} = dm\cdot g\cdot(h_S+h)$, wobei h_S und h die Vertikalkoordinaten der Ortsvektoren sind. Nach Integration über alle Massenelemente dm ergibt sich als potenzielle Energie des starren Körpers:

$$E_{pot} = mgh_S \quad \text{(potenzielle Energie des starren Körpers)}$$

Sie kann also in gleicher Weise wie die potenzielle Energie eines Massenpunktes berechnet werden. Schwieriger ist die Berechnung der kinetischen Energie eines starren Körpers. Die kinetische Energie eines seiner Massenelemente dm ist $dE_{kin} = \frac{1}{2}\cdot dm\cdot(\mathbf{v}_S + \mathbf{v})^2$ mit $\mathbf{v} = [\varpi\times\mathbf{r}]$. Integration über dm ergibt die kinetische Energie des starren Körpers:

$$E_{kin} = \frac{1}{2}m\vec{v}_S^{\,2} + E_{rot} \quad \text{(kinetische Energie des starren Körpers)}$$

Der erste Summand ist die aus der Schwerpunktsbewegung resultierende *Translationsenergie* E_{trans} des starren Körpers. Sie entspricht der kinetischen Energie eines Massenpunktes, dessen Masse gleich der Gesamtmasse m des starren Körpers ist. Dazu kommt aber noch ein Anteil, der sich aus der Rotationsbewegung des starren Körpers ergibt.

$$E_{rot} = \frac{1}{2}\int dm\cdot[\vec{\omega}\times\vec{r}]^2$$

Nach Integration über dm erhält man für die *Rotationsenergie* E_{rot}:

$$E_{rot} = \frac{1}{2}J_{\vec{\omega}}\cdot\vec{\omega}^2 \quad \text{(Rotationsenergie des starren Körpers)}$$

Dabei heißt

$$J_{\vec{\omega}} = \int \rho^2 dm \quad \text{(Definition des Trägheitsmoments bei Rotation um die Drehachse } \varpi\text{)}$$

das *Trägheitsmoment* des starren Körpers in Bezug auf die durch den Massenmittelpunkt gehende Drehachse (sie hat dieselbe Richtung wie ϖ), und ρ ist der Abstand des Massenelements dm von der Drehachse (Abbildung 1.28), also die zu ϖ senkrechte Komponente von **r**.

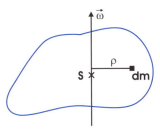

Abbildung 1.28: Zur Definition des Trägheitsmoments starrer Körper

Die Abhängigkeit des Trägheitsmoments von der Richtung der Drehachse ist eine Folge der tensoriellen Verknüpfung von **L** und ϖ. Aus dieser tensoriellen Beziehung folgt ferner, dass es in jedem starren Körper drei zueinander senkrecht stehende körperfeste Drehachsen gibt, für die **L** und ϖ parallel sind. Sie heißen die *Hauptträgheitsachsen* des starren Körpers und die dazugehörigen Trägheitsmomente heißen *Hauptträgheitsmomente*. Sind die Richtungen der Hauptträgheitsachsen und die Hauptträgheitsmomente eines starren Körpers bekannt, so können damit auch die Trägheitsmomente für alle anderen Drehachsen des starren Körpers berechnet werden.

Bei rotationssymmetrischen Körpern ist die Symmetrieachse eine Hauptträgheitsachse. Alle dazu senkrechten Schwerpunktsachsen sind ebenfalls Hauptträgheitsachsen. Die zu diesen Achsen gehörigen Hauptträgheitsmomente sind gleich groß. Das zur Symmetrieachse gehörige Hauptträgheitsmoment J_{sym} lässt sich häufig leicht berechnen. Bei einem Hohlzylinder mit der Masse m beispielsweise haben alle Massenelemente etwa denselben Abstand R von der Symmetrieachse. Daher ist in diesem Fall $J_{sym} = m \cdot R^2$. Für einen massiven Zylinder mit homogener Massenverteilung hingegen ergibt eine einfache Integration $J_{sym} = \frac{1}{2} m R^2$.

Experiment 1.8   # Zylinder auf schiefer Ebene

Bei Kenntnis des Trägheitsmoments J_{sym} kann das Abrollen rotationssymmetrischer Körper von einer schiefen Ebene (Abbildung 1.29) oder die Fallbewegung eines Jojos (Abbildung 1.30) mit Hilfe des Energieerhaltungssatzes diskutiert werden. Da sich die kinetische Energie eines starren Körpers als Summe aus Translationsenergie der Schwerpunktsbewegung und Rotationsenergie der Drehbewegung relativ zum Schwerpunkt ergibt, gilt:

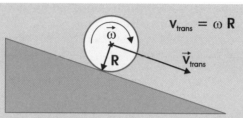

Abbildung 1.29: Zylinder auf schiefer Ebene

$$E_{pot} + E_{trans} + E_{rot} = const$$

Für einen rollenden Zylinder ist die Translationsgeschwindigkeit $v_{trans} = \omega \cdot R$. Daher folgt aus der Energieerhaltung: $m\,g\,h + \frac{1}{2}\,m\,(\omega\,R)^2 + \frac{1}{2}\,J_{sym}\,\omega^2 = const$. Daraus ergibt sich die Winkelgeschwindigkeit ω des rollenden Zylinders als Funktion der Höhe h.

Frage: Welcher Zylinder gewinnt, wenn ein Hohlzylinder und ein massiver Zylinder um die Wette rollen?

Experiment 1.9   # Maxwellsche Scheibe

Bei der Fallbewegung eines Jojos (Maxwellsche Scheibe, Abbildung 1.30) ist die Fallgeschwindigkeit $v_{trans} = \omega \cdot r$ proportional zum Radius r der Achse des Jojos, das Trägheitsmoment $J_{sym} \approx m\,R^2$ aber durch den Radius R des Rades bestimmt. Beim Fallen eines Jojos wird daher die potenzielle Energie vorwiegend in Rotationsenergie des Rades umgewandelt.

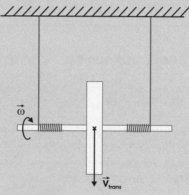

Abbildung 1.30: Maxwellsche Scheibe (Jojo)

Aufgabe 1.22 Berechnen Sie die Fallbeschleunigung der in Abbildung 1.30 gezeigten Maxwellschen Scheibe.
Beweisen Sie in diesem Zusammenhang auch die oben angegebenen Formeln für die Trägheitsmomente von massivem Zylinder und Hohlzylinder.

Merke Wenn (bezogen auf den Schwerpunkt) ein Drehmoment **T** = [r×**F**] an einen starren Körper angreift, ändert sich der Drehimpuls **L** der Rotation des starren Körpers (relativ zum Schwerpunkt). Die Rotationsbewegung erfüllt die Beziehung:

$$\vec{T} = d\vec{L}/dt$$

Diese Gleichung für die Rotationsbewegung starrer Körper entspricht dem Newtonschen Aktionsprinzip **F** = d**p**/dt für die Translationsbewegung von Massenpunkten.

1.5.3 Kreiselbewegungen

Um die Bewegungen starrer Körper berechnen zu können, müssen die auf den starren Körper wirkenden Kräfte und Drehmomente als Funktion der die Lage des starren Körpers beschreibenden Koordinaten und der Zeit bekannt sein. Entsprechend den sechs Freiheitsgraden des starren Körpers erhält man dann sechs Bewegungsgleichungen. Sie lassen sich zu zwei vektoriellen Bewegungsgleichungen zusammenfassen, einer Bewegungsgleichung

$$\vec{F} = d\vec{p}_S/dt$$

der Translationsbewegung des Schwerpunkts und einer Bewegungsgleichung

$$\vec{T} = d\vec{L}/dt$$

der Rotationsbewegung um eine durch den Schwerpunkt gehende Achse.

Gewöhnlich sind **F** und **T** komplizierte Funktionen des Bewegungszustands des starren Körpers. Daher fällt es schon schwer, geeignete Bewegungsgleichungen aufzustellen, und noch schwerer, sie zu lösen. Bei den meisten Spielzeugkreiseln beispielsweise ergeben sich **F** und **T** nicht nur aus der Wirkung der Schwerkraft auf den Kreisel, sondern zu einem wesentlichen Teil auch aus der Haftung des Kreisels am Boden. Wir beschränken uns hier auf die Betrachtung einfacher Beispiele:

Präzession: Bei einem exakt im Schwerpunkt unterstützten Kreisel heben sich alle von außen angreifenden Kräfte und Drehmomente auf. In diesem Fall bleibt also die Richtung des Drehimpulses im Raum konstant. Aber nur, wenn die Drehachse mit einer Hauptträgheitsachse, also z. B. der Symmetrieachse, zusammenfällt, bleibt damit auch die Lage der Drehachse im Raum konstant. Wird der Kreisel hingegen in einem vom Schwerpunkt verschiedenen Punkt der Symmetrieachse unterstützt, so kommt es zu einer Präzessionsbewegung (Abbildung 1.31). Es sei $\mathbf{r}_S$ der Ortsvektor des Schwerpunkts relativ zum Unterstützungspunkt und m die Masse des Kreisels. Dann wirkt auf den Kreisel ein Drehmoment $\mathbf{T} = m\,[\mathbf{r}_S\times\mathbf{g}]$. Der Drehimpuls $\mathbf{L}$ des schnell rotierenden Kreisels ist parallel zu $\mathbf{r}_S$. Daher ist $\mathbf{T}$ senkrecht zu $\mathbf{L}$ und horizontal gerichtet. $\mathbf{L}$ präzediert daher um die Vertikale mit einer Frequenz ϖ_P ändert aber seinen Betrag dabei nicht. Die Spitze des Drehimpulsvektors beschreibt also bei der Präzession einen Kreis.

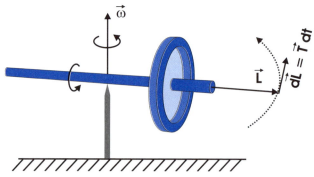

Abbildung 1.31: Präzession eines Kreisels

Für die Präzessionsbewegung ergibt sich aus $\mathbf{T} = d\mathbf{L}/dt$ die Bewegungsgleichung:

$$\frac{d\vec{L}}{dt} = m[\vec{r}_S \times \vec{g}]$$

Daraus ergibt sich eine einfache Beziehung zur Berechnung der Präzessionsfrequenz ω_P. Denn für Kreisbewegungen (Abschnitt 1.1.2) gilt:

$$\frac{d\vec{L}}{dt} = [\vec{\omega}_P \times \vec{L}]$$

(Anmerkung: Wir haben hier die aus der Präzessionsbewegung resultierende, vertikal gerichtete Drehimpulskomponente gegenüber dem Drehimpuls $\mathbf{L}$ der Rotation um die Kreiselachse vernachlässigt.)

Stabile und labile Drehbewegungen rotierender Quader: Die Hauptträgheitsachsen eines Quaders liegen parallel zu den Kanten (und gehen durch den Schwerpunkt). Bei Drehungen um eine dieser Achsen sollte sich daher, da $\mathbf{L}$ und ϖ parallel sind, die Lage der Drehachse im Körper nicht ändern. Das Experiment zeigt aber, dass sich nur für die Hauptträgheitsachsen mit dem größten und dem kleinsten Trägheitsmoment eine stabile Rotation ergibt. Bei Drehungen um die Hauptträgheitsachse mit dem mittleren Hauptträgheitsmoment hingegen fängt der Quader an zu torkeln. Überzeugen Sie sich selbst, indem Sie einen Quader mit verschiedenen Rotationen in die Luft werfen! Um die Beobachtungen zu erklären, ist auch der Einfluss der Luftreibung auf die Drehbewegung zu diskutieren.

Aufgabe 1.23 Experimentieren Sie mit Kreiseln und versuchen Sie zu verstehen, wie ein Umkehrkreisel funktioniert. Überlegen Sie sich dabei, in welche Richtung das aus der Schwerkraft resultierende Drehmoment bei einem auf der Spitze stehenden Kreisel zeigt und in welche Richtung das Drehmoment bei einem Umkehrkreisel zeigt, solange er sich (bei tief liegendem Schwerpunkt) auf dem kugelförmigen Ende dreht. Bei beiden Kreiseln sei angenommen, dass sie nicht senkrecht stehen.

Merke Auf einen rotierenden Kreisel, der sich um seine horizontal gerichtete Symmetrieachse dreht und in einem vom Schwerpunkt verschiedenen Punkt auf der Symmetrieachse unterstützt wird (Abbildung 1.31), wirkt ein horizontal und senkrecht zur Symmetrieachse gerichtetes Drehmoment. Daher präzediert der Kreisel bei hinreichend schneller Rotation in der Horizontalebene und kippt nicht nach unten.

1.5.4 Statische und dynamische Unwucht

Bei Maschinen mit schnell um eine feste Achse rotierenden Teilen ist sehr darauf zu achten, dass diese Teile um eine Hauptträgheitsachse rotieren. Falls diese Bedingung nicht erfüllt ist, müssen diese Teile, wie z. B. die Räder eines Autos, durch Anbringen von Zusatzgewichten *ausgewuchtet* werden. Einerseits liegt eine *Unwucht* vor, wenn die Drehachse nicht durch den Schwerpunkt geht. In diesem Fall bewegt sich der Schwerpunkt mit der Rotationsfrequenz ω um die Drehachse und wird daher beschleunigt. Die beschleunigende zentripetale Kraft $F = m\,\omega^2\,\rho_S$ (ρ_S Abstand des Schwerpunkts von der Drehachse) ist proportional zum Quadrat der Rotationsfrequenz ω und ist daher bei hohen Frequenzen eine große Belastung für die Drehachse.

Bei allen schnell rotierenden Teilen von Maschinen ist folglich darauf zu achten, dass der Schwerpunkt exakt auf der Rotationsachse liegt. Da man Abweichungen leicht durch statische Messungen nachweisen kann, spricht man von einer *statischen Unwucht*, wenn der Schwerpunkt rotierender Teile nicht auf der Rotationsachse liegt.

Außer einer statischen Unwucht ist aber auch eine gleichermaßen gefährliche *dynamische Unwucht* möglich. Sie tritt auf, wenn die Drehachse nicht mit einer Hauptträgheitsachse zusammenfällt. In diesem Fall zeigt der Drehimpulsvektor nicht in Richtung der Drehachse. Bei Rotation bewegt sich folglich der Drehimpulsvektor auf einem Kegelmantel um die Drehachse. Die zeitliche Änderung des Drehimpulses bedeutet, dass auf den Rotor ständig ein Drehmoment $\mathbf{T} = d\mathbf{L}/dt$ wirken muss. Auch dieses Drehmoment wächst mit dem Quadrat der Rotationsfrequenz und belastet die Achse und kann daher schlimme Unglücksfälle auslösen. Man beachte, dass auch die Rotationsenergie, die bei einem Bruch der Achse Schaden anrichten kann, mit dem Quadrat der Rotationsfrequenz anwächst.

Bei allen schnell rotierenden Teilen ist also nicht nur dafür zu sorgen, dass der Schwerpunkt auf der Drehachse liegt, sondern auch dafür, dass die Rotationsachse mit einer Hauptträgheitsachse zusammenfällt. Wenn das nicht der Fall ist, spricht man von einer *dynamischen Unwucht*. Denn eine solche Unwucht kann nur am rotierenden Körper nachgewiesen werden.

Aufgabe 1.24 Berechnen Sie das Drehmoment, mit dem eine rotierende Hantel die Drehachse belastet, wenn die Hantelachse nicht exakt senkrecht auf der Drehachse steht, sondern um einen kleinen Winkel $\delta\varphi$ von der Senkrechten abweicht. Es sei dabei angenommen, dass der Schwerpunkt der Hantel auf der Drehachse liegt.

Merke Um feste Achsen rotierende Teile können eine statische und eine dynamische Unwucht haben. Bei einer statischen Unwucht liegt der Schwerpunkt des Rotors nicht auf der Drehachse. Bei einer dynamischen Unwucht ist die Drehachse keine Hauptträgheitsachse.

1.6 Schwingungen

Periodisch wiederkehrende Ereignisse, wie der Wechsel von Tag und Nacht oder von Sommer und Winter, bestimmen unser Zeitempfinden. Der periodische Umlauf der Gestirne war Jahrtausende lang die Grundlage für die Definition der Zeiteinheit. Die periodischen Bewegungen des Pendels einer Standuhr oder der Unruhe einer (mechanischen) Taschenuhr werden auch heute noch zur Zeitmessung genutzt. Die periodischen Bewegungen sind dank dieser Verknüpfung mit dem Zeitmaß von zentraler Bedeutung für die Physik. Eine elementare periodische Bewegung ist die gleichförmige Kreisbewegung. Wir haben sie in Abschnitt 1.1.2 kennen gelernt. Eine andere elementare periodische Bewegung ist die *harmonische Schwingung*. Mathematisch sind beide eng miteinander verwandt. Wir werden diese Verwandtschaft nutzen, um die Bewegungsgleichungen schwingender Körper zu lösen.

1.6.1 Kreisbewegung und harmonischer Oszillator

Kreisbewegungen finden in einer Ebene statt. Daher kann man die Ebene der komplexen Zahlen $Z = x + iy$ mit $i^2 = -1$ nutzen, um Kreisbewegungen in der x-y-Ebene mathematisch zu beschreiben (Abbildung 1.32). Die gleichförmige Kreisbewegung mit dem Radius r um den Ursprung $Z = 0$ der komplexen Zahlenebene wird durch die folgende Funktion $Z(t)$ beschrieben:

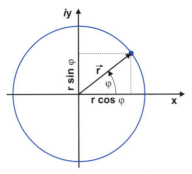

Abbildung 1.32: Kreisbahn $Z(t) = r(\cos\varphi + i\cdot\sin\varphi)$ mit $\varphi = \omega\cdot t$ in der komplexen Zahlenebene

$$Z(t) = r(\cos\omega t + i\sin\omega t)$$

Dieser Ausdruck vereinfacht sich dank der Eulerschen Formel $e^{i\varphi} = \cos\varphi + i\cdot\sin\varphi$ für komplexe Zahlen zu:

$$Z(t) = r\exp(i\omega t)$$

Wie die in Abschnitt 1.1.2 vektoriell beschriebenen Kreisbahnen $\mathbf{r}(t)$ erfüllen auch die Funktionen $Z(t)$ die Differentialgleichung:

$$\frac{d^2Z}{dt^2} = -\omega^2 Z \quad \text{(Differentialgleichung der gleichförmigen Kreisbewegung)}$$

Diese Differentialgleichung ist linear. Daher sind mit den Lösungen $\exp(i\omega t)$ und $\exp(-i\omega t)$ auch alle Linearkombinationen $Z(t) = A_+ \exp(i\omega t) + A_- \exp(-i\omega t)$ der beiden Basislösungen mit komplexen *Amplituden* A_+ und A_- Lösungen dieser Differentialgleichung.

Von gleichartiger Struktur ist die Bewegungsgleichung eines *harmonischen Oszillators*. Als einfaches Beispiel eines harmonischen Oszillators betrachten wir ein (in z-Richtung schwingendes) *Federpendel* (Abbildung 1.33). Nach einer einmaligen Auslenkung schwingt eine an einer Feder aufgehängte Masse m um die Ruhelage. Die Bewegungsgleichung dieser Schwingung ergibt sich aus dem Aktionsprinzip und dem Hookeschen Gesetz (Abschnitt 1.2.2):

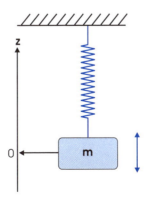

Abbildung 1.33: Federpendel

$$m\frac{d^2z}{dt^2} + Dz = 0 \quad \text{(Bewegungsgleichung des Federpendels)}$$

Diese Bewegungsgleichung kann wie die Differentialgleichung der Kreisbewegung gelöst werden, wenn die reelle Bahn $z(t)$ durch einen geeigneten Imaginärteil zu einer komplexen Funktion $Z(t)$ ergänzt wird. Aus dem Vergleich der beiden Gleichungen ergibt sich zunächst die Eigenfrequenz ω_0 des Federpendels:

$$\omega_0 = \sqrt{D/m} \quad \text{(Eigenfrequenz des Federpendels)}$$

Die Lösungen $z(t)$ sind die Projektionen der komplexen Lösungen $Z(t) = A \cdot \exp(i\omega_0 t)$ auf die reelle Achse der komplexen Zahlenebene: $z(t) = |A| \cdot \cos(\omega_0 t + \varphi)$, wenn $A = |A| \cdot \exp(i\varphi)$. Hat das Pendel zur Zeit $t = 0$ die maximale Auslenkung $z_0 = |A|$, so ergibt sich die Lösung:

$$z(t) = z_0 \cdot \cos(\omega t)$$

Eine andere Realisierung für einen harmonischen Oszillator ist das Uhrenpendel, eine im Abstand l vom Schwerpunkt aufgehängte runde Scheibe (Abbildung 1.34). Für ein solches Pendel ist der Gesamtdrehimpuls $\mathbf{L} = \mathbf{L}_B + \mathbf{L}_S$ die Summe der Drehimpulse von Bahn- und Relativbewegung. In dem Grenzfall, dass die Scheibe ein Massenpunkt m ist (mathematisches Pendel), ist $L_S = 0$ und $L_B = m\,l\,v$. Das auf das Pendel wirkende Drehmoment $\mathbf{T} = [\mathbf{r}_S \times \mathbf{F}]$ hat einen vom Auslenkwinkel α abhängigen Betrag $T = m \cdot g \cdot l \cdot \sin\alpha$. Die Bewegungsgleichung des *mathematischen Pendels* lautet also:

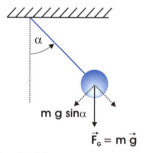

Abbildung 1.34: Schwingendes Pendel einer Standuhr

$$ml^2\frac{d^2\alpha}{dt^2} + mgl\sin\alpha = 0 \quad \text{(Bewegungsgleichung des mathematischen Pendels)}$$

Da das rücktreibende Drehmoment von $\sin\alpha$ abhängt und nicht von α, ist die Schwingung des mathematischen Pendels im Allgemeinen nicht harmonisch (keine reine Sinusschwingung). Aber bei kleinen Auslenkungen ist in guter Näherung $\sin\alpha = \alpha$ und damit die Schwingung *harmonisch*, d. h. sie wird durch eine sinusförmig von der Zeit abhängige Funktion $\alpha(t) = \alpha_0 \cdot \sin(\omega_0 t + \varphi)$ beschrieben. Da die Masse m aus der Bewegungsgleichung (wegen der Äquivalenz von träger und schwerer Masse) herausgekürzt werden kann, ist die Eigenfrequenz ω_0 des Pendels von m unabhängig:

$$\omega_0 = \sqrt{g/l} \quad \text{(Eigenfrequenz des mathematischen Pendels)}$$

Wie diese Beispiele zeigen, schwingt ein Körper harmonisch, wenn auf ihn bei einer Auslenkung aus der Ruhelage eine Kraft wirkt, die ihn in die Ruhelage zurücktreibt und proportional zur Auslenkung ist. Die Bewegungsgleichungen dieser Schwingungen haben dieselbe Struktur wie die Differentialgleichung der Kreisbewegung und können daher mit dem gleichen Ansatz gelöst werden.

Wir betrachten abschließend noch die Energie des Pendels. Die Energie eines harmonischen Oszillators ist die Summe seiner kinetischen und potenziellen Energie. Beispielsweise erhält man für ein Federpendel:

$$E_{ges} = \frac{1}{2} m \cdot (\omega_0 z_0)^2 \sin^2(\omega_0 t) + \frac{1}{2} D \cdot z_0^2 \cos^2(\omega_0 t)$$

Da $m \cdot \omega_0^2 = D$, ist die Gesamtenergie eines ungedämpften Pendels proportional zum Quadrat der Amplitude z_0:

$$E_{ges} = \frac{1}{2} D \cdot z_0^2$$

Sie ist in Übereinstimmung mit dem Energiesatz der Mechanik zeitlich konstant.

Aufgabe 1.25 Berechnen Sie die Länge eines mathematischen Pendels, das in einer Sekunde einmal hin und her schwingt.

Merke Die Bewegungsgleichungen harmonischer Oszillatoren können auf folgende Normalform gebracht werden:

$$\frac{d^2 Z(t)}{dt^2} = -\omega_0^2 Z(t)$$

Die Eigenfrequenz des Oszillators ist ω_0. Lösungen der Oszillatorgleichung sind:

$$Z(t) = A \cdot \exp(\pm i\omega_0 t)$$

Dabei ist A die gewöhnlich komplexe Amplitude der Schwingung.

1.6.2 Gedämpfte Oszillatoren

Bislang wurden streng periodische Schwingungen betrachtet. Streng periodisch ist eine Schwingung aber nur, wenn beim Schwingungsvorgang kein Energieverlust stattfindet oder dieser durch Energiezufuhr ausgeglichen wird. Tatsächlich treten bei jedem frei schwingenden Oszillator Reibungsverluste auf. Deshalb nimmt im Laufe der Zeit die Schwingungsamplitude und mit ihr die Energie des Oszillators ab. Man spricht dann von einer gedämpften Schwingung.

Um eine *Dämpfung*, die beispielsweise durch Luftreibung entsteht, theoretisch zu berücksichtigen, ist in die Bewegungsgleichung auch eine die Bewegung bremsende Reibungskraft F_R einzufügen. Wir nehmen an, dass die Reibungskraft proportional zur

Geschwindigkeit v des Oszillatorkörpers ist: $F_R = -k \cdot v$. Die Proportionalitätskonstante k heißt *Reibungskonstante*. Die Bewegungsgleichung eines gedämpften Federpendels lautet damit:

$$m\frac{d^2z}{dt^2} + k\frac{dz}{dt} + Dz = 0$$

Mit den Parametern $\delta = \frac{1}{2}\, k/m$ (*Dämpfungsfaktor*) und $\omega_0 = \sqrt{(D/m)}$ (*Eigenfrequenz*), die beide die Dimension s^{-1} haben, bringen wir die Bewegungsgleichung auf die Normalform:

$$\frac{d^2z}{dt^2} + 2\delta\frac{dz}{dt} + \omega_0^{\,2}z = 0 \quad \text{(Bewegungsgleichung des gedämpften Oszillators)}$$

Um diese homogene lineare Differentialgleichung zu lösen, machen wir den komplexen Lösungsansatz $Z(t) = A\,\exp(i\Omega t)$. Dieser Ansatz erfüllt die Bewegungsgleichung, wenn $-\Omega^2 + 2i\delta\Omega + \omega_0^{\,2} = 0$ oder:

$$\Omega = i\delta \pm \sqrt{\omega_0^{\,2} - \delta^2}$$

Je nach dem Vorzeichen des Radikanden ergeben sich verschiedene Bewegungsabläufe (Abbildung 1.35 und Abbildung 1.36): Im schwach gedämpften Fall mit $\omega_0 > \delta$ schwingt das Pendel mit exponentiell abnehmender Amplitude $A \cdot \exp(-\delta t)$ hin und her (*Schwingfall*, Abbildung 1.35). Alle Lösungsfunktionen $Z(t)$ können als Superpositionen zweier Basislösungen $Z_+(t)$ und $Z_-(t)$ dargestellt werden:

$$Z_\pm(t) = A_\pm \exp\{(-\delta \pm i\sqrt{\omega_0^{\,2} - \delta^2}\,)t\}$$

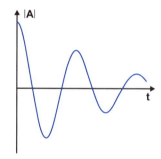

Abbildung 1.35: Auslenkung eines schwach gedämpften Pendels als Funktion der Zeit

Die Energie E des Oszillators ist proportional zum Absolutquadrat der komplexen Amplitude und nimmt daher auch exponentiell mit der Zeit ab:

$$E(t) = \frac{1}{2}D\,|\,A_\pm\,|^2\,e^{-2\delta \cdot t}$$

Im stark gedämpften Fall mit $\omega_0 < \delta$ bewegt sich das Pendel nach einer einmaligen Auslenkung kriechend (ohne zu schwingen) in seine Ruhelage zurück (*Kriechfall*, Abbildung 1.36). Auch hier gibt es zwei Basislösungen:

$$Z_\pm(t) = A_\pm \exp\{-(\delta \pm \sqrt{\delta^2 - \omega_0^{\,2}}\,)t\}$$

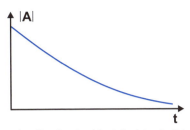

Abbildung 1.36: Auslenkung eines stark gedämpften Pendels als Funktion der Zeit

Das asymptotische Verhalten der Funktion $Z(t)$ bei $t \to \infty$ wird von der Lösung mit dem geringeren Abklingfaktor im Exponenten der Exponentialfunktion bestimmt. Falls $\delta \gg \omega_0$ ist, hat der kleinere Abklingfaktor den Wert $(\omega_0/\delta)^2 \cdot \delta/2$. Es kann daher sehr lange dauern, bis das Pendel wieder seine Ausgangslage erreicht.

Im *aperiodischen Grenzfall* $\omega_0 = \delta$ ist

$$Z(t) = A \exp(-\delta t)$$

eine Lösung. (Eine zweite Basislösung ist in diesem Fall $Z(t) = t \cdot \exp(-\delta t)$.) Bei vorgegebener Eigenfrequenz ω_0 des Pendels kehrt bei der Dämpfung $\delta = \omega_0$ das Pendel nach einer einmaligen Auslenkung in der kürzestmöglichen Zeit in den Ruhezustand zurück. Der aperiodische Grenzfall ist deshalb auch von praktischem Interesse, z. B. bei der Konstruktion von Zeigerinstrumenten und Stoßdämpfern, wenn eine schnelle Rückkehr schwingender Teile in die Ausgangslage erwünscht ist.

Aufgabe 1.26   Zeigen Sie, dass die angegebenen Lösungen die Bewegungsgleichung gedämpfter Oszillatoren erfüllen.

Merke   Die Normalform der Bewegungsgleichung eines gedämpften Oszillators lautet:

$$\frac{d^2z}{dt^2} + 2\delta \frac{dz}{dt} + \omega_0^2 z = 0$$

Sie hat unterschiedliche Lösungen, je nachdem, ob $\delta < \omega_0$ (Schwingfall), $\delta > \omega_0$ (Kriechfall) oder $\delta = \omega_0$ (aperiodischer Grenzfall) ist.

1.6.3 Erzwungene Schwingungen

Um ein Kind auf einer Schaukel in kräftige Schwingungen zu versetzen, muss man es im Rhythmus der Pendelschwingung anstoßen oder es muss sich selbst durch geeignete rhythmische Bewegungen in Schwung bringen. In beiden Fällen handelt es sich um die *Resonanzanregung* eines Pendels. Im ersten Fall wird das Pendel periodisch von außen angestoßen (*Fremderregung*). Im zweiten Fall arbeitet das Kind auf der Schaukel und führt damit dem Pendel die erwünschte Schwingungsenergie zu (*Selbsterregung*). Solche *erzwungenen Schwingungen* sollen im Folgenden untersucht werden.

Dazu betrachten wir ein Federpendel, dessen Aufhängepunkt sich periodisch auf und nieder bewegt (Abbildung 1.37), angetrieben beispielsweise mit einer Exzenterscheibe. Falls der Aufhängepunkt harmonisch mit der Frequenz ω und der Amplitude A_0 oszilliert, d. h. die Position $z_0(t) = A_0 \cdot \sin(\omega t)$ des Aufhängepunktes sich sinusförmig mit der Zeit ändert, lautet die Bewegungsgleichung für die Position $z(t)$ des Pendels (in komplexer Form):

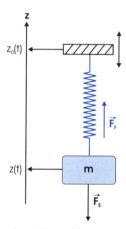

Abbildung 1.37: Erzwungene Schwingungen eines Federpendels

$$\frac{d^2 Z}{dt^2} + 2\delta \frac{dZ}{dt} + \omega_0^2 (Z - A_0 e^{-i\omega t}) = 0$$

Dabei wurde berücksichtigt, dass die Spannung der Feder sich aus dem Abstand $z_0(t) - z(t)$ des Pendelköpers vom Aufhängepunkt ergibt. Es ist eine inhomogene lineare Differentialgleichung. Um das hervorzuheben, schreiben wir sie in der Normalform:

$$\frac{d^2 Z}{dt^2} + 2\delta \frac{dZ}{dt} + \omega_0^2 Z = \omega_0^2 A_0 e^{-i\omega t}$$ (Bewegungsgleichung erzwungener Schwingungen)

Eine streng periodische Lösung dieser Differentialgleichung findet man mit dem Ansatz $Z(t) = A \exp(-i\omega t)$. In diesem Fall bewegt sich das Pendel exakt mit der Frequenz ω des Erregers. Außer diesen periodischen Lösungen gibt es transiente Lösungen, die Einschwingvorgänge beschreiben. Die Dauer $\tau \sim \delta^{-1}$ dieser Einschwingvorgänge wird durch den Dämpfungsfaktor δ bestimmt. Sie werden hier nicht weiter diskutiert. Der periodische Lösungsansatz ist eine Lösung, wenn $A\{-\omega^2 + 2i\delta\omega + \omega_0^2\} = \omega_0^2 A_0$. Als komplexe Amplitude der erzwungenen Schwingung erhält man damit:

$$A = \frac{\omega_0{}^2}{\omega_0{}^2 - \omega^2 + 2i\delta\omega} A_0 \quad \text{(Amplitude erzwungener Schwingungen)}$$

Sie ändert sich resonanzartig, wenn die Erregerfrequenz ω durch den Frequenzbereich $\omega \approx \omega_0$ gestimmt wird. Bei $\omega = \omega_0$ hat die komplexe Amplitude A den Wert:

$$A = -i\frac{\omega_0}{2\delta} \cdot A_0 \quad \text{(Resonanzamplitude)}$$

Bei sehr schwacher Dämpfung ($\delta \ll \omega_0$) ist also die Amplitude des Oszillators im Resonanzfall ($\omega = \omega_0$) betragsmäßig sehr viel (um den Faktor $\omega_0/2\delta$) größer als die Amplitude des Erregers (*Resonanzüberhöhung*) und die Phase des Oszillators hinkt um den Winkel $\varphi = \pi/2$ hinter der Phase des Erregers hinterher (Abbildung 1.38). Bei einer Änderung der Erregerfrequenz ändern sich Betrag und Phase der Amplitude. Beim Durchgang durch die Resonanzfrequenz ω_0 ändert sich der Phasenwinkel φ von $\varphi \approx 0$ nach $\varphi \approx \pi$ und der Betrag der Amplitude durchläuft bei $\omega = \omega_0$ ein Maximum. Die exakte Lage des Maximums von $|A^2|$ ist $\omega = \sqrt{(\omega_0{}^2 - 2\delta^2)}$.

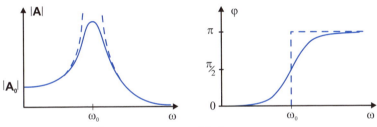

Abbildung 1.38: Amplituden- und Phasengang erzwungener Schwingungen

Die Phasenbeziehung zwischen Erreger und Oszillator ist zu beachten, wenn durch *Rückkopplung* eine ungedämpfte Schwingung erzeugt werden soll. Nach einiger Übung kann jedes Kind die Pendelbewegung einer Schaukel in der richtigen Phasenlage antreiben. Technisch wurde eine solche Selbsterregung durch Rückkopplung erstmals von Huygens im Jahre 1656 für ein Uhrenpendel entwickelt (Abbildung 1.39). Bei aufgezogener Uhr (hochgezogenen Gewichten) treiben die Uhrengewichte das zahnradförmige Steigrad an, das seinerseits im richtigen Rhythmus das Uhrenpendel antreibt. Dank dieser Erfindung wurden präzise Zeitmessungen möglich. Heute wird das Rückkopplungsprinzip in vielen Bereichen der Technik genutzt.

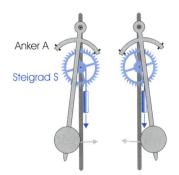

Abbildung 1.39: Rückkopplung für das Getriebe einer Standuhr mit Anker und Steigrad

Bei sehr schwach gedämpften Pendeln mit $\delta \ll \omega$ gilt im Bereich der Resonanz näherungsweise:

$$|A|^2 = \frac{1}{4} \cdot \frac{\omega_0^{\ 2}}{(\omega_0 - \omega)^2 + \delta^2} \, |A_0|^2$$

Die Oszillatorenergie hat also in diesem Fall ein scharfes Resonanzmaximum, dessen Breite durch den Dämpfungsfaktor δ bestimmt wird. Der Abstand zwischen den beiden Frequenzen, bei denen die Oszillatorenergie den halben Maximalwert hat, ist die so genannte *Halbwertsbreite*. (Abbildung 1.40). Sie beträgt $\Delta\omega = 2\delta$.

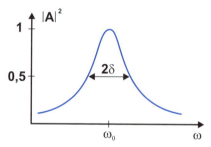

Abbildung 1.40: Amplitudengang im Resonanzbereich eines sehr schwach ($\delta \ll \omega_0$) gedämpften Pendels

Bei $\omega = \omega_0$ ist $|A|^2$ um den Faktor $(\omega_0/2\delta)^2$ größer als $|A_0|^2$. Das Gleiche gilt für das Verhältnis der Energien von Oszillator und Erreger. Diese Resonanzüberhöhung kann technisch genutzt werden, kann aber auch, wenn sie unerwartet auftritt, zerstörend wirken. Man spricht dann von einer *Resonanzkatastrophe*. Besonders gefährliche Situationen ergeben sich, wenn beispielsweise durch eine kleine Unwucht schnell rotierender Teile resonante Schwingungen in der Anlage angeregt werden.

Aufgabe 1.27   Beweisen Sie, dass der Erreger im zeitlichen Mittel die Leistung $P = 2\delta \cdot E_{osz}$ erbringt, wenn er einen hinreichend schwach gedämpften Oszillator antreibt.

Merke   Erzwungene Schwingungen haben im Bereich $\omega \approx \omega_0$ eine Resonanz. Die Amplitude der erzwungenen Schwingung ist dort maximal. Je schwächer die Dämpfung δ, desto größer ist die Amplitude. Für $\delta \to 0$ geht $|A| \to \infty$. Die Halbwertsbreite des Resonanzmaximums beträgt bei hinreichend schwacher Dämpfung $\Delta\omega = 2\delta$. Die relative Phase φ der Schwingung des Erregers zur Schwingung des Oszillators ändert sich beim Durchgang durch die Resonanz um den Phasenwinkel π. Bei $\omega = \omega_0$ ist $\varphi = \pi/2$.

1.6.4 Gekoppelte Pendel

Die in Abschnitt 1.6.3 betrachteten Pendelschwingungen werden von einem Erreger mit konstanter Schwingungsamplitude A_0 erzwungen. Dabei wird Energie vom Erreger auf das Pendel übertragen und so die durch die Dämpfung entstehenden Energieverluste des Pendels ausgeglichen. Es sollen jetzt zwei gekoppelte Pendel (Abbildung 1.41) betrachtet werden, die mit einer Feder so miteinander verkoppelt sind, dass ein Pendel das andere anregen kann. Die Dämpfung der Pendel sei vernachlässigbar. In diesem Fall wird auch Energie von dem erregenden auf das erregte Pendel übertragen, aber damit ändern sich die Schwingungsamplituden der Pendel.

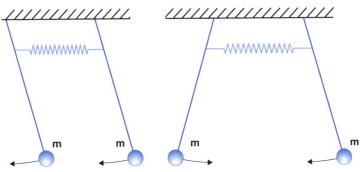

Abbildung 1.41: Eigenschwingungen gekoppelter Pendel

Wir betrachten insbesondere zwei mathematische Pendel gleicher Länge, die also ungekoppelt dieselbe Eigenfrequenz ω_0 haben. Wenn bei eingeschalteter Kopplung anfangs nur ein Pendel angestoßen wird, regt dieses Pendel das andere zu Schwingungen an, bis es seine Schwingungsenergie vollständig abgegeben hat und selbst zur Ruhe gekommen ist. Danach findet dann eine Energieübertragung in umgekehrter Richtung statt (Abbildung 1.42). Die Schwingungsenergie *schwebt* also periodisch zwischen beiden Pendeln mit einer *Schwebungsfrequenz* ω_S hin und zurück.

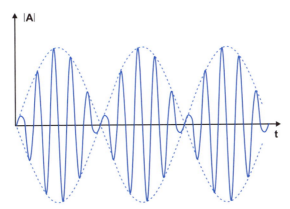

Abbildung 1.42: Schwebung der Amplitude eines der gekoppelten Pendel

Um diese Schwebung quantitativ zu analysieren, sind die Bewegungsgleichungen der gekoppelten Pendel zu lösen. Sie lauten, wenn die als klein angenommenen Auslenkwinkel der Pendel mit φ_1 und φ_2 bezeichnet werden und beachtet wird, dass die Wirkung der Feder auf die Pendelbewegung proportional zu $\Delta\varphi = \varphi_1 - \varphi_2$ ist (die von der Feder bewirkte Winkelbeschleunigung sei $\omega_1^2 \cdot \Delta\varphi$):

$$\frac{d^2\varphi_1}{dt^2} + \omega_0^2\varphi_1 + \omega_1^2(\varphi_1 - \varphi_2) = 0$$

und

$$\frac{d^2\varphi_2}{dt^2} + \omega_0^2\varphi_2 + \omega_1^2(\varphi_2 - \varphi_1) = 0$$

Aus diesen gekoppelten linearen Differentialgleichungen, in der die Kopplungsfrequenz $\omega_1 \ll \omega_0$ ein Maß für die Stärke der Kopplung ist, erhält man durch Addition und Subtraktion zwei ungekoppelte lineare Differentialgleichungen für die Funktionen $\varphi_+ = \varphi_1 + \varphi_2$ und $\varphi_- = \varphi_1 - \varphi_2$:

$$\frac{d^2\varphi_+}{dt^2} + \omega_0^2\varphi_+ = 0$$

und

$$\frac{d^2\varphi_-}{dt^2} + (\omega_0^2 + 2\omega_1^2)\varphi_- = 0$$

Diese sind Bewegungsgleichungen von Oszillatoren mit den Eigenfrequenzen $\omega_+ = \omega_0$ und $\omega_- = \sqrt{(\omega_0^2 + 2\omega_1^2)}$. Die diesen Lösungen entsprechenden Eigenschwingungen der gekoppelten Pendel können angeregt werden, indem man beide Pendel gleichzeitig auslenkt (Abbildung 1.41). Werden beide Pendel in dieselbe Richtung ausgelenkt, schwingen die Pendel in Phase und die Feder bleibt unbelastet. Sie schwingen daher mit der Eigenfrequenz $\omega_+ = \omega_0$. Bei Auslenkung in entgegengesetzte Richtungen schwingen sie hingegen in Gegenphase. Die Feder wirkt dann zusätzlich als rücktreibende Kraft. Daher schwingen die gekoppelten Pendel jetzt mit der größeren Eigenfrequenz ω_-. Wir begegnen hier einem für viele Bereiche der Physik und Technik wichtigen Phänomen, der *Resonanzaufspaltung* gekoppelter Oszillatoren (Abbildung 1.43). Die Aufspaltung, d. h. die Differenzfrequenz $\omega_- - \omega_+$, ist umso größer, je stärker die Kopplung der beiden Pendel ist.

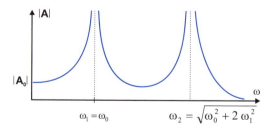

Abbildung 1.43: Amplitudengang der erzwungenen Schwingungen von gekoppelten Pendeln

Die anfangs beschriebene Schwebung kann nun als Superposition der beiden Eigen-schwingungen des Systems der gekoppelten Pendel verstanden werden. Denn mit den beiden Eigenschwingungen ist auch jede Linearkombination der beiden Lösungsfunk-tionen eine Lösung der (linearen) Bewegungsgleichungen gekoppelter Pendel. Die Schwebungsfrequenz $\omega_S = \omega_- - \omega_+$ ist gleich der Differenzfrequenz der beiden Eigen-frequenzen.

Aufgabe 1.28

Zeigen Sie, dass die superponierte Schwingung $Z(t) = 2\{\cos(\omega_1 t) + \cos(\omega_2 t)\}$ eine Schwebung in der Art von Abbildung 1.42 ist, und beweisen Sie, dass die Schwebungsfrequenz ω_S der Schwin-gungsenergie gleich der Differenzfrequenz $\Delta\omega = |\omega_1 - \omega_2|$ ist.

Merke

Wenn zwei harmonische Oszillatoren, deren Eigenfrequenzen gleich sind, schwach aneinander gekoppelt werden, hat das System gekoppelter Oszillatoren zwei verschiedene Resonanz-frequenzen ω_1 und ω_2. Die Differenzfrequenz ergibt sich aus der Stärke der Kopp-lung. Bei den entsprechenden Eigenschwingungen schwingen die Oszillatoren entweder in Phase oder in Gegenphase.

Wird zunächst nur ein Pendel zu Schwingungen angeregt, so ergibt sich eine Schwebung, bei der die Schwingungsenergie mit der Schwebungsfrequenz $\omega_S = |\omega_1 - \omega_2|$ von einem Pendel zum anderen hin und her übertragen wird. Die Schwebung kann als Superposition der beiden Eigenschwingungen dargestellt werden.

Makrophysik der Materie

ÜBERBLICK

2

Der Mechanik zufolge scheinen alle Prozesse in der Natur streng deterministischen Gesetzen zu unterliegen. Ein Dämon, der den Zustand der Welt, d.h. Ort und Geschwindigkeit aller Massenpunkte zu einer Zeit $t = 0$, und die zwischen ihnen wirkenden Kräfte kennt, sollte den Zustand der Welt zu jedem anderen Zeitpunkt berechnen können (*Laplacescher Dämon*). Die Gesetze der Mechanik gelten aber, wie schon mehrfach betont, nicht uneingeschränkt. Experimentell können sie nur im Rahmen der jeweils erreichbaren Messgenauigkeit bestätigt oder widerlegt werden. Man sollte sich deshalb davor hüten, voreilig zu glauben, die mechanische Naturbeschreibung liefere ein exaktes Abbild der Natur.

Auch in diesem Kapitel werden wir uns wie in Kapitel 1 mit makroskopischen Körpern befassen, die als Ganzes den Gesetzen der Mechanik folgen, aber berücksichtigen, dass diese Körper heiß oder kalt sein können. Der Zustand dieser Körper kann dann nicht allein durch Ort und Geschwindigkeit seiner Massenpunkte beschrieben werden, sondern es muss auch seine *Temperatur* angegeben werden. Es wird sich zwar einerseits zeigen, dass die Temperatur eines Körpers im Rahmen des mechanischen Weltbildes als mittlere kinetische Energie seiner Bausteine, nämlich der Atome und Moleküle, aus denen er besteht, verstanden werden kann. Aber andererseits müssen wir dabei unterstellen, dass die Bewegungen der Atome und Moleküle nicht nur den deterministischen Gesetzen der Mechanik, sondern auch Zufallsgesetzen genügen. Tatsächlich hat die Entwicklung der Quantenphysik im letzten Jahrhundert zu dem Schluss geführt, dass in der Natur neben deterministischen Gesetzen auch die Gesetze des Zufalls eine wichtige Rolle spielen.

2.1 Gase

Materielle Körper können gasförmig, flüssig oder fest sein. Wir betrachten zunächst die Gase. Ein in einem Gefäß mit dem Volumen V eingeschlossenes Gas ist, abgesehen von seinen chemischen Eigenschaften, physikalisch durch seine *Dichte* ρ (Masse pro Volumen), den *Druck P*, mit dem es auf die Gefäßwände drückt, und seine *Temperatur T* gekennzeichnet. Dabei ist angenommen, dass das Gas sich im *thermischen Gleichgewicht* befindet, d.h. es gibt weder ein Druck- noch ein Temperaturgefälle. Das Gas mit der Gesamtmasse M hat dann im ganzen Volumen V auch eine konstante Dichte $\rho = M/V$. Makroskopisch ist keine Bewegung des Gases zu erkennen.

Der Druck des Gases wird mit einem *Barometer* oder einem *Manometer* gemessen und ergibt sich aus der Kraft **F**, die auf eine Fläche **A** wirkt (Abbildung 2.1):

$$\vec{F} = P \cdot \vec{A}$$

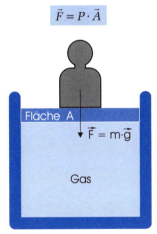

Abbildung 2.1: Zur Definition des Drucks P eines Gases

Die SI-Einheit des Druckes ist dementsprechend 1 Pa = 1 N/m^2 =1 J/m^3 (Pascal). Der Druck hat dieselbe Einheit wie eine Energiedichte. Unter Normalbedingungen ist der Luftdruck P_{Luft} = 1 at $\approx 10^5$ Pa (= 1000 Hektopascal, wie die Meteorologen sagen).

Die Temperatur ist eine neue Grundgröße, die nicht auf die bislang bekannten mechanischen Größen zurückgeführt werden kann. Geeignete Messverfahren zur Festlegung einer Temperaturskala ergeben sich aus den Gasgesetzen (Abschnitt 2.1.3).

Gase sind dadurch gekennzeichnet, dass sie im Gegensatz zu Flüssigkeiten und Festkörpern das ihnen zur Verfügung stehende Volumen homogen ausfüllen ($\rho = const$) und die auf die Wände wirkende Kraft **F** in Richtung der Flächennormalen **A** wirkt. Der Druck ist daher eine skalare (von der Wahl der Raumkoordinaten unabhängige) Größe. In Festkörpern hingegen sind **F** und **A** im Allgemeinen nicht parallel. Zwischen beiden Vektoren besteht dort eine tensorielle Beziehung.

2.1.1 Atomhypothese

Zur Deutung chemischer Gesetzmäßigkeiten wurde um 1800 (philosophischen Überlegungen der Griechen des Altertums folgend) die These aufgestellt, dass die uns umgebende Materie aus *Atomen* besteht. Demnach erfüllt die Materie den Raum nicht homogen, sondern hat eine *diskrete Struktur*. Gase, Flüssigkeiten und Festkörper sind demnach aus kleinsten Teilchen, den Atomen und Molekülen, aufgebaut. Die Masse m der Atome wird im Wesentlichen durch die *Massenzahl A* bestimmt:

$$m \approx A \cdot 1{,}6 \cdot 10^{-27}\,\text{kg}$$

Dabei ist $A < 250$ eine natürliche Zahl (siehe Abschnitt 5.4.1).

Aus der Dichte von Festkörpern und Flüssigkeiten ergibt sich, dass man sich Atome etwa als kleine Kugeln mit einem Radius $r \approx 10^{-10}$ m veranschaulichen kann. Da die Dichte eines Gases um mehrere Größenordnungen kleiner als die Dichte der Flüssigkeiten und Festkörper ist, können sich die Atome eines Gases weitgehend frei im Raum bewegen. Beispielsweise wiegt 1 m^3 Luft etwa 1 kg und hat damit eine 10^3-mal kleinere Dichte als Wasser. Da Wasser sehr inkompressibel ist, darf man annehmen, dass im Wasser die H$_2$O-Moleküle dicht gepackt sind. In der Luft sind demnach benachbarte Moleküle im Mittel etwa 10 Moleküldurchmesser voneinander entfernt. Der Zusammenhalt von Flüssigkeiten und Festkörpern zeigt ferner, dass zwischen den Atomen Kräfte wirken, die sehr viel stärker als die Gravitationskraft sind. Es sind konservative Kräfte (1.3.1), wie der 1. Hauptsatz der Wärmelehre zeigt (Abschnitt 2.3.2). Die zwischen zwei Atomen im Abstand r wirkenden interatomaren Kräfte können daher durch eine Potenzialfunktion $E_{pot}(r)$ beschrieben werden (Abbildung 2.2).

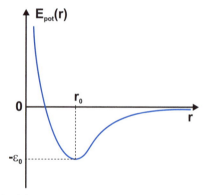

Abbildung 2.2: Interatomares Potenzial

Dieses im Sinne der Newtonschen Mechanik anschauliche Bild der Atome ist allerdings nur bedingt gerechtfertigt. Denn die Atome verhalten sich in vieler Hinsicht nicht wie kleine mechanische Kugeln, (die mindestens sechs Freiheitsgrade hätten), sondern wie Massenpunkte mit nur drei Freiheitsgraden (Abschnitt 2.3.3). Diese Eigenart belegt, dass wir die Atome im Rahmen der Wärmelehre als kleinste unteilbare und strukturlose Einheiten der Materie betrachten können.

Ein Gas besteht demnach aus einer sehr großen, aber endlichen Anzahl diskreter Teilchen, manche Gase aus Atomen andere aus Molekülen. Beispielsweise enthält 1 m^3 Luft unter Normalbedingungen ($P = 1{,}013 \cdot 10^5$ Pa = 1 at, $T = 273$ K = 0^0 C) etwa $0{,}27 \cdot 10^{26}$ Moleküle. Dank der diskreten Struktur der Materie und der großen Zahl der Teilchen, aus denen makroskopische Körper bestehen, sind statistische Mittelwerte geeignet, das Verhalten makroskopischer Körper zu beschreiben. Es zeigt sich, dass insbesondere die Wärmeeigenschaften der Materie unter der Annahme beschrieben werden können, dass die Bewegung der Atome bzw. Moleküle statistischen Gesetzmäßigkeiten folgt.

Aufgabe 2.1 Diskutieren Sie anhand von Abbildung 2.2 die interatomaren Kräfte. In welchem Bereich wirken sie anziehend und in welchem abstoßend?

Merke Im Rahmen der Wärmelehre können die Atome als unteilbare kleinste Teilchen der Materie betrachtet werden. Sie verhalten sich einerseits wie Massenpunkte, die nur Translationsbewegungen ausführen können, sind aber andererseits als Kugeln mit einem Radius von der Größenordnung 10^{-10} m anzusehen. Feste Materie enthält folglich pro m³ größenordnungsmäßig 10^{29} Atome.

2.1.2 Das ideale Gas

Ausgehend von der Atomhypothese beschreiben wir ein Gas als Ensemble von sehr vielen gleichartigen Teilchen, die sich nach den Gesetzen der Newtonschen Mechanik in einem Gefäß mit dem Volumen V bewegen. Ist das Gas im thermischen Gleichgewicht, so bewegen sich die Atome des Gases völlig ungeordnet. Dem thermischen Gleichgewichtszustand des Gases entspricht daher ein statistischer Gleichgewichtszustand des atomaren Ensembles, der durch *statistische Mittelwerte* und *Zufallsverteilungen* zu charakterisieren ist, die zeitlich konstant sind. Es gilt daher, die den makroskopischen Größen ρ, P und T entsprechenden statistischen Mittelwerte zu bestimmen.

Um Komplikationen zu vermeiden und uns auf das Wesentliche zu konzentrieren, betrachten wir statt realer Gase einen idealisierten Grenzfall, nämlich das so genannte *ideale Gas*. Als ideales Gas wird ein Ensemble von Teilchen bezeichnet, das folgende Bedingungen erfüllt:

Ideales Gas

- **Es besteht aus sehr vielen Teilchen.** Diese Bedingung ist für makroskopische Gasmengen stets sehr gut erfüllt. Um makroskopische Gasmengen zu messen, wird die SI-Einheit 1 mol der Stoffmenge eingeführt: 1 mol ist die Stoffmenge eines nur aus einer Sorte von Atomen oder Molekülen bestehenden Systems, eines so genannten Einstoffsystems, die aus eben so vielen Einzelteilchen besteht, wie Atome des Kohlenstoffisotops ^{12}C (mit der Massenzahl $A = 12$) in 0,012 kg enthalten sind. Das sind etwa $N_A \approx 6{,}02 \cdot 10^{23}$ Teilchen (Avogadrosche Zahl).

- **Die Teilchen verhalten sich wie Massenpunkte.** Insbesondere sei also die räumliche Ausdehnung der Atome vernachlässigbar klein. Diese Bedingung ist nur für sehr verdünnte Gase gut erfüllt, bei denen der mittlere Abstand d zwischen benachbarten Atomen sehr viel größer als der Radius $r_A \approx 10^{-10}$ m der Atome ist.

- **Es gibt keine interatomaren Kräfte.** Diese Bedingung ist näherungsweise erfüllt, wenn die Tiefe ε_0 des Wechselwirkungspotenzials $E_{pot}(r)$ (Abbildung 2.2) sehr viel kleiner als die mittlere kinetische Energie $\langle E_{kin} \rangle$ der Atome ist.

- **Die Stöße der Atome untereinander sind stets vollkommen elastisch.** Für atomare Gase, deren Teilchen nur drei Freiheitsgrade haben, ist diese Bedingung sehr gut erfüllt. Sie stellt einen Sonderfall der allgemeiner gefassten Annahme dar, dass zwischen Atomen nur konservative Kräfte wirken.

Für ein solches ideales Gas können Dichte ρ und Druck P aufgrund einfacher Überlegungen in Beziehung zu den statistischen Mittelwerten des Ensembles gesetzt werden. Die Gasdichte ρ ergibt sich offensichtlich aus der Teilchendichte n (Anzahl der Teilchen pro m^3) und der Masse m der Atome:

$$\rho = n \cdot m$$

Der Gasdruck P ergibt sich (da $\mathbf{F} = d\mathbf{p}/dt$ und $P = F/A$) aus den Impulsen, die die Atome bei Stößen gegen die Wand des Gefäßes pro Zeit- und Flächeneinheit auf die Wand übertragen. Aufgrund dieser Stöße ist beispielsweise der das Gefäß von Abbildung 2.1 in z-Richtung abschließende Stempel nicht wirklich in Ruhe, sondern vollführt eine schwache Zitterbewegung. Immer wenn ein Atom, das mit der Geschwindigkeit $\mathbf{v} = (v_x, v_y, v_z)$ auf ihn zufliegt, von ihm mit der Geschwindigkeit $\mathbf{v} = (v_x, v_y, -v_z)$ abprallt, wird ein Impuls $\mathbf{p} = (0, 0, p_z)$ mit $p_z = 2mv_z$ auf den Stempel übertragen. Den Stößen entgegen wirkt die Gewichtskraft F. Die Anzahl der Stöße pro Zeiteinheit ergibt sich zu $\frac{1}{2} \cdot n \cdot v_z \cdot A$, wobei A die Fläche des Kolbens ist und der Faktor $\frac{1}{2}$ sich aus der Tatsache ergibt, dass nur Atome mit $v_z > 0$ gegen den Kolben stoßen. Wenn die Wirkung der Stöße von der Gewichtskraft kompensiert wird, gilt demnach:

$$\vec{F} = n \cdot m \cdot v_z^2 \cdot \vec{A}$$

Beachtet man, dass bei einer statistischen Verteilung nicht alle Atome dieselbe Geschwindigkeit v_z haben und die (durch spitze Klammern gekennzeichneten) statistischen Mittelwerte $\langle v_x^2 \rangle = \langle v_y^2 \rangle = \langle v_z^2 \rangle = \langle v^2 \rangle / 3$ im thermischen Gleichgewicht gleich sind, so erhält man:

$$\frac{F}{A} = P = \frac{1}{3} nm \cdot \langle v \rangle^2$$

Da die mittlere kinetische Energie der Atome $\langle E_{kin} \rangle = \frac{1}{2} m \langle v^2 \rangle$ ist, ergibt sich schließlich:

$$P = \frac{2}{3} n \cdot \langle E_{kin} \rangle \quad \text{(Grundgleichung der kinetischen Gastheorie)}$$

Es bleibt, den Zusammenhang zwischen Temperatur und den statistischen Mittelwerten des Ensembles von Teilchen zu bestimmen. Aber während die Beziehung von Dichte und Druck zu den statistischen Mittelwerten aus rein mechanischen Überlegungen folgen, führt die statistische Deutung der Temperatur auf grundlegende Probleme. Wie in der Einführung dieses Kapitels betont, ist die Newtonsche Mechanik eine streng deterministische Theorie. In der statistischen Wärmelehre hingegen werden Zufallsverteilungen und die daraus zu berechnenden statistischen Mittelwerte betrachtet. Dieser Zwiespalt zwischen Determinismus und Zufall führt zu grundlegenden Problemen, die hier nicht weiter diskutiert werden sollen. Hier stützen wir uns auf die experimentellen Erfahrungen. Sie belegen, dass im Naturgeschehen der Zufall neben deterministischen Gesetzmäßigkeiten auch eine grundlegende Rolle spielt. Der statistische Ansatz ist deshalb grundsätzlich gerechtfertigt. Bei der statistischen Deutung der Temperatur, die wir im nächsten Abschnitt behandeln, stützen wir uns angesichts der skizzierten Situation wesentlich auf die Physik des idealen Gases, in der auch die Gesetze des Zufalls berücksichtigt sind.

Aufgabe 2.2

Berechnen Sie die kinetische Energie, die in 1 m³ Luft unter Normalbedingungen gespeichert ist. Welche mittlere Geschwindigkeit ergibt sich daraus für die Moleküle der Luft? Ist sie größer oder kleiner als die Schallgeschwindigkeit?

Merke

Gase bestehen aus Atomen (oder Molekülen), die sich weitgehend frei im Raum bewegen können. Der mittlere Abstand d benachbarter Atome ist also wesentlich größer als der Durchmesser $2r$ der Atome. Für den Grenzfall des idealen Gases wird der Druck P des Gases von Teilchendichte n und mittlerer kinetischer Energie $\langle E_{kin}\rangle$ der Atome bestimmt:

$$P = \frac{2}{3}n\cdot\langle E_{kin}\rangle$$

Die Masse m eines Atoms mit der Massenzahl A ist etwa $m = A\cdot 1{,}6\cdot 10^{-27}$ kg. Die Dichte ρ des Gases ist $\rho = n\cdot m$.

2.1.3 Die Temperatur

Die Temperatur eines Körpers wird mit einem Thermometer gemessen. Bei den bekannten Quecksilber(Hg)- und Alkoholthermometern nutzt man zur Festlegung einer Temperaturskala die thermische Ausdehnung von Flüssigkeiten. Auch wenn dieselben Fixpunkte, wie Gefrier- und Siedepunkt des Wassers, als 0 °C- und 100 °C-Marke gewählt werden, ergeben verschiedene Flüssigkeiten unterschiedliche Temperaturskalen, wie Abbildung 2.3 zeigt. Es stellt sich daher die Frage, welche Temperaturskala für die Formulierung physikalischer Gesetzmäßigkeiten am besten geeignet ist.

Abbildung 2.3:
Vergleich von Quecksilber- und Alkoholthermometer

Die grundlegenden Gesetze der Wärmelehre nehmen eine besonders einfache Form an, wenn die Temperaturskala mit einem Gasthermometer festgelegt wird und dabei Gase verwendet werden, die sich möglichst exakt wie ideale Gase verhalten. Das sind insbesondere die atomaren Edelgase, wie Helium (He) und Neon (Ne). Aber auch Luft verhält sich unter Normalbedingungen in vieler Hinsicht fast wie ein ideales Gas. Wir nutzen sie deshalb für ein einfaches Vorlesungsexperiment.

Experiment 2.1	Versuch von Boyle und Mariotte

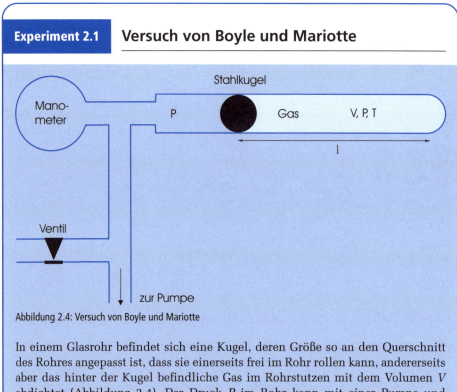

Abbildung 2.4: Versuch von Boyle und Mariotte

In einem Glasrohr befindet sich eine Kugel, deren Größe so an den Querschnitt des Rohres angepasst ist, dass sie einerseits frei im Rohr rollen kann, andererseits aber das hinter der Kugel befindliche Gas im Rohrstutzen mit dem Volumen V abdichtet (Abbildung 2.4). Der Druck P im Rohr kann mit einer Pumpe und einem Belüftungsventil variiert und an einem Manometer abgelesen werden. Wir messen die Länge l des von der Kugel begrenzten Rohrstutzens als Funktion des Druckes P. Die Messung ergibt, sofern die Temperatur der im Rohr befindlichen Luft sich bei der Messung nicht ändert, dass $l \propto 1/P$. Demnach ist bei konstant gehaltener Temperatur das Produkt $l \cdot P$ konstant.

Als Ergebnis dieses Versuches erhalten wir das Gesetz von Boyle und Mariotte:

$$P \cdot V = \text{const} = f(T) \quad \text{(Boyle-Mariottesches Gesetz)}$$

Ändert man aber bei dem Experiment die Temperatur der Luft, so ändert sich auch die Konstante, und zwar hängt sie monoton steigend von der Temperatur T ab. Messungen an anderen, sich hinreichend ideal verhaltenden Gasen zeigen dieselbe Temperaturabhängigkeit $f(T)$ der im Boyle-Mariotteschen Gesetz auftretenden Konstante. Es liegt daher nahe, diese Temperaturabhängigkeit zur Definition einer *absoluten Temperaturskala* zu nutzen.

Die *absolute Temperatur* definieren wir vorläufig als eine Größe T, die proportional zum Produkt $P \cdot V$ eines sich hinreichend ideal verhaltenden Gases ist. Zur Festlegung der Proportionalitätskonstante und damit der SI-Einheit 1 K (Kelvin) der absoluten Temperatur wird die Temperatur $T(H_2O)$ des Tripelpunkts von H_2O (Abschnitt 2.2.2) festgelegt:

$$T(H_2O) = 273{,}16\,K$$

Eine in °C angegebene Temperatur t lässt sich gemäß der Beziehung $T[K] = t[°C] + 273{,}2$ in Kelvin umrechnen.

In der Praxis sind Gasthermometer sehr unhandlich. Deshalb braucht man sie vor allem zur Eichung anderer Geräte, die im täglichen Gebrauch besser zur Temperaturmessung genutzt werden können. Einfach und schnell lassen sich Temperaturen (genauer: Temperaturdifferenzen) mit Thermoelementen (*siehe Abschnitt 6.4.4*) messen. In einem *Thermoelement* sind Drähte zusammengelötet, die aus zwei verschiedenen Materialien (z.B. Kupfer und Konstantan) bestehen, und an ein empfindliches Voltmeter angeschlossen sind (Abbildung 2.5). Falls die beiden Lötstellen verschiedene Temperaturen haben, zeigt das Voltmeter eine der Temperaturdifferenz ΔT proportionale Thermospannung U (Abschnitt 6.3.4) an. Für Kupfer-Konstantan-Elemente ist $U \approx (41\,\mu V/K) \cdot \Delta T$.

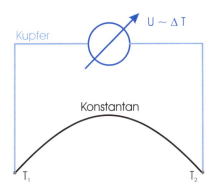

Abbildung 2.5: Thermoelement

Nach Festlegung der absoluten Temperaturskala kann im Boyle-Mariotteschen Gesetz auch die Temperaturabhängigkeit der Konstante zum Ausdruck gebracht werden: Das Produkt aus Druck und Volumen eines (idealen) Gases ist proportional zu seiner Temperatur. Ist N die Anzahl der Atome der eingeschlossenen Gasmenge, so ist $n = N/V$ die Teilchendichte des Gases. Statt $P \cdot V \propto T$ können wir daher auch schreiben $P \propto n \cdot T$. Es bleibt die Frage zu beantworten, in welcher Weise die Proportionalitätskonstante von der Art des Gases, also beispielsweise von der Masse seiner Atome, abhängt. Messungen an verschiedenen sich hinreichend ideal verhaltenden Gasen, d.h. an Gasen mit hinreichend kleiner Teilchendichte n, zeigen, dass stets dieselbe Proportionalitätskonstante einzusetzen ist.

Diese universelle Proportionalitätskonstante ist die *Boltzmann-Konstante k*. Sie hat den Wert

$$k = 1{,}38 \cdot 10^{-23}\,J/K \quad \text{(Boltzmann-Konstante)}$$

Aus dem Boyle-Mariotteschen Gesetz ergibt sich damit:

$$P = n \cdot kT \quad \text{(thermische Zustandsgleichung idealer Gase)}$$

Aus der thermischen Zustandsgleichung folgt unmittelbar das

Avogadrosches Gesetz

Bei gleichem Druck und gleicher Temperatur haben alle sich hinreichend ideal verhaltenden Gase die gleiche Teilchendichte n.

Wegen $\rho = n \cdot m$ verhalten sich damit die Dichten ρ verschiedener Gase wie die Massen m ihrer Atome oder Moleküle. Die Dichte des Edelgases He mit der Massenzahl $A = 4$ hat also eine 7-mal kleinere Dichte als Stickstoff, dessen Moleküle N_2 die Molekularzahl $M = 28$ haben. Folglich steigen mit He gefüllte Ballons auf (Archimedisches Prinzip).

Ein Vergleich der thermischen Zustandsgleichung mit der Grundgleichung der kinetischen Gastheorie (Abschnitt 2.1.2) ergibt die grundlegende atomistische Deutung der Temperatur:

$$\langle E_{kin} \rangle = \frac{3}{2} kT$$

Die Temperatur ist also ein Maß für die mittlere kinetische Energie der Atome. Je leichter die Atome, desto schneller bewegen sie sich bei gleicher Temperatur. Für die Moleküle N_2 und O_2 der Luft bei Raumtemperatur ergibt sich eine *thermische Geschwindigkeit* v_{th} von etwa 500 m/s. Die Moleküle H_2 des Wasserstoffs mit der Molekularzahl $M = 2$) bewegen sich dagegen mit einer fast 4 Mal größeren Geschwindigkeit. Mit einer hinreichend evakuierten Atomstrahlapparatur, in der Atome mehrere Meter weit geradeaus fliegen können, ohne mit anderen Teilchen zusammenzustoßen, lassen sich diese Geschwindigkeiten heutzutage leicht messen. In der Vorlesung begnügen wir uns damit, die Bewegung von Pucks verschiedener Masse auf einem reibungsfreien Tisch zu beobachten. Auch hier bewegen sich die leichten Pucks wesentlich schneller als die schweren.

Aufgabe 2.3 Berechnen Sie für Luft (Stickstoff) und Helium unter Normalbedingungen die Teilchendichte n und die mittlere Geschwindigkeit der Moleküle bzw. Atome. Wie ändern sich die Werte, wenn die Gase auf die Temperatur von kochendem Wasser erhitzt werden? Bei welcher Temperatur haben die Atome die Geschwindigkeit eines mit 100 km/h fahrenden Autos?

> **Merke**
>
> Die mittlere kinetische Energie $\langle E_{kin} \rangle$ der Atome eines Gases ist proportional zur absoluten Temperatur T des Gases:
>
> $$\langle E_{kin} \rangle = \frac{3}{2}kT$$
>
> Die hier als Proportionalitätsfaktor auftretende Boltzmann-Konstante $k = 1{,}38 \cdot 10^{-23}$ J/K ist eine universelle Naturkonstante.
>
> Aus der Grundgleichung der kinetischen Gastheorie ergibt sich hiermit die thermische Zustandsgleichung idealer Gase:
>
> $$P = n \cdot kT$$
>
> Der thermischen Zustandsgleichung zufolge haben alle (idealen) Gase bei vorgegebener Temperatur und vorgegebenem Druck die gleiche Teilchendichte.

2.1.4 Zufallsverteilungen

Temperatur T und Druck P eines idealen Gases sind korreliert mit der Anzahl $n = N/V$ von Atomen pro Volumen und der mittleren kinetischen Energie $\langle E_{kin} \rangle$ der Atome. Sofern die betrachteten Volumenelemente V genügend viele Teilchen enthalten, schwankt die Anzahl N der in V enthaltenen Atome nur wenig. (Die Schwankungsbreite ist etwa $\Delta N = \sqrt{N}$, Abschnitt 6.6.2.) Die Teilchendichte $n = N/V$ hat dann einen gut definierten Wert. Hingegen haben die einzelnen Atome eines Gases im thermischen Gleichgewicht sehr unterschiedliche Geschwindigkeiten und damit auch unterschiedliche kinetische Energien. Die Geschwindigkeitsverteilung wird mit einer *Verteilungsfunktion* $f(v)$ beschrieben. Der Wert $N \cdot f(v) \cdot dv$ gibt die Anzahl der Atome im Volumen V an, deren Geschwindigkeiten im Geschwindigkeitsintervall dv liegen. Die Verteilungsfunktion $f(v)$ kann gemessen werden, indem man die Bewegung von Atomen im Vakuum untersucht. Wir begnügen uns mit der Messung der Geschwindigkeitsverteilung von Stahlkugeln in einem Modellversuch.

Der Modellversuch zeigt erstens, dass die Teilchendichte mit der Höhe abnimmt. Die Abnahme ist offensichtlich eine Folge der auf die Kugeln einwirkenden Schwerkraft. Nur wenn der Einfluss der Schwerkraft vernachlässigt werden kann, ist die Teilchendichte im ganzen Volumen konstant. Wenn man das Stahlkugelgas oben mit einem frei schwebenden Stempel abschließt, zeigt der Versuch zweitens, wie der Schwerkraft des Stempels die Stöße der Stahlkugeln entgegenwirken und damit der Gasdruck erklärt werden kann.

Drittens kann man das Gas aus Stahlkugeln nutzen, um die Geschwindigkeitsverteilung ungeordnet umher fliegender Kugeln zu messen. Dazu öffnet man eine kleine seitliche Luke, durch die die Kugeln etwa horizontal den Gasraum verlassen können. Je nach ihrer Geschwindigkeit fallen die Kugeln in verschieden weit entfernte Fächer eines Auffangbehälters. Die Verteilung der Kugeln auf die Fächer gibt daher einen Eindruck von der Verteilungsfunktion $f(v)$.

Experiment 2.2   ## Maxwellsche Geschwindigkeitsverteilung

Den Versuchsaufbau zeigt Abbildung 2.6. Ein Modellgas aus ungeordnet hin und her fliegenden Stahlkugeln wird durch die Zitterbewegung eines Kolbens erzeugt. (Glücklicherweise ist die thermische Bewegung im Gegensatz zu der Bewegung der Stahlkugeln lautlos. Auch muss sie nicht mit einem Motor angetrieben werden, da die Stöße der Atome vollkommen elastisch sind.)

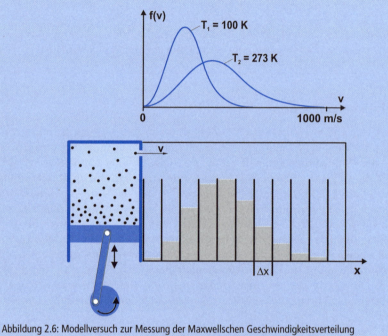

Abbildung 2.6: Modellversuch zur Messung der Maxwellschen Geschwindigkeitsverteilung

Schwieriger ist es, Höhen- und Geschwindigkeitsverteilung zu berechnen. Die Newtonsche Mechanik erweist sich hier als unzulänglich. Zusätzlich muss ein Maß für die Wahrscheinlichkeit festgelegt werden, ein Teilchen in gewissen Raum- und Geschwindigkeitsbereichen zu finden. Grundlegend dafür ist der *Phasenraum*, ein Produktraum aus Orts- und Impulsraum. Wir verzichten hier auf eine ausführliche Begründung der Zufallsverteilungen und begnügen uns damit, einige für Überschlagsrechnungen wesentliche Merkmale der Zufallsverteilungen hervorzuheben.

Die *barometrische Höhenformel* beschreibt die Verteilung der Atome im Raum. Sie lässt sich noch mit einigermaßen elementaren Überlegungen ableiten. Der Gasdruck P nimmt mit zunehmender Höhe gemäß der Beziehung $\Delta P = -\rho \cdot g \cdot \Delta h$ ab, da sich der Druck bei einer Höhenzunahme Δh um die aus dem Gewicht der Luftsäule resultierende Druckdifferenz ΔP verringert. Für die Dichte $\rho = n \cdot m$ ergibt sich aus der thermischen Zustandsgleichung idealer Gase (Abschnitt 2.1.3) $\rho = m \cdot P/kT$. Damit erhält man für den Gasdruck P die Differentialgleichung $dP = -P \cdot mg \cdot dh/kT$, die sich unter der Annahme konstanter Temperatur integrieren lässt:

$$P(h) = P_0 \cdot \exp\{-\frac{mgh}{kT}\} \quad \text{(barometrische Höhenformel)}$$

Nach der barometrischen Höhenformel nimmt also der Gasdruck P ausgehend von einem Druck P_0 bei $h = 0$ exponentiell mit der potenziellen Energie $E_{pot} = mgh$ der Atome des Gases ab. Diese exponentielle Abnahme der Wahrscheinlichkeit mit der Energie ist charakteristisch für thermische Zufallsverteilungen. Der Exponentialfaktor $\exp(-E/kT)$ ist hier von grundlegender Bedeutung. Er wird nach dem Physiker **L. Boltzmann (1844 – 1906)** auch *Boltzmann-Faktor* genannt. Ein merklicher Abfall des Druckes ist erst bei Höhen zu beobachten, wo die potenzielle Energie der Atome etwa von der Größenordnung der thermischen Energie kT ist.

Aufgabe 2.4   Berechnen Sie die Höhe, bei der der Luftdruck auf etwa die Hälfte abgefallen ist. Welche Halbwertshöhen haben Wasserstoff (H_2-Moleküle) und Helium an heißen Sommertagen?

Ebenso wie die Höhenverteilung wird auch die nach dem Physiker **J. C. Maxwell (1831 – 1879)** benannte *Maxwellsche Geschwindigkeitsverteilung* $f(v)$ der Atome wesentlich durch den Boltzmann-Faktor bestimmt. Dabei ist natürlich nicht die potenzielle, sondern die kinetische Energie $E_{kin} = (1/2)mv^2$ der Atome einzusetzen. Die Wahrscheinlichkeit $f(v) \cdot dv$, ein Atom mit einer Geschwindigkeit v innerhalb eines Geschwindigkeitsintervalls dv vorzufinden, wird aber nicht allein durch den Boltzmann-Faktor bestimmt, sondern es ist noch ein so genannter *Phasenraumfaktor*, der proportional zu v^2 ist, zu berücksichtigen. Bis auf einen Proportionalitätsfaktor erhält man:

$$f(v) \cdot dv \propto v^2 \exp\{-\frac{mv^2/2}{kT}\} \cdot dv \quad \text{(Maxwellsche Geschwindigkeitsverteilung)}$$

Sind die Zufallsverteilungen bekannt, lassen sich die statistischen Mittelwerte der Teilchenvariablen berechnen. Insbesondere erhält man aus der Maxwellschen Geschwindigkeitsverteilung die mittlere kinetische Energie der Atome $\langle E_{kin}\rangle = (3/2)kT$.

Aufgabe 2.5   Schätzen Sie ab, wie viele Atome eines Gases der Menge 1 mol eine kinetische Energie E_{kin} haben, die zehnmal so groß wie die mittlere thermische Energie der Atome ist. Welche Höhe würden Wasserstoffmoleküle erreichen, die bei $T = 300$ K von der Erdoberfläche mit der zehnfachen thermischen Geschwindigkeit nach oben fliegen? (Von Stößen mit den Molekülen der Luft sei dabei abgesehen.)

Obwohl man die Atome und damit auch ihre Bewegung nicht direkt sehen kann, ist ihre Bewegung indirekt unter einem Mikroskop zu beobachten. Denn grundsätzlich nehmen alle Partikel an der thermischen Bewegung teil. Aber für große Partikel ist die thermische Bewegung so langsam, dass sie nicht wahrgenommen wird, und Atome sind nicht sichtbar. Sichtbare Partikel haben mindestens einen Durchmesser D von der Größenordnung der Wellenlänge des sichtbaren Lichts (*Abschnitt 4.2.4*), also etwa $D \approx 1\,\mu m$. Die Masse M solcher Partikel beträgt etwa $M \approx 10^{-15}$ kg und folglich ist ihre mittlere thermische Geschwindigkeit bei Raumtemperatur von der Größenordnung einiger mm/s. Die Geschwindigkeit dieser gerade noch sichtbaren Teilchen ist also noch groß genug, um sie unter einem Mikroskop als *Brownsche Molekularbewegung* beobachten zu können.

Aufgabe 2.6

Berechnen Sie die mittlere thermische Geschwindigkeit kleiner Partikel (z.B. Blütenstaub) mit einer Ausdehnung von etwa 1 µm.

Merke

Thermische Energieverteilungen werden wesentlich durch den Boltzmann-Faktor $\exp(-E/kT)$ bestimmt. In einer Höhe h, wo die potenzielle Energie $E_{pot} = mgh$ der Moleküle der Luft gleich der thermischen Energie kT ist, ist der Luftdruck $P = P_0/e$ ($e = 2{,}7$, Eulersche Zahl). Auch die Wahrscheinlichkeit, dass Atome bzw. Moleküle eines Gases eine große kinetische Energie $E_{kin} \gg kT$ haben, nimmt exponentiell mit dem Boltzmann-Faktor ab.

2.2 Aggregatzustände

Reale Stoffe, wie beispielsweise Wasserstoff, Sauerstoff und Stickstoff sind nicht immer gasförmig, sondern können auch als Flüssigkeit oder Festkörper vorliegen. Ebenso können die meisten anderen Stoffe in mindestens drei verschiedenen so genannten *Aggregatzuständen* (oder *Phasen*) auftreten. Am bekanntesten sind die drei Aggregatzustände des Stoffes H_2O: Eis, Wasser und Wasserdampf. In welchem seiner Aggregatzustände ein Stoff vorliegt, ist abhängig von seiner Temperatur und seinem Druck. Im Allgemeinen ändern sich die Eigenschaften eines Stoffes stetig mit Druck und Temperatur. Aber bei bestimmten Druck- und Temperaturwerten treten sprunghafte Änderungen, so genannte *Phasensprünge* auf. Dank dieser Phasensprünge lassen sich verschiedene Aggregatzustände eines Stoffes definieren und gegeneinander abgrenzen.

In dieser Lektion sollen die Phasen und Phasenübergänge von Stoffen, die in drei verschiedenen Aggregatzuständen vorliegen, diskutiert werden. Dabei ist zu beachten, dass ausschließlich *Einstoffsysteme* betrachtet werden, also Systeme, die nur aus einer Sorte von Atomen oder Molekülen bestehen. Andernfalls hängen die Eigenschaften des Systems nicht nur von den Zustandsgrößen Druck, Temperatur und Volumen des Systems ab, sondern auch von den Mischungsverhältnissen. Die Beschreibung von Mehrstoffsystemen ist daher komplizierter.

Bei einem Einstoffsystem mit drei Aggregatzuständen sind sechs verschiedene Phasenübergänge zu unterscheiden. Sie werden in Abbildung 2.7 benannt.

Abbildung 2.7: Phasenübergänge

2.2.1 Flüssigkeiten und Festkörper

Viele Eigenschaften materieller Körper können unter der Annahme, dass alle Materie aus Atomen besteht, erklärt werden. So können die typischen Eigenschaften der Gase mit dem Modell des idealen Gases atomistisch gedeutet werden. Dabei setzt man voraus, dass keine Kräfte zwischen den Atomen wirken. Die Bildung fester und flüssiger Körper zeigt aber, dass es interatomare Kräfte gibt. Wie in Abschnitt 2.1.1 betont, sind es konservative Kräfte, deren Potenzialfunktion die in Abbildung 2.2 gezeigte Form mit einem Minimum $E_{pot}(r_0) = -\varepsilon_0$ bei dem Gleichgewichtsabstand r_0 hat. Falls die mittlere kinetische Energie $3kT/2$ der Atome sehr viel größer als ε_0 ist, beeinflussen die interatomaren Kräfte die Bewegung der Atome nur marginal, und das Ensemble von Atomen verhält sich nahezu wie ein ideales Gas. Falls aber

$$kT \ll \varepsilon_0,$$

so haften die Atome aneinander und bilden Flüssigkeiten und Festkörper.

Im Festkörper sind die Potenzialmulden, in denen sich die Atome befinden, so tief, dass die Atome zwar in den Mulden hin und her schwingen können, ihre Energie aber nicht ausreicht, sie zu verlassen. Die Lage der Atome relativ zueinander ist dementsprechend fast konstant (ähnlich wie die Lage der Massenpunkte eines starren Körpers, *Abschnitt 1.4.2*). Ein Festkörper lässt sich daher nicht leicht verformen. Der mittlere Abstand benachbarter Atome ist bei Festkörpern etwa gleich dem Gleichgewichtsabstand r_0 des interatomaren Potenzials. Aus der Teilchendichte n eines Festkörpers kann daher r_0 abgeschätzt werden.

Eine ähnliche Situation liegt bei Flüssigkeiten vor. Allerdings sind bei diesen die Potenzialmulden nicht tief genug, um die relative Lage der Atome zu fixieren. Hier reicht die mittlere kinetische Energie der Atome noch aus, um sich umzuordnen. Eine typische Flüssigkeit ist demnach leicht verformbar und passt sich daher der vorgegebenen Form eines Behälters schnell an, ohne dabei ihr Volumen wesentlich zu ändern. Flüssigkeiten sind wie Festkörper ziemlich inkompressibel, da in beiden Aggregatzuständen die Atome dicht gepackt sind.

Diese Skizzierung der atomistischen Modelle von Festkörpern und Flüssigkeiten gibt zwar eine qualitative Vorstellung von der atomaren Struktur dieser Aggregatzustände, kann aber nicht die in der Natur beobachteten Phasensprünge verständlich machen. Wir werden uns in den nächsten Abschnitten auf eine phänomenologische Beschreibung der Phasensprünge beschränken.

2.2.2 Zustandsdiagramme

Ideale Gase erfüllen die Zustandsgleichung $P = nkT$. Die drei Zustandsgrößen eines Gases – Druck, Dichte und Temperatur – können also nicht unabhängig voneinander festgelegt werden, sondern sind miteinander durch obige Beziehung verknüpft. Im Folgenden betrachten wir nicht nur Gase, sondern auch Einstoffsysteme, die in verschiedenen Aggregatzuständen auftreten können. Sie erfüllen den Raum gewöhnlich nicht homogen wie Gase, sondern können je nach Aggregatzustand in verschiedenen Bereichen des Raumes unterschiedliche Dichte haben. Daher werden wir im Folgenden das Gesamtvolumen V des Einstoffsystems, statt der Teilchendichte n, als dritte Zustandsgröße benutzen. Insbesondere werden wir uns auf das Volumen V_{mol}, das die Stoffmenge 1 mol enthält, beziehen. V_{mol} enthält also N_A Atome. Dabei ist N_A die Avogadrosche Zahl (Abschnitt 2.1.2):

$$N_A = 6{,}022 \cdot 10^{23} \quad \text{(Avogadrosche Zahl)}$$

Da für ideale Gase $n = N_A/V_{mol}$ ist, lautet die Zustandsgleichung für ideale Gase damit:

$$P \cdot V_{mol} = RT \quad \text{(Zustandsgleichung des idealen Gases)}$$

Dabei ist $R = N_A \cdot k = 8{,}31\ \text{J} \cdot \text{K}^{-1}\text{mol}^{-1}$ die so genannte universelle Gaskonstante.

Für reale Stoffe ist der Zusammenhang zwischen den drei Zustandsgrößen P, V_{mol} und T wesentlich komplizierter. Wir stellen deshalb den funktionalen Zusammenhang durch *Zustandsdiagramme* dar. Im täglichen Leben ist der Druck häufig gleich dem Luftdruck der Atmosphäre, also mit etwa $P \approx 10^5$ Pa fest vorgegeben. Es ist deshalb nahe liegend, zunächst das Volumen eines Stoffes als Funktion der Temperatur bei konstantem Druck zu betrachten.

Abbildung 2.8 zeigt einen für Einstoffsysteme typischen Verlauf der Funktion $V_{mol}(T)$ des Molvolumens bei konstantem Druck P. Für das ideale Gas ergibt sich eine linear ansteigende Funktion. Auch für die meisten realen Stoffe nimmt das Volumen mit steigender Temperatur zu. H_2O ist eine Ausnahme. Es beansprucht das geringste Volumen im flüssigen Zustand. $V_{mol}(H_2O)$ hat ein absolutes Minimum bei einer Temperatur von 4 °C.

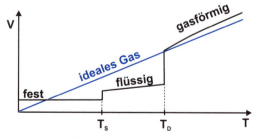

Abbildung 2.8: $V(T)$-Diagramm eines Einstoffsystems für $P = $ const

Da die Atome im festen und flüssigen Zustand dicht gepackt sind und das Volumen eines Atoms etwa 10^{-29} m^3 beträgt, ergibt sich für Festkörper und Flüssigkeiten ein Molvolumen von der Größenordnung $V_{mol} \sim 10^{-5}$ m$^3 = 10$ cm^3. Für Gase hingegen ist das Molvolumen wesentlich größer. Im Allgemeinen ändert sich das Molvolumen stetig mit der Temperatur. Sprunghafte Änderungen beobachtet man nur bei der Schmelz- und Verdampfungstemperatur T_S bzw. T_D, also bei den *Phasenübergängen*. Sie werden deshalb auch *Phasensprünge* genannt.

Vergleicht man Graphen für verschiedene Drücke $P_1 < P_2$, so beobachtet man eine Verschiebung der Temperaturen der Phasensprünge, und zwar bei Druckerhöhung eine Verschiebung zu höheren Temperaturen, wenn beim Phasenübergang fest nach flüssig bzw. flüssig nach gasförmig das Volumen zunimmt, und eine Verschiebung zu tieferen Temperaturen bei einer Volumenabnahme. In jedem Fall nimmt der Temperaturbereich $\Delta T_{fl} = T_D - T_S$ der flüssigen Phase mit abnehmendem Druck ab (Abbildung 2.9). Unterhalb des *Tripelpunktes*, also bei Drücken $P < P_T$, geht der Festkörper unmittelbar in die Gasphase über, er *sublimiert*. Ferner nimmt beim Übergang in die Gasphase die Größe des Volumensprunges mit zunehmendem Druck ab. Oberhalb des *kritischen Punktes*, also bei Drücken $P > P_K$, geht die Flüssigkeit stetig in die Gasphase über. Die beiden Aggregatzustände können dann also nicht mehr scharf voneinander abgegrenzt werden.

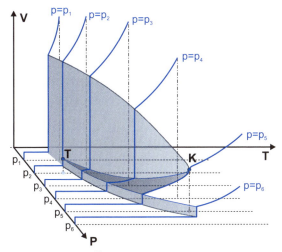

Abbildung 2.9: $V(P, T)$-Diagramm eines Einstoffsystems

Für Einstoffsysteme charakteristisch sind die Positionen der Phasensprünge in der P-T-Ebene (Abbildung 2.10). Die bis zum *Tripelpunkt* (T_T, P_T) führende *Sublimationskurve* kennzeichnet den Übergang vom festen zum gasförmigen Aggregatzustand. Bei Drücken oberhalb des Tripelpunkts gibt es auch eine flüssige Phase, die von der *Schmelz-* und *Verdampfungskurve* begrenzt wird. Die Verdampfungskurve endet am *kritischen Punkt* (T_K, P_K). Eine klare Unterscheidung zwischen flüssiger und gasförmiger Phase ist daher nur möglich, wenn man den Druckbereich auf das Intervall $P_T < P < P_K$ beschränkt.

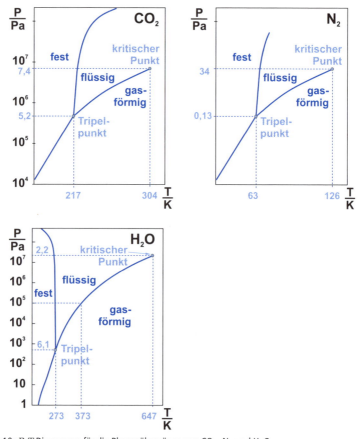

Abbildung 2.10: P-T-Diagramme für die Phasenübergänge von CO_2, N_2 und H_2O

Aufgabe 2.7

Berechnen Sie näherungsweise die Volumenänderung von H_2O bei der Verdampfung von Wasser für die Drücke $P = 10^5$ Pa und $P = 10^6$ Pa.

Merke

Einstoffsysteme kommen typischer Weise in drei verschiedenen Aggregatzuständen vor. Sie können fest, flüssig oder gasförmig sein. Bei den Phasenübergängen ändert sich das Volumen $V_{mol}(P,T)$ als Funktion von Druck und Temperatur sprunghaft. Für jeden Stoff gibt es ein charakteristisches P-T-Diagramm der Phasenübergänge. Gewöhnlich bestehen sie aus Schmelz-, Verdampfungs- und Sublimationskurve sowie Tripelpunkt und kritischem Punkt.

2.2.3 Phasenübergänge

Das Auftreten von Phasenübergängen ist für viele Phänomene des täglichen Lebens und für viele technische Prozesse von großer Bedeutung. Man denke beispielsweise an den Betrieb von Dampfmaschinen, bei denen die Verdampfung von Wasser technisch genutzt wird, oder die Spaltung von Gesteinen durch gefrierendes Wasser. Sie sind aber auch aus wissenschaftlicher Sicht von grundlegendem Interesse. Zur Illustration der Phasenübergänge sollen deshalb einige einfache Experimente beschrieben werden.

Experiment 2.3   **Messung des Dampfdrucks von H_2O**

Zur Vermessung der Dampfdruckkurve $P_D(T)$ wird Wasser in einem vorher evakuierten Rezipienten erhitzt und der Dampfdruck P_D als Funktion der Temperatur T des Wassers gemessen (Abbildung 2.11). Damit beim Ablesen der Druck- und Temperaturwerte das H_2O im Rezipienten in möglichst guter Näherung im thermischen Gleichgewicht ist, finden die Messungen statt, wenn das Wasser sich langsam abkühlt.

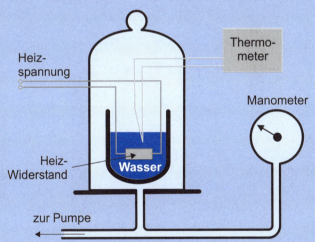

Abbildung 2.11: Versuchsaufbau zur Messung des Dampfdrucks von Wasser

Die Messergebnisse zeigen, dass sich der Dampfdruck von Wasser bei einer Temperaturerhöhung um ca. 15 K etwa verdoppelt. Bei 100 °C erreicht der Dampfdruck den äußeren Luftdruck unter Normalbedingungen und beginnt daher zu sieden.

Experiment 2.4 — Regelation des Eises

Da Wasser eine um etwa 10 % höhere Dichte hat als Eis, sinkt die Schmelztemperatur von Eis bei Druckerhöhung. Daher schmilzt Eis, wenn der auf das Eis wirkende Druck kräftig erhöht wird, und gefriert wieder bei Entlastung. Diese *Regelation* (Wiedervereisung) des Eises ermöglicht die Bewegungen großer Gletscher und vermindert die Reibung beim Schlittschuhlaufen. Sie ermöglicht auch, dass ein dünner Draht (0,2 mm Durchmesser) von einem 10-kg-Gewicht durch einen Eisblock hindurch gleiten kann, ohne ihn zu zerschneiden (Abbildung 2.12).

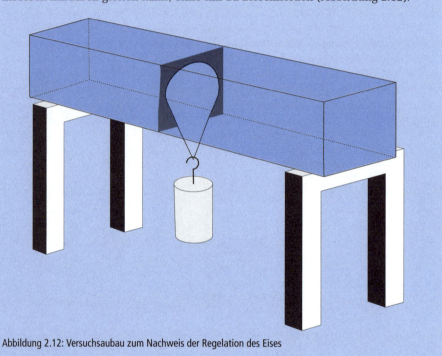

Abbildung 2.12: Versuchsaubau zum Nachweis der Regelation des Eises

Aufgabe 2.8

Berechnen Sie den Druck, mit dem der Draht auf das Eis wirkt, wenn der Eisblock 0,1 m breit ist. Um welchen Faktor ist der Druck größer als 1 at?

Experiment 2.5   ## Kritischer Punkt

Um das Verhalten eines Stoffes beim kritischen Punkt zu untersuchen, experimentieren wir mit Freon, dessen kritischer Punkt ($T_K = 354$ K, $P_K = 30 \cdot 10^5$ Pa) in einem experimentell gut zugänglichen Bereich liegt. Wie bei der Vermessung der Dampfdruckkurve von H_2O erhitzen wir Freon in einem abgeschlossenen Gefäß, einer durchsichtigen Glasküvette. Unterhalb der kritischen Temperatur sind flüssiges und gasförmiges Freon im thermischen Gleichgewicht. Es sind also zwei Phasen zu sehen, unter dem *Meniskus* die Flüssigkeit, über dem Meniskus das gasförmige Freon (Abbildung 2.13). Die meisten Moleküle sind demnach im unteren Teil der Küvette konzentriert. Oberhalb der kritischen Temperatur T_K gibt es hingegen nur einen Aggregatzustand. Die Freon-Moleküle sind daher bei $T > T_K$ gleichmäßig über die ganze Küvette verteilt. Beim Durchgang durch den kritischen Punkt finden deshalb dramatische Veränderungen statt. Damit sich das Freon angenähert beim Durchfahren der kritischen Temperatur im thermischen Gleichgewicht befindet, beobachten wir den Durchgang wieder bei dem langsam ablaufenden Abkühlungsprozess. Auffallend ist, wie sich bei der Annäherung an die kritische Temperatur das Freon verfärbt und verfinstert, ehe nach dem Erreichen der kritischen Temperatur wieder der Meniskus erscheint und damit offensichtlich wird, dass Freon wieder in zwei Phasen vorliegt. Die Verfärbung und Verfinsterung ergibt sich daraus, dass sich die Moleküle des Freon zunächst zu kleinen Clustern und Tröpfchen zusammenschließen, die wie die Tröpfchen einer Regenwolke Licht absorbieren und streuen.

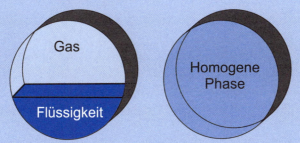

Abbildung 2.13: Glasküvette mit Freon, a) unterhalb, b) oberhalb der kritischen Temperatur

Experiment 2.6	Dreiphasengleichgewicht im Tripelpunkt

Während auf den Kurven der Phasenübergänge nur jeweils zwei Aggregatzustände im thermischen Gleichgewicht sein können, kann am Tripelpunkt, wo die drei Kurven zusammenstoßen, ein Stoff in allen drei Phasen gleichzeitig vorliegen. Da der Tripelpunkt eines Stoffes ein singulärer Punkt in der P-T-Ebene ist, eignet er sich hervorragend, um Eichpunkte für Temperaturskalen festzulegen. Der Tripelpunkt von H_2O wird insbesondere zur Festlegung der absoluten Temperaturskala genutzt (Abschnitt 2.1.3).

Experimentell lässt sich mit einer relativ einfachen Anordnung das Dreiphasengleichgewicht von Stickstoff (N_2) realisieren, dessen Tripelpunkt bei $T_T = 63$ K und $P_T = 13 \cdot 10^3$ Pa liegt. Dazu wird flüssiger Stickstoff, der bei Atmosphärendruck etwa eine Temperatur $T = 82$ K hat, abgekühlt, indem man aus dem Rezipienten (Abbildung 2.11), in dem sich jetzt flüssiger und gasförmiger Stickstoff befindet, den gasförmigen Stickstoff abpumpt. Der flüssige Stickstoff befindet sich dabei in einem gut wärmeisolierenden Dewar-Gefäß (Thermosflasche, *Abschnitt 4.4.2*). Bei Erniedrigung des Druckes verdampft flüssiger Stickstoff adiabatisch (Abschnitt 2.5.1). Der flüssige Stickstoff kühlt sich dabei ab. Beim Erreichen der Temperatur $T_T = 63$ K gefriert der flüssige Stickstoff teilweise, so dass dann Stickstoff gleichzeitig als Eis, Flüssigkeit und Gas im Rezipienten vorliegt. Eine weitere Abkühlung entlang der Sublimationskurve wäre erst möglich, wenn kein flüssiger Stickstoff mehr vorhanden ist.

Merke	Bei vorgegebener Temperatur T und vorgegebenem Druck P liegt ein Einstoffsystem gewöhnlich entweder als Festkörper oder als Flüssigkeit oder als Gas vor. Nur auf den Kurven der Phasen-

übergänge im P-T-Diagramm ist der Stoff nicht homogen über das Volumen V verteilt. Er liegt dann gewöhnlich in zwei Aggregatzuständen vor. Nur am Tripelpunkt, wo $T = T_T$ und $P = P_T$, können alle drei Phasen des Stoffes gleichzeitig im thermischen Gleichgewicht vorliegen.

2.2.4   Reale Gase

Das Beispiel Stickstoff zeigt, dass reale Gase sich insbesondere bei tiefen Temperaturen grundsätzlich nicht wie ein ideales Gas verhalten. Während bei einem idealen Gas auch bei tiefsten Temperaturen kein Phasensprung auftritt, kondensieren alle realen Gase. Die tiefste Kondensationstemperatur hat Helium. Bei Atmosphärendruck liegt sie bei 4,2 K.

Das reale Verhalten der Gase wird überraschend gut beschrieben, wenn man die Zustandsgleichung der idealen Gase durch zwei Terme ergänzt, mit denen die Ausdehnung der Atome und die interatomaren Kräfte berücksichtigt werden. Da die Atome ein endliches Volumen V_{at} haben, können sie sich nur in einem (um das *Kovolumen* $b = 4N_A \cdot V_{at}$ verminderten) Volumen $V_{mol} - b$ frei bewegen. Und da nicht nur äußere Kräfte, sondern auch die anziehenden interatomaren Kräfte auf die Gasatome einwirken, ist der effektiv das Gas zusammenhaltende Druck größer als der Druck P auf die Gefäßwände. Die interatomaren Kräfte sind umso wirksamer, je kleiner das Volumen ist, auf das die Atome zusammengedrängt werden. Der Korrekturterm für den Druck nimmt daher mit V^{-2} zu. Bei Berücksichtigung dieser Korrekturterme ergibt sich:

$$(P + \frac{a}{V_{mol}^2})(V_{mol} - b) = RT \qquad \text{(Van-der-Waalssche Zustandsgleichung)}$$

Die Parameter a und b sind für das jeweilige Gas geeignet zu wählen.

Eine grafische Darstellung der dieser Zustandsgleichung genügenden Isothermen (T = const.) zeigt Abbildung 2.14. Bei hinreichend hohen Temperaturen unterscheiden sich die Isothermen nicht wesentlich von den hyperbelförmigen Isothermen eines idealen Gases, wohl aber bei tiefen Temperaturen. Dort haben sie ein Minimum und ein Maximum. Minimum und Maximum fallen bei der Isothermen $T = (8/27 \, R)(a/b)$ in einem Wendepunkt mit horizontaler Tangente zusammen. Diese Temperatur ist die kritische Temperatur T_K des Gases.

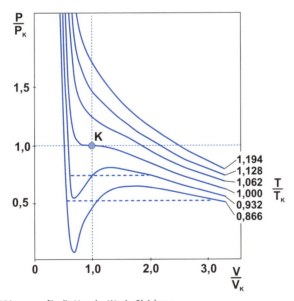

Abbildung 2.14: P-V-Diagramm für die Van-der-Waals-Gleichung

Ein reales Einstoffsystem folgt bei isothermen Prozessen nur bedingt den Isothermen der van der Waals-Gleichung. Falls $T < T_K$, folgt es im mittleren Volumenbereich nicht der berechneten Kurve, sondern einer Ausgleichsgeraden, die unterhalb und oberhalb der berechneten Isothermen zwei Flächen gleicher Größe begrenzt. Auf diesen Ausgleichsgeraden ändert sich nur das Volumen des Einstoffsystems. Sie beschreiben die Kondensation des Gases bei konstantem Druck und konstanter Temperatur. Ein solcher Kondensationsprozess soll experimentell mit dem Gas Butan demonstriert werden:

Experiment 2.7	Verflüssigung von Butan

Ein Glaszylinder wird mit Butan gefüllt und oben mit einem beweglichen Kolben verschlossen (Abbildung 2.15). Da flüssiges Butan bei Raumtemperatur einen Dampfdruck $P_D \approx 5 \cdot 10^5$ Pa hat, ist es bei Atmosphärendruck gasförmig. Es kann aber durch Druckerhöhung verflüssigt werden. (Der kritische Punkt von Butan liegt bei $T_K = 425$ K und $P_K = 37 \cdot 10^5$ Pa.) Um das gasförmige Butan zu verflüssigen, muss nur der Kolben in den Zylinder geschoben werden, bis unter der Einwirkung der äußeren Kraft im Zylinder ein Druck von 5 at $\approx 5 \cdot 10^5$ Pa erreicht wird. Die isotherme Kompression folgt dabei der Isothermen mit $T/T_K \approx 0{,}7$ in Abbildung 2.14. Bei einer weiteren Verringerung des Volumens bleibt der Druck im Zylinder konstant und das Butangas wird nach und nach verflüssigt. Die Zustandsänderung folgt jetzt der Ausgleichsgeraden. Erst wenn alles Butan flüssig ist, steigt der Druck bei einer weiteren Volumenverringerung steil an.

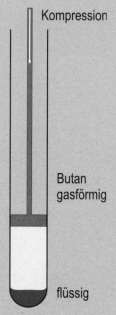

Abbildung 2.15: Versuchsanordnung zur Verflüssigung von Butan

Aufgabe 2.9	Berechnen Sie die Kraft, die zur Verflüssigung des Butans aufgewendet werden muss. Welchen Querschnitt sollte der Glaszylinder höchstens haben, wenn der Kolben bei der Butanverflüssigung per Hand bedient werden soll?

> | **Merke** | Der bei der Kondensation realer Gase stattfindende Phasenüber- |
> gang ergibt sich aus der Van-der-Waalsschen Zustandsgleichung. Gegenüber der Zustandsgleichung idealer Gase wird dabei berücksichtigt, dass die Atome eine endliche Ausdehnung von etwa 10^{-10} m haben und Kräfte zwischen den Atomen wirken, die bei großen Abständen ($r > r_0$) anziehend sind.

2.3 Energiesatz

In der Mechanik musste zwischen dissipativen und konservativen Kräften unterschieden werden, um einen Erhaltungssatz für die Energie zu formulieren (Kap. 1.3.2). Nur wenn keine dissipativen Kräfte wirken, gilt der Energiesatz der Mechanik. Die tägliche Erfahrung lehrt uns aber auch, dass beim Auftreten dissipativer Kräfte sich die geriebenen Körper, insbesondere bei Reibung, erwärmen. Diese Erfahrung weist den Weg zu einem besseren Verständnis dissipativer Kräfte und einem uneingeschränkt gültigen Energiesatz. Es sind nicht nur die mechanischen Änderungen eines Systems, sondern auch seine thermischen Änderungen zu beachten. Ein Prozess, bei dem sich vor allem die Temperaturen von Körpern ändern, ist der *Temperaturausgleich*. Alle Körper haben die Tendenz, ihre Temperaturen durch Austausch von *Wärme* aneinander anzugleichen. Ein solcher Wärmeaustausch soll zunächst beschrieben und quantitativ untersucht werden. Dazu führen wir den Begriff *Wärmemenge* ein. Darauf aufbauend, kann der Energiesatz in allgemeiner Form formuliert werden.

2.3.1 Wärmeaustausch

Wie allgemein bekannt, kühlt ein heißer Körper in einer kühleren Umgebung ab und erwärmt dabei seine Umgebung. So erwärmt beispielsweise der Heizkörper einer Heizungsanlage den ihn umgebenden Raum. Um einen solchen *Wärmeaustausch* zwischen Körpern mit unterschiedlichen Temperaturen $T_1 \neq T_2$ experimentell zu untersuchen, nutzen wir ein *Kalorimeter* (Abbildung 2.16). Es ist im Wesentlichen ein gut wärmeisolierendes Gefäß, das einen Wärmeaustausch mit dem Außenraum weitgehend unterbindet.

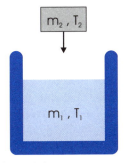

Abbildung 2.16: Versuchsanordnung für kalorimetrische Messungen

Das Kalorimeter sei zunächst teilweise mit Wasser gefüllt. Seine Temperatur sei T_1 und seine Masse m_1. In das Wasser wird nun ein zweiter Körper, beispielsweise ein Metallblock, mit ebenfalls bekannter Temperatur T_2 und Masse m_2 gebracht. Zwischen Wasser und Metall findet dann ein *Temperaturausgleich* statt. Falls $T_2 > T_1$, kühlt der Metallblock ab und das Wasser erwärmt sich (Abbildung 2.17), bis beide Körper dieselbe Endtemperatur T_f erreicht haben. Die Bedingungen seien dabei so gewählt, dass keine Phasenübergänge stattfinden.

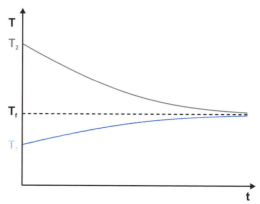

Abbildung 2.17: Temperaturen T_1 und T_2 als Funktion der Zeit

Die gemessenen Temperaturänderungen $T_2 - T_f$ und $T_f - T_1$ der beiden Körper sind einerseits abhängig vom Verhältnis der Massen m_1/m_2, andererseits aber auch von der Art der Materialien, aus denen die Körper bestehen. Mit den Materialkonstanten c_1 und c_2 ergibt sich für den Temperaturausgleich die folgende Bilanzgleichung:

$$c_1 m_1 (T_f - T_1) = c_2 m_2 (T_2 - T_f)$$

Gemäß dieser Beziehung wird der Temperaturausgleich als ein Prozess gedeutet, bei dem eine *Wärmemenge* $Q_2 = c_2 m_2 (T_2 - T_1)$ von dem heißeren Körper abgegeben und von dem kühleren Körper eine gleich große Wärmemenge $Q_1 = Q_2$ aufgenommen wird. Die Wärmemenge ist eine neue physikalische Größe. Sie ist durch das kalorimetrische Messverfahren definiert. Um eine Einheit der Wärmemenge festzusetzen, bezieht man sich auf die Wärmemenge 1 cal (Kalorie), die benötigt wird, um 1 cm^3 Wasser um 1 K (genauer von 14,5 °C auf 15,5 °C) zu erwärmen. Der im nächsten Abschnitt zu besprechende 1. Hauptsatz der Wärmelehre besagt aber, dass Wärmemenge in Arbeit und Arbeit in Wärmemenge in einem festen Verhältnis ineinander umgewandelt werden können, und zwar sind 1 cal und 4,18 J gleichwertig. Heutzutage wird deshalb die Wärmemenge wie die Arbeit in der Energieeinheit [J] gemessen. Die Materialkonstanten c_1 und c_2 haben damit die Einheit [J kg^{-1} K^{-1}]. Man nennt sie die *spezifische Wärmekapazität* des jeweiligen Materials.

Bislang wurde davon abgesehen, dass bei einem zwischen zwei Körpern stattfindenden Wärmeaustausch auch Phasenübergänge stattfinden. Unter dieser Voraussetzung kühlt sich der eine Körper ab, während die Temperatur des zweiten Körpers ansteigt (Abbildung 2.17). Wirft man hingegen genügend viele Eiswürfel mit einer Temperatur von 0 °C in lauwarmes Wasser, so kühlt sich nur das Wasser auf 0 °C ab, während die Eiswürfel schmelzen, ohne dass eine Temperaturerhöhung stattfindet. Um das Eis zu schmelzen, muss offensichtlich auch Wärme zugeführt werden. Für Eis beträgt die *spezifische Schmelzwärme* c_S = 335 kJ/kg. 335 kJ ist also die Wärmemenge, die zum Schmelzen von 1 kg Eis bei Normaldruck (10^5 Pa) benötigt wird. Eine wesentlich größere Wärmemenge ist erforderlich, um Wasser bei Normaldruck zu verdampfen. Die *spezifische Verdampfungswärme* von Wasser beträgt c_D = 2261 kJ/kg.

Aufgabe 2.10 Wie lange dauert es, 1 Liter Wasser bei einer Heizleistung von 1 kW zu verdampfen?

Experiment 2.8 **Schmelzen eines Eisblocks**

Einer zunächst als Eisblock vorliegenden Menge von 1 kg H_2O wird kontinuierlich Wärme zugeführt. Bei der isobaren ($P = const \approx 10^5$ Pa) Erwärmung steigt die Temperatur in mehreren Etappen an (Abbildung 2.18). Zunächst erwärmt sich das Eis auf 0 °C und schmilzt dann bei dieser Temperatur. Erst wenn das gesamte Eis geschmolzen ist, steigt die Temperatur des Wassers weiter an, bis es bei 100 °C verdampft. Die Temperatur bleibt dabei wieder konstant. Erst wenn alles Wasser verdampft ist, wird der Wasserdampf bei weiterer Wärmezufuhr auf Temperaturen über 100 °C erhitzt.

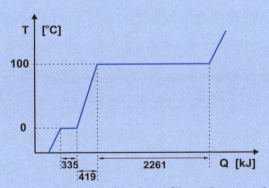

Abbildung 2.18: Temperatur von 1 kg H_2O als Funktion der zugeführten Wärmemenge Q

Ein weiteres einfaches Experiment illustriert die Bedeutung der Verdampfungswärme für Prozesse des täglichen Lebens und für medizinische und technische Anwendungen:

Experiment 2.9 Verdampfungskühlung

Ein Quecksilberthermometer wird mit Zellstoffpapier umhüllt und mit einer in Luft schnell verdunstenden Flüssigkeit wie Äthylchlorid besprüht (Abbildung 2.19). In wenigen Sekunden sinkt die vom Thermometer angezeigte Temperatur unter den Gefrierpunkt. Bei diesem Versuch entzieht das Äthylchlorid dem Thermometer die zum Verdampfen benötigte Wärme. Daher sinkt die Temperatur des Quecksilbers. (Da sich das verdampfte Äthylchlorid ständig verflüchtigt, ist das hier betrachtete Mehrstoffsystem nicht im thermischen Gleichgewicht.)

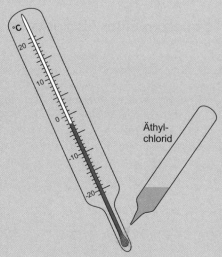

Abbildung 2.19: Versuchsanordnung zum Nachweis der Verdampfungskühlung

Aufgabe 2.11

Berechnen Sie die Energie, die im Mittel einem H_2O-Molekül (mit der Massenzahl $A = 18$) bei der Erwärmung von Wasser von $0\,°C$ auf $100\,°C$ zugeführt wird. Vergleichen Sie den erhaltenen Wert mit der thermischen Energie $k \cdot \Delta T$.

Merke

Zwischen Körpern mit unterschiedlichen Temperaturen $T_1 > T_2$ wird Wärme ausgetauscht. Die Wärme fließt dabei vom wärmeren zum kälteren Körper. Die Wärmemenge ist eine zur Energie äquivalente Größe und kann daher in der Energieeinheit [J] gemessen werden.

Auch um einen festen Körper zu schmelzen (oder zu sublimieren) oder eine Flüssigkeit zu verdampfen, muss Wärme zugeführt werden.

2.3.2 1. Hauptsatz der Thermodynamik

Viele Prozesse des täglichen Lebens zeigen, dass Körper sich nicht nur bei Zufuhr von Wärme, also bei einem Temperaturausgleich erwärmen, sondern auch, wenn zwei Körper, wie beispielsweise beim Bohren eines Lochs, intensiv aneinander gerieben werden. Bei solchen Reibungsprozessen wird einerseits eine Arbeit W verrichtet. Andererseits entspricht der Erwärmung eine Wärmemenge Q. Beides kann gemessen werden. Präzise Untersuchungen derartiger Prozesse ergeben, dass bei allen Prozessen, bei denen nicht nur konservative, sondern auch dissipative Kräfte wirken, stets im selben Verhältnis Arbeit in Wärme umgesetzt wird, Wie bereits im vorigen Abschnitt erwähnt, entspricht einer Arbeit von 4,18 kJ die Wärmemenge 1 kcal. Dank dieser Äquivalenz können Arbeit und Wärmemenge in gleichen Einheiten gemessen werden.

Die Äquivalenz von Wärme und Arbeit hat aber darüber hinaus grundlegende Bedeutung für den Energiesatz. In der Mechanik konnte ein Energiesatz nur unter der Einschränkung formuliert werden, dass in den betrachteten Systemen ausschließlich konservative Kräfte wirken. Zur Formulierung eines universell gültigen Energiesatzes betrachten wir zunächst wie in der Mechanik (Abschnitt 1.3.1) wieder Kreisprozesse. Dabei beachten wir aber, dass die betrachteten Systeme nicht nur bezüglich ihrer mechanischen Variablen Ort und Geschwindigkeit in den Ausgangszustand zurückkehren, sondern auch bezüglich der thermodynamischen Variablen: Temperatur, Druck und Volumen.

Der *1. Hauptsatz der Thermodynamik* besagt dann, dass die Summe $W_{zu} + Q_{zu}$ von im Laufe eines Kreisprozesses zugeführter Arbeit und Wärme gleich der Summe $W_{ab} + Q_{ab}$ von dabei abgegebener Arbeit und Wärme ist (Abbildung 2.20):

$$W_{zu} + Q_{zu} = W_{ab} + Q_{ab} \quad \text{(1. Hauptsatz der Thermodynamik)}$$

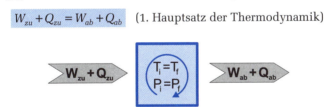

Abbildung 2.20: Schema thermodynamischer Kreisprozesse

Wie in Abschnitt 1.3.2 schließen wir daraus, dass bei einem beliebigen Prozess, bei dem das System von einem Ausgangszustand A in einen Endzustand Z übergeht, die Summe aller dabei zugeführten (positiv gewertet) und abgegebenen (negativ gewertet) Arbeiten δW und Wärmemengen δQ unabhängig von der Wahl des Weges ist, auf dem der Zustand Z vom Zustand A aus erreicht wurde:

$$\int_A^Z (\delta W + \delta Q) \text{ ist wegunabhängig}$$

Dank der Wegunabhängigkeit kann nun jeder Zustand Z des Systems durch eine Zustandsgröße Energie gekennzeichnet werden:

$$E_Z = E_A + \int_A^Z (\delta W + \delta Q)$$

Beschränken wir unsere Betrachtung auf Einstoffsysteme, deren Zustand allein durch die thermodynamischen Zustandsgrößen T, P und V gekennzeichnet werden kann, so wird die Energie als *innere Energie U* des Einstoffsystems bezeichnet. In diesem Fall gilt also:

$$U_Z = U_A + \int_A^Z (\delta W + \delta Q)$$

Für ein abgeschlossenes thermodynamisches System gilt demnach, dass seine Gesamtenergie, also die Summe aus kinetischer, potenzieller und innerer Energie zeitlich konstant bleibt.

Mit dem Energiesatz findet die grundlegende Annahme der atomistischen Modelle der Materie eine Rechtfertigung, nämlich die Annahme, dass zwischen den Atomen nur *konservative* Kräfte wirken und bei idealen Gasen nur *elastische* Stöße auftreten. Im Rahmen der atomistischen Modelle ist die innere Energie eines Einstoffsystems zu deuten als die Summe von kinetischer und potenzieller Energie aller Atome oder Moleküle. Da zwischen den Atomen eines idealen Gases keine Kräfte wirken und daher die potenzielle Energie der Atome $E_{pot} = 0$ gesetzt werden darf, ergibt sich hier die innere Energie allein aus der kinetischen Energie der Atome. 1 mol eines idealen Gases hat daher die innere Energie

$$U_{mol} = \frac{3}{2} \cdot N_A \cdot kT \quad \text{oder} \quad U_{mol} = \frac{3}{2} RT \qquad \text{(kalorische Zustandsgleichung idealer Gase)}$$

Die innere Energie eines idealen Gases hängt gemäß dieser kalorischen Zustandsgleichung nur von der Temperatur des Gases, aber nicht von Druck und Volumen ab.

Aufgabe 2.12 Berechnen Sie die spezifische Wärmekapazität der (sich nahezu ideal verhaltenden) Gase Helium und Neon (mit den Massenzahlen $A = 4$ bzw. 20).

Merke Die Gesamtenergie eines thermodynamischen Systems besteht aus kinetischer, potenzieller und innerer Energie. Die Gesamtenergie eines abgeschlossenen thermodynamischen Systems (das also weder Arbeit noch Wärme mit der Umgebung austauscht) bleibt zeitlich konstant.
Die innere Energie U eines Einstoffsystems ist gleich der Summe aus der kinetischen und potenziellen Energie seiner Atome. Da zwischen den Atomen eines idealen Gases keine Kräfte wirken, ist hier $E_{pot} = 0$ und folglich $U_{mol} = 3RT/2$.

2.3.3 Äquipartitionsgesetz

Die kalorische Zustandsgleichung idealer Gase steht im Einklang mit Messungen an den einatomigen Edelgasen. Bei nicht zu hoher Dichte und nicht zu tiefer Temperatur sollten hier in der Tat die interatomaren Kräfte und das Eigenvolumen der Atome nur einen vernachlässigbaren Einfluss auf das Verhalten der Gase haben und die Gase sich daher praktisch ideal verhalten. Gemessen werden kann insbesondere die Zunahme der inneren Energie bei Erwärmung, also die Wärmekapazität des Gases. Wird bei der Erwärmung des Gases das Volumen konstant gehalten (bei der Erwärmung also keine Arbeit verrichtet), so ist die Zunahme der inneren Energie gleich der zugeführten Wärmemenge. Nach der kalorischen Zustandsgleichung erwartet man also, dass atomare Gase pro mol eine Wärmekapazität

$$C_V = 3/2\, R = 12{,}5\ \text{J mol}^{-1}\ \text{K}^{-1}$$

haben. Für die Edelgase He, Ne und Ar steht dieser Wert in guter Übereinstimmung mit den gemessenen experimentellen Werten der *molaren Wärmekapazität*. Ein anderer Wert ergibt sich für die molare Wärmekapazität der molekularen Gase H_2, N_2 und O_2, nämlich:

$$C_V = 5/2\, R = 20{,}8\ \text{J mol}^{-1}\ \text{K}^{-1}$$

Molekulare Gase haben eine größere molare Wärmekapazität als atomare Gase, da Moleküle nicht nur Translationsbewegungen wie Atome, sondern auch Rotationsbewegungen ausführen können. Gewöhnlich, d.h. bei nicht allzu extremen Bedingungen, gilt das *Äquipartitionsgesetz* (oder Gleichverteilungssatz) der klassischen statistischen Mechanik:

Äquipartitionsgesetz

Im statistischen Gleichgewicht ist die mittlere kinetische Energie des Einzelteilchens gleich $kT/2$ multipliziert mit der Anzahl f seiner Freiheitsgrade:

$$\langle E_{kin} \rangle = \frac{f}{2} kT$$

Atome verhalten sich (bei nicht zu hohen Temperaturen) wie Massenpunkte und haben deshalb nur die drei Translationsfreiheitsgrade. Zweiatomige Moleküle hingegen verhalten sich wie aus zwei Massenpunkten bestehende Hanteln. Sie können daher auch um senkrecht auf der Hantelachse stehende Achsen rotieren und haben deshalb zusätzlich zu den drei Freiheitsgraden der Translation noch zwei Freiheitsgrade der Rotation, also $f = 5$.

Anmerkung: Die effektive Anzahl von Freiheitsgraden eines Atoms oder eines Moleküls kann sich mit der Temperatur ändern (Abschnitt 2.5.4). Dass bei gewöhnlichen Temperaturen die innere Struktur eines Atoms oder Moleküls sich nicht auf die Anzahl der Freiheitsgrade auswirkt, kann erst im Rahmen der Quantenphysik erklärt werden (Abschnitt 5.1.3).

Im Allgemeinen trägt zur inneren Energie eines Stoffes nicht nur die kinetische Energie seiner Atome und Moleküle bei, sondern auch die aus den interatomaren Kräften resultierende potenzielle Energie:

$$U_{mol} = N_A (\langle E_{kin} \rangle + \langle E_{pot} \rangle)$$

Nur die kinetische Energie kann mit dem Äquipartitionsgesetz berechnet werden. Die potenzielle Energie ist auf anderem Wege zu bestimmen. Bei realen Gasen ändert sich die aus den interatomaren Kräften resultierende potenzielle Energie der Atome umgekehrt proportional zum Volumen des Gases. Die innere Energie pro mol eines realen Gases ist daher abhängig von seinem Volumen V_{mol}:

$$U_{mol} = \frac{f}{2} RT - \frac{a}{V_{mol}}$$

Dabei ist a die von der van der Waals-Gleichung (Abschnitt 2.2.4) her bekannte Konstante.

Größer ist der Einfluss der interatomaren Kräfte auf die innere Energie eines Festkörpers. Hier bewegen sich die Atome ständig in Potenzialmulden und verhalten sich daher näherungsweise wie harmonische Oszillatoren (1.6.1). Da für harmonische Oszillatoren im Mittel die kinetische Energie gleich der potenziellen Energie ist, ergibt sich für atomare Festkörper wie Kupfer oder Blei als innere Energie pro mol:

$$U_{mol} = 3RT \quad \text{(Dulong-Petitsches Gesetz)}$$

Der Beitrag der potenziellen Energie zur inneren Energie erklärt insbesondere, dass bei Phasenübergängen dem Stoff große Wärmemengen zugeführt werden müssen, ohne dass eine Temperaturerhöhung stattfindet. So muss beim isothermen Verdampfen eines Stoffes den zunächst in den Potenzialmulden gefangenen Atomen genügend Energie zugeführt werden, damit sie die Potenzialmulden verlassen können. Gemäß dem Äquipartitionsgesetz ändert sich aber die kinetische Energie dabei nicht. Die Verdampfungswärme entspricht also der Zunahme an potenzieller Energie.

Aufgabe 2.13　Schätzen Sie aus der spezifischen Verdampfungswärme von H_2O (Abbildung 2.18) die Tiefe der Potenzialmulden der H_2O-Moleküle (Molekulargewicht $M = 18$) im Wasser ab.

Merke　Bei gewöhnlichen Temperaturen ist die mittlere kinetische Energie $\langle E_{kin} \rangle$ der Atome oder Moleküle eines Stoffes proportional zu der Temperatur T des Stoffes. Bei einem Phasenübergang ändert sich daher nur die potenzielle Energie, nicht aber die kinetische Energie der Atome bzw. Moleküle. Bei Atomen ergibt sich die kinetische Energie aus der Translationsbewegung (mit $f = 3$ Freiheitsgraden). Bei zweiatomigen Molekülen sind bei gewöhnlichen Temperaturen zusätzlich Rotationsbewegungen um die Achsen senkrecht zur Molekülachse zu berücksichtigen. Diese Moleküle haben daher $f = 5$ Freiheitsgrade. Allgemein gilt das Äquipartitionsgesetz:

$$\langle E_{kin} \rangle = \frac{f}{2} kT$$

2.3.4 Thermodynamische Prozesse

Der thermische Gleichgewichtszustand eines Einstoffsystems mit vorgegebener Stoff-menge kann mit zwei Zustandsvariablen beschrieben werden. Sind beispielsweise T und V bekannt, so ergibt sich der Druck P aus Zustandsdiagramm oder thermischer Zustandsgleichung. Bei thermodynamischen Prozessen, die z.B. durch Zufuhr von Wärme oder Arbeit ausgelöst werden können, werden aber gewöhnlich nicht nur ther-mische Gleichgewichtszustände, sondern auch Nichtgleichgewichtszustände durch-laufen, bei denen innerhalb des Systems Druck- oder Temperaturgefälle vorliegen. Nur bei genügend langsam ablaufenden Prozessen kann davon ausgegangen werden, dass das betrachtete System näherungsweise nur Gleichgewichtszustände durchläuft. Sol-che Gleichgewichtsprozesse werden im Folgenden betrachtet.

Leicht zu beschreiben sind insbesondere Gleichgewichtsprozesse von Einstoff-systemen, bei denen eine Zustandsvariable konstant bleibt. Je nachdem, ob $P = $ const, $T = $ const oder $V = $ const, heißen sie *isobar*, *isotherm* oder *isochor*. Ferner können Pro-zesse betrachtet werden, bei denen zwar Arbeit, aber keine Wärme, oder Wärme, aber keine Arbeit mit der Umgebung ausgetauscht wird. Im ersteren Fall heißt der Prozess *adiabatisch*. Im letzteren Fall liegt ein isochorer Prozess vor. Denn einem Einstoff-system wird eine Arbeit W nur bei einer Kompression oder Expansion zugeführt bzw. entzogen. Die bei einer Volumenänderung verrichtete Arbeit ist:

$$W = -\int\limits_{A}^{Z} P \cdot dV$$

Bei einer Kompression ist $dV < 0$ und daher $W > 0$, bei einer Expansion ist hingegen $dV > 0$ und folglich $W < 0$.

Als Beispiel eines thermodynamischen Gleichgewichtsprozesses betrachten wir den *Joule-Thomson-Prozess*. Er wird technisch häufig genutzt, um Gase auf tiefe Tempera-turen abzukühlen und zu verflüssigen (Abschnitt 2.5.3). Bei dem erstmals von Joule und Thomson durchgeführten Versuch wird ein Gas (z.B. N_2) in einem Glasrohr durch eine poröse Wand (Fritte) gepresst (Abbildung 2.21). Wir nehmen an, dass vor und hinter der Fritte das Gas im thermischen Gleichgewicht ist, das mit den Zustands-variablen P_1 und T_1 bzw. P_2 und T_2 beschrieben werden kann, und dass der Prozess adiabatisch abläuft, das Glasrohr also als idealer Wärmeisolator wirkt. Wird unter die-sen Bedingungen z.B. die Gasmenge 1 mol durch die Fritte gepresst, so wird dabei einerseits eine Arbeit $W_1 = P_1 \cdot V_1$ verrichtet. Andererseits muss sich das Gas hinter der Fritte Raum schaffen und verrichtet dabei eine Arbeit $W_2 = P_2 \cdot V_2$. Aus dem 1. Haupt-satz folgt daher für die verrichteten Arbeiten und die inneren Energien U_1 und U_2 des Gases vor und hinter der Fritte:

$$P_1 \cdot V_1 + U_1 = P_2 \cdot V_2 + U_2$$

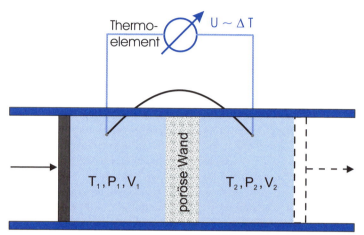

Abbildung 2.21: Versuchsanordnung zum Nachweis des Joule-Thomson-Effekts

Bei einem Joule-Thomson-Prozess bleibt also die Zustandsgröße $H = P \cdot V + U$ (*Enthalpie*) konstant. Man bezeichnet ihn deshalb als isenthalpischen Prozess.

Bei dem Prozess ist offensichtlich $P_1 > P_2$. Es bleibt aber zu untersuchen, wie sich dabei die Temperatur des Gases ändert. Experimentell kann die Temperaturänderung mit einem Thermoelement gemessen werden. Sie kann aber auch aus obiger Gleichung berechnet werden, wenn die thermische und die kalorische Zustandsgleichung des Gases bekannt sind.

Für ideale Gase lauten die Zustandsgleichungen: $P \cdot V_{mol} = RT$ und $U_{mol} = 3/2\ RT$. Aus der Gleichheit der Enthalpien folgt daher für ideale Gase, dass sich die Temperatur beim Joule-Thomson-Prozess nicht ändert ($T_1 = T_2$). Für reale Gase ändert sich hingegen die Temperatur. Berücksichtigt man, wie bei van der Waals-Gasen (Abschnitt 2.2.4), das Eigenvolumen der Atome und die interatomaren Kräfte, so ergibt sich für die Enthalpie des Gases in 1. Näherung (bei Vernachlässigung der in a und b nichtlinearen Korrekturterme) für die Enthalpie des Gases:

$$H(P,T) \approx (\frac{f}{2}+1)RT + (b - \frac{2a}{RT})P$$

Je nach Vorzeichen des Faktors $(b - 2a/RT)$ ist folglich ein Druckabfall in der Fritte mit einer Temperaturzu- oder -abnahme verbunden. Der Faktor ist Null bei der *Inversionstemperatur*

$$T_i = \frac{2a}{Rb} \ .$$

Unterhalb der Inversionstemperatur überwiegt der Einfluss der interatomaren Kräfte auf den Joule-Thomson-Prozess gegenüber demjenigen des Eigenvolumens und die Temperatur nimmt somit bei einer Druckerniedrigung ab. Allgemein folgt wegen $H =$ const für das Verhältnis von Temperaturänderung dT zu Druckänderung dP:

$$(\frac{f}{2}+1)RdT \approx (\frac{2a}{RT}-b)dP$$

Experiment 2.10 | **Joule-Thomson-Effekt**

Aus einer Druckflasche strömt Stickstoff bei Raumtemperatur durch ein Glasrohr mit einer porösen Wand (Fritte) (Abbildung 2.21). Mit einem Thermoelement wird die Differenz ΔT der Temperaturen des Gases vor und hinter der Fritte gemessen. Es ergibt sich eine Temperaturabnahme von wenigen Kelvin. Bei tieferen Temperaturen ist der Effekt gemäß obiger Formel größer.

Aufgabe 2.14 Bestätigen Sie die Formel für die Enthalpie eines van der Waals-Gases. Die van der Waals-Konstanten des Stickstoff sind: $a = 0{,}136 \, \text{J m}^3/\text{mol}^2$ und $b = 38{,}5 \cdot 10^{-6} \, \text{m}^3/\text{mol}$. Berechnen Sie das Volumen eines N_2-Moleküls und schätzen Sie die Tiefe des zwischen den N_2-Molekülen wirkenden intermolekularen Potenzials ab. Wie groß ist bei $T \approx 300$ K die beim Joule-Thomson-Prozess zu erwartende Temperaturänderung ΔT, wenn der Druck an der Fritte um $\Delta P = 1$ at abfällt?

Merke Bei thermodynamischen Prozessen gibt es gewöhnlich Temperatur- und Druckgefälle. Thermische Gleichgewichtszustände werden nur im Grenzfall unendlich langsam ablaufender Prozesse durchlaufen. Streng genommen gelten die Formeln der Gleichgewichtsthermodynamik nur für diesen Grenzfall.

2.4 Entropiesatz

Die atomistische Beschreibung der Materie könnte zu der Vermutung führen, dass die thermische Bewegung der Atome allein den deterministischen Gesetzen der Mechanik folgt und dabei ausschließlich durch konservative Kräfte beeinflusst wird. Diese Vermutung hätte zur Folge, dass alle thermodynamischen Prozesse prinzipiell auch rückwärts ablaufen könnten, d.h. reversibel wären. Aber diese Schlussfolgerung steht offensichtlich nicht im Einklang mit der Erfahrung. Beispielsweise findet zwischen zwei Körpern, die sich berühren, aber sonst von der Umgebung isoliert sind, immer ein Temperaturausgleich statt. Niemals wurde beobachtet, dass die Temperaturdifferenz der beiden Körper mit der Zeit steigt. Auch setzt sich kein zerbrochener Krug von allein wieder zusammen, wie in einem rückwärts laufenden Film. Offensichtlich besteht bei *Ausgleichsprozessen* ein Unterschied zwischen Vergangenheit und Zukunft. Ausgleichsprozesse sind irreversibel und zeichnen daher eine Zeitrichtung aus. Wir wollen in dieser Lektion untersuchen, wie die *Irreversibilität* des Naturgeschehens in den Grundgesetzen der Physik verankert ist. Die deterministischen Grundgesetze der Mechanik können die Irreversibilität nicht erklären. Erst der *Entropiesatz* gibt eine Antwort. Er macht deutlich, dass in der Welt der Atome neben dem Determinismus auch der Zufall regiert.

2.4.1 Reversible und irreversible Prozesse

Alle Prozesse der Mechanik, bei denen keine dissipativen Kräfte wirken, sind reversibel. Ein ungedämpft schwingendes Pendel bewegt sich in einem rückwärts laufenden Film genauso wie bei direkter Beobachtung. Erst unter der Einwirkung von dissipativen Kräften werden mechanische Prozesse irreversibel. In einem abgeschlossenen mechanischen System nimmt dann die mechanische Gesamtenergie mit der Zeit ab. Nach dem 1. Hauptsatz der Thermodynamik geht dabei aber nur mechanische Energie in innere Energie der beteiligten Körper über. Unter Berücksichtigung der inneren Energie bleibt auch bei dissipativen Prozessen die Gesamtenergie eines abgeschlossenen Systems erhalten. Dennoch sind letztlich alle in der Natur beobachteten Prozesse irreversibel. Wir alle werden älter, aber niemals jünger.

Auch rein thermodynamische Prozesse, bei denen sich also nur thermodynamische Zustandsvariable ändern, können reversibel sein, zumindest wenn man, wie in der Mechanik, einen idealisierten Grenzfall betrachtet. Letztlich werden alle thermodynamischen Prozesse ausgelöst, indem ein thermodynamisches Ungleichgewicht erzeugt wird. Um einem thermodynamischen System eine Arbeit W zuzuführen, muss ein Druckgefälle aufgebaut werden, und um eine Wärmemenge Q zuzuführen, ist ein Temperaturgefälle erforderlich. In beiden Fällen finden anschließend Ausgleichsprozesse statt (*Abschnitt 3.2*), die das System wieder ins thermische Gleichgewicht bringen. Diese Ausgleichsprozesse sind irreversibel; denn von allein verschwinden zwar Druck- und Temperaturdifferenzen, sie bauen sich aber niemals von allein auf. Ein thermodynamischer Prozess kommt also dem Ideal des reversiblen Grenzfalls umso näher, je besser es gelingt, Ausgleichsprozesse, insbesondere also Temperatur- und Druckgefälle, zu vermeiden. Nur im idealisierten Grenzfall, wo nur thermische Gleichgewichtszustände durchlaufen werden, wäre der Prozess reversibel.

Es ist lehrreich, die Irreversibilität von Ausgleichsprozessen auch auf der Grundlage der atomistischen Modellbilder zu diskutieren. Besteht beispielsweise zwischen zwei mit Gas gefüllten Kammern (Abbildung 2.22) ein Temperaturunterschied, so haben die Atome des wärmeren Gases im statistischen Mittel eine höhere Geschwindigkeit als die Atome des kälteren Gases. Bei einem Temperaturausgleich gleichen sich also die mittleren Geschwindigkeiten der Atome in den beiden Gasen an.

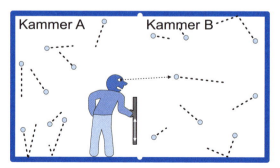

Abbildung 2.22: Maxwellscher Dämon

Aus der Sicht der klassischen Mechanik sollte dieser Prozess umkehrbar sein. Wären die Atome wirklich kleine Kugeln im klassischen Sinne, so bräuchte man ja nur eine Art Grenzkontrolle zwischen den beiden Kammern einzurichten und dafür zu sorgen, dass die schnelleren Atome nur in der einen Richtung passieren dürfen und die langsameren nur in der anderen. Der *Maxwellsche Dämon* könnte die Passkontrolle durchführen. Er müsste lediglich rechtzeitig die Geschwindigkeit der anfliegenden Atome messen und dann entscheiden, ob die Atome passieren dürfen oder nicht.

Dass diese schöne Idee nicht zu verwirklichen ist, liegt nicht an der technischen Schwierigkeit, schnell genug zu messen und zu entscheiden, sondern grundsätzlich in der Natur des Messprozesses begründet (Abschnitt 6.6.1). Wir begnügen uns hier damit, nochmals darauf hinzuweisen, dass die Bewegung der Atome nicht allein den deterministischen Gesetzen der klassischen Mechanik, sondern auch den Gesetzen des Zufalls folgt. Ein Ensemble von Atomen strebt daher, wenn es sich selbst überlassen bleibt, stets einem Zustand zu, der durch die Zufallsverteilungen (Abschnitt 2.1.4) der statistischen Physik gekennzeichnet ist.

Aufgabe 2.15	Schauen Sie sich einen rückwärts ablaufenden Film an und suchen Sie nach Szenen, die absurd und irreal erscheinen. Die in diesen Momenten stattfindenden Prozesse sind extrem irreversibel.

Merke	In einer Welt, in der uneingeschränkt die deterministischen Gesetze der klassischen Mechanik gelten und nur konservative Kräfte wirken würden, wären alle Prozesse reversibel. In der realen Welt ist der reversible Prozess ein idealisierter Grenzfall. Daher sind alle beobachtbaren Prozesse mehr oder minder irreversibel.

2.4.2 2. Hauptsatz der Thermodynamik

Auf makroskopischer Ebene ergibt sich die Irreversibilität der Naturvorgänge aus dem 2. Hauptsatz der Thermodynamik. Nach dem 1. Hauptsatz der Thermodynamik (Abschnitt 2.3.2) sind Arbeit und Wärme äquivalente Größen. Arbeit kann in Wärme umgewandelt werden, aber auch Wärme in Arbeit. Man denke z.B. an eine Dampfmaschine. Der 2. Hauptsatz handelt hingegen nur von Wärmemengen und macht damit deutlich, dass Wärme und Arbeit grundlegend verschiedene Größen der Physik sind. Zwar werden sie in der gleichen Einheit gemessen, es liegen ihnen aber grundverschiedene Messverfahren zugrunde.

Nach dem 1. Hauptsatz sollte es möglich sein, uneingeschränkt Wärme in Arbeit umzuwandeln! Wenn das funktionieren würde, gäbe es keine Energieversorgungsprobleme in der Welt. Beispielsweise wäre eine Maschine, die dem Ozean Wärme entzieht und in mechanische Arbeit umwandelt und damit z.B. ein Schiff antreibt (Abbildung 2.23), im Einklang mit dem 1. Hauptsatz.

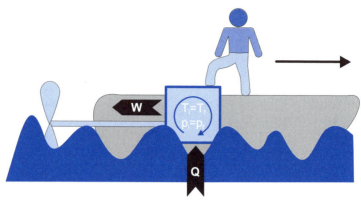

Abbildung 2.23: Beispiel für ein Perpetuum mobile 2. Art

Die Konstruktion eines solchen *Perpetuum mobile zweiter Art* ist aber niemals gelungen. Vielmehr hat sich der 2. Hauptsatz der Thermodynamik als ein universell gültiges Naturgesetz erwiesen. Um diesen zu formulieren, betrachten wir einen Kreisprozess, bei dem wie in einer Dampfmaschine Wärme in Arbeit umgewandelt wird (Abbildung 2.24). Anders als beim 1. Hauptsatz beachten wir jetzt aber, dass die zugeführte Wärmemenge Q_{zu} aus einem auf (hoher) Temperatur $T_>$ befindlichen Wärmereservoir stammt.

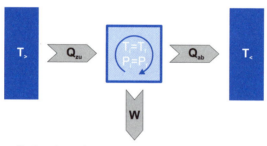

Abbildung 2.24: Schema für einen thermodynamischen Kreisprozess

Die Erfahrung lehrt, dass nicht die gesamte Wärmemenge Q_{zu} in Arbeit umgewandelt werden kann, sondern teilweise als *Abwärme Q_{ab}* an ein Wärmereservoir mit einer tieferen Temperatur $T_<$ (meistens die Umwelt) wieder abgegeben werden muss. Nur der (gemäß dem 1. Hauptsatz) verbleibende Rest

$$W = Q_{zu} - Q_{ab}$$

kann in Arbeit umgewandelt werden. Wie viel Abwärme Q_{ab} mindestens abgegeben werden muss, ergibt sich aus dem 2. Hauptsatz. Bezeichnet man den Quotienten aus Wärmemenge Q und absoluter Temperatur T des zugehörigen Wärmereservoirs als *reduzierte Wärmemenge*, so besagt der *2. Hauptsatz der Thermodynamik*, dass die im Laufe eines Kreisprozesses abgegebene reduzierte Wärmemenge stets größer ist als die dabei zugeführte reduzierte Wärmemenge:

$$\left(\frac{Q}{T}\right)_{ab} > \left(\frac{Q}{T}\right)_{zu} \quad \text{(2. Hauptsatz der Thermodynamik)}$$

Für ein Wärmkraftwerk, wie z.B. eine Dampfmaschine gilt demnach: $(Q_{ab}/T_<) > (Q_{zu}/T_>)$. Nur im idealisierten Grenzfall des reversiblen Kreisprozesses gilt:

$$\left(\frac{Q}{T}\right)_{ab} = \left(\frac{Q}{T}\right)_{zu}$$

Der 2. Hauptsatz steht insbesondere im Einklang mit der allgemein bekannten Erfahrung, dass Wärme, wie bei einem Wärmeausgleich, stets vom wärmeren zum kälteren Körper fließt; denn bei einem einfachen Wärmefluss ist $Q_{ab} = Q_{zu}$. Daher folgt aus dem 2. Hauptsatz $T_{zu} > T_{ab}$. Der 2. Hauptsatz ergibt ferner, dass bei allen Wärmekraftmaschinen ein großer Teil der im Brenner erzeugten Wärme als Abwärme verloren geht, (sofern sie nicht, wie bei Kraftwerken mit einer Kraft-Wärme-Kopplung, für Heizzwecke genutzt wird.) Bei der Berechnung der Abwärme ist zu beachten, dass die absolute Temperatur des Wärmereservoirs im Nenner der reduzierten Wärmemenge steht. Eine Dampfmaschine mit einer Heißdampftemperatur von etwa 700 K und einer Nassdampftemperatur von 350 K hat bestenfalls einen Wirkungsgrad $\eta = W/Q_{zu} = 50\,\%$. Mindestens die Hälfte der erzeugten Wärme wird also als Abwärme wieder abgegeben!

So wie der 1. Hauptsatz die Definition der Zustandsgröße Energie ermöglicht, bietet auch der 2. Hauptsatz die Möglichkeit, eine neue Zustandsgröße zu definieren. Denn für einen beliebigen reversiblen thermodynamischen Prozess, der von einem Ausgangszustand A zu einem Endzustand Z führt, gilt aufgrund des 2. Hauptsatzes:

$$\int_A^Z \frac{\delta Q_{rev}}{T}$$

ist wegunabhängig. Dabei werden, wie im Falle des 1. Hauptsatzes, zugeführte und abgegebene Wärmemengen δQ positiv bzw. negativ gewertet. Aufgrund der Wegunabhängigkeit des Integrals lässt sich die neue Zustandsgröße *Entropie* definieren:

$$S_Z = S_A + \int_A^Z \frac{\delta Q_{rev}}{T} \quad \text{(Definition der Entropie)}$$

Dabei ist die Entropie S_A des Ausgangszustands A wieder willkürlich festzulegen.

Aus dem 2. Hauptsatz folgt, dass bei reversibel adiabatischen Prozessen die Entropie sich nicht ändert, bei irreversibel adiabatischen Prozessen hingegen ansteigt. Die Entropie eines thermodynamischen Systems kann aber verringert werden, indem dem System (möglichst reversibel) Wärme entzogen wird. Dabei kann Wärme im Einklang mit dem 2. Hauptsatz auch auf wärmere Körper übertragen werden, sofern dabei auch genügend Arbeit aufgewendet wird. Eine dafür geeignete Maschine ist die Wärmepumpe (Abschnitt 2.4.3).

Sind für ein Einstoffsystem thermische und kalorische Zustandsgleichung bekannt, so kann die Entropie des Systems auch explizit als Funktion der Zustandsvariablen T und V angegeben werden. Für ideale Gase (Abschnitt 2.1.2) erhält man aus den Zustandsgleichungen $PV = RT$ und $U = 3/2\,RT$ und den Relationen

$$dU = \delta W_{rev} + \delta Q_{rev} \quad \text{und} \quad \delta W_{rev} = -P \cdot dV$$

den folgenden Ausdruck für das Integral $\int \frac{\delta Q_{rev}}{T}$:

$$\int_A^Z \frac{\delta Q_{rev}}{T} = \frac{3}{2} R \int_A^Z \frac{dT}{T} + R \int_A^Z \frac{dV}{V}$$

Eine Auswertung der Integrale ergibt für die *Entropie des idealen Gases*:

$$S(T,V) = S(T_A, V_A) + \frac{3}{2} R \ln(\frac{T}{T_A}) + R \ln(\frac{V}{V_A}) \qquad \text{(Entropie des idealen Gases)}$$

Eine atomistische Deutung der Entropie des idealen Gases macht die Beziehung zwischen der Entropie und der Zufälligkeit im atomaren Geschehen deutlich. Im Rahmen der statistischen Mechanik kann jedem Zustand eines atomaren Ensembles eine Wahrscheinlichkeit W zugeordnet werden, mit der er bei vorgegebenem Volumen und vorgegebener Temperatur auftritt. Der Physiker L. Boltzmann zeigte, dass Entropie S und Wahrscheinlichkeit W in folgender Beziehung zueinander stehen:

$$S = k \ln W$$

Abschließend sei erwähnt, dass die (aus dem 2. Hauptsatz hervorgehende) enge Beziehung zwischen Entropie und absoluter Temperatur eine von der Idee des idealen Gases unabhängige Grundlage für die Festlegung der absoluten Temperaturskala liefert. Eine solche Grundlage wird insbesondere für die Festlegung der Temperaturskala nahe am absoluten Nullpunkt benötigt, da in diesem Temperaturbereich kein realer Stoff sich (auch nicht näherungsweise) wie ein ideales Gas verhält.

Aufgabe 2.16	Berechnen Sie die Änderung ΔS der Entropie eines idealen Gases, dessen Menge 1 mol ist und das bei konstantem Druck von 0 °C auf 100 °C erhitzt wird.

Merke	Der zweite Hauptsatz der Thermodynamik besagt, dass bei allen Kreisprozessen mehr reduzierte Wärmemenge abgegeben als zugeführt wird: $$(\frac{Q}{T})_{ab} > (\frac{Q}{T})_{zu}$$

2.4.3 Energiewandler

Der zweite Hauptsatz der Thermodynamik ist grundlegend für alle Maschinen, die Wärme in Arbeit, wie Wärmekraftwerke, oder Arbeit in Wärme umwandeln, wie Kältemaschinen und Wärmepumpen. Wir illustrieren das Prinzip der Wärmekraftmaschinen zunächst anhand einfacher Demonstrationsexperimente.

| Experiment 2.11 | Nitinol-Wärmekraftmaschine |

Diese Maschine ist ähnlich aufgebaut wie die Nachkonstruktion (Abbildung 2.25) eines historischen Vorschlags für ein mechanisches Perpetuum mobile (*Abschnitt 1.3.1*). An ein um eine horizontale Achse rotierendes Rad sind Auslegergewichte befestigt (Abbildung 2.26).

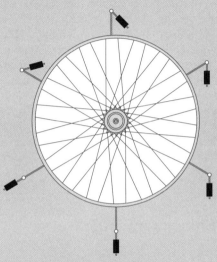

Abbildung 2.25: Beispiel für ein mechanisches Perpetuum mobile

Abbildung 2.26: Nitinol-Wärmekraftmaschine

Dem mechanischen Perpetuum mobile liegt die naive Idee zugrunde, dass bei der Abwärtsbewegung die ausklappenden Auslegergewichte ein in Drehrichtung wirkendes Drehmoment erzeugen könnten. Natürlich kann auf diese Weise das Rad nicht angetrieben werden. Denn die Gewichte fallen beim Ausklappen nach unten und verlieren dabei potenzielle Energie. Aus dem Energiesatz folgt daher sofort, dass eine solche Maschine nicht funktionieren kann.

Bei der Nitinol-Wärmekraftmaschine hingegen werden die Auslegergewichte angehoben und gewinnen dabei Energie. Daher kann diese Maschine wirklich Arbeit verrichten. Sie wandelt tatsächlich Wärme in Arbeit um. Durch Wärmezufuhr in dem auf etwa 70 °C erhitzten Wasserbad werden die in das Wasser eintauchenden Drahtbügel aus einer Nickel-Titan-Legierung (Nitinol) erhitzt. Dabei findet ein Phasenübergang statt, bei dem sich die Kristallstruktur des Drahtes ändert. Nitinol ist ein so genanntes Gedächtnismetall, das unterhalb der Phasensprungtemperatur biegsam ist und leicht verformt werden kann. Oberhalb der Sprungtemperatur ist es wesentlich starrer und bestrebt, in die ursprünglich gestreckte Form vor der Verformung zurückzukehren. Bei der Nitinolmaschine wird dieser Gedächtniseffekt ausgenutzt. Die im Wasserbad erhitzten Nitinolbügel strecken sich ein wenig und heben dabei die Auslegergewichte etwas an. An der Luft kühlen sie wieder ab und werden wieder biegsam. Die Nitinolbügel werden durch die ihnen entgegen wirkenden Stahlfedern wieder stärker gebogen. Wenn die Auslegergewichte etwa die maximale Höhe erreicht haben, werden sie daher nochmals angehoben.

Experiment 2.12 | ## Nitinoldrahtantrieb

In genialer Weise wird der Phasenübergang des Gedächtnismetalls Nitinol bei dem in Abbildung 2.27 gezeigten Nitinoldrahtantrieb genutzt. Ein Nitinoldraht dient hier als „Keilriemen", um den Antrieb eines kleinen Messingrades auf ein großes Plastikrad zu übertragen. Wird das Messingrad in heißes Wasser getaucht, so ist der dort stark gekrümmte und über die Sprungtemperatur erhitzte Nitinoldraht bestrebt, sich zu strecken. Dadurch entsteht ein labiles Gleichgewicht, und ein kleiner Anstoß genügt, um die Räder in die eine oder andere Richtung in schnelle Drehung zu versetzen.

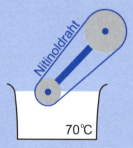

Abbildung 2.27: Nitinoldrahtantrieb

Experiment 2.13 **Schnapsente**

Ein anderer Phasenübergang wird zum Antrieb der in Abbildung 2.28 gezeigten „Schnapsente" genutzt. Hier wird der mit nassem Filz überzogene Kopf der Ente durch verdunstendes Wasser gekühlt. Dadurch entsteht eine Temperaturdifferenz zwischen Bauch und Kopf. Der stark temperaturabhängige Dampfdruck der im Bauch befindlichen Flüssigkeit drückt die Flüssigkeit in den Hals der Ente, bis sie das Gleichgewicht verliert und mit dem Schnabel in den Entenschnaps taucht, um den Kopf erneut zu befeuchten. Gleichzeitig kann ein Druckausgleich zwischen Kopf und Bauch stattfinden, so dass die Flüssigkeit zurückfließt und die Ente sich wieder aufrichtet.

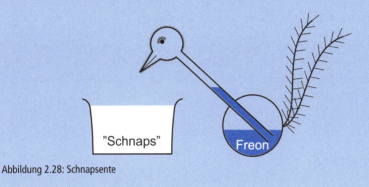

"Schnaps"

Freon

Abbildung 2.28: Schnapsente

Wie bei diesen Demonstrationsversuchen wird auch in einem Wärmekraftwerk Wärme in Arbeit umgewandelt. Wie in Abbildung 2.24 dargestellt, wird der Wärmekraftmaschine aus einem Wärmespeicher mit hoher Temperatur $T_>$ eine Wärme Q_{zu} zugeführt und in einen Wärmespeicher mit tieferer Temperatur $T_<$ eine kleinere Wärmemenge Q_{ab} abgegeben. Nur die Differenz wird als Arbeit W verfügbar. Aus dem 2. Hauptsatz ergibt sich, dass der Wirkungsgrad $\eta = W/Q_{zu}$ nicht größer als $(T_> - T_<)/T_>$ sein kann:

$$\eta < \frac{T_> - T_<}{T_>}$$

Da bei den oben beschriebenen Demonstrationsexperimenten die Temperaturdifferenz der Wärmespeicher klein im Vergleich mit der absoluten Temperatur $T_>$ ist, sind auch die Wirkungsgrade der betrachteten Prozesse sehr klein.

Soll umgekehrt eine Maschine Wärme von einem kälteren Wärmespeicher zu einem heißeren Wärmespeicher schaffen, so ist das nur möglich, wenn der Maschine auch Arbeit zugeführt wird (Abbildung 2.29). Hat die Maschine dabei die Aufgabe, den kälteren Wärmespeicher (Kühlraum) durch den Wärmeentzug weiter abzukühlen, so ist es eine *Kältemaschine*. Soll hingegen der wärmere Wärmespeicher (Warmraum) weiter aufgeheizt werden, so spricht man von einer *Wärmepumpe*. Aus den beiden Hauptsätzen der Thermodynamik folgt für die in Abbildung 2.29 bezeichneten Größen:

$$Q_{zu} + W = Q_{ab} \ \text{ und } \ \frac{Q_{ab}}{T_>} > \frac{Q_{zu}}{T_<}$$

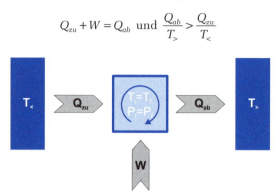

Abbildung 2.29: Energieflussdiagramm für Kältemaschinen und Wärmepumpen

Analog zum Wirkungsgrad der Wärmekraftmaschinen wird für Kältemaschine und Wärmepumpe eine Effizienz $\varepsilon = Q/W$ definiert, wobei im Zähler die dem Kühlraum entzogene Wärmemenge Q_{zu} bzw. die dem Warmraum zugeführte Wärmemenge Q_{ab} steht. Aus den Hauptsätzen ergibt sich für die Kältemaschine

$$\varepsilon = \frac{Q_{zu}}{W} < \frac{T_<}{T_> - T_<}$$

und für die Wärmepumpe:

$$\varepsilon = \frac{Q_{ab}}{W} < \frac{T_>}{T_> - T_<}$$

Aufgabe 2.17   Informieren Sie sich, bei welchen Temperaturen ein Kraftwerk in ihrer Umgebung arbeitet und welchen Wirkungsgrad es hat. Vergleichen Sie den Wirkungsgrad mit dem optimal möglichen Wert.

Merke   Bei allen Kreisprozessen, bei denen Wärme aus einem Wärmereservoir hoher Temperatur $T_>$ in Arbeit umgewandelt wird, wird ein Teil der zugeführten Wärme als Abwärme an ein Wärmereservoir niederer Temperatur $T_<$ abgegeben. Der Wirkungsgrad $\eta = W/Q_{zu}$ einer solchen Wärmekraftmaschine ist stets kleiner als $(T_> - T_<)/T_>$.

2.4.4 Stirling-Prozess

Da thermodynamische Prozesse von idealen Gasen für den reversiblen Grenzfall in einfacher Weise auch quantitativ theoretisch beschrieben werden können, ist es höchst lehrreich, Kreisprozesse eines idealen Gases, die für den Betrieb von Wärmekraftmaschinen, Kältemaschinen und Wärmepumpen geeignet sind, detailliert zu analysieren und experimentell zu erproben. Ein auch für die Praxis interessantes Beispiel ist der *Stirling-Prozess*.

Der Stirling-Prozess setzt sich im reversiblen Grenzfall aus zwei isothermen und zwei isochoren Teilprozessen zusammen und wird daher in einem $T(V)$-Diagramm als rechteckförmige Linie dargestellt (Abbildung 2.30). Bei den isothermen Prozessen ist entweder $T = T_<$ oder $T = T_>$ und bei den isochoren Prozessen ist $V = V_<$ oder $V = V_>$.

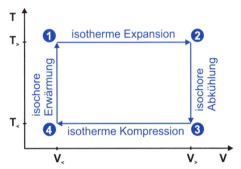

Abbildung 2.30: $T(V)$-Diagramm für den Stirling-Prozess

Bei diesem Kreisprozess wird Wärme in Arbeit umgewandelt, wenn das Gas bei $T_>$ expandiert und bei $T_<$ komprimiert wird, andernfalls wird Arbeit in Wärme umgesetzt. Der Kreisprozess kann also sowohl als Wärmekraftwerk als auch als Kältemaschine oder Wärmepumpe genutzt werden. Wie viel Arbeit pro Kreisprozess erzeugt bzw. verbraucht wird, ergibt sich unmittelbar aus einer Darstellung des Kreisprozesses in einem $P(V)$-Diagramm (Abbildung 2.31). Denn die pro Kreisprozess von der Maschine erbrachte (Summe von abgegebener ($W < 0$) und zugeführter ($W > 0$)) Arbeit ist gleich dem Kreisintegral

$$W = -\oint P \, dV$$

und damit gleich der im P-V-Diagramm vom Kreisprozess eingeschlossenen Fläche.

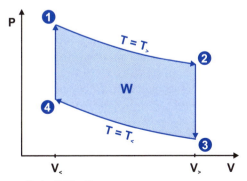

Abbildung 2.31: $P(V)$-Diagramm für den Stirling-Prozess

Die bei den isothermen und isochoren Teilprozessen ausgetauschte Arbeit und Wärmemenge kann für ideale Gase berechnet werden. Wir beziehen uns dabei auf die Gasmenge 1 mol.

Bei isothermen Prozessen bleibt die innere Energie $U = 3RT/2$ eines idealen Gases konstant. Nach dem 1. Hauptsatz ist daher bei einer isothermen Expansion $Q_{zu} = W_{ab}$ und bei einer isothermen Kompression $Q_{ab} = W_{zu}$. Im reversiblen Grenzfall kann die zu- bzw. abgegebene Wärmemenge aus der Entropiezu- bzw. -abnahme berechnet werden. Für die reversiblen isothermen Prozesse des idealen Gases ist:

$$\Delta S = \frac{Q}{T} = R \cdot \ln \frac{V_>}{V_<}$$

Somit ergibt sich für die isotherme Expansion bei $T = T_>$:

$$Q_{zu} = W_{ab} = RT_> \cdot \ln \frac{V_>}{V_<}$$

Entsprechend gilt für die isotherme Kompression bei $T = T_<$:

$$Q_{ab} = W_{zu} = RT_< \cdot \ln \frac{V_>}{V_<}$$

Bei den beiden isochoren Prozessen ändert sich die innere Energie des idealen Gases um den gleichen Betrag ΔU, da die innere Energie des idealen Gases nur von der Temperatur abhängt:

$$\Delta U = \frac{3}{2} R \cdot (T_> - T_<)$$

Die bei der isochoren Erwärmung zugeführte Wärmemenge wird also im Laufe des Kreisprozesses, nämlich bei der isochoren Abkühlung, wieder abgegeben. Diese Wärmemenge wird beim Stirling-Prozess nicht mit der Umgebung ausgetauscht, sondern intern zwischengespeichert.

Bei dem gesamten Kreisprozess wird demnach die Wärmemenge $Q_{zu} = RT_> \cdot \ln(V_>/V_<)$ der Maschine zugeführt und die Wärmemenge $Q_{ab} = RT_< \cdot \ln(V_>/V_<)$ von der Maschine abgegeben. Für eine Wärmekraftmaschine auf der Basis des Stirling-Prozesses ergibt sich also aus obigen Beziehungen in Übereinstimmung mit dem 2. Hauptsatz der Wirkungsgrad:

$$\eta = \frac{Q_{zu} - Q_{ab}}{Q_{zu}} = \frac{T_> - T_<}{T_>}$$

Der reversible Grenzfall hat, wie zu erwarten war, den maximalen Wirkungsgrad.

Eine Maschine, die näherungsweise einen solchen Stirling-Prozess durchläuft, ist der Stirling-Motor. Er besteht im Wesentlichen aus einem Zylinder, in dem zwei Kolben hin und her bewegt werden können (Abbildung 2.32). Der Arbeitskolben A bestimmt die Größe des Volumens, der Verdrängerkolben V drängt das Gas entweder in den Bereich des Wärmespeichers mit der Temperatur $T_>$ oder in den Temperaturbereich $T_<$.

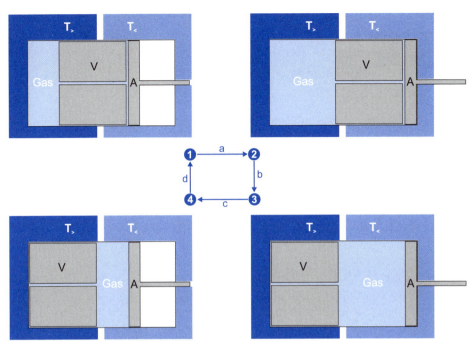

Abbildung 2.32: Schema eines Stirling-Motors

Bei den isothermen Prozessen wird der Arbeitskolben bewegt und bei den isochoren Prozessen der Verdrängerkolben. Im letzteren Fall durchströmt das Gas den Verdrängerkolben. Dabei kann die bei einer Abkühlung frei werdende innere Energie ΔU in dem auch als Wärmespeicher wirkenden Verdrängerkolben zwischengespeichert werden, um bei der isochoren Erwärmung dem Gas wieder zugeführt zu werden. Bei den isothermen Prozessen wird hingegen Wärme einem Wärmespeicher entzogen oder zugeführt und eine betragsmäßig gleich große Arbeit vom Arbeitskolben verrichtet.

Selbst bei optimaler Steuerung der Kolben treten im Gas beim Betrieb des Stirling-Motors Druck- und Temperaturgefälle auf. Der im Motor realisierte Kreisprozess ist daher irreversibel und der Wirkungsgrad kleiner als der Maximalwert. Einfache Vorrichtungen, bei denen die Kolben mit einer Phasenverschiebung $\pi/2$ von einem Excenter gesteuert werden, zeigen aber, dass selbst ein schlicht mit Luft betriebener Stirling-Motor funktioniert und ein Schwungrad (1.3.1) antreiben kann. Letzteres dient beim Betrieb zur Speicherung von mechanischer Energie, die bei den Kompressionsprozessen verfügbar sein muss. Als Wärmespeicher können dabei ein elektrisch beheizter Raum am Kopfende des Zylinders und eine Wasserkühlung am Fußende genutzt werden.

Treibt man den Exzenter von außen beispielsweise mit einem Elektromotor an, so wirkt der Stirling-Motor als Kältemaschine. Das Kopfende des Zylinders wird dabei kälter als das Wasserbad und kann auf Temperaturen unter dem Gefrierpunkt abgekühlt werden.

Wird der Drehsinn des Antriebs umgekehrt, so wirkt die Anordnung als Wärmepumpe. Jetzt wird das Kopfende des Zylinders über die Wassertemperatur hinaus aufgeheizt.

Aufgabe 2.18 Berechnen Sie die Arbeit, die ein Stirling-Motor, der mit der Gasmenge 1 mol betrieben wird, im reversiblen Grenzfall im Laufe eines Kreisprozesses verrichtet.

Merke Beim Stirling-Prozess laufen abwechselnd isotherme und isochore Prozesse ab. Je nach dem Drehsinn, in dem der Kreisprozess durchlaufen wird, wird Wärme in Arbeit oder Arbeit in Wärme umgewandelt. Im einen Fall wirkt er als Wärmekraftmaschine, im anderen als Kältemaschine oder Wärmepumpe.

2.5 Tiefe Temperaturen

Die Erzeugung von Temperaturen in der Nähe und unterhalb des Gefrierpunkts (0 °C) ist für viele Bereiche der Wirtschaft und des täglichen Lebens, wie beispielsweise für die Kühlung von Lebensmitteln, von großer Bedeutung. Für Naturwissenschaft und Technik noch interessanter ist die Erzeugung von Temperaturen nahe dem absoluten Nullpunkt bei $T = 0$ K. Einerseits bietet sich die Möglichkeit, Gase wie Sauerstoff, Stickstoff, Wasserstoff oder Edelgase, insbesondere auch Helium zu verflüssigen, sofern Temperaturen unterhalb der kritischen Temperatur dieser Gase erreicht werden. Sie liegen bei Temperaturen $T < 100$ K. Andererseits zeigen viele Materialien bei tiefen Temperaturen überraschende Eigenschaften, wie Supraleitung und Suprafluidität, die auf Gesetzmäßigkeiten hinweisen, die erst im Rahmen der Quantenphysik (Kapitel 4, 5 und 6) verstanden werden können. Ein elementares Beispiel eines solchen quantenphysikalischen Effekts ist das Einfrieren von Freiheitsgraden der Wasserstoffmoleküle bei Temperaturen von etwa 100 K. Wir werden ihn im letzten Abschnitt dieser Lektion diskutieren. Er gibt eine erste Antwort auf die Frage, warum Atome, die man sich gemeinhin als kleine Planetensysteme vorstellt (Abschnitt 5.1.1), unter normalen thermischen Bedingungen ($T \sim 300$ K) nur drei Freiheitsgrade haben. Darüber hinaus steht das Einfrieren der Freiheitsgrade in engem Zusammenhang mit dem so genannten *3. Hauptsatz der Thermodynamik*. Er besagt, dass man sich dem absoluten Nullpunkt der Temperaturskala nur asymptotisch nähern, ihn aber niemals exakt realisieren kann. Im Experiment lassen sich heute Temperaturen im Bereich von mK und μK erreichen.

2.5.1 Adiabatische Zustandsänderungen

Grundlage für die Erzeugung tiefer Temperaturen sind adiabatische Zustandsänderungen, d.h. Prozesse, bei denen kein Wärmeaustausch mit der Umgebung stattfindet. Die innere Energie eines thermodynamischen Systems nimmt bei adiabatischen Zustandsänderungen ab, sofern Arbeit von dem System verrichtet wird, also beispielsweise bei der Expansion eines Gases. Im Grenzfall eines idealen Gases ist die innere Energie proportional zur Temperatur des Gases. Mit der inneren Energie nimmt daher auch die Temperatur ab. Die Temperaturabnahme bei der *reversibel adiabatischen Expansion* eines idealen Gases lässt sich leicht berechnen. In diesem Fall ändert sich die Entropie des Gases nicht. Bei einer Expansion von einem Anfangsvolumen V_0 auf das Volumen V gilt also pro mol:

$$S(V) - S(V_0) = \frac{3}{2} R \ln \frac{T}{T_0} + R \ln \frac{V}{V_0} = 0$$

Daraus folgt:

$$(\frac{T}{T_0})^{\frac{3}{2}} = (\frac{V}{V_0})^{-1} \quad \text{oder} \quad T^3 V^2 = \text{const} \quad \text{(adiabatische Zustandsänderung idealer Gase)}$$

Mit zunehmendem Volumen nimmt also die Temperatur des Gases ab.

Bei realen Gasen, Flüssigkeiten und Festkörpern ist die Temperatur nicht proportional zur inneren Energie U. Vielmehr sind hier kinetische Energie und potenzielle Energie der Atome getrennt zu betrachten. Nach dem Äquipartitionsgesetz ist die Temperatur proportional nur zum kinetischen Anteil der inneren Energie. Eine Abkühlung wird daher auch bei Prozessen beobachtet, bei denen sich der Anteil der potenziellen Energie von U auf Kosten des kinetischen Anteils erhöht. Eine solche Umverteilung ist wesentlich für die Temperaturabnahme beim Joule-Thomson-Prozess (Abschnitt 2.3.4). Eine sehr effektive Abkühlung ergibt sich bei Phasenübergängen, insbesondere bei der *adiabatischen Verdampfung* von Flüssigkeiten oder Festkörpern, da hierbei die Atome oder Moleküle einer Substanz die sie bindenden Potenzialmulden verlassen müssen. Jeder kennt die kühlende Wirkung verdunstenden Wassers. In der Medizin werden besonders schnell verdunstende Flüssigkeiten wie Alkohol oder Äthylchlorid zur Kühlung genutzt (Abbildung 2.19).

In Abschnitt 2.2.3 wurde die Verdampfungskühlung genutzt, um flüssigen Stickstoff auf die Temperatur des Tripelpunkts von N_2 abzukühlen. Noch dramatischer wirkt sich die Verdampfungskühlung aus, wenn man flüssiges CO_2 aus einer Druckflasche ausströmen lässt.

Experiment 2.14   Erzeugung von Trockeneis (CO$_2$-Schnee)

Da die Temperatur $T_T(CO_2) = 304$ K des Tripelpunkts von CO$_2$ etwas höher als die gewöhnliche Raumtemperatur ist (Abbildung 2.10), kann CO$_2$ als Flüssigkeit in Druckflaschen aufbewahrt werden. Die CO$_2$-Flüssigkeit hat dabei einen Dampfdruck von etwa $54 \cdot 10^5$ Pa. Dieses flüssige CO$_2$ lassen wir durch ein Steigrohr und ein Drosselventil aus der Druckflasche ausströmen (Abbildung 2.33). Wegen des plötzlichen Druckabfalls verdampft beim Ausströmen viel flüssiges CO$_2$. Ein Rest kühlt aber gleichzeitig bei dem heftigen Verdampfungsprozess schnell ab. Ein Druckgleichgewicht wird beim CO$_2$ erst im Bereich der Sublimationskurve erreicht. Denn bei der Temperatur $T_K = 216{,}6$ K des Tripelpunkts ist der Dampfdruck $P_K = 5{,}2 \cdot 10^5$ K noch wesentlich größer als der äußere Luftdruck. Der Abkühlungsprozess setzt sich daher über den Tripelpunkt hinaus fort, und es entsteht festes CO$_2$. Wie bei gefrierendem Regen bilden sich Eiskristalle, die aber bei Erwärmung unmittelbar in den gasförmigen Zustand übergehen. Man spricht deshalb von CO$_2$-Schnee oder Trockeneis.

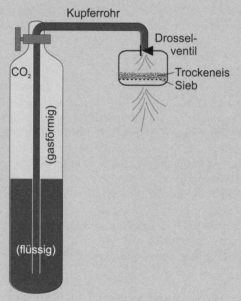

Abbildung 2.33: Versuchsanordnung zur Erzeugung von Trockeneis

---

Aufgabe 2.19   Berechnen Sie die Entropiezunahme eines idealen Gases mit der Stoffmenge 1 mol bei einem Joule-Thomson-Prozess, bei dem der Druck des Gases von P_1 auf P_2 abfällt. (Beachten Sie dabei, dass der Joule-Thomson-Prozess ein *irreversibel* adiabatischer Prozess ist.)

> **Merke**
> Bei adiabatischen Prozessen findet kein Wärmeaustausch zwischen dem betrachteten thermodynamischen System und der Umgebung statt. Bei reversibel adiabatischen Prozessen ändert sich die Entropie des thermodynamischen Systems nicht.

2.5.2 Kompressionskältemaschine

Die zur Aufbewahrung von Lebensmitteln verwendeten Kühlschränke und Gefriertruhen werden in den meisten Fällen mit einer Kompressionskältemaschine betrieben. In diesen Maschinen durchläuft ein Kältemittel (z.B. Ammoniak, NH_3) einen Kreisprozess, bei dem der Kühlprozess wesentlich auf der adiabatischen Verdampfung des Kältemittels beruht. Die wesentlichen Komponenten einer solchen Kompressionskältemaschine zeigt Abbildung 2.34. Sie besteht aus einem Niederdruckbereich mit dem Druck $P_<$ und der Temperatur $T_<$, die die Temperatur im Kühlraum bestimmt, und einem Hochdruckbereich mit dem Druck $P_>$, dessen Temperatur $T_>$ größer bis gleich der Umgebungstemperatur ist. Druck- und Temperaturdifferenz werden durch Kompressor und Drosselventil aufrechterhalten. Angetrieben wird der Kreisprozess des Kältemittels durch den Kompressor, der Dampf aus dem Niederdruckbereich ansaugt, komprimiert und in den Hochdruckbereich pumpt. Bei der Kompression bleibt das Kältemittel gasförmig und wird adiabatisch auf eine Überraumtemperatur erwärmt. Durch Luft- oder Wasserkühlung wird das Kältemittel im Kondensator auf Raumtemperatur abgekühlt und kondensiert. Beim Durchströmen des Drosselventils verdampft das flüssige Kältemittel teilweise und kühlt dabei auf die Temperatur $T_<$ ab. Die verbleibende Flüssigkeit sammelt sich im Verdampfer. Bei der durch das Abpumpen des Dampfes erzwungenen Verdampfung setzt sich der Kühlungsprozess fort.

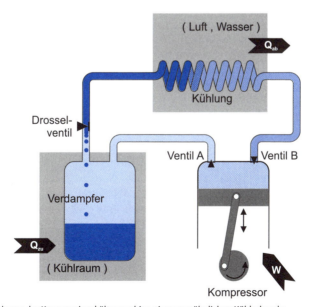

Abbildung 2.34: Schema der Kompressionskältemaschine eines gewöhnlichen Kühlschranks

Dieser Kreisprozess folgt dem in Abbildung 2.29 gezeigten Schema einer Kälte-maschine. Bei der Temperatur $T_<$ wird eine Wärmemenge Q_{zu} aus dem Kühlraum dem Kältemittel zugeführt, und bei der Temperatur $T_>$ wird eine größere Wärmemenge Q_{ab} an die Umgebung abgegeben. Die Differenz wird dem Kältemittel im Kompressor als Arbeit zugeführt.

Aufgabe 2.20 Berechnen Sie den maximal möglichen Wert der Effizienz von Kühlschränken, die bei einer Umgebungstemperatur von 20 °C eine Kühlraumtemperatur nahe dem Gefrierpunkt von H_2O haben.

Merke Mit Kältemaschinen, die auf der adiabatischen Verdampfung geeigneter Kältemittel beruhen, können Nahrungsmittel tiefge-kühlt werden. Die Kühlraumtemperaturen liegen aber noch weit über dem absoluten Nullpunkt ($T > 200$ K).

2.5.3 Gasverflüssigung

Die adiabatische Verdampfung von Flüssigkeiten, die zur Kühlung von Gefriertruhen und Kühlschränken genutzt wird, ist ungeeignet, wenn Temperaturen erzeugt werden sollen, bei denen Gase wie Stickstoff, Wasserstoff oder die Edelgase flüssig werden. Unter Normaldruck kondensieren diese Gase bei Temperaturen unter 100 K. Auch die kritischen Temperaturen dieser Gase liegen nicht wesentlich höher. Daher kondensie-ren sie bei Raumtemperatur auch nicht unter hohem Druck.

Um Temperaturen unter 100 K zu erreichen, braucht man einerseits einen Prozess, der in einem großen Temperaturbereich wirkungsvoll kühlt, und andererseits eine Kältemaschine, in der keine beweglichen Teile, wie Ventile oder Kolben, den extrem tiefen Temperaturen ausgesetzt werden. Denn die Materialeigenschaften vieler Stoffe ändern sich erheblich bei so extremer Abkühlung. Blumen zerbröseln und Plastik-schläuche werden spröde und zerspringen wie Glas, wenn sie auf die Temperatur des flüssigen Stickstoffs von 77 K abgekühlt werden. Daher gibt es keine Dichtungen, die bei extrem großen Temperaturunterschieden einsetzbar sind.

Einen Kühlprozess, bei dem keine beweglichen Teile mit Dichtungen auf tiefe Tem-peraturen abgekühlt werden müssen, ermöglicht das von Linde erfundene Gegenströ-merverfahren. Es kann zur Verflüssigung von Gasen dienen (Abbildung 2.35). Dabei wird der Joule-Thomson-Prozess (Abschnitt 2.3.4) genutzt. Zwar ist bei Raumtempera-tur der Abkühlungseffekt für Stickstoff gering, aber bei tiefen Temperaturen wird er größer und führt dann auch zu einer Kondensation des Gases, wie ein einfaches Demonstrationsexperiment zeigt.

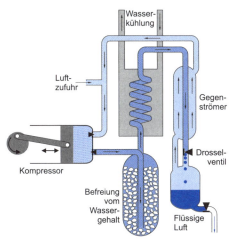

Abbildung 2.35: Schema einer Gasverflüssigungsanlage mit Gegenströmer

Experiment 2.15 Stickstoffverflüssigung

Aus einer Druckflasche strömt Stickstoff durch ein etwa 2 m langes, zu einer Spirale gewickeltes Kupferrohr ins Freie. Durch die plötzliche Expansion kühlt das Gas wie beim Joule-Thomson-Versuch (Abschnitt 2.3.4) um wenige °C ab. Ein eindrucksvolleres Resultat ergibt sich, wenn das gleiche Experiment mit Stickstoff durchgeführt wird, der bereits vorgekühlt wurde (Abbildung 2.36). Dazu kühlen wir das Kupferrohr mit vorher verflüssigtem Stickstoff. Lässt man das Gas langsam durch das Rohr strömen, wird es zwar gut vorgekühlt, aber es bleibt gasförmig. Erst bei schneller Strömung und entsprechend heftiger Expansion am Rohrende wird der Joule-Thomson-Effekt wirksam und ein Teil des ausströmenden Stickstoffs wird flüssig.

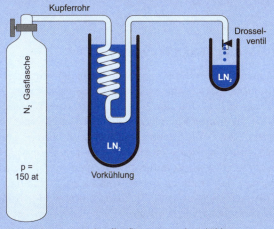

Abbildung 2.36: Versuchsanordnung zur Stickstoffverflüssigung nach Vorkühlung

Um den Joule-Thomson-Prozess technisch für die Gasverflüssigung zu nutzen, muss also für eine gute Vorkühlung gesorgt werden. Diese Vorkühlung wird mit dem Lindeschen Gegenströmer (Abbildung 2.35) erreicht. Beim Linde-Verfahren durchläuft das Gas einen ähnlichen Kreisprozess wie das Kältemittel einer Kompressionskältemaschine, bleibt aber während des gesamten Prozesses gasförmig. An der Stelle des Drosselventils befindet sich der Gegenströmer. Beim Ausströmen aus der Düse kühlt sich das Gas aufgrund des Joule-Thomson-Effekts ab und kühlt dann beim Rückströmen durch den Gegenströmer das zur Düse hinströmende Gas vor. Dadurch baut sich, wenn die Kältemaschine in Betrieb gesetzt worden ist, im Gegenströmer von oben nach unten ein Temperaturgefälle auf, und es entsteht flüssiger Stickstoff, wenn nahe der Düse eine Temperatur erreicht wird, die nur wenig über der Kondensationstemperatur des Gases liegt.

Stickstoff und Sauerstoff lassen sich mit dem Gegenströmerverfahren in einem Schritt kühlen und kondensieren. Gase, die wie Wasserstoff und Helium bei noch tieferen Temperaturen kondensieren, müssen zunächst vorgekühlt werden, da die Inversionstemperatur (Abschnitt 2.2.4) dieser Gase unterhalb der gewöhnlichen Umgebungstemperatur (300 K) liegt.

Aufgabe 2.21   Berechnen Sie die Temperaturänderung ΔT des Stickstoffs, wenn er im Gegenströmer auf eine Temperatur $T = 100$ K vorgekühlt wird und dann bei einem Druckabfall von $P_> = 2$ at auf $P_< = 1$ at expandiert. (Die für die Rechnung benötigten Parameter a und b der Van-der-Waals-Gleichung für Stickstoff finden Sie in Abschnitt 2.3.4.)

Merke   In Verbindung mit dem Lindeschen Gegenströmer kann der Joule-Thomson-Effekt genutzt werden, um Gase zu verflüssigen. Von allen Gasen kondensiert Helium bei der tiefsten Temperatur. Bei Normaldruck wird Helium bei 4,2 K flüssig.

2.5.4 Molare Wärmekapazität von H_2

Die innere Energie eines idealen Gases ergibt sich aus der mittleren kinetischen Energie seiner Massenpunkte. Nach dem Äquipartitionsgesetz ist die mittlere kinetische Energie pro Freiheitsgrad $kT/2$. Da Massenpunkte nur drei Translationsfreiheitsgrade haben, ergibt sich für die innere Energie U_{mol} eines idealen Gases $U_{mol} = 3RT/2$. Diese Formel gilt bekanntlich auch für atomare Gase, obwohl Atome keine Massenpunkte sind, sondern eher kleine Kugeln mit einem Durchmesser der Größenordnung 10^{-10} m. Als starre Körper sollten sie auch Rotationsbewegungen ausführen können und hätten also nach den Gesetzen der Newtonschen Mechanik sechs Freiheitsgrade. Als kleine Planetensysteme, die aus Atomkern und Elektronen bestehen (Abschnitt 5.1.1), hätten sie sogar noch sehr viel mehr Freiheitsgrade.

Aus Sicht der klassischen Mechanik erscheint die Beschränkung der atomaren Bewegungen auf Translationen im Raum merkwürdig und rätselhaft. Sie ist ein deutlicher Hinweis auf die Verschiedenartigkeit von makroskopischer und atomarer Welt. In den Kapiteln 5 und 6 werden wir zeigen, dass das Plancksche Wirkungsquantum h, das in der klassischen Mechanik keine Rolle spielt, ein Schlüssel zum Verständnis der atomaren Physik ist. Es hat die Dimension eines Drehimpulses (Abschnitt 1.4) und deshalb für Rotationsbewegungen unmittelbare Bedeutung. Untersuchungen zur molaren Wärmekapazität des molekularen Wasserstoffs bei tiefen Temperaturen machen diesen Zusammenhang deutlich.

Bei Normaldruck bleibt Wasserstoff bis zu einer Temperatur von 27 K gasförmig. Die innere Energie U_{mol} von Wasserstoff ergibt sich daher im Wesentlichen aus der kinetischen Energie seiner Moleküle. Nach dem Äquipartitionsgesetz (Abschnitt 2.3.3) erwartet man $U_{mol} = 5RT/2$, da zweiatomige Moleküle drei Translations- und zwei Rotationsfreiheitsgrade haben sollten. Demnach ergibt sich für die molare Wärmekapazität C_V (gemessen bei konstantem Volumen) $C_V = 5R/2$. Messungen bei Raumtemperatur bestätigen diesen Wert. Aber bei tiefen Temperaturen werden erheblich kleinere Werte gemessen. Bei Temperaturen unter 100 K verhalten sich die H_2-Moleküle wie Massenpunkte mit nur drei Translationsfreiheitsgraden (Abbildung 2.37). Die Rotationsbewegungen scheinen eingefroren zu sein.

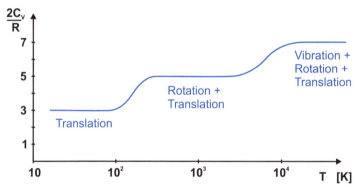

Abbildung 2.37: Temperaturabhängigkeit der molaren Wärmekapazität von H_2

Dieses *Einfrieren von Freiheitsgraden* ist ein quantenphysikalischer Effekt. Wir können ihn hier zwar nicht im Einzelnen erklären, wohl aber die Beziehung zum Planckschen Wirkungsquantum mit einer einfachen Abschätzung offen legen. Dazu berechnen wir den mittleren Drehimpuls $L(H_2)$, den Wasserstoffmoleküle nach der klassischen Mechanik aufgrund ihrer thermischen Bewegung haben sollten. Nach Abschnitt 1.5.2 ist:

$$\langle E_{rot} \rangle = \frac{\langle L_i^2 \rangle}{2J}$$

Andererseits hat $\langle E_{rot} \rangle = kT$ bei 100 K etwa den Wert $1{,}4 \cdot 10^{-21}$ J. Das Trägheitsmoment J des hantelförmigen H_2-Moleküls ist $J = m_p \cdot d^2/2$. Mit der Protonenmasse $m_p = N_A^{-1} \cdot 10^{-3}$ kg $= 1{,}6 \cdot 10^{-27}$ kg und dem intermolekularen Abstand der beiden Protonen $d = 0{,}7 \cdot 10^{-10}$ m ergibt sich $2J = 0{,}8 \cdot 10^{-47}$ kg·m^2. Damit erhält man für die Rotationsbewegung der Wasserstoffmoleküle im Mittel einen Drehimpuls mit dem Wert:

$$L(H_2) = \sqrt{2J\langle E_{rot}\rangle} \approx 1{,}05 \cdot 10^{-34} \, Js$$

Der mittlere Drehimpuls ist also bei dieser Temperatur von gleicher Größenordnung wie das Plancksche Wirkungsquantum:

$$\hbar = \frac{h}{2\pi} = 1{,}05 \cdot 10^{-34} \, Js$$

Nur wenn $L \gg h$, kann ein H_2-Molekül wie eine klassische Hantel rotieren. Wenn diese Ungleichung nicht erfüllt ist, versagt die klassische Theorie. Der Drehimpuls darf dann nicht mehr als eine kontinuierlich veränderbare Größe betrachtet werden. Nach der Quantenphysik kann der Drehimpuls nur Werte annehmen, die ein ganzzahliges Vielfaches des Planckschen Wirkungsquantums $h/2\pi$ sind (Abschnitt 5.1.3).

Ebenso wie die Rotationsfreiheitsgrade frieren bei tieferen Temperaturen auch die Translationsfreiheitsgrade der Moleküle ein. Zunächst kondensiert der Wasserstoff, so dass nur noch Vibrationsbewegungen möglich sind, die dann bei weiterer Abkühlung einfrieren. Dieses Einfrieren der Freiheitsgrade hat zur Folge, dass die molare Wärmekapazität aller Stoffe bei Annäherung an den absoluten Nullpunkt der Temperaturskala gegen Null strebt. Damit wird es mit abnehmender Temperatur immer schwieriger, die Stoffe effektiv zu kühlen. Diese Schwierigkeit kommt im *3. Hauptsatz der Wärmelehre* (*Nernstsches Wärmetheorem*) zum Ausdruck, der besagt, dass man zwar der Temperatur $T = 0$ K beliebig nahe kommen kann, aber den absoluten Nullpunkt der Temperaturskala doch nie ganz erreichen kann.

Aufgabe 2.22 Schätzen Sie die Größe der Drehimpulse von Stickstoff und Sauerstoffmolekülen bei $T = 300$ K ab. Warum ist die Rotationsbewegung der Moleküle bei diesen Gasen nicht eingefroren?

Merke Nur die Drehimpulse makroskopischer Körper können quasikontinuierlich verändert werden, da sie um viele Größenordnungen größer als das Plancksche Wirkungsquantum sind. Aber die Drehimpulse der Atome und Moleküle sind nicht immer viel größer als h. Daher wirkt sich die Quantisierung des Drehimpulses (also die Tatsache, dass der Drehimpuls nur in Schritten von $h/2\pi$ geändert werden kann), auf die Rotationsbewegung der Atome und Moleküle physikalisch aus.

Ausgleichsprozesse und Wellen

3

ÜBERBLICK

Ausgedehnte Körper verhalten sich gewöhnlich weder wie ein starrer Körper (Abschnitt 1.4.2) noch wie ein ideales Gas im thermischen Gleichgewicht (Abschnitt 2.1.2). Beides sind Idealisierungen. In realen Körpern sind mechanische Verspannungen und Temperatur- und Druckgefälle möglich, die abhängig von den experimentellen Gegebenheiten verschiedene Prozesse auslösen können. Es gibt einerseits Prozesse, bei denen makroskopisch beobachtbare Bewegungen stattfinden. Sie gehorchen den dynamischen Gesetzen der Mechanik. Für Naturwissenschaft und Technik haben insbesondere Wellenbewegungen grundlegende Bedeutung. Andererseits gibt es Prozesse, die auf der thermischen Bewegung der Atome und Moleküle beruhen. Diese Bewegung unterliegt den Gesetzen des Zufalls. Diese Prozesse unterscheiden sich daher grundlegend von den Wellenbewegungen. Ein typisches Beispiel ist der Temperaturausgleich, bei dem sich die Temperaturen zweier Körper allmählich angleichen.

Wellenbewegungen und Ausgleichsprozesse finden aber nicht nur in ausgedehnten Medien statt. Wellen können sich auch im Vakuum ausbreiten. Mit Radiowellen können heute Nachrichtenverbindungen zu entfernten Satelliten hergestellt werden. Die Ausbreitung elektromagnetischer Wellen beruht auf den Gesetzen der Elektrodynamik. Im zweiten Teil dieses Kapitels werden wir eine Einführung in die Grundlagen der Elektrodynamik geben, um anschließend auch die Ausbreitung elektromagnetischer Wellen im Vakuum zu erklären. Durch das Vakuum hindurch stattfindende Ausgleichsprozesse, wie der Temperaturausgleich durch Wärmestrahlung, können hingegen erst im Rahmen der Quantenphysik erklärt werden (Abschnitt 4.4.4):

3.1 Wellenbewegungen entlang linearer Medien

Jedem vertraut ist der Anblick von Wasserwellen. Im Allgemeinen sind sie unregelmäßig, mit unterschiedlichen Abständen zwischen benachbarten Wellenbergen oder Wellentälern. In einer Wasserwanne können aber auch periodische Wasserwellen erregt werden. Je nachdem, ob der periodisch auf- und abschwingende Erreger punktförmig oder geradlinig ist, entstehen Wellen mit kreisförmigen oder geradlinigen Wellenfronten (Abbildung 3.1). Die vertrauten Wasserwellen breiten sich an der Wasseroberfläche aus, die Höhenschwankungen sind also Funktionen von zwei Ortskoordinaten und der Zeit. Andere Wellen, wie beispielsweise Schallwellen, breiten sich gewöhnlich im Raum aus. Dementsprechend sind die mit der Schallausbreitung verbundenen Druckschwankungen Funktionen von drei Ortskoordinaten und der Zeit. Mathematisch einfacher ist die Beschreibung von Wellen, die sich entlang eindimensionaler Medien ausbreiten, wie beispielsweise Seilwellen. Um die grundlegenden Eigenschaften von Wellen kennen zu lernen, sollen zunächst diese sich entlang linearer Medien ausbreitenden Wellen behandelt werden.

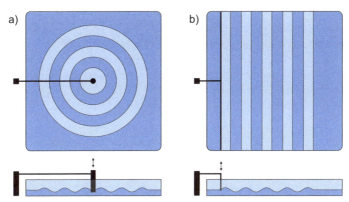

Abbildung 3.1: Mit punktförmigem (a) und geradlinigem (b) Erreger erzeugte Wasserwellen

3.1.1 Lineare Kette

Wir beginnen mit einem rein mechanischen System, das den Gesetzen der Punktmechanik unterliegt, der linearen Kette. Sie besteht aus einer endlichen Anzahl von N linear angeordneten Kugeln gleicher Masse, die durch Federn miteinander verbunden sind (Abbildung 3.2). Wird eine Kugel am Ort x_n transversal, z. B. in z-Richtung ausgelenkt, so wird sie von den gespannten Federn in die Ruhelage zurückgezogen und vollführt daher eine Schwingung $z(x_n,t)$. Durch die gespannten Federn werden aber auch die Nachbarkugeln in Bewegung gesetzt, so dass sich schließlich alle Kugeln der Kette bewegen.

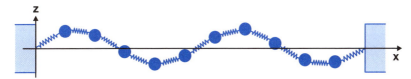

Abbildung 3.2: Momentaufnahme einer schwingenden linearen Kette

Wie für ein System gekoppelter Oszillatoren (Abschnitt 1.6.4) ergibt sich die Bewegungsgleichung aus dem 2. Newtonschen Axiom $\mathbf{F} = m \cdot \mathbf{a}$. Für eine Kugel am Ort x_n ist die z-Komponente des Beschleunigungsvektors $a_z = \partial^2 z(x_n,t)/\partial t^2$. Die rücktreibende Kraft ergibt sich aus der Spannung der Federn. In der Ruhelage heben sich die Kräfte der beiden mit der Kugel verbundenen Federn auf, so dass die Kugel in Ruhe bleibt. Aber auch wenn die Kugel mit ihren beiden Nachbarkugeln auf einer Geraden liegt, d. h. die von der Kette gebildete Kurve $z(x,t)$ an der Stelle x_n nicht gekrümmt ist, also die zweite Ableitung $\partial^2 z(x,t)/\partial x^2$ am Ort der Kugel verschwindet, heben sich die an die Kugel *angreifenden* Kräfte auf. Eine die Kugel beschleunigende Kraft F_z ergibt sich nur, wenn $\partial^2 z(x,t)/\partial x^2 \neq 0$ ist. Sie wirkt in die positive Richtung, wenn $\partial^2 z(x,t)/\partial x^2 > 0$ und in die negative Richtung, wenn $\partial^2 z(x,t)/\partial x^2 < 0$ ist. Bei nicht zu großer Auslenkung können wir in erster Näherung annehmen, dass F_z und damit die Beschleunigung proportional zur Krümmung der Kettenkurve ist. Für die Kette ergibt sich in dieser Näherung die Bewegungsgleichung:

$$\frac{\partial^2 z(x,t)}{\partial t^2} - c^2 \frac{\partial^2 z(x,t)}{\partial x^2} = 0 \quad \text{(Wellengleichung)}$$

Diese partielle Differentialgleichung ist grundlegend für die theoretische Beschreibung der Ausbreitung von Wellen entlang linearer Medien und wird deshalb *Wellengleichung* genannt. Die (positive) Proportionalitätskonstante c^2 hat offensichtlich die Dimension $[(\text{m/s})^2]$. Dementsprechend ist c eine Geschwindigkeit. Ihre physikalische Bedeutung ergibt sich aus den Lösungen der Wellengleichung. Wir suchen zunächst nach Lösungen, die periodisch in Orts- und Zeitkoordinate sind. Wir machen daher den Ansatz:

$$z(x,t) = A \cdot \exp(i(kx - \omega t)) \quad \text{(harmonische Welle)}$$

Dabei ist $A = |A| \cdot \exp(i\alpha)$ die Amplitude der Welle mit dem Betrag $|A|$ und der Phase α, und k und ω bestimmen die Periodizität der Welle in Raum und Zeit, d. h. Wellenlänge λ und Frequenz ν. Es ist $k = 2\pi/\lambda$ die *Wellenzahl* und $\omega = 2\pi\nu$ die *Frequenz*. (Ob es sich um die Kreisfrequenz ω oder um die Anzahl ν der Schwingungen pro Sekunde handelt, machen wir durch die Wahl des Buchstabens ω bzw. ν deutlich.) Dieser Ansatz erfüllt die Wellengleichung, wenn

$$\frac{\omega}{k} = c$$

ist. Damit ist c die Geschwindigkeit, mit der sich ein Schwingungszustand konstanter Phase $\varphi = kx - \omega t$ in x-Richtung ausbreitet. Denn aus $kx - \omega t = const$ ergibt sich $\partial x/\partial t = \omega/k = c$. Daher heißt c die *Phasengeschwindigkeit* der Welle. Als Kreisfrequenz ω wird allgemein ein Wert $\omega > 0$ angenommen. Für k werden hingegen auch negative Werte zugelassen. Eine Welle mit $k < 0$ breitet sich in Richtung der negativen x-Achse aus.

Aufgabe 3.1 Zeigen Sie, dass die Funktionen $\sin(kx - \omega t)$, $\cos(kx - \omega t)$, $\exp\{i(kx - \omega t)\}$ mit $\omega/k = c$ und auch alle Funktionen $z(x - ct)$ Lösungen der Wellengleichung sind.

Die Phasengeschwindigkeit c der Wellenbewegung einer linearen Kette ist im Allgemeinen abhängig von der Wellenzahl $k = 2\pi/\lambda$ (Abschnitt 3.1.4). Hier betrachten wir nur Wellen mit $\lambda \gg a$. Dann ist in guter Näherung $c = const$. Die Phasengeschwindigkeit c ergibt sich aus der Eigenfrequenz ω_0, mit der eine Kugel zwischen zwei fest eingespannten Nachbarkugeln schwingen würde, und dem Abstand a benachbarter Kugeln:

$$c = \omega_0 \cdot a$$

Wie die Bewegung eines ungedämpften Pendels (Abschnitt 1.6.1) ist auch die Wellenbewegung eines Systems von Massenpunkten, zwischen denen nur konservative Kräfte wirken, reversibel. Man erkennt die Reversibilität der Bewegung daran, dass die Bewegungsgleichungen nur zweite Ableitungen nach der Zeit enthalten. Das Quadrat des Zeitintervalls ∂t ist unabhängig vom Vorzeichen. Daher folgt die in einem rückwärts laufenden Film zu sehende Bewegung derselben Differentialgleichung wie die bei direkter Beobachtung zu sehende Bewegung.

> **Merke**
>
> Die lineare Kette von Massenpunkten ist ein mechanisches Modellsystem für eindimensionale Medien mit kontinuierlicher Massenverteilung. Die Bewegungsgleichung dieser Medien ist die Wellengleichung:
>
> $$\frac{\partial^2 z(x,t)}{\partial t^2} - c^2 \frac{\partial^2 z(x,t)}{\partial x^2} = 0 \quad \text{(Wellengleichung)}$$
>
> Periodische Lösungen der Wellengleichung sind die laufenden Wellen
>
> $$z(x,t) = A \cdot \exp(i(kx - \omega t)).$$

3.1.2 Resonatoren

Laufende Wellen sind, streng genommen, Lösungen der Wellengleichung für unendlich ausgedehnte Medien. Bei endlichen Medien sind gewöhnlich *Randbedingungen* zu beachten. Falls eine Kette wie die Saite einer Geige an beiden Enden fest eingespannt ist, bilden sich auf der Kette bei periodischer Erregung keine laufenden Wellen, sondern stehende Wellen aus:

$$z(x,t) = A \cdot \sin(kx) \cdot \exp(-\omega t)$$

Die Kugeln schwingen dabei mit unterschiedlichen Amplituden. Schwingungsbäuche liegen an Orten x, für die $\sin(kx) = 1$, und Schwingungsknoten an Orten, für die $\sin(kx) = 0$ ist. Schwingungsknoten müssen insbesondere an beiden Enden der Kette vorliegen. Eine Kette der Länge L hat daher eine abzählbare Serie von Eigenschwingungen. Eine stehende Welle ist nur möglich, wenn $L = n\lambda/2$ ein ganz- oder halbzahliges Vielfaches der Wellenlänge ist. Für $n = 1$ erhält man die Grundschwingung. Wenn $n > 1$, spricht man von Oberschwingungen.

Eine aus N Kugeln bestehende lineare Kette hat N Eigenschwingungen, sofern jede Kugel nur einen Bewegungsfreiheitsgrad hat (also beispielsweise nur eine transversale

Schwingung in z-Richtung möglich ist). Die Eigenschwingung mit der höchsten Frequenz hat die kleinstmögliche Wellenlänge $\lambda = 2a$. Benachbarte Kugeln schwingen dann in Gegenphase. Bei kontinuierlicher Massenverteilung, wie etwa auf einer Geigensaite, kann λ beliebig klein sein. Daher kann n hier beliebig groß werden.

Die Eigenschwingung einer Saite mit $\lambda_n = 2L/n$ lässt sich anregen, indem man beispielsweise einen Massenpunkt der Saite periodisch mit der entsprechenden Eigenfrequenz $\omega_n = c/\lambda_n$ auf und ab bewegt. Variiert man die Erregerfrequenz, so kommt es, wie bei den erzwungenen Schwingungen harmonischer Oszillatoren (Abschnitt 1.6.3), bei allen Eigenfrequenzen ω_n zu resonanzartigen Änderungen von Amplitude und Phase der erzwungenen Schwingungen der Saite. Die Saite wirkt hier als linearer *Resonator*.

Analog zur Geigensaite kann auch die Luftsäule in einer Flöte zu resonanten Schwingungen (Abbildung 3.3) angeregt werden. Die Eigenschwingungen der Luftsäule können an den Enden nicht nur einen Schwingungsknoten, sondern auch einen Schwingungsbauch haben. Nur an einem geschlossenen Ende entsteht ein Schwingungsknoten, an einem offenen Ende hingegen ein Schwingungsbauch.

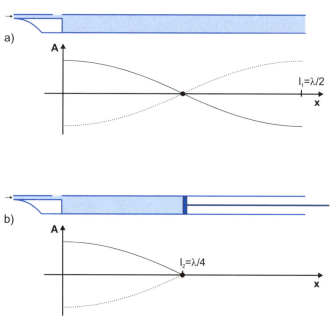

Abbildung 3.3: Grundschwingung a) einer offenen und b) einer geschlossenen Flöte

| **Merke** | Die stehenden Wellen auf einer fest eingespannten Saite mit der Länge L haben Wellenlängen mit den Werten $\lambda = 2L/n$. Ein solcher Resonator hat daher eine diskrete Serie von Eigenfrequenzen mit den Werten: |

$$\nu_n = n \cdot \frac{c}{2L} \quad \text{mit } n = 1, 2, 3, \ldots$$

3.1.3 Superposition

Stehende Wellen können als Überlagerung zweier laufenden Wellen aufgefasst werden, die sich in entgegengesetzte Richtungen ausbreiten. Da $\sin(kx) = \{\exp(ikx) - \exp(-ikx)\}/2i$, gilt:

$$A \cdot \sin(kx) \cdot \exp(-i\omega t) = \frac{A}{2i}\{\exp[i(kx - \omega t)] - \exp[i(-kx - \omega t)]\}$$

Entsprechend dieser Formel wird die hinlaufende Welle am festen Ende des linearen Resonators reflektiert, und zwar mit einem Phasenfaktor $\exp(i\pi) = -1$, so dass dort ein Knoten entsteht. An einem offenen Ende wird hingegen die hinlaufende Welle ohne Phasenänderung reflektiert, so dass dort wie bei der Funktion $\cos(kx)$ an der Stelle $x = 0$ ein Schwingungsbauch entsteht.

Die Darstellung stehender Wellen als Überlagerung von hin- und rücklaufender Welle ist ein Sonderfall eines allgemeinen Verfahrens zur Auffindung und Analyse von Lösungen der Wellengleichung. Da die Wellengleichung eine lineare Differentialgleichung ist, sind nicht nur die laufenden Wellen $\exp\{i(k_n x - \omega_n t)\}$ Lösungen der Wellengleichung, sondern auch alle Superpositionen von laufenden Wellen mit beliebigen Amplituden A_n:

$$z(x,t) = \sum_{n=1}^{n} A_n \cdot \exp\{i(k_n x - \omega_n t)\}$$

Dieses für die Lösungen der Wellengleichung geltende *Superpositionsprinzip* ermöglicht die Konstruktion einer großen Vielfalt von Lösungen. Für eine unendlich lange Saite mit kontinuierlicher Massenverteilung sind sogar alle Funktionen $z(x,t) = z(x - ct)$ Lösungen der Wellengleichung.

Zur Illustration betrachten wir die Überlagerung zweier laufender Wellen mit gleicher Amplitude, deren Wellenvektoren k_1 und k_2 sich nur wenig voneinander unterscheiden:

$$z(x,t) = A[\exp\{i(k_1 x - \omega_1 t)\} + \exp\{i(k_2 x - \omega_2 t)\}]$$

Indem wir $k_{1,2} = k \pm \Delta k$ und $\omega_{1,2} = \omega \pm \Delta\omega$ mit $\Delta k \ll k$ setzen, können wir $z(x,t)$ schreiben als:

$$z(x,t) = A \cdot \exp\{i(kx - \omega t)\} \cdot 2\cos(\Delta kx - \Delta\omega t)$$

Aufgabe 3.2   Zeigen Sie, dass die beiden für $z(x,t)$ angegebenen Formeln dieselbe Funktion beschreiben.

Eine Momentaufnahme dieser Funktion zeigt Abbildung 3.4. Die Amplitude der superponierten Welle ist periodisch moduliert, so dass eine Folge von Wellengruppen entsteht. Man nennt eine so modulierte Welle eine *Schwebung* (Abschnitt 1.6.4). Da bislang vorausgesetzt wurde, dass die Phasengeschwindigkeit c eine Konstante der Wellenbewegung ist, gilt: $\Delta\omega/\Delta k = \omega/k = c$. Die Wellengruppen bewegen sich daher mit derselben Geschwindigkeit wie die Phasen der superponierten Wellen. Verschiedene Ausbreitungsgeschwindigkeiten ergeben sich hingegen in dispersiven Medien (Abschnitt 3.1.4).

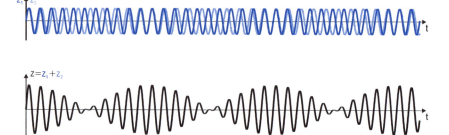

Abbildung 3.4: Momentaufnahme der bei Superposition zweier laufender Wellen entstehenden Schwebung

> **Merke**
>
> Für die Lösungen der Wellengleichung gilt das *Superpositions-prinzip*: Sind $z_1(x,t)$ und $z_2(x,t)$ Lösungen der Wellengleichung, so ist auch jede Linearkombination $z(x,t) = a_1 \cdot z_1(x,t) + a_2 \cdot z_2(x,t)$ dieser beiden Lösungen eine Lösung der Wellengleichung.

3.1.4 Dispersion

Bislang haben wir vorausgesetzt, dass die Phasengeschwindigkeit c, mit der sich die Wellen in einem Medium ausbreiten, unabhängig von Frequenz und Wellenlänge der Wellen ist. Diese Voraussetzung ist für viele Medien nicht erfüllt. Auch für eine lineare Kette ist nur, wenn $\lambda \gg 2a$, näherungsweise $c = const$. Tatsächlich hat die diskrete Struktur der linearen Kette zur Folge, dass c von k abhängt und daher ω nicht proportional zu k ist. Die gewöhnlich nicht-lineare Beziehung $\omega(k)$ zwischen ω und k heißt *Dispersionsrelation*. Für die lineare Kette gilt:

$$\omega(k) = 2\omega_0 \sin(ka/2)$$

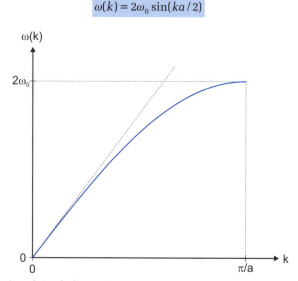

Abbildung 3.5: Dispersionsrelation der linearen Kette

Wie bereits in Abschnitt 3.1.1 erwähnt, ist also nur im Grenzfall $\lambda \gg 2a$ oder $ka \ll \pi$ die Phasengeschwindigkeit $c = \omega_0 a$ eine Konstante. Nicht nur bei der Wellenausbreitung auf einer linearen Kette, sondern auch in vielen anderen Medien ist gewöhnlich eine Dispersion zu berücksichtigen. Vertraut ist die Dispersion von Lichtwellen in Glas und Wasser (Abschnitt 4.1.2). Sie bewirkt die spektrale Zerlegung des Sonnenlichts in Regenbogenfarben. Dabei handelt es sich um Wellen in dreidimensionalen Medien. In linearen Medien wird die Dispersion vor allem bei der Ausbreitung von Wellengruppen erkennbar. Die bei der Überlagerung von Wellen mit nur geringfügig verschiedenen Wellenvektoren entstehenden Wellengruppen haben in dispersiven Medien eine andere Geschwindigkeit als die Phasen der einzelnen Wellen. Man muss dann also zwischen *Gruppengeschwindigkeit* c_{gr} und *Phasengeschwindigkeit* c_{ph} unterscheiden. Für das in Abschnitt 3.1.3 betrachtete Beispiel ergibt sich bei Dispersion: $c_{gr} = \Delta\omega / \Delta k$. Daher ergibt sich allgemein für den Grenzfall kleiner Differenzfrequenzen:

$$c_{gr} = \frac{\partial \omega(k)}{\partial k}$$

Wenn ω und k nicht zueinander proportional sind, ist dieser Wert verschieden von der Phasengeschwindigkeit $c_{ph} = \omega / k$.

Aufgabe 3.3

Auf einer unendlichen linearen Kette seien zwei laufende Wellenlängen $\lambda = 2a$ und $\lambda' = \lambda - \varepsilon$, die sich nur um einen kleinen Betrag $\varepsilon \ll \lambda$ unterscheiden, überlagert. Berechnen Sie die Phasengeschwindigkeit und Gruppengeschwindigkeit der dabei entstehenden Schwebung.

Merke

Dispersive Medien werden durch eine Dispersionsrelation $\omega(k)$ gekennzeichnet. Gewöhnlich ist ω nicht proportional zu k. In diesem Fall sind Phasen- und Gruppengeschwindigkeit voneinander verschieden:

$$c_{ph} = \frac{\omega}{k} \quad \text{bzw.} \quad c_{gr} = \frac{\partial \omega(k)}{\partial k}.$$

3.2 Ausgleichsprozesse

Im Gegensatz zu den in Abschnitt 3.1 beschriebenen Wellenbewegungen sind Ausgleichsprozesse irreversibel. Wellenbewegungen und Ausgleichsprozesse folgen dementsprechend verschieden strukturierten Differentialgleichungen. Die Wellengleichung verknüpft die räumliche Krümmung der Wellenfunktion mit der zweiten zeitlichen Ableitung. Die dabei auftretende Proportionalitätskonstante c^2 ist das Quadrat einer Geschwindigkeit. Ausgleichsprozesse hingegen werden mit einer partiellen Differentialgleichung beschrieben, die die räumliche Krümmung einer Zustandsfunktion mit der ersten zeitlichen Ableitung verknüpft. Die dabei auftretende Proportionalitätskonstante D (Diffusionskonstante) hat die Dimension [m$^2 \cdot$s^{-1}]. Die reversible Wellenbewegung kann mit einem einfachen mechanischen Modell, wie der linearen Kette, veranschaulicht werden. Um den irreversiblen Ausgleichsprozess zu veranschaulichen, beziehen wir uns auf das einfache thermodynamische Modell des idealen Gases (Abschnitt 2.1), bei dem außer den Gesetzen der Mechanik auch die Gesetze des Zufalls zur Geltung kommen. Dabei zeigt sich, dass sich die Diffusionskonstante aus der thermischen Bewegung der Atome ergibt, nämlich aus der mittleren thermischen Geschwindigkeit v_{th} und der so genannten *mittleren freien Weglänge l* der Atome.

Ausgleichsprozesse sind letztlich auch die Ursache für das Auftreten von Reibung bei bewegten Körpern. Die Beziehung zwischen Reibung und Ausgleichsvorgängen ist besonders klar erkennbar bei der inneren Reibung strömender Gase. Im ersten Abschnitt behandeln wir deshalb die Grundlagen der Strömungslehre.

3.2.1 Strömungen

Flüsse, Meeresströmungen und Winde sind Beispiele für strömende Flüssigkeiten und Gase. Solche Strömungen entstehen durch Höhenunterschiede oder Druck- und Temperaturgefälle. Mit abnehmender Höhe fließt aber das Wasser eines Flusses nicht zunehmend schneller, wie es der Energiesatz der Mechanik verlangen würde. Vielmehr wird der Wasserfluss durch innere Reibung und durch Reibung zwischen Wasser und Flussbett gebremst. Dabei entsteht Wärme.

Wegen der Reibung fließt das Wasser unterschiedlich schnell, je nachdem ob es sich in der Nähe des Ufers oder in der Mitte des Flusses befindet. Eine Strömung ist daher als *Strömungsfeld* $\mathbf{v}(\mathbf{r},t)$ zu beschreiben, das für jeden Ort $\mathbf{r}$ im Fluss angibt, mit welcher Geschwindigkeit $\mathbf{v}$ sich das dort befindliche Wasser zur Zeit t bewegt.

Wir betrachten als einfaches Beispiel den Wasserfluss durch ein gerades Rohr mit konstantem kreisförmigem Querschnitt (Abbildung 3.6). Unter stationären Bedingungen (zeitunabhängige Bewegung) fließt das Wasser in der Rohrmitte (bei $r = 0$) am schnellsten. Aber zum Rande bei $r = R$ hin nimmt seine Geschwindigkeit $v(r)$ auf Null ab. Das Feld der parallel zum Rohr gerichteten Geschwindigkeitsvektoren hängt dementsprechend parabelförmig von r ab:

$$v(r) \sim (R - r)^2$$

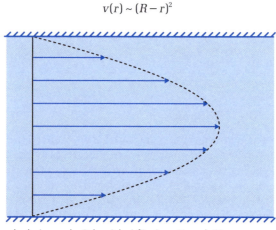

Abbildung 3.6: Strömung durch ein gerades Rohr mit kreisförmigem Querschnitt

Die Proportionalitätskonstante ergibt sich aus Druckgefälle und innerer Reibung des Wassers. Da sowohl die Querschnittsfläche als auch die Maximalgeschwindigkeit der Strömung mit R^2 zunimmt, ist der durch das Rohr fließende Wasserfluss Φ (die pro Zeiteinheit eine Querschnittsfläche passierende Flüssigkeitsmenge) proportional zu R^4:

$$\Phi \sim R^4 \quad \text{(Hagen-Poiseuillesches Gesetz)}$$

Etwas komplizierter ist das Strömungsfeld, wenn sich der Querschnitt entlang des Rohres verändert (*Abbildung 3.7*). *Bei einer Verjüngung muss sich der Fluss beschleunigen und bei einer Erweiterung verlangsamen. Denn unter stationären Bedingungen ist der Gesamtfluss F entlang des Rohres konstant. Für inkompressible Medien gilt deshalb* $v_{max} \sim R^{-2}$.

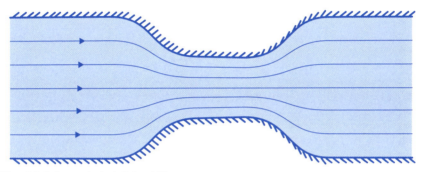

Abbildung 3.7: Strömung durch ein Rohr mit Verengung

Das Strömungsfeld kann in diesem Fall am besten durch Feldlinien dargestellt werden. Die Richtung der Feldlinien zeigen die Richtung der Geschwindigkeit an und der Abstand der Feldlinien variiert umgekehrt proportional zum Betrag der Geschwindigkeit.

| Experiment 3.1 | Statischer Druck strömender Flussigkeiten |

Es ist interessant, den Druck einer fließenden Flüssigkeit auf die Rohrwand zu messen. Solche Messungen können in einfacher Weise mit einer Reihe von Flüssigkeitsmanometern durchgeführt werden, die auf das Rohr aufgesetzt sind (Abbildung 3.8). Die Höhe h der Flüssigkeitssäule im Manometer zeigt den Druck $P = \rho g h$ (genauer: den Überdruck zusätzlich zum Luftdruck $P_0 \approx 10^5$ Pa) der fließenden Flüssigkeit an. Dabei ist ρ die Dichte der Flüssigkeit und g die Erdbeschleunigung. Bei einem Rohr mit konstantem Querschnitt nimmt der Druck der fließenden Flüssigkeit in Flussrichtung gleichmäßig ab. Hier wird das Druckgefälle sichtbar, das zur Aufrechterhaltung der Strömung gegen die hemmend wirkende innere Reibung der Flüssigkeit notwendig ist. Bei einem Rohr mit variierendem Querschnitt ist der Druck bei einer Verengung des Rohres auffallend kleiner als an den Rohrstücken mit weitem Querschnitt. Diese Druckminderung ergibt sich aus dem Energiesatz der Mechanik.

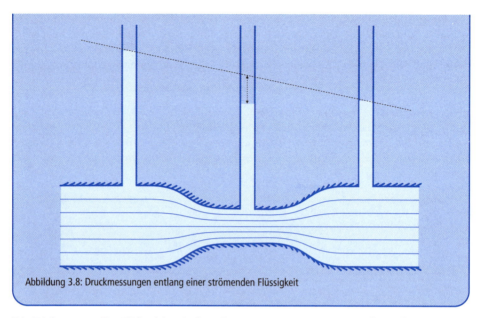

Abbildung 3.8: Druckmessungen entlang einer strömenden Flüssigkeit

Die Dichte $u_{kin} = E_{kin}/V$ der kinetischen Energie einer mit einer Geschwindigkeit v fließenden Flüssigkeit ist

$$u_{kin} = \frac{1}{2}\rho v^2$$

und die Dichte $u_{pot} = E_{pot}/V$ der potenziellen Energie der Flüssigkeit ist gleich dem Druck P. Bei Vernachlässigung der inneren Reibung, also für eine so genannte *ideale Flüssigkeit*, gilt daher:

$$\frac{1}{2}\rho v^2 + P = const \qquad \text{(Bernoullische Gleichung)}$$

Aus der Bernoullischen Gleichung folgt, dass bei wachsender Strömungsgeschwindigkeit der statische Druck abnimmt. Bei einer Verjüngung des Rohres wird die Strömung durch ein Druckgefälle beschleunigt, bei einer Erweiterung hingegen durch einen Druckanstieg abgebremst.

Die Bernoullische Beziehung zwischen Druck und Strömungsgeschwindigkeit erklärt viele Erscheinungen in der Natur und wird in verschiedenen Bereichen der Technik, insbesondere in der Flugzeugtechnik, genutzt. Einfache Beispiele sind der Bunsenbrenner, bei dem das ausströmende Gas die zur Verbrennung benötigte Luft ansaugt, und das hydrodynamische Paradoxon (Abbildung 3.9). Die aus dem Rohr ausströmende Luft drückt die das Rohrende bedeckende Platte nicht weg. Im Gegenteil, die seitlich zwischen Endflansch und Platte ausströmende Luft zieht die Platte an, da bei hinreichend heftiger Strömung ein Unterdruck entsteht.

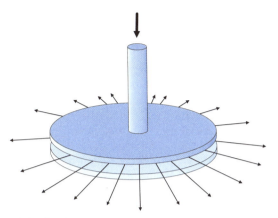

Abbildung 3.9: Hydrodynamisches Paradoxon

Die Bernoullische Gleichung gilt nur unter der Annahme, dass von der bei Strömungen stets auftretenden inneren Reibung abgesehen werden kann. Die thermische Bewegung der Atome führt auch in Gasen, die sich nahezu wie ein ideales Gas verhalten, zu innerer Reibung. Beispielsweise wird auch eine fallende Kugel durch die innere Reibung der Luft abgebremst. Die Reibungskraft F_R ist dabei proportional zur Geschwindigkeit v_K und dem Radius R der Kugel:

$$F_r = 6\,\pi\,\eta \cdot v_k \cdot R \quad \text{(Stokessches Gesetz)}$$

Der hier als Proportionalitätskonstante auftretende *Viskositätskoeffizient* η ergibt sich in Gasen aus der thermischen Bewegung der Atome oder Moleküle (Abschnitt 3.2.2).

Aufgabe 3.4

Berechnen Sie die Fallgeschwindigkeit eines Wassertröpfchens mit dem Radius $r = 1\,\mu$m in Luft unter Normalbedingungen. Die Viskosität von Luft hat den Wert $\eta = 17{,}4 \cdot 10^{-6}$ Pa·s.

Merke

Strömende Flüssigkeiten und Gase werden durch ein Strömungsfeld $\mathbf{v}(\mathbf{r},t)$ beschrieben, das jedem Punkt in Raum und Zeit die Geschwindigkeit $\mathbf{v}$ der am Ort $\mathbf{r}$ zum Zeitpunkt t bewegten Materie zuordnet. Bei Vernachlässigung der inneren Reibung gilt die Bernoullische Gleichung:

$$\frac{1}{2}\rho v^2 + P = const.$$

3.2.2 Zufallsbewegung der Atome

Die thermische Bewegung der Atome unterliegt den Gesetzen des Zufalls. Im Falle von Gasen dürfen wir zwar annehmen, dass die Atome im Einklang mit dem Trägheitsprinzip (Abschnitt 1.2.2) kurze Wegstrecken geradeaus fliegen. Bei jedem Stoß ändern sie aber regellos ihre Richtung. Daher können nur statistische Aussagen über die thermische Bewegung der Atome gemacht werden.

Für alle Ausgleichsprozesse in Gasen ist die *mittlere freie Weglänge l* der Atome die maßgebende Größe. Sie hängt einerseits von der Teilchendichte n des Gases ab und andererseits von der Größe der Atome. Für das ideale Gas hatten wir noch angenommen, dass sich Atome wie Massenpunkte verhalten. Jetzt berücksichtigen wir ihre Ausdehnung und betrachten sie als kleine Billardkugeln mit einem Radius R von der Größenordnung $R \sim 10^{-10}$ m. Es kommt zwischen zwei Kugeln zu einem Stoß, wenn der Abstand b ihrer Flugbahnen kleiner als der doppelte Kugelradius ist (Abbildung 3.10). Man sagt deshalb, die Kugeln haben einen (kreisförmigen) *Stoßquerschnitt* $\sigma = 4\pi R^2$. Für Atome ist er also von der Größenordnung $\sigma \approx 10^{-19}$ m^2. Da im Mittel auf jede Kugel ein Volumen $V_0 = n^{-1}$ entfällt, in dem es sich frei bewegen kann, können die Kugeln im Mittel eine Wegstrecke

$$l = \frac{1}{\sigma n}$$

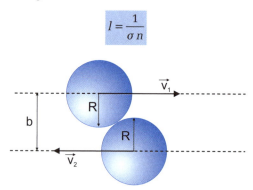

Abbildung 3.10: Zur Definition des Stoßquerschnitts σ kugelförmiger Teilchen

geradlinig zurücklegen, ehe sie wieder durch einen Stoß mit einer anderen Kugel abgelenkt werden. Mit der Annahme, dass die bei Stößen stattfindenden Richtungsänderungen rein zufällig erfolgen, alle Stoßwinkel also mit gleicher Wahrscheinlichkeit auftreten, ergibt sich für die Atome eine regellose Zick-Zack-Bewegung (Abbildung 3.11).

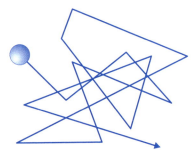

Abbildung 3.11: Zufallsbewegung eines Atoms (random walk)

Der zeitliche Verlauf aller Ausgleichsprozesse in Gasen wird wesentlich durch das Produkt von mittlerer thermischer Geschwindigkeit v_{th} und mittlerer freier Weglänge l bestimmt. Je größer die thermische Geschwindigkeit und je länger die mittlere freie Weglänge der Atome ist, desto schneller findet der Ausgleich statt. Bezugnehmend auf Prozesse der Diffusion (Abschnitt 3.2.4), definiert man den *Diffusionskoeffizienten D* für Gase:

$$D = \frac{1}{3} l v_{th}$$

Er hat die Dimension [m²/s]. Seine Größenordnung lässt sich leicht abschätzen. Unter Normalbedingungen ist $n = P/(kT) \approx 2{,}5 \cdot 10^{25}$ m^{-3}, $l \approx (n\sigma)^{-1} \approx 0{,}2 \cdot 10^{-6}$ m und $v_{th} = \sqrt{(3kT/m)} \approx 500$ m/s. Damit erhält man in Übereinstimmung mit dem experimentellen Wert für Luft $D \approx 0{,}2 \cdot 10^{-4}$ m²/s. (Unsicher ist bei der Abschätzung vor allem der Wert des Stoßquerschnitts σ. Denn Atome und Moleküle sind keine Billardkugeln. Hier wurde $\sigma = 3 \cdot 10^{-19}$ m² gesetzt.)

Mit dem Diffusionskoeffizienten lässt sich auch die Viskosität η von Gasen berechnen. Die auf eine fallende Kugel wirkende Reibungskraft wird nicht allein durch die kinematischen Parameter der Bewegung der Atome bestimmt, sondern hängt auch von der Masse m der Atome und den bei Stößen auf die Kugel pro Zeiteinheit übertragenen Impulsen ab. Die Theorie der inneren Reibung ergibt dementsprechend für die Viskosität von Gasen:

$$\eta = \rho \cdot D \quad \text{(Viskositätskoeffizient von Gasen)}$$

Dabei ist $\rho = n \cdot m$ die Dichte des Gases. Da die mittlere freie Weglänge und somit auch D umgekehrt proportional zur Teilchendichte n sind, ist der Viskositätskoeffizient η unabhängig von der Teilchendichte des Gases. Natürlich kann dieses Ergebnis nicht uneingeschränkt richtig sein. Denn sonst würde eine Kugel auch in einem evakuierten Glasrohr bei Drücken von wenigen Pa dieselbe Reibungskraft erfahren wie bei Normaldruck. Auf den Fall der Kugel darf die Theorie der inneren Reibung nur angewendet werden, wenn $l \ll R$ klein im Vergleich zum Radius R der Kugel ist.

Aufgabe 3.5　　Schätzen Sie die mittlere freie Weglänge l von Atomen im Hochvakuum mit einem Restgasdruck von $P \approx 10^{-4}$ Pa ab.

Merke　　Maßgebend für alle Ausgleichsprozesse in Gasen ist das Produkt aus mittlerer freier Weglänge l und thermischer Geschwindigkeit v_{th} der Atome.

3.2.3 Temperaturausgleich

Zur Untersuchung der Gesetze, die den Verlauf von Ausgleichsprozessen in Raum und Zeit bestimmen, betrachten wir den Temperaturausgleich zwischen zwei Körpern mit verschiedenen Temperaturen (Abschnitt 2.1.3). Die beiden Körper mögen zunächst zwei (große) Wärmereservoire sein, die sich auf den Temperaturen $T_>$ und $T_<$ befinden und durch einen wärmeleitenden Stab verbunden sind (Abbildung 3.12). Die Wärme fließt dann mit dem Temperaturgefälle von $T_>$ nach $T_<$.

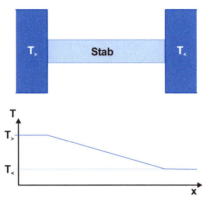

Abbildung 3.12: Schema zur Wärmeleitung

Wir betrachten zunächst den stationären Fall. Die Wärmereservoires seien so groß, dass sich ihre Temperatur durch den Wärmefluss praktisch nicht ändert. Im Stab stellt sich dann ein zeitlich konstantes Temperaturgefälle ein. In einem homogenen Stab mit überall gleichem Querschnitt nimmt die Temperatur dann auch mit konstantem Gradienten ab. Es sei nun dQ die Wärmemenge, die in einer Zeitspanne dt durch den Stab mit einer Querschnittsfläche A fließt. Die Dichte des Wärmeflusses $i = (dQ/dt)/A$ ist dann proportional zur Temperaturdifferenz $\Delta T = T_> - T_<$ und umgekehrt proportional zur Länge Δx des Stabes:

$$i = \lambda \cdot \frac{\Delta T}{\Delta x}.$$

Die Proportionalitätskonstante λ ist eine Materialkonstante und heißt *spezifische Wärmeleitfähigkeit*.

Interessanter ist der Temperaturverlauf, wenn ein Temperaturausgleich zwischen Körpern mit endlicher Wärmekapazität stattfindet. In diesem Fall sind Wärmefluss und Temperaturverlauf nicht-stationär. Die Temperatur des Stabes ist dann eine Funktion $T(x,t)$ von Ort x und Zeit t, und die Dichte des Wärmeflusses $i(x,t)$ am Ort x ist durch den dort zur Zeit t vorliegenden Temperaturgradienten $\partial T(x,t)/\partial x$ bestimmt, also auch eine Funktion von x und t:

$$i(x,t) = -\lambda \cdot \frac{\partial T(x,t)}{\partial x}.$$

Eine zweite Beziehung zwischen den beiden Funktionen $T(x,t)$ und $i(x,t)$ ergibt sich, wenn wir den Einfluss des Wärmeflusses auf die Temperatur des Stabes untersuchen. Dazu betrachten wir ein Stabsegment der Länge dx am Ort x. Seine Temperatur ändert sich, wenn ein- und ausströmender Wärmefluss sich unterscheiden, d. h. wenn $i(x+dx,t) - i(x,t) = \partial i/\partial x \cdot dx \neq 0$ ist. In der Zeit dt fließt dann in das Stabsegment dx die Wärmemenge $dQ = \partial i/\partial x \cdot dx \cdot dt \cdot A$. Nach Abschnitt 2.3.1 führt diese Wärmezufuhr zu einer Temperaturerhöhung $dT = dQ/(c \cdot m)$ des Stabsegmentes. Dabei ist c die spezifische Wärmekapazität und $m = \rho \cdot A \cdot dx$ die Masse des Stabsegments mit der Dichte ρ. Ein Gradient des Wärmeflusses führt somit zu einer zeitlichen Änderung der Temperatur:

$$\frac{\partial T(x,t)}{\partial t} = \frac{1}{c\rho} \cdot \frac{\partial i(x,t)}{\partial x}$$

Da andererseits der Temperaturgradient den Wärmefluss bestimmt, erhält man für die Funktion $T(x,t)$ die folgende Differentialgleichung:

$$\frac{\partial T(x,t)}{\partial t} = \frac{\lambda}{c\rho} \cdot \frac{\partial^2 T(x,t)}{\partial x^2}$$ (Differentialgleichung des Temperaturausgleichs)

Wie alle Ausgleichsprozesse wird auch der Temperaturausgleich durch die Zufallsbewegung der Atome hervorgerufen und ist folglich irreversibel. Dem entspricht, dass der Ausgleichsprozess durch eine Differentialgleichung beschrieben wird, in der im Gegensatz zur Wellengleichung die erste partielle Ableitung nach der Zeit auftritt. Wie bei der Wellengleichung steht aber auch hier die zeitliche Änderung der betrachteten Funktion mit der (räumlichen) Krümmung der Temperaturfunktion in Beziehung.

Wie die Temperatur selbst steht auch der Temperaturausgleich in enger Beziehung zur thermischen Bewegung der Atome. Bei Gasen ist daher der Temperaturausgleich ebenso wie die innere Reibung abhängig von der mittleren freien Weglänge und der thermischen Geschwindigkeit der Atome. Abgesehen von einem numerischen Faktor f von der Größenordnung 1 ist die in der Differentialgleichung des Temperaturausgleichs auftretende *Temperaturleitzahl* $\lambda/(c\rho)$ gleich dem Diffusionskoeffizienten D:

$$\lambda = f \cdot c \cdot \rho \cdot D$$

Aufgabe 3.6 Zeigen Sie, dass bei einem Temperaturausgleich die Entropie des betrachteten abgeschlossenen Systems zunimmt und somit der Prozess irreversibel ist.

Merke Bei einem Temperaturausgleich ist die Temperatur $T(x,t)$ eine Funktion des Ortes und der Zeit. Sie erfüllt eine partielle Differentialgleichung:

$$\frac{\partial T(x,t)}{\partial t} = \frac{\lambda}{c\rho} \cdot \frac{\partial^2 T(x,t)}{\partial x^2}$$

Die darin auftretende erste Ableitung nach der Zeit ist charakteristisch für irreversible Prozesse.

3.2.4 Diffusion in Gasen

Bringt man zwei verschiedene Gase oder Flüssigkeiten beispielsweise durch das Entfernen einer Trennwand zusammen, so durchmischen sich die beiden Substanzen aufgrund der thermischen Bewegung der Atome und Moleküle. Eine solche Durchmischung findet selbst dann statt, wenn beide Substanzen dieselbe Temperatur und denselben Druck haben. Man spricht dann von *Diffusion*.

Experiment 3.2 | **Diffusion von Gasen**

Zur Illustration untersuchen wir die Diffusion von Gasen durch eine poröse Wand (Abbildung 3.13). Ein aus poröser Keramik bestehender und mit Luft gefüllter Topf ist mit einem Flüssigkeitsmanometer (ein mit Wasser gefülltes U-Rohr) abgeschlossen. Füllt man ein über den Keramiktopf gestülptes Glasgefäß mit Helium (Helium ist leichter als Luft und ist daher in dem umgestülpten Glas gefangen), so steigt der Druck in dem Keramiktopf für einige Sekunden zunächst an und klingt dann wieder auf den äußeren Luftdruck ab.

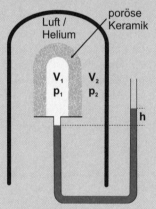

Abbildung 3.13: Versuchsanordnung zum Nachweis der Diffusion von Gasen

Zur Erklärung des Versuchs betrachten wir den Diffusionsprozess in einem Gefäß mit zwei Kammern, die durch eine poröse Wand voneinander getrennt sind. Die eine Kammer mit dem Volumen V_1 sei mit Helium und die andere Kammer mit dem Volumen V_2 bei gleichem Druck mit Luft gefüllt. Beide Gase diffundieren durch die poröse Wand. Daher stellt sich mit der Zeit ein Gleichgewichtszustand ein, bei dem beide Kammern im Verhältnis $V_1 : V_2$ mit Helium und Luft gefüllt sind. Da die Massenzahl $A = 4$ von Helium erheblich kleiner ist als das Molekulargewicht $M \approx 28$ von Luft (N_2), ist die thermische Geschwindigkeit der He-Atome etwa um einen Faktor 2,7 größer als die der Stickstoffmoleküle. In der ursprünglich mit Luft gefüllten Kammer steigt daher der Helium-Partialdruck P_{He} schneller an, als der Luft-Partialdruck P_{Luft} abnimmt (Abbildung 3.14). Die Summe der beiden Partialdrucke steigt daher in dieser Kammer kurzfristig an, während sie in der anderen Kammer kurzfristig abnimmt.

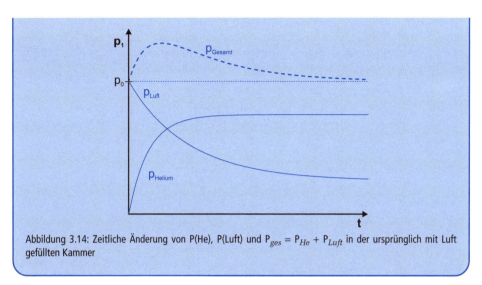

Abbildung 3.14: Zeitliche Änderung von P(He), P(Luft) und $P_{ges} = P_{He} + P_{Luft}$ in der ursprünglich mit Luft gefüllten Kammer

Wie der Temperaturausgleich ist auch der auf Diffusion beruhende Ausgleich eines Konzentrationsgefälles ein irreversibler Prozess. Bei entsprechenden experimentellen Bedingungen genügt er daher derselben partiellen Differentialgleichung. Der Einfachheit halber beziehen wir uns wie beim Temperaturausgleich auf eine lineare Anordnung, also z. B. ein Rohr, in dem Gase A und B gemischt sind. Im ganzen Rohr herrsche überall gleicher Druck und gleiche Temperatur. Dann hat das Gasgemisch – wegen $P = nkT$ (Abschnitt 2.1.3) – auch im ganzen Rohr die gleiche Teilchendichte $n = n_A + n_B$. Aber die Partialdichten $n_A(x,t)$ und $n_B(x,t)$ werden sich mit der Zeit ändern, wenn es am Anfang ein Konzentrationsgefälle entlang des (in x-Richtung liegenden) Rohres gab. Unter diesen Bedingungen gilt für die Partialdichten eine Differentialgleichung, die dieselbe Struktur hat wie die Differentialgleichung des Temperaturausgleichs:

$$\frac{\partial n_A(x,t)}{\partial t} = D\frac{\partial^2 n_A(x,t)}{\partial x^2} \quad \text{(Ficksches Gesetz der Diffusion)}$$

Die Diffusionsgleichung ist eine lineare Differentialgleichung und kann mit einem Lösungsansatz $n_A(x,t) = \exp\{ikx - t/\tau\}$ gelöst werden. Dieser Lösungsansatz ist eine Lösung, wenn $k^2 \cdot \tau = D^{-1}$. Aber auch alle Superpositionen dieser Funktionen sind Lösungen der Diffusionsgleichung, so z. B. die wellenförmige Verteilungsfunktion $n_A(x,t) = n_0 + n_1 \cdot \cos(kx) \cdot \exp(-t/\tau)$ mit $n_1 < n_0$. Die Amplitude einer solchen wellenförmigen Verteilung klingt folglich mit einer Zeitkonstante τ ab. In Gasen ist $D = v_{th} \cdot l/3$ und folglich:

$$\tau = \frac{3\lambda^2}{4\pi^2 \cdot v_{th} \cdot l}$$

Die Abklingzeit τ nimmt also mit dem Quadrat der Wellenlänge $\lambda = 2\pi/k$ der wellenförmigen Verteilung zu.

Physikalisch interessant sind auch die Lösungen der Diffusionsgleichung, die das diffusive Auseinanderlaufen von Fremdatomen beschreiben, die zu einer Zeit $t = 0$ an einer Stelle $x = 0$ in ein Trägergas injiziert wurden. In diesem Fall ist die Verteilungsfunktion $n_G(x,t)$ eine Gaußsche Glockenkurve (Abbildung 3.15):

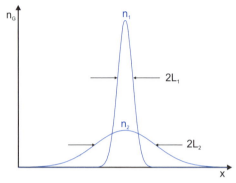

Abbildung 3.15: Gaußsche Verteilungsfunktionen der Diffusion

$$n_G(x,t) = n_0(t) \cdot \exp\left(-\frac{x^2}{2L^2(t)}\right) \quad \text{(Gauß-Verteilung)}$$

Die beiden Parameter $n_0(t)$ und $L(t)$ der Verteilungsfunktion ändern sich mit der Wurzel aus der Zeit. Während die Amplitude n_0 abnimmt, wächst die Breite L der Verteilung:

$$n_0(t) = \frac{N}{2\sqrt{\pi D t}}$$

$$L(t) = \sqrt{2 D t}$$

Dabei ist N die Anzahl der injizierten Atome. Das Anwachsen der Breite L mit der Wurzel aus der Zeit spiegelt die Zufallsbewegung (Abbildung 3.11) der Atome wider. Je breiter die Verteilung ist, desto geringer wird die Geschwindigkeit $dL/dt = D/L$, mit der Atome in äußere Bereiche vordringen.

Aufgabe 3.7

Zeigen Sie, dass die Gauß-Verteilung eine Lösung der Diffusionsgleichung ist.

Merke

Die Teilchenkonzentration eines bei $x = 0$ injizierten Fremdgases verteilt sich durch Diffusion im Trägergas. Die Breite L der Verteilung wächst mit der Wurzel aus der Zeit:

$$L(t) = \sqrt{2 D t}$$

Die Diffusionskonstante D hat in Gasen den in Abschnitt 3.2.2 angegebenen Wert $D = v_{th} \cdot l / 3$.

3.3 Schallwellen in Gasen

In Gasen entstehen Schallwellen, wenn an einem Ort Druckschwankungen erzeugt werden. Daher hört man beispielsweise beim Platzen eines Luftballons einen Knall. Auch die Ausbreitung von Schallwellen ist mit in Raum und Zeit periodischen Druckschwankungen $P(x,t)$ verbunden. Da $P = nkT$, ändert sich mit dem Druck auch die Teilchendichte n. Die in der Welle entstehenden Druckgradienten lösen oszillierende Teilchenströme im Gas aus, aus denen sich die Dichteschwankungen ergeben. Die Atome des Gases werden aber nicht nur aufgrund dieser Teilchenströme bewegt. Gleichzeitig findet auch die thermische Diffusionsbewegung statt. Wellenausbreitung und Diffusion stehen hier in Konkurrenz. Wir werden im Folgenden beide Prozesse beachten.

3.3.1 Schallausbreitung

Wir betrachten zunächst Schallwellen mit großen Wellenlängen, d. h. die Wellenlänge λ ist sehr viel größer als die mittlere freie Weglänge l der Atome. Unter dieser Bedingung sind Diffusionsprozesse vernachlässigbar. Bei nicht zu großen Entfernungen werden die makroskopischen Strömungsbewegungen des Gases während der Schallausbreitung kaum in thermische Bewegung umgesetzt. Die Wellenausbreitung ist dann ein nahezu adiabatischer Prozess. Für den adiabatischen Grenzfall ergibt sich aus den dynamischen Gesetzen der Strömungslehre und den Zustandsgleichungen des idealen Gases eine Wellengleichung für die Druckschwankungen $P(x,t)$:

$$\frac{\partial^2 P}{\partial t^2} - c_S^2 \cdot \left(\frac{\partial^2 P}{\partial x^2} + \frac{\partial^2 P}{\partial y^2} + \frac{\partial^2 P}{\partial z^2}\right) = 0 \quad \text{(Wellengleichung)}.$$

Sie hat die gleiche Struktur wie die Wellengleichung der linearen Kette (Abschnitt 3.1.1). Im Unterschied zur linearen Kette sind bei der Schallausbreitung aber drei Raumdimensionen zu berücksichtigen. Daher wird die zeitliche Änderung des Druckes von der Krümmung der Funktion $P(x,t)$ in allen drei Raumrichtungen bestimmt. Für die Phasengeschwindigkeit c_S der Schallausbreitung in einem idealen Gas ergibt sich:

$$c_s = \sqrt{\frac{5}{3} \cdot \frac{P}{\rho}}$$

Da $P = nkT$ und $\rho = n \cdot m$, ist die Schallgeschwindigkeit von der Größenordnung der thermischen Geschwindigkeit der Atome. In Luft unter Normalbedingungen ist $c_S \approx$ 330 m/s.

Einfache periodische Lösungen der Wellengleichung sind die ebenen Wellen. Für die dem Normaldruck P_0 überlagerten Druckschwankungen $P_1(\mathbf{r},t) = P(\mathbf{r},t) - P_0$ machen wir den Ansatz:

$$P_1(\vec{r},t) = P_1 \cdot \exp\{i(\vec{k}\vec{r} - \omega t)\}$$

Dabei ist gewöhnlich $P_1 \ll P_0$. Diese Wellen haben ebene Wellenfronten. Sie breiten sich senkrecht zu den Wellenfronten in Richtung des *Wellenvektors* $\mathbf{k}$ aus. Wie im Falle der linearen Kette erfüllt der Lösungsansatz die Wellengleichung, wenn $\omega/k = c_S$. Hier ist $k = |\mathbf{k}|$.

Die meisten Schallwellen gehen von einem Schallzentrum aus. Die Wellenfronten sind dann nicht eben, sondern kugelförmig. Für die Berechnung dieser Kugelwellen ist es vorteilhaft, den Druck $P = P(r,\vartheta,\varphi)$ als Funktion von Polarkoordinaten (Abschnitt 1.1.1) zu schreiben und die Wellengleichung in Polarkoordinaten umzuschreiben:

$$\frac{\partial^2 P}{\partial t^2} - c_S^2 \left\{ \frac{1}{r} \frac{\partial^2(r \cdot P)}{\partial r^2} + \frac{1}{r^2 \sin \vartheta} \frac{\partial}{\partial \vartheta} \left(\sin \vartheta \frac{\partial P}{\partial \vartheta} \right) + \frac{1}{r^2 \sin^2 \vartheta} \frac{\partial^2 P}{\partial \varphi^2} \right\} = 0$$

Besonders einfach sind die kugelsymmetrischen Lösungen $P(r,t)$, die nur von r, aber nicht von den Winkelkoordinaten ϑ und φ abhängen. Sie erfüllen die Wellengleichung:

$$\frac{\partial^2 P}{\partial t^2} - c_S^2 \cdot \frac{1}{r} \frac{\partial^2(r \cdot P)}{\partial r^2} = 0$$

Lösungen dieser Gleichung sind die vom Zentrum auslaufenden Kugelwellen:

$$P(r,t) = P_0 + \frac{\Delta P}{kr} \cdot \exp\{i(kr - \omega t)\}$$

Die Amplitude $P_1 = \Delta P/kr$ dieser Schallwellen klingt mit der Entfernung r vom Schallzentrum ab. Die Intensität $I(r)$ der Schallwelle (Leistung pro Fläche, Abschnitt 3.3.3) ist proportional zum Quadrat der Amplitude. Daher ist $I(r) \propto r^{-2}$.

Das Abklingen der Amplitude dieser Kugelwellen mit dem Abstand r vom Zentrum steht im Einklang mit dem Energiesatz. Denn die über eine Kugelfläche integrierte Intensität $P = I(r) \cdot 4\pi r^2$ ist die pro Zeiteinheit durch die Kugelfläche transportierte Energie. Sie ist unabhängig von r und gleich der Strahlungsleistung der Schallquelle. Eine Abnahme der Leistung P mit zunehmender Entfernung ergibt sich nur, wenn auch Dämpfungsprozesse berücksichtigt werden.

Aufgabe 3.8   Zeigen Sie, dass eine sphärisch symmetrische Kugelwelle $P(r,t)$, deren Amplitude proportional zu $1/r$ ist, eine Lösung der Wellengleichung ist.

Eine Dämpfung der Welle verursachen die bislang vernachlässigten thermischen Zufallsbewegungen der Atome. In Abschnitt 3.2.4 wurde die Abklingzeit $\tau = 3(\lambda/2\pi)^2/(v_{th}l)$ einer wellenförmigen Dichteverteilung berechnet. In entsprechender Weise führt die thermische Bewegung der Atome auch zu einer Abschwächung von Schallwellen. Bei Berücksichtigung der Dämpfung nimmt die Leistung $P(r) = I_0 \cdot \exp(-r/R)$ exponentiell mit der Entfernung ab. Für die Reichweite $R = \tau c_s$ ergibt sich ein Wert von folgender Größenordnung:

$$R \sim (\lambda/2\pi)^2 / l$$

Die Reichweite von Schallwellen nimmt also mit dem Quadrat ihrer Wellenlänge zu und ist umgekehrt proportional zur mittleren freien Weglänge l der Atome des Gases.

Experiment 3.3

Klingel im Vakuum

Unter Normalbedingungen ist in Luft die mittlere freie Weglänge $l \approx 0,2 \, \mu$m (Abschnitt 3.2.2). Sie ist um mehrere Größenordnungen kleiner als die Wellenlänge gewöhnlicher Schallwellen. Daher ist selbst ein hoher Klingelton mit relativ kleiner Wellenlänge weit zu hören. Für eine Welle mit $\lambda/2\pi = 1$ cm wäre $R \sim 500$ m. Bei einem Druck $P \sim 10$ Pa hingegen ist $R \sim 5$ cm. Eine unter einer evakuierten Vakuumglocke aufgestellte Klingel ist daher im Außenraum nicht mehr zu hören (Abbildung 3.16). Der Klingelton ertönt aber allmählich, wenn langsam Luft in den evakuierten Raum strömt.

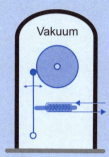

Abbildung 3.16: Klingel unter evakuierter Glasglocke

Merke

Die ebenen Wellen

$$P_1(\vec{r},t) = P_1 \cdot \exp\{i(\vec{k}\vec{r} - \omega t)\}$$

sind Lösungen der Wellengleichung, Die Wellen erstrecken sich über den gesamten Raum und dauern von $t = -\infty$ bis $t = +\infty$. Sie breiten sich in Richtung des Wellenvektors **k** mit der Phasengeschwindigkeit $c_S = \omega/k$ aus. Die ebenen Wellenfronten stehen zu **k** senkrecht.

3.3.2 Chladnische Klangfiguren

Analog zu den eindimensionalen Resonatoren in linearen Medien (Abschnitt 3.1.2), in denen sich stehende Wellen entlang des Mediums ausbilden können, gibt es auch zwei- und dreidimensionale Resonatoren. Die Eigenfrequenzen dieser Resonatoren hängen von den Randbedingungen und der Form der Resonatoren ab. Die Berechnung der Eigenfrequenzen ist hier nicht so einfach wie für eine an beiden Enden eingespannte Saite. Einen Eindruck von den Eigenschwingungen einer runden Scheibe geben die *chladnischen Klangfiguren*. Wenn man die Scheiben mit Sand bestreut, werden bei resonanter Anregung die Knotenlinien der Eigenschwingung sichtbar.

Resonanzen einer Metallplatte

Eine Metallscheibe wird mit einem Lautsprecher zu Eigenschwingungen angeregt (Abbildung 3.17). Der auf der Platte verteilte Sand wird dabei überall, wo die Platte kräftig schwingt, aufgewirbelt und sammelt sich daher auf den Knotenlinien der Eigenschwingung. Beispiele der so entstehenden chladnischen Figuren zeigt Abbildung 3.18.

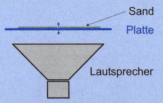

Abbildung 3.17: Versuchsaufbau zur Erzeugung chladnischer Klangfiguren

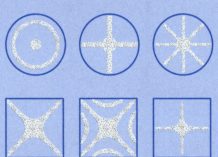

Abbildung 3.18: Chladnische Klangfiguren

Auch als dreidimensionale Resonatoren genutzte Hohlräume können in entsprechender Weise zu Eigenschwingungen angeregt werden. Die räumlichen Eigenschwingungen dieser Resonatoren haben Knotenflächen. Für kugelförmige Hohlräume mit dem Radius R sind einige Eigenschwingungen stehende Kugelwellen mit den folgenden Wellenfunktionen:

$$P_n(r,t) = \frac{P_n}{kr} \cdot \sin(k_n r) \cdot \exp(-i\omega_n t)$$

Sie erfüllen die Randbedingung $P_n(R,t) = 0$, wenn k_nR ein ganzzahliges Vielfaches von π ist. Es gibt aber auch andere Eigenschwingungen, die nicht nur von der Radialkoordinate r abhängen, sondern auch von den Polarwinkeln ϑ und φ.

Aufgabe 3.9 Eine mit Luft gefüllte Hohlkugel mit dem Radius $R = 0,1$ m soll zu resonanten Schwingungen angeregt werden. Berechnen Sie die Tonfrequenzen der kugelsymmetrischen Eigenschwingungen.

> **Merke** Zwei- und dreidimensionale Resonatoren haben wie eindimensionale Resonatoren eine abzählbare Menge von Eigenschwingungen. Zu einer Eigenfrequenz können aber mehrere Eigenschwingungen existieren. Sie unterscheiden sich voneinander in der Form ihrer Knotenflächen.

3.3.3 Energie- und Nachrichtenübertragung

Um Energie oder Nachrichten von einem Ort zum anderen zu übertragen, wird Öl in riesigen Tankern über die Weltmeere transportiert bzw. es werden (oder wurden) Briefe verschickt. Energietransport und Nachrichtenübertragung sind in diesen Fällen an den Transport von Materie gebunden. Energie und Nachrichten können aber auch mit Wellen übertragen werden, ohne dass dabei Materie transportiert wird. Schallwellen dienen seit eh und je Tieren und Menschen zur Verständigung, und bei Explosionen wird auch der mit der Druckwelle verbundene Energietransport in einprägsamer Weise erfahrbar. In gleicher Weise können Energie und Nachrichten von Wasser-, Licht- und Radiowellen übertragen werden. Während bei Schall- und Wasserwellen Materie lokal hin und her bewegt wird, ist die Ausbreitung von Licht- und Radiowellen nicht an Materie gebunden und daher auch im Vakuum möglich. Aber auch Licht- und Radiowellen genügen derselben Art von Wellengleichungen wie Schallwellen und sind wie diese mit einem Energietransport verbunden. Wir illustrieren die Energie- und Nachrichtenübertragung mit Wellen am Beispiel der Schallausbreitung in Gasen.

Die Wellenausbreitung ist ein in Raum und Zeit kontinuierlich stattfindender Prozess. Statt der Energie einzelner Körper ist daher die *Energiedichte u* in einem ausgedehnten Medium zu bestimmen. Da die Anwendung der Newtonschen Mechanik auf ein kontinuierlich ausgedehntes Medium nicht ganz einfach ist, beschränken wir die Diskussion des Energietransports auf einige allgemeine Betrachtungen. Wir beziehen uns dabei auf eine stehende ebene Schallwelle mit der Amplitude $2P_1$ in einem Resonator mit dem Gasdruck P:

$$2P_1(x,t) = 2P_1 \cdot \sin(kx) \cdot \exp(-i\omega t)$$

Sie kann als Superposition zweier laufenden Wellen mit Amplituden P_1 und entgegengesetzten Richtungen aufgefasst werden. In einer stehenden Welle wechseln Zustände mit maximaler potenzieller Energie und maximaler kinetischer Energie des lokal hin und her strömenden Mediums miteinander ab. Die potenzielle Energie ist vor allem bei den Wellenbäuchen konzentriert und die kinetische Energie bei den Wellenknoten. In einem Zeitpunkt maximaler potenzieller Energie ist $u_{kin} = 0$. Zu diesem Zeitpunkt hat sich die Gasdichte bei den Wellenbergen um einen Bruchteil P_1/P erhöht und in den Wellentälern um den gleichen Anteil erniedrigt. Die Zunahme der potenziellen Energie des Gases in diesem Zeitpunkt gegenüber dem Ruhezustand des Gases ergibt sich (bis auf einen numerischen Faktor von der Größenordnung 1) aus dem Produkt von Druckänderung P_1 und dem Anteil P_1/P der verschobenen Gasmenge. Die maximale Dichte der potenziellen Energie in der stehenden Schallwelle ist demnach von der Größenordnung $u_{pot} \sim P_1^2/P$. Wie die Energie eines harmonischen Oszillators (Abschnitt 1.6.1) ist daher auch die Energiedichte u einer stehenden Welle proportional zum Quadrat der Amplitude P_1.

Bei einer stehenden Welle findet kein Energietransport statt. Hingegen wird in einer laufenden Welle die Energie mit der Phasengeschwindigkeit in Richtung des Wellenvektors transportiert. Die Energiedichte der laufenden Welle ergibt sich aus der Zerlegung einer stehenden Welle in zwei laufende Wellen mit entgegengesetzter Richtung. Jede dieser Wellen hat eine Hälfte der Energiedichte der stehenden Welle. Die Energiedichte einer laufenden Welle mit der Amplitude P_1 hat folglich die Energiedichte:

$$ u \sim \frac{1}{2} \cdot \frac{P_1^2}{P} $$

Sie bewegt sich mit der Phasengeschwindigkeit c_S der Welle. Der mit der Wellenausbreitung stattfindende Energietransport kann daher durch Angabe einer *Intensität* (Leistung/Fläche) $I = c_S \cdot u$ der Welle charakterisiert werden.

Dank des mit der Wellenausbreitung verbundenen Energietransports können mit Wellen Signale und Nachrichten über weite Strecken übertragen werden. Sender und Empfänger sind auf eine Sendefrequenz abgestimmt. Zur Übertragung von Informationen wird die Amplitude, Frequenz oder Phase der Schwingung des Senders moduliert. Dabei entstehen wie bei der Superposition von Wellen benachbarter Frequenz (Abschnitt 3.1.3) Wellengruppen. Die vom Sender ausgestrahlte modulierte Welle regt den Empfänger zu Schwingungen an. Nach Demodulation der Schwingungen sind dem Empfänger die Informationen des Senders verfügbar. Für diese Form der Nachrichtenübertragung werden in der belebten Natur die Schallwellen seit Urzeiten genutzt. Mit der Entdeckung der elektromagnetischen Wellen (Abschnitt 3.6.1) wurde nach demselben Prinzip eine weltweite Telekommunikation möglich.

Aufgabe 3.10   Eine Geige erzeugt Schallwellen mit einer Leistung $P = 1$ mW. Berechnen Sie die Amplitude P_1 der Schallwellen in einer Entfernung $r = 10$ m.

Merke   Die Energiedichte u einer Welle ist proportional zum Quadrat $|A|^2$ der Amplitude A:

$$ u \propto |A|^2 $$

3.3.4 Doppler-Effekt

Wir betrachten noch einmal einen Sender und einen Empfänger, die über Schallwellen miteinander kommunizieren. Nur wenn Sender und Empfänger relativ zum Gas, in dem sich die Schallwellen ausbreiten, ruhen, hört der Empfänger die Tonfrequenz des Senders. Bewegen sich hingegen Sender oder Empfänger mit Geschwindigkeiten $\mathbf{v}_E$ bzw. $\mathbf{v}_S$, so sind im Allgemeinen Sender- und Empfängerfrequenz voneinander verschieden.

Wenn sich der Sender bewegt, bilden die von dem Sender ausgehenden Wellen nicht mehr zueinander konzentrische kugelförmige Wellenfronten wie bei einem ruhenden Sender. Vielmehr sind die Mittelpunkte der kugelförmigen Wellenfronten entsprechend der Geschwindigkeit des Senders gegeneinander verschoben (Abbildung 3.19). Daher verkürzt sich in Bewegungsrichtung des Senders der Abstand benachbarter Wellenfronten um den Faktor $(c_S - v_S)/c_S$, er verlängert sich aber in Rückwärtsrichtung. Der Empfänger hört dementsprechend eine höhere Frequenz, solange wie der Sender sich auf ihn zubewegt, und eine tiefere Frequenz, wenn der Sender sich von ihm entfernt:

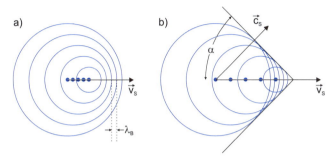

Abbildung 3.19: Wellenfronten der Schallwelle eines bewegten Senders, a) $v_S < c_S$, b) $v_S > c_S$

$$\nu_E = \frac{c_S}{c_S - v_S} \cdot \nu_S \qquad \text{(Doppler-Verschiebung bei bewegtem Sender)}$$

Falls $v_S > c_S$ kommt es zum Überschallknall. Die Wellenfronten bilden einen *Machschen Kegel*, auf dem sich nacheinander erzeugte Wellentäler und -berge konstruktiv überlagern (Abbildung 3.19). Der Öffnungswikel α des Machschen Kegels ergibt sich aus der Beziehung:

$$\sin \alpha = \frac{c_S}{v_S}$$

Eine etwas andere Beziehung zwischen den Frequenzen von Sender und Empfänger ergibt sich, wenn sich der Empfänger mit einer Geschwindigkeit v_E auf einen ruhenden Sender zubewegt. In diesem Fall bilden zwar die Wellenfronten konzentrische Ringe um den ruhenden Sender, aber die Wellenfronten erreichen den Empfänger in verkürzten Zeitabständen. Dementsprechend erhöht sich die vom Empfänger wahrgenommene Frequenz um einen Faktor $(c_S + v_E)/c_S$:

$$\nu_E = \frac{c_S + v_S}{c_S} \cdot \nu_S \qquad \text{(Doppler-Verschiebung bei bewegtem Empfänger)}$$

Die vom Empfänger wahrgenommene Frequenz erniedrigt sich, wenn sich der Empfänger vom Sender entfernt. In diesem Fall ist $v_S < 0$. Wenn $v_S = -c_S$ ist $\nu_E = 0$.

Aufgabe 3.11 Ein Auto fährt mit einer Geschwindigkeit $v = 100$ km/h an Ihnen vorbei. Um wie viel % ändert sich dabei die Tonhöhe des Motorengeräusches? Vergleichen Sie Ihr Ergebnis mit Erfahrungswerten.

> **Merke**
>
> Bei nicht zu großen Geschwindigkeiten von Sender und Empfänger ($v_{S,E} \ll c_S$) kommt es im Wesentlichen auf die Relativgeschwindigkeit $v_{rel} = |\mathbf{v}_S - \mathbf{v}_E|$ von Sender und Empfänger an, aber nicht auf die Bewegung von Sender oder Empfänger relativ zu dem Medium, das die Schallwellen überträgt. In diesem Fall unterscheiden sich Sender- und Empfängerfrequenz näherungsweise um
>
> $$\Delta v \approx \frac{v_{rel}}{c_s} \cdot v_s$$

3.4 Elektrizität und Magnetismus

Die tägliche Erfahrung lehrt uns, dass wir einen Körper berühren müssen, um auf ihn einzuwirken, oder ein vermittelndes Medium benötigen, um indirekt etwas zu bewirken. Beispielsweise benötigen wir die Luft, um eine Kerze auszublasen oder uns sprachlich miteinander zu verständigen. Es gibt aber auch Fernwirkungen, wie die Gravitation, die zwischen den Gestirnen durch den interstellaren leeren Raum wirkt. Auch im irdischen Bereich sind seit Jahrtausenden solche geheimnisvoll erscheinenden Fernwirkungen bekannt, nämlich die zwischen magnetischen Materialien, wie z. B. Eisen, Kobalt und Nickel, wirkenden magnetischen Kräfte und die zwischen geriebenen Isolatoren, wie Katzenfellen, Bernstein und Styropor, wirkenden elektrischen Kräfte. Jeder kann selbst zu Hause einfache Experimente durchführen, z. B. verschüttete Eisennägel mit einem Magneten einsammeln oder Papierschnipsel mit geriebenem Styropor bewegen, um diese Kräfte kennen zu lernen.

Weiterführende Experimente zeigen, dass diese Kräfte auch im evakuierten Raum wirken. Beispielsweise haben wir bei den Versuchen zum freien Fall (Abschnitt 1.1.2) mit Magneten Körper im Vakuum bewegt. Aus dieser bescheidenen Kenntnis der elektrischen und magnetischen Kräfte entwickelte sich im 19. Jahrhundert die Physik der Elektrizität und des Magnetismus, die wie die Entdeckungen von Dampfmaschine und Verbrennungsmotor eine technische Revolution auslöste. Wir wollen die physikalischen Grundlagen von Elektrizität und Magnetismus in dieser Lektion behandeln.

3.4.1 Ladung und Strom

Im Gegensatz zur Gravitation, die stets anziehend wirkt, beobachtet man beim Experimentieren mit geriebenen Isolatoren Abstoßung und Anziehung. Auch ist die Stärke der elektrischen Kräfte nicht von der Masse der Körper abhängig, sondern von einer Eigenschaft, die *elektrische Ladung* genannt wird. Die elektrische Ladung eines Isolators kann offensichtlich durch Reibung verändert werden. Um zu erklären, dass sowohl Anziehung als auch Abstoßung möglich ist, nimmt man an, dass es positive und negative Ladungen gibt. Das Experiment zeigt, dass sich gleichnamige Ladungen abstoßen und ungleichnamige Ladungen anziehen.

Man unterscheidet allgemein *Isolatoren* und *elektrische Leiter*. Auf Isolatoren bleiben elektrische Ladungen an einem Ort haften, in elektrischen Leitern können sich Ladungen frei bewegen. Verbindet man zwei elektrische Leiter mit einem leitenden

Draht, so findet im Allgemeinen ein Ladungsaustausch statt. Es fließt ein *elektrischer Strom* von Ladungsträgern vom einen Körper zum anderen, bis sich wieder ein Gleichgewichtszustand eingestellt hat. Dieser Ladungsstrom ist dem Wasserstrom vergleichbar, den man beim Öffnen eines Schleusentores beobachtet. Vor dem Öffnen sind die Wasserhöhen innerhalb und außerhalb der Schleuse verschieden. Nach dem Öffnen kommt der Wasserfluss erst zur Ruhe, wenn die Wasserhöhe auf beiden Seiten des Tores gleich ist. Entsprechend sind bei getrennten Leitern die Ladungsträger der beiden elektrischen Leiter zunächst auf verschiedenen *Potenzialen*. Nachdem eine leitende Verbindung hergestellt wurde, fließen positive Ladungsträger vom Metall mit dem höheren Potenzial zum Metall mit dem tieferen Potenzial und negative Ladungsträger in umgekehrte Richtung. Die Ladungen kommen erst zur Ruhe, wenn die Potenzialdifferenz ausgeglichen ist. Eine zwischen zwei Leitern bestehende Potenzialdifferenz wird auch *elektrische Spannung* genannt. Ist von der Spannung *eines* Leiters die Rede, so ist die Spannung relativ zum Potenzial der Erde, also zum *Erdpotenzial*, gemeint.

Experiment 3.5 Ladungstransport

Um den Einfluss von Spannungen auf Ladungsträger zu verdeutlichen, betrachten wir eine isoliert aufgehängte leitende Kugel in der Mitte zwischen zwei metallischen Platten, an die eine Spannung von einigen 10 kV gelegt wird (Abbildung 3.20). Die beiden Platten bilden einen *Kondensator*. Unter Spannung ist der Kondensator aufgeladen, d. h. die aufeinander zugerichteten Oberflächen der beiden Platten sind mit positiven bzw. negativen Ladungen belegt. Wenn die Kugel eine der Platten, z. B. den Pluspol berührt, wird auch die Kugel positiv aufgeladen. Sie ist dann auf demselben Potenzial wie die Platte. Da sich aber gleichnamige Ladungen abstoßen, wird die Kugel zum negativen Pol hin beschleunigt und von diesem angezogen. Dort lädt sie sich negativ auf und wird wieder zum positiven Pol gezogen. Dieser Prozess setzt sich fort. Der mit der Pendelbewegung der Kugel stattfindende Ladungstransport kann (im zeitlichen Mittel) als elektrischer Strom gemessen werden. Falls die Kondensatorplatten nach dem Aufladen von der Spannungsquelle getrennt wurden, führt der elektrische Strom zu einem Potenzialausgleich zwischen den Platten, und das Pendel kommt schließlich zur Ruhe.

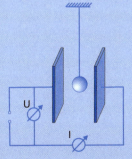

Abbildung 3.20: Leitende Kugel zwischen den Platten einer Kondensatoranordnung

Bei dem eben beschriebenen Versuch beschleunigt die zwischen Ladungen wirkende elektrische Kraft die Kugel. Stellt man die Platten waagerecht auf, so kann die Kugel bei geeigneter Wahl der experimentellen Parameter auch in der Schwebe gehalten werden. Die elektrische Kraft kompensiert dann gerade die auf die Kugel wirkende Schwerkraft (Abbildung 3.21). R. Millikan startete 1909 eine Versuchsreihe, in der er die Bewegung kleiner Öltröpfchen in einem solchen Kondensator mit einem Mikroskop beobachtete. Dabei konnte er zeigen, dass die Ladungen auf den Tröpfchen nicht beliebige Werte annehmen können, sondern stets ganzzahlige Vielfache einer kleinsten Ladung e sind. Diese kleinste Ladungseinheit ist die *Elementarladung e* mit dem Wert:

$$e = 1{,}602 \cdot 10^{-19} C$$

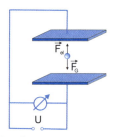

Abbildung 3.21: Prinzipskizze zum Millikan-Experiment

Die SI-Einheit der Ladung 1 C = 1 A·s (Coulomb) ist also etwa so viel wie $0{,}6 \cdot 10^{19}$ Elementarladungen. Mit der Einheit der Ladung ist auch die Einheit des elektrischen Stromes festgelegt. Der elektrische Strom ist die pro Zeiteinheit durch einen Leiter fließende Ladungsmenge. Die Einheit des elektrischen Stromes ist also 1 C/s = 1 A (Ampère).

Der Millikan-Versuch zeigt, dass alle atomaren Teilchen entweder neutral sind, oder eine (oder auch mehrere) negative oder positive Elementarladungen tragen können. Insbesondere tragen die Elektronen, die beweglichen Ladungsträger in metallischen Leitern, eine Ladung $-e$. Weitere Ladungsträger sind die Ionen, die den Ladungstransport in Elektrolyten (elektrisch leitende Flüssigkeit) ermöglichen. Sie entstehen aus den neutralen Atomen bei Anlagerung oder Abspaltung von Elektronen (Abschnitt 5.3).

Die Spannung U zwischen zwei elektrischen Leitern ergibt sich aus der Arbeit W, die benötigt wird, um beispielsweise eine Elementarladung e von einem Leiter zum anderen zu transportieren. Die zwischen elektrischen Ladungen wirkenden Kräfte sind konservativ (Abschnitt 3.4.2). Daher ist das Arbeitsintegral unabhängig vom Weg, aber es ist proportional zur Größe der transportierten Ladung. Dementsprechend wird die elektrische Spannung zwischen den Leitern definiert als $U = W/e$. Die SI-Einheit 1 V (Volt) der Spannung ist demnach 1 V = 1J/(A·s).

In der Elektrotechnik werden die Einheiten von Energie [J] und Leistung [W] häufig auf die elektrischen Einheiten von Strom [A] und Spannung [V] zurückgeführt. Aufgrund der Definitionen von [V] und [A] gilt: 1 J = 1 VAs, 1 W = 1 VA.

In der Atom- und Festkörperphysik ist hingegen die Elementarladung die maßgebende Ladungseinheit. Daher ist es vorteilhaft, in diesen Bereichen der Physik die Einheit [eV] (sprich: *e-Volt* oder *Elektronenvolt*) als Einheit der Energie zu benutzen:

$$1 eV = 1{,}602 \cdot 10^{-19} J$$

1 eV ist die kinetische Energie eines Ladungsträgers mit der Ladung e, nachdem er die Potenzialdifferenz $U = 1$ V durchfallen hat.

Aufgabe 3.12

Eine 100-W-Glühbirne ist an das öffentliche Elektrizitätsnetz angeschlossen. Wie groß ist der durch die Glübirne fließende elektrische Strom?

Merke

Es gibt positive und negative elektrische Ladungen. Die SI-Einheit der Ladung ist [A·s]. Die kleinste in der Natur vorkommende Ladung ist die Elementarladung:

$$e = 1{,}6 \cdot 10^{-19} \text{ A·s}$$

Alle anderen Ladungen sind ganzzahlige Vielfache der Elementarladung.

Elektrische Ströme entstehen, wenn sich Ladungen bewegen. Die SI-Einheit des elektrischen Stromes ist das *Ampère* [A].

3.4.2 Coulomb-Kraft und Lorentz-Kraft

Die Kräfte, die zwischen magnetischen Materialien wirken, und solche, die geriebenen Glasstäben ermöglichen, Papierschnipsel anzuziehen, scheinen zunächst wenig miteinander zu tun zu haben. Die ersten Experimente, die zeigten, dass Elektrizität und Magnetismus miteinander verknüpft sind, wurden 1820 von H. Chr. Oerstedt durchgeführt. Er zeigte, dass in der Umgebung elektrischer Ströme Magnetnadeln ausgerichtet werden. Die ausgerichteten Magnetnadeln stehen senkrecht zum elektrischen Leiter, so dass sich die angezeigten Richtungen zu den Leiter konzentrisch umschließenden Kreisen zusammenfügen (Abbildung 3.22). Bei Umpolung des Stromes wechseln auch die Magnetnadeln die Richtung. Stromrichtung und Richtungsanzeige des Nordpols bilden eine Rechtsschraube.

a) 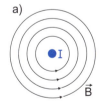 b)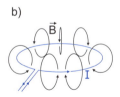

Abbildung 3.22: Feldlinienbilder elektrischer Ströme

Der mit elektrischen Strömen verbundene Magnetismus hat auch zur Folge, dass sich zwei zueinander parallele stromdurchflossene Leiter anziehen bzw. abstoßen, je nachdem, ob die beiden Ströme gleich oder engegengesetzt gerichtet sind (Abbildung 3.23). Die Kraftwirkung zwischen elektrischen Strömen dient heute zur Definition und Realisierung der SI-Einheit [A] des elektrischen Stromes.

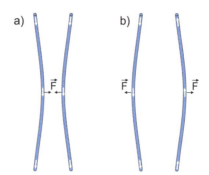

Abbildung 3.23: Anziehung und Abstoßung stromdurchflossener Leiter

Als M. Faraday um 1830 begann, die zwischen Magneten, elektrischen Strömen und elektrischen Ladungen wirkenden Kräfte zu untersuchen, veranschaulichte er sich die Wirkung dieser Fernkräfte durch den Raum mit *Kraftlinien*. Aus den Faradayschen Kraftlinien entwickelte sich später die Idee des elektrischen und magnetischen Feldes. Die Kraft- oder *Feldlinien* von Magneten, Strömen und Ladungen können mit einfachen experimentellen Anordnungen sichtbar gemacht werden:

Experiment 3.6   Feldlinien

Streut man auf eine Glasplatte Eisenfeilspäne und bringt unter die Platte einen Magneten, so ordnen sich die Feilspäne zu einem Feldlinienbild, das dem Bild der Stromlinien (Abbildung 3.7) einer strömenden Flüssigkeit ähnelt. Zu vergleichbaren Bildern ordnet sich feinkörniger Grieß in der Umgebung elektrischer Ladungen. Die Analogie der Bilder zu den Stromlinienbildern strömender Flüssigkeiten führte zu der Idee, die elektrischen und magnetischen Kräfte mit Feldern zu beschreiben. Die elektrischen bzw. magnetischen Feldlinienbilder einiger einfacher Anordnungen von elektrischen Strömen und Ladungen zeigen Abbildung 3.22 und Abbildung 3.24.

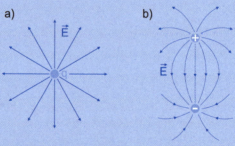

Abbildung 3.24: Feldlinienbilder elektrischer Ladungen

Wie beim Stromlinienbild strömender Flüssigkeiten zeigt die Richtung der Feldlinien die Richtung der Feldvektoren an, und die Dichte der Feldlinien ist proportional zum Betrag der Feldvektoren. Das Feld $\mathbf{E}(\mathbf{r})$ in der Umgebung von Ladungen und das Feld **B**(**r**) in der Umgebung elektrischer Ströme ergeben sich aus den Kräften, die Ladungen und Ströme auf eine am Ort **r** befindliche Probeladung, beispielsweise eine Elementarladung e ausüben. Mit der in Abbildung 3.25 gezeigten Versuchsanordnung lassen sich diese Kräfte experimentell nachweisen.

Experiment 3.7   ## Ablenkungen von Elektronenstrahlen

In einem evakuierten Glaskolben werden durch Thermoemission (Abschnitt 4.3.3) Elektronen aus einer Kathode frei gesetzt und mit einer Spannung U_B, die zwischen der Kathode und einer Lochblende liegt, beschleunigt. Hinter der Lochblende erhält man damit einen Elektronenstrahl. Die Elektronen durchfliegen anschließend das elektrische Feld **E** zwischen den Platten eines Kondensators oder das magnetische Feld **B** einer Anordnung von zwei stromdurchflossenen Spulen. Durch die Felder werden die Elektronen abgelenkt. Indem man die Elektronen auf einen fluoreszierenden Schirm treffen lässt, kann die Ablenkung des Elektronenstrahls beobachtet werden.

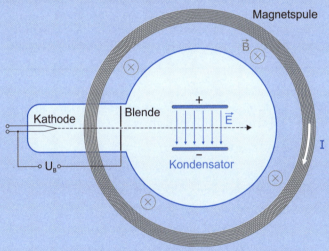

Abbildung 3.25: Versuchsanordnung zur Ablenkung eines Elektronenstrahls in elektrischen und magnetischen Feldern

---

Das Experiment zeigt, dass die Elektronen in dem senkrecht zur Richtung des Elektronenstrahls gerichteten elektrischen Feld zur positiven Platte des Kondensators abgelenkt werden. Auf die Elektronen wirkt demnach eine Kraft **F**(**r**) parallel zur Feldrichtung und die Ladung der Elektronen ist negativ. Da bei gleicher Anordnung die auf eine Ladung q wirkende Kraft proportional zur Ladung q ist, definiert man die *Feldstärke* **E**(**r**) am Ort **r**, indem man **E**(**r**) = **F**(**r**)/(−e) setzt. Die SI-Einheit der elektrischen Feldstärke ist dementsprechend 1 V/m, und die in einem elektrischen Feld auf ein Elektron wirkende *Coulomb-Kraft* ist folglich:

$$\vec{F}_C = -e\vec{E} \quad \text{(Coulomb-Kraft)}$$

Das Experiment zeigt ferner, dass die Elektronen in einem senkrecht zum Strahl stehenden Magnetfeld **B**(r) in eine Richtung senkrecht zum Magnetfeld und senkrecht zum Strahl abgelenkt werden. Die ablenkende Kraft ist hier nicht nur zur Ladung der Teilchen, sondern auch zu ihrer Geschwindigkeit **v** proportional. Für die in einem Magnetfeld auf Elektronen wirkende *Lorentz-Kraft* machen wir deshalb den Ansatz:

$$\vec{F}_L = -e[\vec{v} \times \vec{B}] \quad \text{(Lorentz-Kraft)}$$

Mit diesem Ansatz wird das Feld **B**(r) der so genannten *magnetischen Induktion* definiert. Die SI-Einheit [T] (Tesla) der magnetischen Induktion ist demnach:

$$1 \text{ T} = 1 \text{ V·s/m}^2$$

Aufgabe 3.13   Mit der Spannung $U_B = 10$ kV beschleunigte Elektronen durchfliegen die in Abbildung 3.25 gezeigte Feldanordnung geradlinig, wenn das Verhältnis E/B von elektrischer zu magnetischer Feldstärke den Wert $E/B \approx 6 \cdot 10^7$ m/s hat, wenn also beispielsweise $B = 1$ mT und $E = 6 \cdot 10^4$ V/m ist. Berechnen Sie aus den angegebenen Werten die spezifische Ladung e/m der Elektronen. Mit dem bekannten Wert der Elementarladung $e = 1,6 \cdot 10^{-19}$ C können Sie anschließend auch die Masse m der Elektronen und die Geschwindigkeit, mit der die Elektronen die Feldanordnung durchfliegen, berechnen. Wie groß ist diese Geschwindigkeit im Verhältnis zur Lichtgeschwindigkeit c?

Nach der Definition der Feldvektoren können nun auch die Felder in der Umgebung von Ladungen und Strömen quantitativ bestimmt werden. Das radial gerichtete elektrische Feld in der Umgebung einer Punktladung q ist das *Coulomb-Feld* **E**(r):

$$\vec{E}(r) = \frac{1}{4\pi\varepsilon_0} \cdot \frac{q}{r^2} \cdot \frac{\vec{r}}{r}$$

Das einen geradlinigen Strom I konzentrisch umschließende magnetische Feld **B**(r) hat den Betrag:

$$B(r) = \frac{\mu_0}{2\pi} \cdot \frac{I}{r}$$

Die hier auftretenden Proportionalitätskonstanten ε_0 und μ_0 sind die *Influenzkonstante* ε_0 und die *Induktionskonstante* μ_0. Die Induktionskonstante

$$\mu_0 = 4\pi \cdot 10^{-7} \text{ V·s/(A·m)}$$

wurde willkürlich zur Definition der SI-Einheit [A] des elektrischen Stromes festgelegt. Für die Influenzkonstante ergeben die Messungen von Feldstärken in der Umgebung von Ladungen:

$$\varepsilon_0 = 8,854 \cdot 10^{-12} \text{ A·s/(V·m)}$$

Beide Konstanten stehen in Beziehung zur Lichtgeschwindigkeit c. Denn es gilt:

$$c^2 = \frac{1}{\varepsilon_0 \mu_0}$$

Diese Beziehung ist ein erster Hinweis auf die elektromagnetische Natur des Lichts (Abschnitt 3.6).

Die elektrischen und magnetischen Felder von Punktladungen bzw. geraden Leitern lassen jeweils zwei grundlegende Eigenschaften erkennen, die sich auf andere zeitunabhängige elektrische bzw. magnetische Felder verallgemeinern lassen:

Feldlinien der Felder zeitunabhängiger Ladungs- und Stromverteilungen

- Alle Feldlinien elektrischer Felder beginnen und enden ausschließlich auf Ladungen.
- Es gibt keine geschlossenen elektrischen Feldlinien.
- Es gibt nur geschlossene magnetische Feldlinien.
- Jede geschlossene magnetische Feldlinie umschließt einen das Magnetfeld erzeugenden Strom.

Die elektrischen und magnetischen Felder ähneln auch hinsichtlich dieser Eigenschaften den Geschwindigkeitsfeldern von Strömungen inkompressibler Flüssigkeiten.

Merke Elektrische Ladungen erzeugen ein radial gerichtetes elektrisches Feld. Die Feldlinien beginnen und enden auf Ladungen. Ein elektrisches Feld wirkt auf eine Probeladung $-e$ mit der Coulomb-Kraft:

$$\vec{F}_C = -e\vec{E}$$

Elektrische Ströme erzeugen ein tangential gerichtetes Magnetfeld. Es umschließt den Strom mit in sich geschlossenen Feldlinien. Ein Magnetfeld wirkt auf eine mit der Geschwindigkeit **v** bewegte Probeladung $-e$ mit der Lorentz-Kraft:

$$\vec{F}_L = -e \cdot [\vec{v} \times \vec{B}]$$

3.4.3 Elektromagnetische Induktion

Die von H. C. Oerstedt im Jahre 1820 beobachtete Wirkung eines elektrischen Stromes auf eine Magnetnadel (Abschnitt 3.4.1) war ein erster Hinweis auf eine Verknüpfung von Elektrizität und Magnetismus. Elektrische Ströme wirken auf Magnete, und gemäß dem Newtonschen Axiom *actio = reactio* wirken umgekehrt Magnete auf Ströme.

Experiment 3.8   ## Stromschaukel

Zwischen den Polschuhen eines Magneten erfährt ein stromdurchflossener Leiter eine senkrecht zu Magnetfeld und Stromrichtung wirkende Kraft (Abbildung 3.26). Als Lorentz-Kraft haben wir diese Kraft bereits kennen gelernt. Denn der im Leiter fließende Strom I resultiert aus der Bewegung der Leitungselektronen. Sei e die Elementarladung, n die Elektronendichte im Leiter, v die Elektronengeschwindigkeit, A die Querschnittsfläche und l die Länge des Leiters. Dann ist $I = -e \cdot n \cdot v \cdot A$. Andererseits summiert sich die auf alle im Leiter bewegten Elektronen wirkende Lorentz-Kraft zu $F_L = -e \cdot n \cdot A \cdot l \cdot v \cdot B$, wobei angenommen ist, dass Stromrichtung und Magnetfeld senkrecht zueinander sind. Aus beiden Beziehungen folgt:

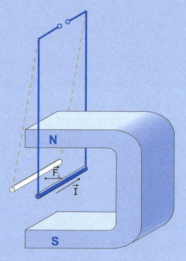

Abbildung 3.26: Stromschaukel

$$F_L = I \cdot B \cdot l$$

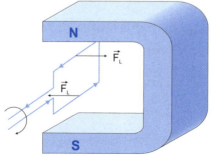

Abbildung 3.27: Leiterschleife zwischen den Polschuhen eines Magneten

In allen *Elektromotoren* wird die Lorentz-Kraft als Antrieb genutzt. Als einfaches Beispiel betrachte man eine zwischen den Polschuhen eines Magneten drehbar aufgehängte Leiterschleife (Abbildung 3.27). Wenn ein Strom fließt, wirkt auf die Leiterschleife ein Drehmoment (Abschnitt 1.5.1).

Umgekehrt kann man aber auch von außen die Leiterschleife beispielsweise mit einer Kurbel antreiben und so mit einer Winkelgeschwindigkeit ϖ drehen. Dann bewegen sich mit dem Leiter auch die in ihm (am Ort **r**) befindlichen Leitungselektronen mit einer Geschwindigkeit $\mathbf{v} = [\varpi \times \mathbf{r}]$ im Magnetfeld. Daher wirkt auf sie die Lorentz-Kraft $\mathbf{F} = -e[\mathbf{v} \times \mathbf{B}]$. Unter dem Einfluss dieser Kraft verschieben sich die Elektronen, bis ein elektrisches Gegenfeld $\mathbf{E} = -[\mathbf{v} \times \mathbf{B}]$ aufgebaut ist und die Coulomb-Kraft die Lorentz-Kraft kompensiert. Zwischen den Enden der Leiterschleife liegt dann eine Spannung $U = \int \mathbf{E} \cdot d\mathbf{r}$. Die rotierende Leiterschleife ist ein *Dynamo*. Die induzierte Spannung ergibt sich aus der zeitlichen Änderung des magnetischen Flusses $\Phi = (\mathbf{B} \cdot \mathbf{A})$, der die Leiterschleife, die eine Fläche **A** umschließt, durchdringt. Er ändert sich periodisch mit der Zeit, wenn die Leiterschleife rotiert.

Es ist aber nicht allein der technische Nutzen, weshalb diese Verknüpfung von Spannung und magnetischem Fluss interessant ist. Viel wichtiger ist ein weiterführender wissenschaftlicher Aspekt. Die elementare Beziehung zwischen induzierter Spannung und zeitlicher Änderung des magnetischen Flusses legt eine Frage von großer wissenschaftlicher Tragweite nahe: Induziert ein (homogenes) zeitlich variierendes Magnetfeld $\mathbf{B}(t)$ auch in einer ruhenden Leiterschleife eine Spannung? Tatsächlich erzeugt jedes zeitabhängige Magnetfeld $\mathbf{B}(t)$ in einer Leiterschleife, die eine Fläche **A** umrandet und dabei magnetische Feldlinien umschließt, eine Spannung. Die induzierte Spannung U_{ind} ergibt sich auch hier aus der zeitlichen Ableitung des magnetischen Flusses $\Phi = (\mathbf{B} \cdot \mathbf{A})$ durch die Fläche **A**:

$$U_{ind} = \frac{d\Phi}{dt} = \left(\frac{d\vec{B}(t)}{dt} \cdot \vec{A} \right) \qquad \text{(Faradaysches Induktionsgesetz)}$$

Das Faradaysche Induktionsgesetz ist die physikalische Grundlage der Transformatoren und vieler anderer technischer Geräte. Eine von Wechselstrom durchflossene Spule erzeugt ein magnetisches Wechselfeld, das in einer benachbarten zweiten Spule wieder eine Wechselspannung erzeugt. Da die Sekundärspule ebenso wie die Primärspule gewöhnlich mehrere Windungen hat, die das von der Primärspule erzeugte Magnetfeld N-mal umschließen, ist die induzierte Spannung N-mal so groß wie bei einer einfachen Leiterschleife.

Im Gegensatz zu den in rotierenden Leiterschleifen induzierten Spannungen lassen sich die durch ein Wechselfeld induzierten Spannungen nicht mit der Lorentz-Kraft erklären. Da die Leiterschleife ruht, wirkt auf die Leitungselektronen auch keine Lorentz-Kraft. Das Faradaysche Induktionsgesetz führt deshalb wesentlich über die elementaren Gesetze der Wechselwirkung zwischen statischen Feldern und elektrischen Ladungen und Strömen hinaus. Bislang konnten die Felder als Hilfsgrößen zur Beschreibung von elektrischen und magnetischen Fernkräften betrachtet werden. Mit dem Faradayschen Induktionsgesetz gewinnen sie eine eigenständige physikalische Bedeutung (Abschnitt 3.5.2).

Aufgabe 3.14

Berechnen Sie die in einer Leiterschleife induzierte Spannung für den Fall, dass die von der Leiterschleife umrandete Fläche A = 0,1 m² ist und ein die Fläche senkrecht durchdringendes Magnetfeld **B** in 10^{-2} s linear von 0 auf 1 T hochgefahren wird.

Merke

Ein zeitabhängiges Magnetfeld **B**(t) erzeugt in einer Spule, die das Magnetfeld umschließt eine Spannung U_{ind}. Ein räumlich homogenes Wechselfeld **B**(t) = **B**$_0$·exp($-i\omega t$) mit der Frequenz ω induziert in einer Spule mit N Windungen und einer Querschnittsfläche **A** eine Spannung:

$$U_{ind} = i\omega \cdot (\bar{B}_0 \cdot \bar{A}) \cdot \exp(i\omega t) \cdot N$$

3.4.4 Elektromagnetischer Schwingkreis

Ein elektromagnetischer Schwingkreis ist im Idealfall ein Stromkreis mit einem Kondensator mit der Kapazität C und einer Spule mit der Induktivität L (Abbildung 3.28). Wenn ein solcher Schwingkreis zu elektromagnetischen Schwingungen angeregt wird, verhält er sch wie ein harmonischer Oszillator (Abschnitt 1.6.1). Wie ein Federpendel durch einen periodisch wirkenden Erreger (Abschnitt 1.6.3) kann auch ein Schwingkreis zu erzwungenen Schwingungen angeregt werden, wenn beispielsweise auf die Schwingkreisspule ein von einer Erregerspule erzeugtes magnetisches Wechselfeld wirkt. Die Eigenfrequenz eines solchen Schwingkreises hat den Wert:

$$\omega_0 = \sqrt{\frac{1}{LC}}$$

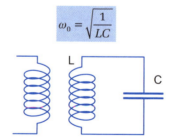

Abbildung 3.28: Elektromagnetischer Schwingkreis mit induktivem Erreger

Ein *Kondensator* besteht im einfachsten Fall aus zwei sich im Abstand d gegenüberstehenden plattenförmigen Elektroden mit Flächen A, an denen eine Spannung U_K liegt (Abbildung 3.20). Zwischen den Platten existiert dann ein elektrisches Feld $E = U_K/d$. Die Feldlinien beginnen an der positiven und enden an der negativen Elektrode. Auf den nach innen gerichteten Oberflächen des Kondensators befindet sich folglich eine positive bzw. negative Ladungsdichte $q/A = E/\varepsilon_0$. Die *Kapazität C* des Kondensators ist das Verhältnis von Ladung und Spannung:

$$C = \frac{q}{U_K}$$

Ein Plattenkondensator mit der Fläche A und dem Plattenabstand d hat folglich die Kapazität $C = \varepsilon_0 \cdot A/d$. Die Einheit der Kapazität ist 1 F = 1 A·s/V (Farad).

Die Selbstinduktion oder *Induktivität* L einer Spule ergibt sich aus dem Faraday-schen Induktionsgesetz (Abschnitt 3.4.3). Das von dem Spulenstrom I erzeugte zeitabhängige Magnetfeld $B(t)$ induziert auch in der Spule selbst eine Spannung U_{ind}, die der den Strom erzeugenden Spannung entgegenwirkt. Die Induktivität L ist das Verhältnis von induzierter Spannung U_{ind} und zeitlicher Änderung dI/dt des Spulenstroms:

$$U_{ind} = -L\frac{dI(t)}{dt}$$

Die Induktivität einer langen zylinderförmigen Spule mit N Windungen, einer Querschnittsfläche A und einer Länge l ist $L = N^2 \cdot \mu_0 \cdot A/l$. Die Einheit der Induktivität L ist 1 H = 1 V·s/A (Henry).

Außer der Kapazität C des Kondensators und der Induktivität L der Spule bestimmt der ohmsche *Widerstand* R der Leitungsdrähte das Schwingverhalten eines Schwingkreises. Insbesondere hat die Spule des Schwingkreises einen Widerstand. Wenn ein zeitlich konstanter Strom I durch einen Widerstand fließt, ist der ohmsche Widerstand R das Verhältnis von anliegender Spannung U_R und Strom I:

$$R = \frac{U_R}{I}$$

Die Einheit des Widerstands ist 1 Ω = 1 V/A (Ohm).

Die Schwingungsgleichung eines Schwingkreises ergibt sich aus der Spannungsbilanz:

$$U_K + U_{ind} = U_R$$

Da im Schwingkreis der Spulenstrom $I = -dq/dt$ gleich der zeitlichen Änderung der Ladung q des Kondensators ist, ergibt sich aus der Spannungsbilanz die folgende Differentialgleichung für q:

$$L \cdot \frac{d^2q}{dt^2} + R \cdot \frac{dq}{dt} + \frac{1}{C} \cdot q = 0$$

Es ist die Schwingungsgleichung eines harmonischen Oszillators (Abschnitt 1.6.2). Der Schwingkreis hat die eingangs angegebene Eigenfrequenz $\omega_0 = \sqrt{(LC)^{-1}}$ und die Dämpfungskonstante $2\delta = R/L$.

Die mit einer Erregerspule (Abbildung 3.28) erzeugten erzwungenen Schwingungen sind wie die erzwungenen Schwingungen eines Federpendels (Abschnitt 1.6.3) Lösungen einer inhomogenen Schwingungsgleichung. Sie zeigen bei der Eigenfrequenz ω_0 das gleiche resonante Verhalten von Amplituden und Phase wie die Pendelschwingungen.

> **Aufgabe 3.15**
>
> Die Induktivität eines einfachen Ringleiters mit dem Radius R ist von der Größenordnung $L \sim \mu_0 \cdot R$. Bestimmen Sie die Größenordnung der Eigenfrequenz eines Schwingkreises, der aus einem Ringleiter mit $R = 1$ cm und einem Plattenkondensator mit $A = 1$ cm^2 und $d = 1$ mm besteht.

> **Merke**
>
> Ein Schwingkreis mit der Induktivität L und der Kapazität C hat die Eigenfrequenz
>
> $$\omega_0 = \sqrt{\frac{1}{LC}}$$

3.5 Das elektromagnetische Feld

Die Versuche von Oerstedt (Abschnitt 3.4.2) und Faraday (Abschnitt 3.4.3) sind deutliche Hinweise darauf, dass elektrische und magnetische Felder nah miteinander verwandt sind. Elektrische Felder werden von ruhenden Ladungen und magnetische Felder von bewegten Ladungen erzeugt. Entsprechendes gilt für die Wirkung der Felder: Die Coulomb-Kraft des elektrischen Feldes wirkt auf ruhende Ladungen, während die Lorentz-Kraft des magnetischen Feldes nur auf bewegte Ladungen wirkt. Beide Felder erweisen sich als Mittler der zwischen elektrisch geladenen Körpern wirkenden Kräfte. Gemäß dem Newtonschen Axiom *actio = reactio* wirkt dabei die Kraft in beide Richtungen. Jeder der miteinander wechselwirkenden Körper trägt einerseits zur Erzeugung der Felder bei und wird andererseits von den von den Feldern ausgehenden Kräften beschleunigt.

Das Faradaysche Induktionsgesetz macht eine weiterführende Betrachtungsweise notwendig. Die elektrischen und magnetischen Felder sind mehr als nur die Mittler von Fernkräften. Das Faradaysche Induktionsgesetz stand am Beginn einer stürmischen Entwicklung der Physik, die mit dem Nachweis elektromagnetischer Wellen im Jahre 1888 durch H. Hertz einen gewissen Abschluss erreichte. Von der Physik der Elektrizität und des Magnetismus führte der Weg zu einer einheitlichen Theorie des elektromagnetischen Feldes und der Wechselwirkung dieses Feldes mit elektrischen Ladungen und Strömen.

In dieser Lektion behandeln wir im ersten Abschnitt die Eigenschaften von Materie in elektrischen und magnetischen Feldern. Dabei nehmen wir noch an, dass die Felder zeitlich konstant sind. Die Bedeutung des elektromagnetischen Feldes als ein eigenständiges Medium, mit dem in Form der elektromagnetischen Wellen Energie und Nachrichten über große Distanzen übertragen werden können, tritt aber erst zutage, wenn die Eigenschaften zeitabhängiger Felder untersucht werden. Wir betrachten das zeitabhängige elektromagnetische Feld in den folgenden Abschnitten, beschränken uns dabei aber auf Felder im Vakuum.

3.5.1 Verschiebungspolarisation und Magnetisierung

Ausgehend von der Kraft, die eine Probeladung e in einem elektrischen bzw. magnetischen Feld erfährt, wurden in Abschnitt 3.4.2 die elektrische Feldstärke **E** und die magnetische Induktion **B** definiert. Alternativ können elektrisches und magnetisches Feld durch die sie erzeugenden elektrischen Ladungen und Ströme gekennzeichnet werden. Insbesondere bei der Beschreibung elektromagnetischer Felder in Materie hat es sich als vorteilhaft erwiesen, sowohl für das elektrische Feld als auch für das magnetische Feld jeweils zwei Feldvektoren einzuführen, einen für die Kraftwirkung und einen, der auf die Erzeugung des Feldes Bezug nimmt.

Wir betrachten zunächst das Feld einer Punktladung q. Die elektrische Feldstärke **E** in der Umgebung der Ladung ist radial gerichtet und nimmt umgekehrt proportional zum Quadrat des Abstandes r ab. Befindet sich die Ladung im Vakuum, so ist $|\mathbf{E}| = (4\pi\varepsilon_0)^{-1}\cdot q/r^2\cdot(\mathbf{r}/r)$ (Abschnitt 3.4.2). Man erhält aber einen anderen Wert, wenn sich die Ladung in einem Isolator befindet. Auch wenn der Isolator ausschließlich aus neutralen Atomen oder Molekülen besteht und somit auch insgesamt elektrisch neutral ist, hat er einen Einfluss auf das von der Ladung q ausgehende elektrische Feld. Denn der Isolator wirkt als *Dielektrikum*. Die Atome (oder Moleküle) des Isolators werden in einem elektrischen Feld polarisiert, d. h. der Ladungsschwerpunkt der Elektronenhülle (Abschnitt 5.3) verschiebt sich etwas relativ zum Atomkern. Die Atome werden damit zu kleinen elektrischen Dipolen, die in ihrer Gesamtheit zu Oberflächenladungen führen und das Feld der Ladung q abschwächen (Abbildung 3.29). Das elektrische Feld wird daher nicht allein von der Ladung q erzeugt, sondern auch von den in den Atomen oder Molekülen des Dielektrikums gebundenen Ladungen. Um die so erzeugten Felder quantitativ zu beschreiben, brauchen wir ein Maß für die atomaren elektrischen Dipole.

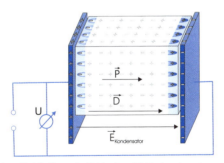

Abbildung 3.29: Polarisation eines Dielektrikums im Felde eines Plattenkondensators

Als elementares Modell eines elektrischen Dipols betrachten wir zwei Punktladungen $+e$ und $-e$ an benachbarten Orten $\mathbf{r}_+$ und $\mathbf{r}_-$. Auf einen solchen Dipol wirkt in einem äußeren Feld **E** ein Drehmoment $\mathbf{T} = e\cdot[\Delta\mathbf{r}\times\mathbf{E}]$ mit $\Delta\mathbf{r} = \mathbf{r}_+ - \mathbf{r}_-$. Der hier auftretende Vektor

$$\vec{d} = e \cdot \Delta\vec{r} \quad \text{(elektrisches Dipolmoment)}$$

ist das *elektrische Dipolmoment* des Dipols. Aus den Dipolmomenten der einzelnen Atome eines Dielektrikums ergibt sich dessen *Verschiebungspolarisation* **P**. Sie ist definiert als das Dipolmoment des Dielektrikums pro Volumeneinheit:

$$\vec{P} = n \cdot \vec{d} \quad \text{(Verschiebungspolarisation)}$$

Dabei ist n die Anzahl der Atome pro Volumeneinheit. Die Verschiebungspolarisation erzeugt innerhalb des Dielektrikums ein elektrisches Feld $\mathbf{E}_P = -\mathbf{P}/\varepsilon_0$. Das elektrische Feld in einem Dielektrikum setzt sich folglich aus zwei Anteilen zusammen: Äußere Ladungen erzeugen ein Feld $\mathbf{E}$ und die Polarisation der Atome und Moleküle des Dielektrikums führt zu einem Feld $\mathbf{E}_P$. Um die Beziehung zu den erzeugenden Ladungen zu betonen, wird das elektrische Feld auch mit einem Vektor $\mathbf{D}$ (displacement) der *Verschiebungsdichte* beschrieben. Die Verschiebungsdichte hat dieselbe Dimension [A·s/m²] wie die Verschiebungspolarisation $\mathbf{P}$. In einem Dielektrikum gilt:

$$\vec{D} = \varepsilon_0 \cdot \vec{E} + \vec{P} \quad \text{(Verschiebungsdichte)}$$

Ähnlich wie ein Dielektrikum elektrische Felder verändert, wirken sich magnetische Materialien auf Magnetfelder aus. Da Magnetfelder von elektrischen Strömen erzeugt werden, geht man davon aus, dass beispielsweise das Magnetfeld eines Permanentmagneten von atomaren Ringströmen erzeugt wird (Abbildung 3.30).

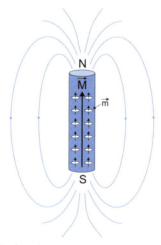

Abbildung 3.30: Atomare Ringströme in einem Permanentmagneten

Jeder Ringstrom ist ein kleiner magnetischer Dipol $\mathbf{m}$, auf den ein äußeres Magnetfeld $\mathbf{B}$ ein Drehmoment $\mathbf{T} = [\mathbf{m} \times \mathbf{B}]$ ausübt. Als einfaches Modell eines magnetischen Dipols betrachten wir ein atomares Elektron (mit der Ladung $-e$), das sich auf einer Bahn $\mathbf{r}(t)$ um einen Atomkern bewegt. Das Elektron erfährt im Magnetfeld $\mathbf{B}$ eine Lorentz-Kraft $\mathbf{F}_L$ (Abschnitt 3.4.2) und damit im zeitlichen Mittel ein Drehmoment:

$$\vec{T} = \langle [\vec{r} \times \vec{F}_L] \rangle = -\frac{1}{2} e \cdot [[\vec{r} \times \vec{v}] \times \vec{B}]$$

(Die Berechnung des mit den spitzen Klammern $\langle \rangle$ gekennzeichneten zeitlichen Mittels erfordert etwas Vektoralgebra). Der atomare magnetische Dipol hat demzufolge ein Dipolmoment $\mathbf{m} = -e[\mathbf{r} \times \mathbf{v}]/2$. Da $\mathbf{L} = m_e[\mathbf{r} \times \mathbf{v}]$ der Bahndrehimpuls des Elektrons (mit der Masse m_e) ist, ergibt sich für das *magnetische Dipolmoment* eines atomaren Ringstroms:

$$\vec{m} = -\frac{e}{2m_e} \cdot \vec{L} \quad \text{(magnetisches Dipolmoment)}$$

Analog zur dielektrischen Polarisation in Dielektrika ergibt sich in magnetischen Materialien aus den magnetischen Dipolmomenten **m** der atomaren Ringströme die *Magnetisierung* **M**:

$$\vec{M} = n \cdot \vec{m} \quad \text{(Magnetisierung)}$$

Die Magnetisierung **M** erzeugt innerhalb eines Magneten ein Magnetfeld $\mathbf{B}_M = \mu_0 \cdot \mathbf{M}$.

Experiment 3.9 **Einstein-de-Haas-Effekt**

Der mit der Magnetisierung verknüpfte Drehimpuls der Elektronenbewegung kann experimentell nachgewiesen werden (Einstein-de-Haas-Effekt). Man hängt dazu einen Weicheisenstab, der sich leicht ummagnetisieren lässt, an einem Quarzfaden in eine senkrecht aufgestellte Spule (Abbildung 3.31). Wird durch Änderung der Stromrichtung in der Magnetfeldspule der Eisenstab ummagnetisiert, so ändert sich der Drehimpuls der Elektronen.

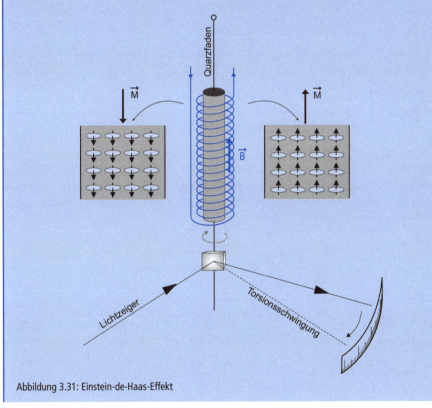

Abbildung 3.31: Einstein-de-Haas-Effekt

Wie bei den Experimenten auf dem Drehstuhl (Abschnitt 1.4.4) bleibt auch bei der Ummagnetisierung die z-Komponente des Drehimpulses des Stabes erhalten. Der Stab wird daher beim Ummagnetisieren in Rotation versetzt. Abbildung 3.32 zeigt schematisch ein mechanisches Modell zum Einstein-de-Haas-Effekt. Wenn die Achsen der beiden rotierenden Kreisel an den Enden der Hantel (durch einen geeigneten an der Hantel befestigten Mechanismus) um 180^0 gekippt werden, dreht sich anschließend die Hantel.

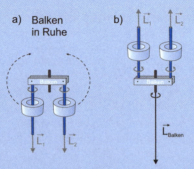

Abbildung 3.32: Modellversuch zum Einstein-de-Haas-Effekt

Aufgabe 3.16
Berechnen Sie für einen runden, an einem Ende aufgehängten Eisenstab mit dem Radius $r = 1$ mm die Rotationsfrequenz ω, mit der der Stab nach einmaliger Magnetisierung rotiert.

Wie das elektrische Feld, wird auch das magnetische Feld mit zwei Feldvektoren beschrieben. Die magnetische Induktion **B** bezieht sich auf die Kraftwirkung auf eine bewegte Probeladung. Mit Bezug auf die Erzeugung des Feldes definiert man die *magnetische Erregung* **H** (häufig auch Feldstärke genannt). Sie hat dieselbe Dimension [A/m] wie die Magnetisierung **M**. In magnetischen Materialien gilt:

$$\vec{H} = \frac{\vec{B}}{\mu_0} - \vec{M} \quad \text{(magnetische Erregung)}$$

Merke
Elektrische Felder werden mit den Feldvektoren **E** [V/m] und **D** [A·s/m²] und magnetische Felder mit den Feldvektoren **B** [V·s/m²] und **H** [A/m] beschrieben. Die Feldvektoren **E** und **B** sind mit Bezug auf die auf Ladungen wirkenden Kräfte definiert und die Feldvektoren **D** und **H** mit Bezug auf die erzeugenden elektrischen Ladungen und Ströme.
In einem Dielektrikum mit der Verschiebungspolarisation **P** bzw. in magnetischen Materialien mit der Magnetisierung **M** gelten die Beziehungen:

$$\varepsilon_0 \vec{E} = \vec{D} - \vec{P} \quad \text{und} \quad \vec{B}/\mu_0 = \vec{H} + \vec{M}$$

3.5.2 Das elektrische Feld im Vakuum

Die Verschiebungsdichte **D** wurde in Abschnitt 3.5.1 mit Bezug auf die Erzeugung elektrischer Felder durch Ladungen definiert. Elektrische Felder können aber auch von zeitabhängigen Magnetfeldern erzeugt werden (Abschnitt 3.4.3). Die Dynamik elektrischer und magnetischer Felder in Materie kann daher recht kompliziert sein. Das elektromagnetische Feld erfüllt hingegen im Vakuum mathematisch überraschend einfache Gesetzmäßigkeiten. Diese Gesetzmäßigkeiten sind die Grundlage der *Elektrodynamik*. Um diese Gesetzmäßigkeiten zu formulieren, betrachten wir zunächst noch einmal elektrisches und magnetisches Feld gesondert im Vakuum.

Im Vakuum gilt für die beiden Feldvektoren **E** und **D** des elektrischen Feldes die Beziehung:

$$\vec{D} = \varepsilon_0 \cdot \vec{E}$$

Die Feldlinien des Feldes beginnen und enden auf Ladungen, falls ausschließlich ruhende Ladungen zur Erzeugung des Feldes beitragen. Diese einfache Regel gilt aber nicht mehr, wenn auch ein zeitabhängiges Magnetfeld **B**(t) zur Erzeugung des elektrischen Feldes beiträgt. Dieser Beitrag folgt aus dem Faradayschen Induktionsgesetz (Abschnitt 3.4.3). Die in einem Leiterring induzierte Spannung U_{ind} ergibt sich aus der längs des (eine Fläche A umschließenden) Leiterringes anliegenden elektrischen Feldstärke **E**:

$$U_{ind} = -\oint_A \vec{E}\, d\vec{r}$$

Das Faradaysche Induktionsgesetz kann daher auch dahingehend interpretiert werden, dass das zeitabhängige Magnetfeld **B**(t) ein elektrisches Feld induziert, dessen Feldlinien das Magnetfeld umschlingen (Abbildung 3.33). Die Feldlinien dieses Feldes sind also in sich geschlossene Linien ohne Anfang und Ende. Ausgehend von dieser Interpretation ergibt sich die folgende Beziehung zwischen der zeitlichen Ableitung des Magnetfeldes **B**(**r**,t) und dem induzierten elektrischen Feld **E**(**r**,t):

$$\oint_A \vec{E}(\vec{r},t)\cdot d\vec{r} = -\iint_A \frac{d\vec{B}(\vec{r},t)}{dt}\cdot d\vec{A} \quad \text{(Integralform der 2. Maxwellschen Gleichung)}$$

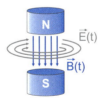

Abbildung 3.33: Von einem zeitabhängigen Magnetfeld induziertes elektrisches Feld

---

Aufgabe 3.17   Schätzen Sie die elektrische Feldstärke in der Umgebung eines kreisförmigen ($R = 0{,}1$ m) Elektromagneten ab, der mit 50 Hz Wechselstrom betrieben wird und in dem Feldstärken von $B = 1$ T erreicht werden.

Tatsächlich kann dieses Feld unmittelbar mit Probeladungen nachgewiesen werden. Elektronen werden in der Umgebung eines zeitabhängigen Magnetfeldes beschleunigt. Mit einer geeigneten rotationssymmetrischen Magnetfeldanordnung (einem *Betatron*) kann man sogar erreichen, dass die Elektronen sich auf Kreisbahnen um das Magnetfeld bewegen und dabei so lange beschleunigt werden, wie das Magnetfeld zunimmt. Die Elektronen erreichen dabei Endenergien von vielen MeV (1 MeV = 10^6 eV).

Die Maxwellsche Gleichung macht deutlich, dass der Wechsel vom Newtonschen Konzept der Fernwirkung zu dem Faraday-Maxwellschen Konzept der Feldwirkung physikalisch notwendig ist. Die elektrischen und magnetischen Felder gewinnen damit eine eigenständige physikalische Realität. Dieser Paradigmenwechsel macht es auch notwendig, den Begriff der potenziellen Energie, der auf der Idee der Fernwirkung beruht, zu ersetzen. Statt der potenziellen Energie eines geladenen Körpers im elektrischen Feld, ist die im elektrischen Feld gespeicherte Energie zu betrachten. Da das Feld sich kontinuierlich über den Raum erstreckt, ist seine Energie durch eine orts- und zeitabhängige Energiedichte $u_{el}(\mathbf{r},t)$ zu beschreiben. Die Energiedichte des elektrischen Feldes in einem Plattenkondensator ergibt sich beispielsweise aus der Energie $E_c = q^2/2C$, die benötigt wird, um den Kondensator aufzuladen. Allgemein gilt:

$$u_{el}(\vec{r},t) = \frac{1}{2}\vec{E}(\vec{r},t) \cdot \vec{D}(\vec{r},t)$$

Im Vakuum ist folglich die Energiedichte eines elektrischen Feldes proportional zum Quadrat der Feldstärke: $u_{el} = \varepsilon_0 \mathbf{E}^2/2$.

> **Merke** Ruhende Ladungen q erzeugen elektrische Felder mit Feldlinien, die bei positiven Ladungen beginnen und bei negativen Ladungen enden. Ein zeitabhängiges Magnetfeld $\mathbf{B}(\mathbf{r},t)$ induziert ein elektrisches Feld $\mathbf{E}(\mathbf{r},t)$ mit in sich geschlossenen Feldlinien.
>
> Die Energiedichte des elektrischen Feldes ist proportional zum Quadrat der Feldstärke:
>
> $$u_{el} = \frac{1}{2}\varepsilon_0 \cdot \vec{E}^2$$

3.5.3 Das magnetische Feld im Vakuum

Wie die Feldvektoren des elektrischen Feldes, sind im Vakuum auch die Feldvektoren $\mathbf{B}$ und $\mathbf{H}$ des magnetischen Feldes zueinander proportional:

$$\vec{B} = \mu_0 \cdot \vec{H}$$

Bislang sind wir von der Annahme ausgegangen, dass Magnetfelder von elektrischen Strömen erzeugt werden. Die Feldlinien dieser Felder sind geschlossene Ringe um den stromführenden Leiter (Abbildung 3.22). Diese Annahme genügt, um das Magnetfeld stationärer elektrischer Ströme zu bestimmen. Bei der Berechnung der Magnetfelder zeitabhängiger Ströme, die beispielsweise bei der Entladung eines Kondensators auftreten, führt sie aber zu Widersprüchen. Um diese Widersprüche zu beseitigen, postulierte J. C. Maxwell im Jahre 1864, dass ebenso wie ein zeitabhängiges magnetisches Feld ein elektrisches Feld induziert, auch ein zeitabhängiges elektrisches Feld ein magnetisches Feld induziert:

$$\oint_A \vec{H}(\vec{r},t)\cdot d\vec{r} = \iint_A \frac{d\vec{D}(\vec{r},t)}{dt}\cdot d\vec{A}$$ (Integralform der 1. Maxwellschen Gleichung)

Gemäß dieser Formel sind auch die Feldlinien eines von einem zeitabhängigen elektrischen Feld induzierten Magnetfelds in sich geschlossen. In dieser Hinsicht unterscheiden sich elektrische und magnetische Felder. Während die Feldlinien eines elektrischen Feldes auf elektrischen Ladungen beginnen und enden können, sind die Feldlinien eines Magnetfeldes stets in sich geschlossen. Es sind keine magnetischen Monopole bekannt, die Ausgangspunkt oder Endpunkt einer magnetischen Feldlinie sein könnten. Auch Permanentmagnete haben stets einen Nord- und einen gleich starken Südpol. Sie lassen sich daher als ein Ensemble atomarer Ringströme verstehen (Abbildung 3.30).

Nach der 1. Maxwellschen Gleichung entsteht bei der Entladung eines Plattenkondensators ein Magnetfeld, und zwar nicht nur mit Feldlinien, die den Entladungsstrom umschließen, sondern auch in der Umgebung des Kondensators. Sie umschließen dort das sich zeitlich verändernde elektrische Feld (Abbildung 3.34). In der Praxis sind die so induzierten magnetischen Felder allerdings extrem schwach im Vergleich zu den Magnetfeldern in der Umgebung eines elektrischen Stromes I.

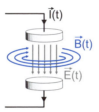

Abbildung 3.34: Magnetfeld, das während des Aufladens eines Plattenkondensators das elektrische Feld umgibt

Aufgabe 3.18 Schätzen Sie das Magnetfeld in der Umgebung eines kreisförmigen ($R = 0{,}1$ m) Kondensators ab, in dem mit einer 50 Hz-Wechselspannung elektrische Felder mit $\mathbf{E} = 1$ MV/m auf- und abgebaut werden.

In einem Schwingkreis (Abschnitt 3.4.4) entlädt sich ein Kondensator mit der Kapazität C über eine Spule mit der Induktivität L. Dabei wird das elektrische Kondensatorfeld mit der Energiedichte u_{el} abgebaut und stattdessen in der Spule ein magnetisches Feld mit einer Energiedichte u_m aufgebaut. Anschließend wird das Magnetfeld abgebaut und dafür im Kondensator ein elektrisches Feld mit umgekehrter Polung aufgebaut. Dieses Wechselspiel zwischen elektrischem und magnetischem Feld zeigt, dass Magnetfelder ebenso wie elektrische Felder eine Energiedichte haben. Sie ergibt sich analog zur Energiedichte des elektrischen Feldes aus den Feldvektoren $\mathbf{B}$ und $\mathbf{H}$:

$$u_m = \frac{1}{2}(\vec{H}\cdot\vec{B})$$

Im Vakuum ist $u_m = \mathbf{B}^2/2\mu_0$. Mit einem Elektromagneten können Magnetfelder von der Größenordnung 1 T erzeugt werden. Ein solches Magnetfeld hat eine Energiedichte u_m = 0,4 MW/m^3. Demgegenüber sind die mit stationären elektrischen Feldern erreichbaren Energiedichten sehr klein. Ein elektrisches Feld mit der Feldstärke E = 1 MV/m beispielsweise hat etwa die Energiedichte u_{el} = 4 W/m^3. Der Unterschied in der Energiedichte macht verständlich, weshalb mit Magneten schwere Eisenstücke gehoben werden können, hingegen mit elektrischen Feldern nur kleine Papierschnipsel.

> **Merke**
>
> Ein zeitabhängiges elektrisches Feld erzeugt ein Magnetfeld, dessen Feldlinien das elektrische Feld umschließen, und ein zeitabhängiges Magnetfeld erzeugt ein elektrisches Feld, dessen Feldlinien das Magnetfeld umschließen. Diese Wechselbeziehung elektrischer und magnetischer Felder ist Inhalt der Maxwellschen Gleichungen:
>
> $$\oint_A \vec{H}(\vec{r},t) \cdot d\vec{r} = \iint_A \frac{d\vec{D}(\vec{r},t)}{dt} \cdot d\vec{A} \quad \text{(Integralform der 1. Maxwellschen Gleichung)}$$
>
> $$\oint_A \vec{E}(\vec{r},t) \cdot d\vec{r} = -\iint_A \frac{d\vec{B}(\vec{r},t)}{dt} \cdot d\vec{A} \quad \text{(Integralform der 2. Maxwellschen Gleichung)}$$

3.5.4 Maxwellsche Gleichungen

Die Formulierung der Maxwellschen Gleichungen mit Weg- und Flächenintegralen lehnt sich eng an die in Abbildung 3.33 und Abbildung 3.34 dargestellten experimentellen Gegebenheiten an. Auf der Grundlage der Integralgleichungen können daher häufig physikalisch wichtige Größen schnell abgeschätzt werden. Für genaue Rechnungen und weiterführende theoretische Untersuchungen ist es aber vorteilhaft, die Wechselbeziehung zwischen elektrischen und magnetischen Feldern auch mit Differentialgleichungen mathematisch zu formulieren.

Die mathematische Umformulierung der Integralgleichungen in Differentialgleichungen ermöglicht der *Stokessche Satz*. Er besagt, dass das Integral eines Vektorfeldes $\mathbf{B}(\mathbf{r})$ über einen geschlossenen Weg in ein Flächenintegral umgewandelt werden kann:

$$\oint_A \vec{B}(\vec{r})\, d\vec{r} = \iint_A rot\, \vec{B}(\vec{r})\, d\vec{A} \quad \text{(Stokesscher Satz)}$$

Dabei hat der Vektor rot**B** die Komponenten $rot_x\mathbf{B} = \partial B_y/\partial z - \partial B_z/\partial y$, $rot_y\mathbf{B} = \partial B_z/\partial x - \partial B_x/\partial z$ und $rot_z\mathbf{B} = \partial B_x/\partial y - \partial B_y/\partial x$. Er heißt *Rotation* des Vektorfeldes und ist ein Maß für die Wirbeldichte des Feldes am Ort **r**.

Dank des Stokesschen Satzes können die Maxwellschen Integralgleichungen auch in differentieller Form geschrieben werden:

Maxwellsche Gleichungen

$$rot\vec{H}(\vec{r},t) = \frac{\partial \vec{D}(\vec{r},t)}{\partial t} \quad \text{(1. Maxwellsche Differentialgleichung)}$$

$$rot\,\vec{E}(\vec{r},t) = -\frac{\partial \vec{B}(\vec{r},t)}{\partial t} \quad \text{(2. Maxwellsche Differentialgleichung)}$$

In dieser Form verknüpfen die Maxwellschen Gleichungen *lokale* Eigenschaften elektrischer und magnetischer Felder. Die zeitliche Änderung des einen Feldes am Ort **r** zur Zeit t steht in Beziehung zur Rotation, d. h. zu einer räumlichen Ableitung des anderen Feldes. Diese lokale Verknüpfung der beiden Felder bringt besonders deutlich die Abkehr von dem Newtonschen Konzept der Fernkräfte zum Ausdruck. An die Stelle von Kräften, die über große Distanzen zwischen weit voneinander entfernten Körpern wirken, treten elektrische und magnetische Felder, die die Kräfte vermitteln und *lokal* aufeinander einwirken.

> **Merke**
>
> Kräfte, die zwischen weit voneinander entfernten Körpern wirken, werden durch Felder übertragen, insbesondere elektrische und magnetische Kräfte durch das elektromagnetische Feld. Die Wechselwirkung zwischen dem elektrischen und magnetischen Feld ist *lokal*. Sie erfüllen an jedem Raum-Zeit-Punkt (**r**,t) die Maxwellschen Differentialgleichungen.

3.6 Elektromagnetische Wellen

Aus den Maxwellschen Gleichungen folgt, dass elektromagnetische Felder auch unabhängig von elektrischen Ladungen und Strömen existieren und sich als Wellen auch im Vakuum ausbreiten können. Neben der Materie ist deshalb das elektromagnetische Feld als eigenständiges Medium zu betrachten, das nicht nur Energie speichern (Abschnitt 3.5.2 und 3.5.3), sondern auch transportieren kann. Elektromagnetische Wellen wurden erstmals 1888 von H. Hertz mit einem elektrischen Schwingkreis erzeugt und nachgewiesen. Heute nutzen wir sie bei allen Formen der Nachrichtenübertragung, wie Radio, Fernsehen und Handy. Alle elektromagnetischen Wellen breiten sich im Vakuum mit der Lichtgeschwindigkeit $c = 3 \cdot 10^8$ m/s aus. Dementsprechend gehört auch das uns allen vertraute Licht zu den elektromagnetischen Wellen.

3.6.1 Wellenausbreitung im Vakuum

Gemäß den Maxwellschen Gleichungen erzeugt ein zeitabhängiges elektrisches Feld ein magnetisches Feld und ein zeitabhängiges Magnetfeld ein elektrisches Feld. Dieses Wechselspiel führt zur Ausbreitung elektromagnetischer Wellen. Um dieses Wechselspiel quantitativ nachzuvollziehen, betrachten wir als einfaches Beispiel die Ausbreitung einer ebenen elektromagnetischen Welle im Vakuum. Bei ebenen Wellen hängen die Feldvektoren $\mathbf{E}(z,t)$ und $\mathbf{B}(z,t)$ nur von einer Orts- (hier der z-Koordinate) und von der Zeit t ab. Mit dieser Einschränkung und der Annahme, dass die Dichten ρ und $\mathbf{i}$ der elektrischen Ladungen und Ströme überall im Raum identisch Null sind, ergeben sich aus den Maxwellschen Gleichungen die folgenden Differentialgleichungen für die Felder $\mathbf{E}(z,t)$ und $\mathbf{B}(z,t)$:

$$\frac{\partial E_y(z,t)}{\partial z} = -\frac{\partial B_x(z,t)}{\partial t}$$

$$-\frac{\partial B_x(z,t)}{\partial z} = \mu_0 \varepsilon_0 \frac{\partial E_y(z,t)}{\partial t}$$

Zur Vereinfachung des Gleichungssystems wurde hierbei angenommen, dass nur die y-Komponente E_y des elektrischen Feldes und nur die x-Komponente B_x des Magnetfeldes von Null verschieden sind. Allgemein folgt aus der Maxwellschen Theorie des elektromagnetischen Feldes, dass die Feldvektoren einer ebenen elektromagnetischen Welle im Vakuum senkrecht zur Ausbreitungsrichtung und senkrecht aufeinander stehen.

Aus den beiden partiellen Differentialgleichungen ergibt sich sowohl für das elektrische als auch für das magnetische Feld eine Wellengleichung:

$$\frac{\partial^2 E_y}{\partial t^2} - \frac{1}{\varepsilon_0 \mu_0} \cdot \frac{\partial^2 E_y}{\partial z^2} = 0$$

$$\frac{\partial^2 B_x}{\partial t^2} - \frac{1}{\varepsilon_0 \mu_0} \cdot \frac{\partial^2 B_x}{\partial z^2} = 0$$

Allgemeine Lösungen dieser Wellengleichungen sind die Funktionen

$$E_y(z,t) = E_y(z \pm ct)$$

$$B_x(z,t) = B_x(z \pm ct)$$

mit $c = (\varepsilon_0 \mu_0)^{-1/2}$, also elektrische bzw. magnetische Felder, die sich mit Lichtgeschwindigkeit in ±z-Richtung ausbreiten. Wir betrachten im Folgenden speziell ebene *harmonische* Wellen, die sich in z-Richtung ausbreiten:

$$E_y(z,t) = E_0 \cdot \exp\{i(kz - \omega t)\}$$

$$B_x(z,t) = B_0 \cdot \exp\{i(kz - \omega t)\}\,.$$

Es sind Lösungen der Wellengleichungen, wenn die Wellenzahl k und die Frequenz ω der Wellen die Relatiion $k\omega = c$ erfüllen. Setzt man diese Lösungen in die Maxwellschen Gleichungen der ebenen Welle ein, so gilt für die Amplituden E_0 und B_0 der elektrischen und magnetischen Komponente der Welle:

$$E_0 = c \cdot B_0$$

Da $c = (\varepsilon_0 \cdot \mu_0)^{-1}$ haben elektrisches und magnetisches Feld der ebenen elektromagnetischen Wellen zu jeder Zeit und an jedem Ort gleich große Energiedichten:

$$\frac{1}{2}\varepsilon_0 \cdot E_y^{\ 2}(z,t) = \frac{1}{2}B_x^{\ 2}(z,t)/\mu_0$$

Allgemein gilt für die gesamte Energiedichte $u(z,t) = u_{el} + u_m$ einer sich in z-Richtung ausbreitenden ebenen elektromagnetischen Welle mit den Feldvektoren **E** und **B** oder $\mathbf{D} = \varepsilon_0\mathbf{E}$ und $\mathbf{H} = \mathbf{B}/\mu_0$:

$$u = \vec{E}\cdot\vec{D} = \vec{B}\cdot\vec{H}$$

Als Beispiel zeigt Abbildung 3.35 eine Momentaufnahme einer elektromagnetischen Welle, die sich in z-Richtung ausbreitet. Dabei wurde wie bei den Lösungsfunktionen angenommen, dass der elektrische Feldvektor überall in ein und derselben Richtung, hier in der x-Richtung, schwingt und demzufolge der magnetische Feldvektor in y-Richtung. Man nennt solche Wellen *linear polarisiert*. Im Allgemeinen kann hingegen das elektrische Feld einer elektromagnetischen Welle von Ort zu Ort seine Richtung ändern, da aus den Maxwellschen Gleichungen lediglich folgt, dass beide Felder **E** und **B** senkrecht auf der Ausbreitungsrichtung, also senkrecht zum Wellenvektor **k**, stehen und an jedem Ort senkrecht zueinander gerichtet sind. Eine elektromagnetische Welle kann deshalb beispielsweise auch *zirkular* oder *elliptisch* polarisiert sein. Die Feldrichtung kann aber auch regellos in der Ebene senkrecht zur Ausbreitungsrichtung hin und her fluktuieren. In diesem Fall spricht man von einer *unpolarisierten* Welle.

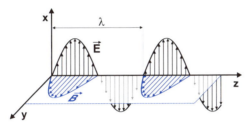

Abbildung 3.35: Linear polarisierte ebene elektromagnetische Welle, die sich in z-Richtung ausbreitet

Unabhängig von der Polarisation bewegt sich die Phase einer elektromagnetischen Welle im Vakuum in Richtung des Wellenvektors **k** mit der Lichtgeschwindigkeit c. Mit der Ausbreitung der Welle ist ein Energiefluss verknüpft. Die Energieflussdichte (Energie pro Zeit und Fläche) eines elektromagnetischen Feldes ergibt sich allgemein aus dem Vektorprodukt von elektrischem und magnetischem Feldvektor:

$$\vec{S} = [\vec{E}\times\vec{H}] \quad \text{(Poynting-Vektor)}$$

Für eine ebene elektromagnetische Welle hat der *Poynting-Vektor* **S** die Richtung des Wellenvektors **k** der Welle und den Betrag $|\mathbf{S}| = c\cdot u(\mathbf{r},t)$.

Aufgabe 3.19 — Berechnen Sie die Feldstärken $|\mathbf{E}|$ und $|\mathbf{B}|$ einer elektromagnetischen Welle mit der Intensität $I = r|\mathbf{S}| = 1\ \text{W/m}^2$.

> **Merke**
>
> Eine ebene elektromagnetische Welle transportiert in Ausbreitungsrichtung Energie mit der Lichtgeschwindigkeit $c = 3 \cdot 10^8$ m/s. Die Energiedichte u der Welle ist proportional zum Quadrat der Feldvektoren:
>
> $$u = \varepsilon_0 \vec{E}^2 = \vec{B}^2 / \mu_0$$
>
> Beide Feldvektoren stehen senkrecht zur Ausbreitungsrichtung.

3.6.2 Abstrahlung eines Hertzschen Dipols

Eine ruhende Ladung erzeugt ein elektrisches Feld. Eine mit einer Geschwindigkeit v bewegte Ladung erzeugt auch ein magnetisches Feld. Diese Felder klingen umgekehrt proportional zum Quadrat des Abstandes r von der Ladung ab. Erfährt hingegen die Ladung eine Beschleunigung **a**, so entsteht eine elektromagnetische Welle, deren Feldamplituden nur mit $1/r$ abnehmen. Mit der Abstrahlung einer elektromagnetischen Welle ist ein Energieverlust verbunden. Ein beschleunigtes Teilchen mit der Ladung q strahlt gemäß der Maxwellschen Theorie Energie mit der Leistung

$$P_{rad} = \frac{2}{3} \cdot \frac{q^2}{4\pi\varepsilon_0} \cdot \frac{\vec{a}^2}{c^3} \quad \text{(Larmorsche Formel)}$$

ab. Im Folgenden diskutieren wir die Beziehung zwischen Beschleunigung und Abstrahlung anhand einfacher Beispiele.

Atome bestehen aus einem positiv geladenen Kern und negativ geladenen Elektronen, die sich um den Kern bewegen. Nach den Gesetzen der Newtonschen Mechanik erwartet man, dass sich die Elektronen dank der Coulomb-Anziehung – ähnlich wie die Planeten um die Sonne – um den Atomkern herum bewegen. Der Einfachheit halber betrachten wir ein Wasserstoffatom, in dem sich ein Elektron auf einer Kreisbahn um ein Proton bewegt (Abschnitt 5.1.2). Ein solches Wasserstoffatom stellt einen rotierenden elektrischen Dipol dar. Die Rotationsfrequenz ω des Dipols ist wie bei den Planeten abhängig vom Radius r der Kreisbahn. Ist $2r \approx 10^{-10}$ m von der Größenordnung eines Atomdurchmessers, so ist $\omega \approx 4{,}4 \cdot 10^{16}$ s^{-1}. Auch ohne eine detaillierte Rechnung wird verständlich, dass ein so rotierender Dipol elektromagnetische Wellen abstrahlt. Denn der Dipol erzeugt zunächst ein zeitlich veränderliches elektrisches Feld, das seinerseits gemäß der ersten Maxwellschen Gleichung ein magnetisches Feld erzeugt. Auch dieses verändert sich mit der Zeit und induziert deshalb gemäß der 2. Maxwellschen Gleichung wieder ein elektrisches Feld. Und dieses Wechselspiel setzt sich fort. Abbildung 3.36 illustriert die Feldverteilung in der Umgebung eines auf einer Geraden harmonisch hin und her schwingenden Dipols, eines so genannten Hertzschen Dipols. Da mit der Abstrahlung einer elektromagnetischen Welle ein Energieverlust verbunden ist, sind die Schwingungen eines Hertzschen Dipols gedämpft. Für ein auf einer Kreisbahn mit der Frequenz ω umlaufendes Elektron mit der Masse m_e ergibt die Larmorsche Formel den Dämpfungsfaktor:

$$\delta = \frac{1}{3} \cdot \frac{e^2}{4\pi\varepsilon_0 \cdot m_e c^3} \cdot \omega^2$$

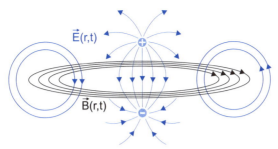

Abbildung 3.36: Elektromagnetisches Feld in der Umgebung eines Hertzschen Dipols

Aufgabe 3.20

Berechnen Sie die Strahlungsleistung eines Elektrons, das sich auf einer Kreisbahn mit dem Durchmesser $2r = 10^{-10}$ m um den Atomkern bewegt. Welche Wellenlänge hat das abgestrahlte Licht? (Hinweis: Der Faktor $r_{kl} = e^2/(4\pi\varepsilon_0 \cdot m_e c^2)$ wird *klassischer Elektronenradius* genannt. Er hat den Wert $r_{kl} = 2{,}8 \cdot 10^{-15}$ m.)

Merke

Jede Ladung, die beschleunigt wird, strahlt nach der Maxwellschen Theorie elektromagnetische Wellen ab und verliert damit Energie. Die Bewegung eines mit der Frequenz ω harmonisch schwingenden Elektrons ist folglich gedämpft. Der Dämpfungsfaktor δ der Schwingung wächst mit dem Quadrat der Frequenz ω.

3.6.3 Absorption und Streuung

Einerseits strahlt ein harmonisch schwingender elektrischer Dipol eine elektromagnetische Welle ab. Andererseits kann ein solcher Hertzscher Dipol auch durch eine elektromagnetische Welle mit der Frequenz ω zu Schwingungen angeregt werden. Denn in einem elektrischen Feld wird der Dipol polarisiert. Das am Ort des Hertzschen Dipols mit der Frequenz ω oszillierende elektrische Feld der Welle regt daher den Hertzschen Dipol zu erzwungenen Schwingungen an (Abschnitt 1.6.3). Wie bei einem mechanischen Oszillator ist im Resonanzfall, wenn also die Frequenz ω der elektromagnetischen Welle gleich der Eigenfrequenz ω_0 des Hertzschen Dipols ist, die Amplitude der erzwungenen Schwingung maximal und die Phase der Dipolschwingung gegenüber der Phase der Welle um $\Delta\varphi = \pi/2$ verschoben.

Einerseits regt also eine elektromagnetische Welle einen Hertzschen Dipol zu Schwingungen an, Andererseits beeinflusst aber auch der Hertzsche Dipol die elektromagnetische Welle. Denn bei der Anregung des Dipols wird der elektromagnetischen Welle Energie entzogen. Ein Teil der Welle wird von dem Hertzschen Dipol absorbiert. Gleichzeitig strahlt aber der mit der Frequenz ω der Welle schwingende Dipol auch eine elektromagnetische Welle gleicher Frequenz ab, die sich der einfallenden elektromagnetischen Welle überlagert. Falls außer der *Strahlungsdämpfung* des Dipols keine weitere Dämpfung zu berücksichtigen ist, wird nach dem Abklingen von Einschwingvorgängen pro Zeiteinheit genau so viel Energie absorbiert wie emittiert. Die Absorptionsleistung P_{abs} des Dipols ist gleich seiner Emissionsleistung P_{em}. In diesem Fall wird die einfallende elektromagnetische Welle lediglich gestreut.

Wenn der Dipol von einer ebenen Welle angeregt wird, ist die Absorptionsleistung P_{abs} des Dipols proportional zur Intensität (Energieflussdichte) $S = c \cdot u$ der Welle. Der Proportionalitätsfaktor hat die Dimension einer Fläche. Analog zum Stoßquerschnitt für die Stöße der Atome in einem Gas (Abschnitt 3.2.2) kann auch für Streuung einer elektromagnetischen Welle an einem Hertzschen Dipol ein *Streuquerschnitt* σ definiert werden. Effektiv wird der durch den Streuquerschnitt σ strömende Energiefluss $c \cdot u \cdot \sigma$ der ebenen Welle von dem Hertzschen Dipol gestreut. Dementsprechend gilt:

$$P_{abs} = P_{em} = c \cdot u \cdot \sigma$$

Interessant ist die Größe des Streuquerschnitts σ im Resonanzfall. Wenn die Frequenz der elektromagnetischen Welle gleich der Eigenfrequenz des Hertzschen Dipols ist, ist der Streuquerschnitt $\sigma = \sigma_{res}$ maximal. Seine Größe hängt nicht von Parametern des Hertzschen Dipols ab, sondern allein von der Wellenlänge λ der resonanten Welle:

$$\sigma_{res} = \frac{3}{2\pi} \cdot \lambda^2$$

Aufgabe 3.21   Berechnen Sie den Resonanzquerschnitt für die Streuung einer elektromagnetischen Welle der Frequenz 100 MHz an einem Hertzschen Dipol.

Bislang haben wir angenommen, dass die elektromagnetische Welle einen Dipol zu Schwingungen anregt, der nur durch Abstrahlung gedämpft ist und daher genau so viel Energie emittiert wie absorbiert. Eine Empfangsantenne soll hingegen einen Teil der absorbierten Energie an einen Verbraucher abführen. Bei einer Antenne ist daher eine zusätzliche Dämpfung durch den Verbraucher zu berücksichtigen. Die dem Verbraucher zugeführte Energie errechnet sich dann aus der *wirksamen Antennenfläche* σ_w. Bei optimaler Anpassung (Verbraucherwiderstand = Strahlungswiderstand) gilt:

$$\sigma_w = \frac{1}{4} \sigma_{res}$$

Aufgabe 3.22   Mit einer 100-MHz-Antenne soll ein 2-W-Lämpchen zum Leuchten gebracht werden. Welche Intensität muss die empfangene elektromagnetische Welle mindestens haben?

Experiment 3.10 **Sendeantenne**

Ein 450-MHz-Schwingkreis wird induktiv an eine Stabantenne mit der Länge $l = \lambda/2$ gekoppelt. Die von der Antenne abgestrahlte elektromagnetische Welle ($\lambda = 67$ cm) wird von einer zweiten Stabantenne mit einer Glühlampe als Verbraucher empfangen. Stehen beide Antennen bei nicht zu großem Abstand ($d < 1$ m) parallel, so leuchtet die Glühbirne auf. Stehen die Antennen aber senkrecht zueinander, so wird die Empfangsantenne nicht zu Schwingungen angeregt und die Glühlampe bleibt dunkel.

Erklärung: Die von der Sendeantenne emittierte elektromagnetische Welle ist linear polarisiert. Der elektrische Feldvektor schwingt in Richtung der Sendeantenne. Das elektrische Feld der Welle kann keine Schwingungen in einer Stabantenne erregen, die senkrecht zur Feldrichtung steht.

Merke

Eine auf Resonanz abgestimmte Antenne absorbiert aus einer elektromagnetischen Welle mit der Wellenlänge λ den durch eine Fläche von der Größenordnung λ^2 strömenden Energiefluss:

$$P_{abs} \sim c \cdot u \cdot \lambda^2$$

3.6.4 Wellenleiter

Elektromagnetische Wellen breiten sich nicht nur unabhängig von aller Materie im Vakuum aus. Sie können sich auch in Dielektrika ausbreiten und entlang elektrischer Leiter geführt werden. Um die Feldverteilung dieser Wellen zu berechnen, sind in den Maxwellschen Gleichungen die elektrische Verschiebungspolarisation **P** und die Magnetisierung **M** der Dielektrika sowie die elektrischen Ladungen und Ströme in den Leitern zu berücksichtigen. Wir verzichten hier auf eine ausführliche Behandlung dieser Wellen, wollen aber dennoch die Ausbreitung elektromagnetischer Wellen entlang elektrischer Leiter kurz beschreiben. Wir betrachten dabei Wellen mit Wellenlängen λ im cm-Bereich und Frequenzen ν im GHz-Bereich. Zur Führung elektromagnetischer Wellen entlang elektrischer Leiter besonders geeignet sind *Koaxialleiter*, in denen die Welle zwischen einem Innen- und Außenleiter geführt wird (Abbildung 3.37), und *Hohlleiter*, bei denen sich das elektromagnetische Feld in einem Hohlraum ausbreitet (Abbildung 3.38). Letzteres ist nur möglich, wenn die Breite des Hohlraums größer als die Wellenlänge ist. Diese Wellenleiter haben den Vorzug, dass die elektromagnetischen Felder vollkommen von Leitern umschlossen sind, so dass keine Wellen in den umgebenden Raum abgestrahlt werden können.

Abbildung 3.37: Querschnitt durch ein Koaxialkabel mit elektrischen und magnetischen Feldlinien

Die elektrischen und magnetischen Felder in Koaxial- und Hohlleitern werden anders als bei sich frei im Raum ausbreitenden elektromagnetischen Wellen, wo die elektrischen und magnetischen Felder sich wechselseitig bedingen, zu einem wesentlichen Teil von den an den Leiteroberflächen fließenden Strömen und den dabei entstehenden Oberflächenladungen erzeugt. Dementsprechend sind in einem Koaxialleiter die magnetischen Feldlinien konzentrisch um den Innenleiter liegende Ringe und die elektrischen Feldlinien radial gerichtet.

In einem Hohlleiter können sich Wellen in verschiedenen Schwingungsmoden ausbreiten. Abbildung 3.38 zeigt die Feldlinien einer H_{10}-Welle in einem Hohlleiter mit Rechteckquerschnitt. Das elektrische Feld liegt dabei im Querschnitt des Leiters parallel zur Schmalseite und das magnetische Feld hat ringförmige Feldlinien in der Ebene senkrecht zum elektrischen Feld. Es hat also auch eine Komponente in Ausbreitungsrichtung parallel zur Längsrichtung des Leiters.

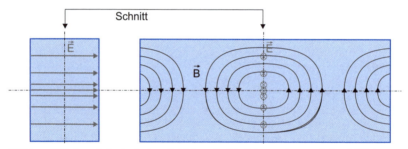

Abbildung 3.38: Querschnitt durch einen Hohlleiter mit elektrischen und magnetischen Feldlinien

Experiment 3.11 Lecher-Leitung

Wir illustrieren die Ausbreitung elektromagnetischer Wellen entlang elektrischer Leiter an einem offenen Leitersystem, bestehend aus zwei parallelen Leitungsdrähten, die an beiden Enden kurzgeschlossen sind (Abbildung 3.39). Die *Lecher-Leitung* habe die Länge $L = 1$ m. Über eine induktive Kopplung eines Schwingkreises an das kurzgeschlossene Ende einer Lecher-Leitung wird auf dieser eine elektromagnetische Welle erzeugt. Bei einer Senderfrequenz $v = 450$ MHz hat die Welle eine Wellenlänge $\lambda = c/v = 0{,}67$ m. Unter diesen Bedingungen kann die Lecher-Leitung zu resonanten Schwingungen angeregt werden, da ihre Länge ein ganzes Vielfaches der halben Wellenlänge ist. Es bildet sich auf der Lecherleitung eine stehende Welle aus. Anders als bei einer laufenden Welle sind bei dieser stehenden Welle die Knoten der Schwingungen von elektrischem und magnetischem Feld gegeneinander versetzt. Die Knoten des elektrischen Feldes liegen dort, wo zwischen den Leitungsdrähten keine Spannung herrscht, also insbesondere bei den Kurzschlüssen an den Enden der Lecher-Leitung. Hingegen kann dort ein maximaler Strom fließen. Daher hat das Magnetfeld an den Enden Schwingungsbäuche.

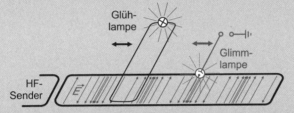

Abbildung 3.39: Lecher-Leitung mit angekoppeltem Schwingkreis

Die Feldverteilungen auf der Lecher-Leitung können mit einer einfachen Glimmlampe bzw. Glühbirne sichtbar gemacht werden. In der Glimmlampe brennt zwischen zwei Elektroden eine schwache Gasentladung. Wenn man sie in die Nähe der Spannungsbäuche bringt, leuchtet sie hell auf. Denn in dem elektrischen Hochfrequenzfeld werden die Elektronen in der Gasentladung hinreichend stark beschleunigt, so dass sie bei Stößen mit Atomen weitere Atome anregen und ionisieren und damit die Entladung verstärken. An den Strombäuchen kann mit einem weiteren auf Resonanz eingestellten Leiterkreis so viel Strom ausgekoppelt werden, dass ein Glühbirnchen im Leiterkreis aufleuchtet.

Merke Elektromagnetische Wellen können in Wellenleitern geführt werden. Die Feldverteilung in den Wellenleitern hängt wesentlich von der Strom- und Ladungsverteilung auf den Leiteroberflächen ab.

Elektromagnetische Strahlung

ÜBERBLICK

4

Während Schallwellen an eine Trägersubstanz, wie z. B. an ein den Raum erfüllendes Gas gebunden sind, breiten sich elektromagnetische Wellen auch im Vakuum aus. Dieser Unterschied hat nicht nur Konsequenzen für die praktische Bedeutung und Nutzung der Wellen, sondern gibt auch Anlass zu grundlegenden Fragen. Da elektromagnetische Wellen sich auch im Vakuum ausbreiten, kann ein ferner Himmelskörper, wie unsere Sonne die Erde erwärmen und damit Leben auf der Erde ermöglichen, und wir können die Sonne und weiter entfernte Sterne und Galaxien sehen und mit Fernrohren und Radioteleskopen auf ihnen stattfindende Prozesse beobachten. Aber wir können die Gestirne nicht hören, da sich Schallwellen im interstellaren Raum (mit nur wenigen Atomen pro cm^3) nicht ausbreiten können.

Die diskrete Struktur der Materie hat zur Folge, dass es in Gasen keine Schallwellen mit Wellenlängen $\lambda < l$ (mittlere freie Weglänge der Atome) gibt (Abschnitt 3.3.1). Die Maxwellsche Theorie hingegen ist eine Kontinuumstheorie. Daher können elektromagnetische Wellen Wellenlängen von subatomaren bis zu kosmischen Größenordnungen haben (Abbildung 4.1). Auch werden sie im Vakuum nach der Maxwellschen Theorie nicht durch Dissipation abgeschwächt.

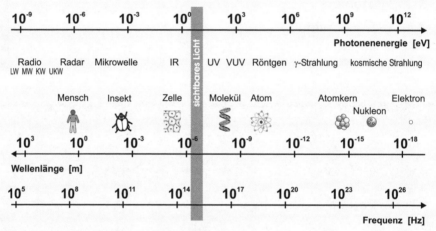

Abbildung 4.1: Das Spektrum elektromagnetischer Wellen

Der Gegensatz zwischen der diskreten Struktur der Materie und der kontinuierlichen Struktur des elektromagnetischen Feldes erwies sich als ein gravierendes Hindernis, als M. Planck im Jahre 1900 versuchte, das Spektrum der Wärmestrahlung zu erklären. Denn die klassische Theorie der Wärme basiert auf der *Atomhypothese* und den Gesetzen des Zufalls für die thermischen Bewegungen der Atome. Im Rahmen der Maxwellschen Kontinuumstheorie des elektromagnetischen Feldes gab es keine Möglichkeit, in entsprechender Weise die Gesetze des Zufalls zu nutzen, um das Problem der Wärmestrahlung zu lösen. M. Planck postulierte deshalb die nach ihm benannte *Quantenhypothese* und gab damit auch dem elektromagnetischen Feld eine diskrete Struktur. Die Quantenhypothese kann als ein wichtiger Schritt in Richtung auf ein einheitliches physikalisches Weltbild betrachtet werden. In der Tat gab sie den Anstoß für eine phantastische Entwicklung von Wissenschaft und Technik im 20. Jahrhundert. Dieses Kapitel führt auf die Quantenhypothese hin. In den beiden folgenden Kapiteln werden wir die auf die Quantenhypothese aufbauende Entwicklung der Physik beschreiben.

4.1 Strahlenoptik

Vertraut ist uns die elektromagnetische Strahlung als Licht. Dabei handelt es sich um elektromagnetische Wellen im Wellenlängenbereich 0,4 μm < λ < 0,7 μm (Abbildung 4.1). Mit zunehmender Wellenlänge λ ändert sich die Farbe des Lichts von violett über blau, grün, gelb und orange zu rot. Das sind die Farben des Regenbogens. Da die Wellenlängen λ des sichtbaren Lichts sehr klein im Vergleich mit den typischen Abständen d der uns im täglichen Leben umgebenden Gegenstände sind, breitet sich Licht trotz seiner Wellennatur näherungsweise strahlenförmig aus. Beleuchtete undurchsichtige Gegenstände werfen dementsprechend einen Schatten. Die Gesetze der Strahlenoptik werden in dieser Lektion behandelt. Sie gelten, wenn alle auf die Lichtausbreitung wirkenden Gegenstände hinreichend große Abmessungen $d \gg \lambda$ haben.

4.1.1 Reflexion und Brechung

Wie uns die tägliche Erfahrung lehrt, breitet sich Licht im Raum (Vakuum) geradlinig aus. Wir reden deshalb von *Lichtstrahlen*. Genauer meinen wir damit Lichtbündel, deren Durchmesser $\varnothing \gg \lambda$ ist. Jeder Laserstrahl, der nur einige Meter lang ist, hat einen Durchmesser von mindestens 1 mm. Fällt ein solcher Lichtstrahl auf die Oberfläche eines durchsichtigen Mediums, so spaltet er sich im Allgemeinen in einen reflektierten und einen gebrochenen Strahl auf (Abbildung 4.2). Die Strahlrichtungen werden üblicherweise in Bezug auf das *Einfallslot* angegeben. Alle drei Strahlen liegen gewöhnlich zusammen mit dem Einfallslot in einer Ebene und Einfallswinkel α, Reflektionswinkel α' und Brechungswinkel β erfüllen die folgenden Gleichungen:

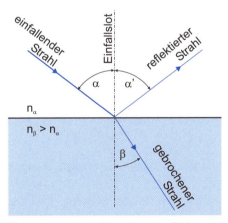

Abbildung 4.2: Brechung und Reflektion eines Lichtstrahls an einer Grenzfläche

$$\alpha = \alpha' \quad \text{(Reflektionsgesetz)}$$

$$n_\alpha \cdot \sin \alpha = n_\beta \cdot \sin \beta \quad \text{(Snelliussches Brechungsgesetz)}$$

Dabei sind die *Brechungsindizes* n Materialkonstanten der beiden Medien α und β oberhalb und unterhalb der Grenzfläche. Der Brechungsindex des Vakuums ist willkürlich $n_{vac} = 1$ gesetzt. Damit ergibt sich beispielsweise für Luft (unter Normalbedingungen) und Wasser: $n_L = 1,0003$ bzw. $n_W = 1,33$. Da Wasser den größeren Brechungsindex hat, ist Wasser *optisch dichter* als Luft, hingegen Luft *optisch dünner* als Wasser.

Allgemein wird ein Lichtstrahl beim Übergang von optisch dünneren zum optisch dichteren Medium zum Einfallslot hin gebrochen ($\beta < \alpha$), im umgekehrten Fall hingegen vom Einfallslot weg gebrochen. Trifft also ein Lichtstrahl, aus dem optisch dichteren Medium β, z. B. Wasser, kommend, an die Grenzfläche zum optisch dünneren Medium α, z. B. Luft, so sind in Bezug auf die Brechung die folgenden beiden Fälle zu unterscheiden:

$$\text{Fall a)} \quad \sin\alpha = \frac{n_\beta}{n_\alpha}\cdot\sin\beta < 1$$

In diesem Fall gibt es einen gebrochenen und einen reflektierten Strahl. Allerdings ändert sich das Intensitätsverhältnis beider Strahlen auffallend, wenn man den Einfallswinkel verändert. Bei nahezu senkrechtem Einfall ist der gebrochene Strahl wesentlich intensiver als der reflektierte Strahl. Mit zunehmendem Einfallswinkel nimmt aber die Intensität des gebrochenen Strahls ab und entsprechend die Intensität des reflektierten Strahls zu. Die Intensität des gebrochenen Strahls wird verschwindend klein, wenn der Brechungswinkel α den Wert $\alpha = \pi/2$ erreicht (Abbildung 4.3).

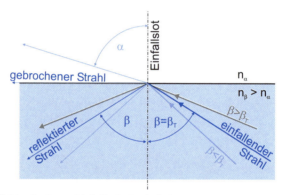

Abbildung 4.3: Zur Definition des Grenzwinkels β_T der Totalreflexion

Bei weiterer Vergrößerung des Einfallswinkels β gibt es keinen gebrochenen Strahl mehr. Das gesamte einfallende Licht wird reflektiert:

$$\text{Fall b)} \quad \frac{n_\beta}{n_\alpha}\cdot\sin\beta > 1 \quad \text{(Totalreflexion)}$$

Totalreflexion ergibt sich also, wenn der Einfallswinkel $\beta > \beta_T$ größer als der *Grenzwinkel* β_T der Totalreflexion ist:

$$\beta_T = \arcsin\frac{n_\alpha}{n_\beta}$$

Da die Abweichung $\Delta n_L = n_L - 1 \approx 3\cdot10^{-4}$ des Brechungsindexes n_L der Luft vom Brechungsindex des Vakuums proportional zur Dichte $\rho = n\cdot m$ der Luft ist, gibt es auch dort Totalreflexion, wo unterschiedlich dichte Luftschichten aneinander stoßen. Solche Luftspiegelungen treten beispielsweise an heißen Sommertagen über Asphaltstraßen auf, wenn die Luftschicht über dem schwarzen Asphalt wesentlich heißer als die höher liegenden Luftschichten ist. Dank solcher Luftspiegelungen scheint die Straße in größerer Entfernung nass zu sein. In der Wüste sind solche Luftspiegelungen als Fata Morgana bekannt.

Aufgabe 4.1 Berechnen Sie den Grenzwinkel der Totalreflexion für den Fall, dass die aneinander grenzenden Luftschichten einen Temperaturunterschied $\Delta T = 30$ K haben. In welcher Entfernung spiegelt eine ebene Straße, wenn man sie aus 1 m Höhe betrachtet?

Merke An der Grenzfläche zwischen zwei Medien mit unterschiedlichen Brechungsindizes $n_1 \neq n_2$ werden Lichtstrahlen gewöhnlich in einen gebrochenen und einen reflektierten Strahl zerlegt. Die Richtungen des gebrochenen und reflektierten Strahls ergeben sich aus dem Snelliusschen Brechungsgesetz bzw. dem Reflexionsgesetz. Bei einem Übergang vom optisch dichteren zum optisch dünneren Medium wird der einfallende Lichtstrahl total reflektiert, wenn der Einfallswinkel größer als der Grenzwinkel der Totalreflexion ist.

4.1.2 Optische Bauelemente

Reflexions- und Brechungsgesetz sind die Grundlage für ein elementares Verständnis vieler optischer Bauelemente. Im Folgenden betrachten wir einige Beispiele.

Lichtleiter: In der modernen Optoelektronik finden Lichtleiter vielfältige Verwendung. Es sind dünne Glasfasern mit einem Durchmesser von wenigen $10\,\mu$m, in denen Lichtwellen ähnlich wie μm-Wellen in einem Hohlleiter (Abschnitt 3.6.4) geführt werden.

Experiment 4.1 **Lichtleiter**

Wir demonstrieren die Funktionsweise eines Lichtleiters mit einem gekrümmten Stab aus durchsichtigem Plastik mit etwa 1 cm Durchmesser (Abbildung 4.4). In diesem Fall genügt die Strahlenoptik, um die Führung des Lichts durch den Stab zu erklären. Das etwa senkrecht auf eine Endfläche des Stabes einfallende Licht trifft bei nicht zu starker Krümmung des Stabes unter einem genügend flachem Winkel auf die zylindrische seitliche Oberfläche des Stabes, so dass das Licht dort total reflektiert wird. Nach mehrmaliger Reflexion kann das Licht erst am anderen Ende den Stab wieder verlassen. Die Demonstration zeigt aber auch, dass viel Licht an Verunreinigungen und Luftbläschen im Stabmaterial gestreut wird und deshalb seitlich austritt. Technisch genutzte Lichtleiter bestehen deshalb aus extrem reinem Material. Solche Verluste werden so weitgehend vermieden.

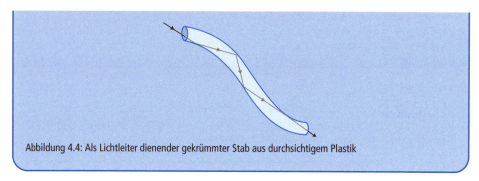

Abbildung 4.4: Als Lichtleiter dienender gekrümmter Stab aus durchsichtigem Plastik

Prisma: Ein Prisma ist ein Körper mit dreieckigem Querschnitt. Schickt man weißes Licht durch ein durchsichtiges Prisma, so wird das Licht in die Farben des Regenbogens zerlegt (Abbildung 4.5). Da das Prisma gewöhnlich optisch dichter als das umgebende Medium ist, wird der Lichtstrahl beim Eintritt in das Prisma zum Einfallslot hin und beim Austritt vom Einfallslot weg gebrochen. Da Eintritts- und Austrittsfläche nicht parallel sind, ergibt sich insgesamt eine Ablenkung des Lichtstrahls. Die spektrale Zerlegung des einfallenden Lichtstrahls ist eine Folge der *Dispersion* der Lichtwellen (Abschnitt 3.1.4). Die Phasengeschwindigkeit v_{Ph} der Lichtwellen in Materie ergibt sich aus dem Brechungsindex n und der Lichtgeschwindigkeit c im Vakuum:

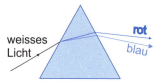

Abbildung 4.5: Strahlengang durch ein Prisma

$$v_{Ph} = c\,/\,n$$

Nur im Vakuum breiten sich alle elektromagnetischen Wellen unabhängig von ihrer Wellenlänge mit ein und derselben Phasengeschwindigkeit c aus. In Materie hängt die Ausbreitungsgeschwindigkeit des Lichts vom Brechungsindex ab, der gewöhnlich mit der Wellenlänge variiert. Je kürzer die Wellenlänge, desto größer ist gewöhnlich der Brechungsindex. Daher wird violettes Licht stärker gebrochen als rotes Licht.

Spiegel: Ein ebener Spiegel entwirft ein *virtuelles* Spiegelbild hinter der Spiegelfläche. Der Strahlengang ergibt sich unmittelbar aus dem Reflexionsgesetz (Abbildung 4.6). Die von einem leuchtenden Punkt vor dem Spiegel ausgehenden Lichtstrahlen werden vom Spiegel reflektiert und scheinen dann von einem Punkt, der spiegelbildlich hinter dem Spiegel liegt, herzukommen.

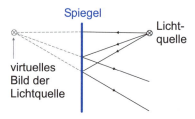

Abbildung 4.6: Strahlengang eines ebenen Spiegels

Aufgabe 4.2 Zeigen Sie, dass das Spiegelbild einer Rechtsschraube eine Linksschraube ist.

Schwieriger ist die Konstruktion des Strahlengangs für gekrümmte Spiegelflächen. Die in der Optik verwendeten Spiegel sind aber gewöhnlich rotationssymmetrisch und so gekrümmt, dass alle Lichtstrahlen, die parallel zur Symmetrieachse, der *optischen Achse* des Spiegels, auf den Spiegel fallen, nach der Reflexion entweder in einem Punkt vor dem Spiegel, dem *Brennpunkt* (oder *Fokus*) zusammentreffen oder von einem virtuellen Brennpunkt hinter dem Spiegel auszugehen scheinen (Abbildung 4.7). Im ersteren Fall ist die spiegelnde Fläche *konkav*, im letzteren *konvex*. Konkav- und Konvexspiegel können virtuelle oder reelle, verkleinerte oder vergrößerte und aufrechte oder umgekehrte Abbildungen erzeugen. Um diese Abbildungen konstruieren zu können, muss nur der Brennpunkt des Spiegels bekannt sein. Am Beispiel optischer Linsen werden wir zeigen, wie mit Hilfe weniger *Konstruktionsstrahlen* das Abbild eines Gegenstandes zeichnerisch bestimmt werden kann.

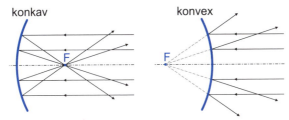

Abbildung 4.7: Reflexion achsenparalleler Strahlen an einem Konkav- und einem Konvexspiegel (Bündelung der Strahlen im Fokus F)

Linse: Optische Linsen sind flache, gewöhnlich rotationssymmetrische Körper aus Glas oder anderen durchsichtigen Materialien. Auch Linsen können konkave oder konvexe Oberflächen haben. Wir betrachten hier Bikonkav- und Bikonvexlinsen, die also beidseitig konkave bzw. konvexe Oberflächen haben (Abbildung 4.8). Auch Linsen können so geschliffen werden, dass sie Brennpunkte haben. Da Licht von beiden Seiten parallel zur optischen Achse auf die Linse fallen kann, haben sie zwei Brennpunkte, die spiegelsymmetrisch zur Mittelebene der Linse liegen. Eine bikonkave Linse hat virtuelle, eine bikonvexe Linse hingegen reelle Brennpunkte.

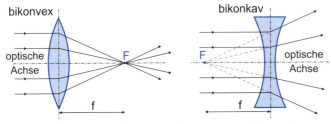

Abbildung 4.8: Brechung achsenparalleler Strahlen an einer Bikonkav- und einer Bikonvexlinse

Der durch den Mittelpunkt der Linse gehende Strahl geht geradlinig, also ungebrochen durch die Linse. Außerhalb des Mittelpunktes hingegen wirkt die Linse wie ein Prisma und lenkt deshalb die Strahlen zum Brennpunkt hin ab. Von vielen kleineren Korrekturen, so genannten *Linsenfehlern*, sehen wir im Folgenden ab. Insbesondere vernachlässigen wir die Dispersion des Lichts im Linsenmaterial und die Dicke der Linse, gehen also davon aus, dass die Lichtstrahlen einfach an der Mittelebene der Linse gebrochen werden. Dementsprechend werden in Konstruktionszeichnungen konvexe (Sammel-) und konkave (Zerstreuungs-) Linsen häufig einfach durch Doppelpfeile, deren Spitzen nach außen bzw. nach innen zeigen, gekennzeichnet.

Auch ein Bündel paralleler Strahlen, die nicht parallel zur optischen Achse auf die Linse fallen, wird in dieser Näherung auf einen Punkt fokussiert (Abbildung 4.9), der in der Brennebene, aber außerhalb des Brennpunktes liegt. Die Lage dieses Punktes zeigt der geradlinig durch die Linse gehende Mittelpunktsstrahl an.

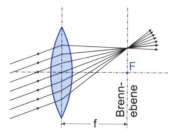

Abbildung 4.9: Fokussierung eines parallelen Strahlenbündels auf einen Punkt der Brennebene außerhalb des Brennpunktes

Der Bildpunkt, den eine Linse von einer leuchtenden Pfeilspitze erzeugt, kann nun mit einfachen geometrischen Überlegungen bestimmt werden (Abbildung 4.10). Man muss dazu nur den Verlauf von mindestens zwei ausgewählten Strahlen verfolgen. Als *Konstruktionsstrahlen* eignen sich:

Konstruktionsstrahlen

- **Achsenparalleler Strahl**: Er wird so gebrochen, dass er durch den jenseitigen Brennpunkt geht.
- **Mittelpunktsstrahl**: Er geht ungebrochen, also geradlinig durch die Linse.
- **Brennpunktsstrahl**: Er verläuft hinter der Linse achsenparallel.

Wir betrachten insbesondere konvexe Linsen. Je nachdem, ob die Pfeilspitze zwischen Brennpunkt und Linse, d. h. innerhalb der einfachen *Brennweite* oder außerhalb der einfachen Brennweite, liegt, sind die drei Konstruktionsstrahlen hinter der Linse divergent oder konvergent. Das Abbild der Pfeilspitze ist dementsprechend virtuell bzw. reell.

Um eine Konvexlinse als *Lupe* (Vergrößerungsglas) zu verwenden, muss also der Gegenstand innerhalb der einfachen Brennweite liegen (Abbildung 4.10). Man sieht von dem Gegenstand G hinter der Linse ein vergrößertes und aufrechtes virtuelles Bild B. Dabei gehen natürlich von jedem Punkt des beleuchteten Gegenstandes in alle

Richtungen Lichtstrahlen aus, und es tragen alle durch die Linse gehenden und ins Auge fallenden Lichtstrahlen zur Entstehung des vom Betrachter gesehenen Bildes bei. Für die Konstruktionsstrahlen ist es hingegen unerheblich, ob sie die Linse treffen oder nicht.

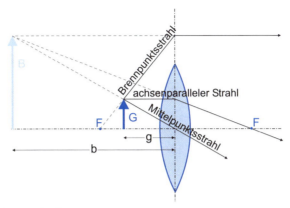

Abbildung 4.10: Strahlengang einer Lupe

Von einem Gegenstand außerhalb der einfachen Brennweite entwirft eine Konvexlinse ein umgekehrtes reelles Bild (Abbildung 4.11). In einer Fotokamera wird ein solches Bild auf einem Film festgehalten. Liegt der Gegenstand G dabei innerhalb der doppelten Brennweite, so wird der Gegenstand vergrößert, andernfalls verkleinert. Vergrößerung $V = B/G$ (Bildgröße zu Gegenstandsgröße) und der Abstand b des Bildes von der Linse, ergeben sich aus der Brennweite f der Linse und der Gegenstandsweite (Abstand des Gegenstands von der Linse) g:

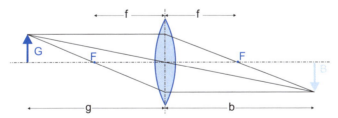

Abbildung 4.11: Strahlengang für eine Konvexlinse, die ein reelles Bild eines Gegenstandes erzeugt

$$\frac{1}{f} = \frac{1}{g} + \frac{1}{b} \quad \text{(Abbildungsgleichung)}$$

$$V = \frac{b}{g} \quad \text{(Linearvergrößerung)}$$

Aufgabe 4.3   Beweisen Sie diese Gleichungen anhand von Zeichnungen mit Konstruktionsstrahlen. Zeigen Sie, dass die Abbildungsgleichung auch auf Lupen angewendet werden kann, wenn dabei die Bildweite b des virtuellen Bildes negativ gewertet wird.

> **Aufgabe 4.4**
>
> Zeichnen Sie Strahlengänge für Konvexlinsen. Unter welcher Bedingung entsteht ein virtuelles Bild? Unter welcher Bedingung entsteht ein verkleinertes (vergrößertes) reelles Bild? Sind die Bilder aufrecht oder umgekehrt?

> **Merke**
>
> Optische Linsen und Spiegel sind gewöhnlich so geschliffen, dass achsenparallele Strahlen auf einen reellen oder virtuellen Brennpunkt fokussiert werden. Gegenstände können von Linsen und Spiegeln reell oder virtuell, verkleinert oder vergrößert und aufrecht oder umgekehrt abgebildet werden. In jedem Einzelfall können die Bilder mit Hilfe der Konstruktionsstrahlen geometrisch konstruiert werden.

4.1.3 Mikroskop und Fernrohr

Viele optische Instrumente sind aus den in Abschnitt 4.1.2 beschriebenen Bauelementen aufgebaut. Als Beispiele betrachten wir das Mikroskop und das Fernrohr.

Mikroskop: Mit einem Mikroskop können Objekte, deren Größe mindestens von der Größenordnung der Lichtwellenlänge ist, wie z. B. Bakterien, vergrößert und damit sichtbar gemacht werden. Es besteht im Wesentlichen aus zwei Konvexlinsen, dem *Objektiv* und dem *Okular* (Abbildung 4.12). Das Objekt G befindet sich knapp außerhalb der einfachen Brennweite f_{ob} des Objektivs. Weit außerhalb der doppelten Brennweite entsteht damit auf der anderen Seite der Linse ein vergrößertes und umgekehrtes reelles Zwischenbild Z des Objekts. Dieses Zwischenbild wird durch das Okular wie mit einer Lupe betrachtet. Das Zwischenbild liegt also knapp innerhalb der einfachen Brennweite des Okulars, und zwar so, dass das vom Okular entworfene virtuelle Bild etwa in der *deutlichen Sehweite* $s = 0{,}25$ m liegt.

Fernrohr: Mit einem Fernrohr kann man beispielsweise den Jupiter ähnlich wie den Mond als leuchtende Scheibe am Himmel sehen und die ihn umkreisenden Monde beobachten. Um so nah benachbarte Himmelskörper wie den Jupiter und seine Monde getrennt wahrnehmen zu können, muss man den Winkelabstand $\Delta\alpha$, unter dem wir die Körper von der Erde aus sehen, vergrößern. Auch dieses Ziel erreicht man mit zwei hintereinander angeordneten Konvexlinsen (Abbildung 4.13). Die Objektivlinse hat einen großen Durchmesser. Sie entwirft ein Zwischenbild des weit entfernten Objekts etwa in der Brennebene, also im Abstand f_{ob} von der Linse. Ein praktisch unendlich weit entfernter Stern wird als Punkt in der Brennebene abgebildet. Bei einem Fernrohr fällt diese Brennebene des Objektivs mit einer Brennebene des Okulars zusammen. Durch das Okular sieht man also das punktförmige Zwischenbild eines Sterns wieder als unendlich weit entfernten Punkt. Aber der Winkelabstand des Sterns von der optischen Achse des Fernrohrs hat sich um einen Faktor V vergrößert:

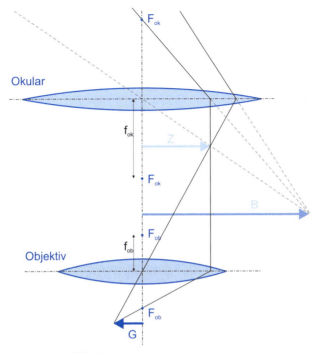

Abbildung 4.12: Strahlengang eines Mikroskops

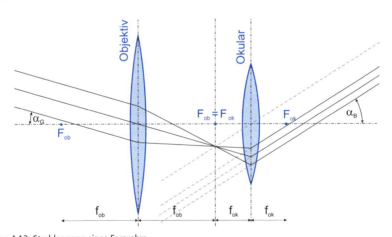

Abbildung 4.13: Strahlengang eines Fernrohrs

$$V = \frac{\alpha_B}{\alpha_G} \approx \frac{\tan \alpha_B}{\tan \alpha_G} = \frac{f_{ob}}{f_{ok}}$$ Winkelvergrößerung eines Fernrohrs

Auch zwei am Himmel nah benachbarte Sterne sieht man durch ein Fernrohr mit einem um den Faktor V vergrößerten Winkelabstand.

Aufgabe 4.5   Beweisen Sie die Formel für die Winkelvergrößerung eines Fernrohrs.

Merke   Die optischen Instrumente Mikroskop und Fernrohr bestehen im Wesentlichen aus zwei Linsen, dem Objektiv und dem Okular. Beim Mikroskop erzeugt das Objektiv ein vergrößertes reelles Bild des Gegenstandes, das durch das Okular wie mit einer Lupe betrachtet wird. Beim Fernrohr fallen die zwischen beiden Linsen liegenden Brennpunkte von Objektiv und Okular zusammen. Es vergrößert den Winkelabstand weit entfernter Lichtpunkte. Die Winkelvergrößerung ist gleich dem Verhältnis der Brennweiten beider Linsen. Im Gegensatz zum Mikroskop ist beim Fernrohr $f_{ob} \gg f_{ok}$.

4.1.4 Messung der Lichtgeschwindigkeit

Mit der Beobachtung der Jupitermonde ergab sich erstmals die Möglichkeit, die Ausbreitungsgeschwindigkeit des Lichts zu bestimmen. Das Licht braucht, wie wir heute wissen, etwa 8 Minuten, um von der Sonne aus die Erde zu erreichen. Daher variiert die Zeit, in der Licht vom Jupiter aus die Erde erreicht, um 16 Minuten. Es erreicht uns um 16 Minuten schneller, wenn Erde und Jupiter auf derselben Sonnenseite sind, als bei entgegengesetzter Stellung. Diese Zeitspanne wirkt sich auf die beobachteten Umlaufzeiten der Jupitermonde aus und führt zu Abweichungen von theoretischen Werten. O. Römer analysierte diese Abweichungen und bestimmte daraus im Jahre 1676 die Lichtgeschwindigkeit.

Da die Lichtgeschwindigkeit im Vakuum eine Naturkonstante ist, also unabhängig von der Relativgeschwindigkeit von Lichtquelle und Beobachter und auch nicht von einer Relativgeschwindigkeit zu irgendeinem Medium abhängt (Abschnitt 1.2.4), hat sie grundlegende Bedeutung für die Physik und seit 1983 auch für die Metrologie (Abschnitt 1.1.1). In einem Vorlesungsexperiment zeigen wir, wie die Lichtgeschwindigkeit (in Luft) mit Methoden der Strahlenoptik, nämlich der Drehspiegelmethode von Foucault (1862), gemessen werden kann (Abbildung 4.14).

Experiment 4.2 **Messung der Lichtgeschwindigkeit**

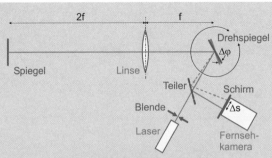

Abbildung 4.14: Versuchsanordnung zur Messung der Lichtgeschwindigkeit

Ein Laserstrahl wird an einem mit der Frequenz v rotierenden (ebenen und beidseitig verspiegelten) Drehspiegel reflektiert, durchläuft eine Strecke $3f$ und wird dann an dem festen (ebenen) Spiegel auf den Drehspiegel zurückreflektiert. Bis das Licht zum Drehspiegel zurückgekehrt ist, hat sich dieser aber ein Stückchen weiter gedreht und reflektiert daher den Laserstrahl nicht in seine Ausgangsrichtung zurück, sondern in eine davon etwas abweichende Richtung. Aus der Richtungsänderung $\Delta\varphi$ kann, ähnlich wie bei der Geschwindigkeitsmessung in Abschnitt 1.1.2, die Ausbreitungsgeschwindigkeit des Lichts bestimmt werden. Um $\Delta\varphi$ mit möglichst hoher Genauigkeit messen zu können, wird der Laserstrahl mit der Linse, die eine Brennweite $f = 5$ m hat, fokussiert. Die Linse bildet die Blende im Verhältnis 1:1 auf den festen Spiegel ab. Der Lichtweg von der Blende bis zum Spiegel hat also die Länge $4f$. Der Drehspiegel steht im Brennpunkt der Linse. Auf dem Rückweg passiert das reflektierte Licht nochmals die Linse, so dass sich ein weiteres Abbild der Blende auf dem Schirm ergibt. Der Strahlteiler, der bei jedem Durchgang 50 % des Lichts transmittiert und die restlichen 50 % reflektiert, ermöglicht es, dass Laser und Schirm räumlich getrennt aufgestellt werden können. Gemessen wird die Verschiebung Δs des Lichtflecks auf dem Schirm in Abhängigkeit von der Rotationsfrequenz v des Drehspiegels. Damit ist $\Delta\varphi = \Delta s/f$. Die Lichtgeschwindigkeit c errechnet sich dann nach der Formel:

$$c = 24\pi \cdot v \cdot f / \Delta\varphi$$

Zur Messung von Δs wird die Position des Lichtflecks nicht nur bei Rotation, sondern auch bei ruhendem Drehspiegel bestimmt. Aus der Verschiebung des Lichtflecks ergibt sich der bekannte Wert $c = 3 \cdot 10^8$ m/s (mit mäßiger Genauigkeit).

Aufgabe 4.6 Beweisen Sie die Formel zur Berechnung der Lichtgeschwindigkeit. Wie groß muss die Umdrehungszahl v des Drehspiegels sein, damit sich der Lichtfleck auf dem Schirm um $\Delta s = 3$ mm verschiebt?

| **Merke** | Licht legt eine Strecke von 300 km (Berlin – Hamburg) in 1 ms zurück. Den Mond erreicht es von der Erde aus in etwas mehr als 1 s. Das Licht der Sonne erreicht uns nach etwa 8 min. Die |

universelle Naturkonstante c hat näherungsweise den Wert:

$c = 3 \cdot 10^8$ m/s

4.2 Wellenoptik

Licht und elektromagnetische Wellen breiten sich im Vakuum mit derselben Geschwindigkeit aus:

$$c = (\varepsilon_0 \mu_0)^{-1/2} \approx 3 \cdot 10^8 \, m/s$$

Daher wurde schon von J. C. Maxwell angenommen, dass sie physikalisch gleichartig sind und sich nur in Frequenz und Wellenlänge unterscheiden. Die für die Elektrotechnik typischen Radio- und Mikrowellen haben Wellenlängen im km-, m- und mm-Bereich. Das sichtbare Licht hingegen hat Wellenlängen im Bereich unterhalb 1 μm (Abbildung 4.1). Wie für alle Wellen gilt also auch für Lichtwellen das Superpositionsprinzip (Abschnitt 3.1.3). Bei der Superposition von Lichtwellen entstehen unter geeigneten Bedingungen Interferenz- und Beugungsmuster. Seit etwa 1800 wurden *Interferenz* und *Beugung* von Licht experimentell nachgewiesen und untersucht, zunächst von **Th. Young (1773 – 1829)**, später insbesondere von **A. J. Fresnel (1788 – 1827)**. Im Gegensatz zur Idee des Lichtstrahls sind elektromagnetische Wellen grundsätzlich räumlich ausgedehnt. Eine exakt ebene Welle erstreckt sich über den ganzen Raum (Abschnitt 3.3.1). Aber auch Licht, das sich in einem begrenzten Volumen V ausbreitet, (dessen Ausdehnung hinreichend groß im Vergleich zur Wellenlänge des Lichts ist), kann häufig näherungsweise als ebene Welle mit einer Amplitude A und einem Wellenvektor **k** beschrieben werden. Der Wellenvektor zeigt in Richtung der *Wellennormale*, ist also senkrecht zu den Wellenfronten. Das elementare Bild der Lichtstrahlen ist dementsprechend im Rahmen der Wellenoptik zu ersetzen durch das Bild ebener Wellen, die sich strahlenähnlich in Richtung der Wellennormalen ausbreiten.

4.2.1 Farben dünner Plättchen

Das Spiel der Farben, das Seifenblasen und Ölflecken im Sonnenlicht zeigt, bietet schöne und eindrucksvolle Beispiele für das Phänomen der Interferenz. Das Farbenspiel lässt sich mit den Gesetzen von Reflexion und Brechung erklären, wenn man dabei den Wellencharakter des Lichts berücksichtigt. Wichtig ist dabei, dass das Licht nicht nur an einer Grenzfläche reflektiert und gebrochen wird, sondern an zwei nur wenige Lichtwellenlängen, also wenige μm voneinander entfernten Grenzflächen (Abbildung 4.15). Die Außen- und Innenfläche einer Seifenblase oder die obere und untere Oberfläche eines Ölfilms auf einer Asphaltstraße sind geeignete Beispiele.

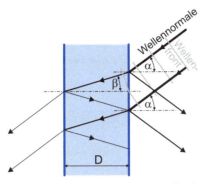

Abbildung 4.15: Reflexion und Brechung einer Lichtwelle an einem dünnen Plättchen

Eine ebene Lichtwelle mit der Wellenlänge λ, die auf ein wenige μm dünnes Plättchen, wie die Haut einer Seifenblase oder einen Ölfilm fällt, wird zunächst beim Eintritt in das dünne Plättchen in eine reflektierte und eine gebrochene Komponente zerlegt. Die gebrochene Welle wird aber auch beim Austritt aus dem Plättchen reflektiert und gebrochen. Die reflektierte Komponente wird abermals an der Eintrittsfläche des Plättchens gebrochen und reflektiert, und dieser Prozess setzt sich fort. Auf diese Weise ergeben sich viele Teilwellen, die in Reflexionsrichtung von der Eintrittsfläche ausgehen und sich überlagern. Je nach der relativen Phase φ der Teilwellen ergibt sich bei der Superposition der Wellen eine *konstruktive* oder *destruktive Interferenz*. Die Phase φ wird durch den *optischen Gangunterschied* Δ der Teilwellen und die Wellenlänge λ des Lichts bestimmt. Berücksichtigt man noch den Phasensprung $\Delta\varphi = \pi$, der bei Reflexion an einem optisch dichteren Medium auftritt (wie bei der Reflexion von Schallwellen an dem geschlossenen Ende einer Flöte, Abschnitt 3.1.2), so ergibt sich:

Interferenzbedingungen

- **konstruktive Interferenz**, wenn $\varphi = 2n\pi$ ein ganzzahliges Vielfaches von 2π ist,
- **destruktive Interferenz**, wenn $\varphi = (2n+1)\pi$ ein halbzahliges Vielfaches von 2π ist.

Dabei ist $\varphi = \Delta/\lambda + \pi$, und Δ ergibt sich aus der Schichtdicke D, dem Einfallswinkel α der Welle und den Brechungsindizes der Medien. Grob vereinfachend vernachlässigen wir bei der Berechnung von Δ die Differenzen der Brechungsindizes der verschiedenen Medien. Wir setzen also $\alpha = \beta$. Dann gehen die Wellennormalen geradlinig durch die Grenzflächen und es ergibt sich aus der Geometrie des Strahlengangs:

$$\Delta = 2D \cdot \cos\alpha$$

Aufgabe 4.7 Beweisen Sie die Formel für Δ. Beachten Sie dabei, dass die Wellenfronten (Orte mit gleicher Phase) senkrecht zu den Wellennormalen liegen.

Mit dem optischen Gangunterschied Δ ist auch die Phasendifferenz φ der durch Mehrfachreflexion entstehenden Teilwellen von der Schichtdicke D und vom Einfallswinkel α abhängig. Die Bedingung der konstruktiven Interferenz ist daher für unterschiedliche Farben bei verschiedenen Einfallswinkeln erfüllt. Ein Beobachter sieht daher verschiedene Bereiche der Schicht je nach Schichtdicke und Einfallswinkel des Lichts in verschiedenen Farben.

> **Merke**
>
> Das sichtbare Licht ist eine elektromagnetische Welle. Die Wellenlänge nimmt von violett nach rot von etwa 0,4 μm auf etwa 0,7μm zu. Bei konstanter Phasenbeziehung können zwei Lichtwellen interferieren. Sie interferieren konstruktiv dort, wo das elektromagnetische Lichtfeld in Phase schwingt, und destruktiv, wo es in Gegenphase schwingt.

4.2.2 Kohärenz

Bislang wurde stillschweigend angenommen, dass die Lichtwelle ein streng periodischer Vorgang ist. Unter dieser Annahme wären Interferenzstrukturen auch bei Reflexion von Licht an dicken Glasplatten, wie Fensterscheiben, zu erwarten. Tatsächlich enthält insbesondere das Sonnenlicht alle Spektralfarben und ist daher eine Superposition von einem breiten Spektrum monochromatischer Wellen. Eine solche Überlagerung ist im Allgemeinen ein gänzlich unperiodischer Vorgang. Denn jede beliebige Funktion $f(x - ct)$ von Ort und Zeit kann nach einem Satz von Fourier in die streng periodischen ebenen Wellen $\exp\{i(kx - \omega t)\}$ mit $\omega/k = c$ zerlegt werden. Dementsprechend sollte man sich Licht als eine Welle vorstellen, bei der wie bei einer Wasserwelle die Abstände benachbarter Wellenberge unregelmäßig mit der Zeit und von Ort zu Ort schwanken. Diese unregelmäßigen Schwankungen haben zur Folge, dass Interferenzstrukturen nur unter geeigneten *Kohärenzbedingungen* beobachtet werden können.

Für eine streng periodische ebene elektromagnetische Welle sind elektrische und magnetische Feldstärke $\mathbf{E}(\mathbf{r},t)$ und $\mathbf{B}(\mathbf{r},t)$ überall im Raum und zu jeder Zeit bestimmt, wenn nur Wellenvektor $\mathbf{k}$ und Frequenz ω und die Feldstärken an *einem* Ort und zu *einer* Zeit bekannt sind. Man spricht in diesem Fall von einer räumlich und zeitlich vollkommen *kohärenten* Welle. Für reale Lichtwellen können hingegen solche Aussagen nur in begrenzten Raum- und Zeitbereichen gemacht werden. Dementsprechend charakterisiert man die Kohärenz einer Lichtwelle durch *Kohärenzlänge* und *Kohärenzbreite* und durch eine *Kohärenzdauer*. Die Bedeutung der Kohärenzlänge illustrieren wir durch Messungen mit dem *Michelson-Interferometer*.

Michelson-Interferometer: Ein Michelson-Interferometer besteht im Wesentlichen aus einem Strahlteiler und zwei Spiegeln (Abbildung 4.16). Das Licht einer Lichtquelle (Laser) trifft zunächst auf den Strahlteiler, z. B. eine teildurchlässig verspiegelte Glasplatte und wird dort in eine transmittierte (Weg 1) und eine reflektierte Komponente (Weg 2) zerlegt. Das transmittierte Licht wird von einem feststehenden Spiegel und das reflektierte Licht von einem mit Mikrometergenauigkeit verstellbaren Spiegel zurück zum Strahlteiler reflektiert. Beide Teilstrahlen werden vom Strahlteiler abermals in eine transmittierte und eine reflektierte Komponente zerlegt. Hinter dem Strahlteiler ergeben sich daher Superpositionen von zwei Lichtwellen, die unterschiedlich lange Wege zurückgelegt haben. Der Gangunterschied Δ kann verändert werden, indem der verstellbare Spiegel verschoben wird. Je nach der Größe von Δ entstehen durch konstruktive und destruktive Interferenz auf dem Schirm S Intensitätsmaxima und -minima.

Abbildung 4.16: Schematische Darstellung eines Michelson-Interferometers

---

Experiment 4.3	Kohärenzlänge

Wir nutzen ein Michelson-Interferometer, um die Kohärenzlänge von Licht verschiedener Lichtquellen zu messen. Schickt man Licht einer (fast) punktförmigen monochromatischen Lichtquelle durch das Interferometer, so ist auf dem Schirm (bei Verwendung einer Abbildungsoptik) das Abbild der Lichtquelle, also ein kleiner Lichtfleck, zu sehen, dessen Helligkeit mit dem Gangunterschied Δ periodisch variiert. Im Experiment verwenden wir eine ausgedehnte Lichtquelle, das Licht mit einer spektralen Breite $\Delta\nu$ (Abbildung 4.32) emittiert. In diesem Fall sieht man auf dem Schirm ein Interferenzbild von konzentrischen hellen und dunklen Ringen, wenn die optischen Wegstrecken der beiden Teilwellen etwa gleich lang sind. Vergrößert oder verkleinert man den Gangunterschied, indem man den beweglichen Spiegel verschiebt, so entstehen bzw. verschwinden zunächst Interferenzringe im Zentrum des Interferenzbildes. Aber mit zunehmendem Gangunterschied verblasst auch die Interferenzstruktur, bis schließlich keine Interferenzstruktur mehr erkennbar ist.

Wir untersuchen die Interferenzbilder einer Glühbirne und einer Hg-Spektrallampe. In der Glühbirne glüht ein heißer Wolframdraht. Sie emittiert Licht ähnlich wie die Sonne im gesamten Spektralbereich des sichtbaren Lichts (Abschnitt 4.4.3). In einer Hg-Spektrallampe wird Quecksilber-Dampf in einer elektrischen Entladung zum Leuchten angeregt. Dabei emittieren die Quecksilber-Atome eine für Quecksilber charakteristische gelbe Spektrallinie (Abschnitt 5.3.4). Ein Farbfilter absorbiert die übrigen Spektrallinien des Quecksilbers im sichtbaren Bereich. Mit beiden Lichtquellen können Interferenzbilder beobachtet werden. Aber in beiden Fällen darf der Gangunterschied Δ nicht allzu groß gewählt werden. Mit einer Glühbirne werden die konzentrischen Interferenzringe nur beobachtet, wenn Δ nicht größer als etwa 2 μm ist. In einem erheblich größeren Bereich kann der Gangunterschied Δ variiert werden, wenn die Spektrallampe als Lichtquelle verwendet wird. Die Interferenzringe verschwinden erst, wenn Δ die Größenordnung von 1 cm erreicht.

Die experimentellen Ergebnisse bestätigen, dass Interferenzbilder nur entstehen, wenn der Gangunterschied Δ höchstens von der Größenordnung der *Kohärenzlänge* L_{coh} des Lichts ist. Die Kohärenzlänge ist ein Maß für die *spektrale Breite* $\Delta\nu$ des Lichts (Abbildung 4.17). Sie charakterisiert die spektrale Intensitätsverteilung $I(\nu)$ des untersuchten Lichts. Die spektrale Breite der Spektrallinien der Hg-Lampe wird hauptsächlich durch die thermische Bewegung der Hg-Atome bestimmt. Die Verbreiterung der Spektrallinie ist somit eine Folge des Doppler-Effekts (Abschnitt 3.3.4). Daher ergibt sich $\Delta\nu$ für die gelbe Hg-Spektrallinie mit der Frequenz $\nu_0 = c/\lambda_0 \approx 5{\cdot}10^{14}$ Hz aus der Größe der mittleren thermischen Geschwindigkeit v_{th} der Atome relativ zur Lichtgeschwindigkeit c:

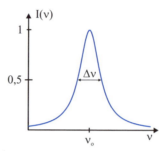

Abbildung 4.17: Spektrale Intensitätsverteilung I(ν) einer Spektrallinie als Funktion der Frequenz $\nu = c/\lambda$

$$\Delta\nu \approx 2 \cdot \frac{v_{th}}{c} \cdot \nu_0$$

Die Kohärenzlänge L_{coh} einer Spektrallinie ist umgekehrt proportional zur Breite ihrer spektralen Verteilung:

$$L_{coh} \approx \frac{c}{\Delta\nu}$$

Im Einklang mit dem experimentellen Ergebnis ergibt sich für die gelbe Hg-Spektrallinie eine Kohärenzlänge in der Größenordnung von 1 cm. Das Licht einer Glühbirne hingegen hat eine wesentlich größere spektrale Breite und dementsprechend eine Kohärenzlänge in der Größenordnung der Wellenlänge des sichtbaren Lichts.

Aufgabe 4.8 Berechnen Sie die Kohärenzlänge von Licht, dessen spektrale Breite auf der Wellenlängenskala mit $\Delta\lambda = 1$ nm angegeben ist.

Merke Die Kohärenzlänge einer Lichtwelle ist umgekehrt proportional zur spektralen Breite des Lichts.

4.2.3 Beugung

Die Strahlenoptik geht von der scheinbar evidenten Annahme aus, dass sich Licht in einem homogenen Medium geradlinig ausbreitet. Als elektromagnetische Welle hat ein „Lichtstrahl" aber auch eine Ausdehnung senkrecht zur Ausbreitungsrichtung. Es stellt sich daher die Frage was passiert, wenn man einen solchen ausgedehnten Lichtstrahl drastisch mit einer kleinen Lochblende einengt. Wie breitet sich das Licht hinter einer solchen Lochblende aus?

Diese Frage beantwortete **Chr. Huygens (1629 – 1695)**, ein Zeitgenosse Newtons, bereits um 1690. Nach dem *Huygens-Fresnelschen Prinzip* geht von der Lochblende, sofern ihre Öffnung hinreichend klein ist, d. h. ihr Durchmesser nicht größer als eine Wellenlänge des Lichts ist, eine *Elementarwelle* aus, die sich kugelförmig im gesamten Halbraum hinter der Lochblende ausbreitet (Abbildung 4.18). Die Ausbreitungsrichtung kann sich also beim Durchgang durch eine Lochblende ändern. Man sagt, die Welle wird gebeugt. An Wasserwellen, die durch einen engen Spalt laufen, kann die *Beugung* unmittelbar beobachtet werden. Wir beschreiben im Folgenden einfache Experimente mit Licht, die zeigen, dass auch Lichtwellen gebeugt werden.

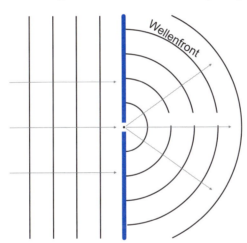

Abbildung 4.18: Ausbreitung einer Elementarwelle hinter einer Lochblende

Beugung am Doppelspalt: Das Licht einer genügend monochromatischen und ebenen (also kohärenten) Lichtquelle (heutzutage nimmt man am besten einen Laser) trifft auf einen Doppelspalt (Abbildung 4.19). Nach dem Huygens-Fresnelschen Prinzip gehen dann von dem Doppelspalt zwei Elementarwellen aus, die miteinander interferieren. Abhängig vom Beugungswinkel α interferieren die beiden Elementarwellen konstruktiv oder destruktiv. Wenn eine ebene Welle senkrecht auf einen Doppelspalt mit Spalten im Abstand D trifft, werden die beiden Elementarwellen in Phase angeregt. Wir betrachten die beiden Elementarwellen in Richtung der Wellennormalen mit dem Beugungswinkel α. In dieser Richtung haben die Elementarwellen wegen des Gangunterschieds $D \cdot \sin \alpha$ eine Phasendifferenz $\Delta\varphi$:

$$\Delta\varphi = 2\pi \frac{D \cdot \sin \alpha}{\lambda}$$

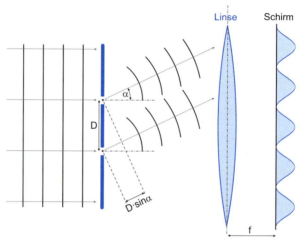

Abbildung 4.19: Beugung an einem Doppelspalt

Die sich entlang der parallelen Normalen ausbreitenden Wellen werden von einer Sammellinse L auf einen Punkt in der Brennebene dieser Linse fokussiert und interferieren dort entsprechend der Phasendifferenz $\Delta\varphi$ konstruktiv oder destruktiv, je nachdem ob der Gangunterschied $D\cdot\sin\alpha$ ein ganzzahliges oder halbzahliges Vielfaches der Wellenlänge λ ist. Auf einem in der Brennebene aufgestellten Schirm beobachtet man dementsprechend ein Interferenzmuster mit periodisch variierender Intensität. Da bei den experimentellen Gegebenheiten $\alpha \ll 1$, ist $\sin\alpha \approx \alpha$. Der Winkelabstand $\Delta\alpha$ benachbarter Beugungsmaxima ergibt sich in diesem Fall aus dem Verhältnis von Wellenlänge zu Spaltabstand: $\Delta\alpha \approx \lambda/D$.

Beugung an einem Einzelspalt: Bei der Diskussion der Beugung am Doppelspalt haben wir stillschweigend angenommen, dass die Breite der Spalte nicht größer als die Wellenlänge λ des Lichts ist und daher von jedem Spalt nur *eine* Elementarwelle ausgeht. Im Experiment sind die Spalte aber gewöhnlich ein Vielfaches der Wellenlänge breit. Es ist daher wichtig zu untersuchen, wie sich eine Spaltbreite $b \gg \lambda$ auf das Interferenzbild auswirkt.

Wir betrachten hier eine ebene Welle, die senkrecht auf einen Einzelspalt mit der Breite b trifft, und bestimmen das Wellenfeld hinter dem Spalt. In den Grenzfällen sehr kleiner und sehr großer Spaltbreite ergibt sich das Wellenfeld einer Elementarwelle bzw. ein (fast) scharf begrenztes Wellenfeld mit Licht- und Schattenbereich nach den Gesetzen der Strahlenoptik. Hier wollen wir untersuchen, wie bei zunehmender Spaltbreite der eine Grenzfall in den anderen übergeht. Dazu zerlegen wir gedanklich den Spalt in viele kleine Abschnitte, von denen jeweils eine Elementarwelle ausgeht. Diese Elementarwellen fassen wir zu Paaren von Wellen zusammen, die miteinander destruktiv interferieren (Abbildung 4.20). Das ist möglich, wenn der Gangunterschied

$b \cdot \sin\alpha$ der beiden von den Spalträndern ausgehenden Wellen ein ganzzahliges Vielfaches der Wellenlänge λ ist:

$$b \cdot \sin\alpha = N\lambda \quad \text{mit } N \geq 1 \quad \text{(Bedingung für destruktive Interferenz am Einzelspalt)}$$

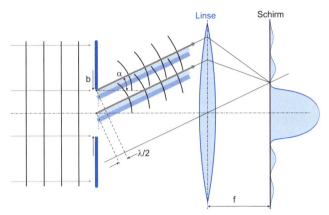

Abbildung 4.20: Beugung an einem Einzelspalt mit der Breite b

Zum Beweis dieser Behauptung zerlege man den Spalt in $2N$ gleich große Abschnitte und nummeriere sie der Reihe nach mit Zahlen von 1 bis $2N$. In Richtung des Beugungswinkels α löschen sich dann die von ungeraden Abschnitten ausgehenden Elementarwellen und die von geraden Abschnitten ausgehenden Elementarwellen aufgrund destruktiver Interferenz gegenseitig aus, da offensichtlich lauter Wellenpaare mit einem Gangunterschied $\lambda/2$ gebildet werden können.

Diese Überlegung gilt nicht für $N = 0$. Denn in diesem Fall ist auch $\alpha = 0$. In Vorwärtsrichtung sind alle Elementarwellen in Phase und interferieren also konstruktiv. In Vorwärtsrichtung ergibt sich daher ein intensives Maximum. Zusätzlich zu diesem Maximum nullter Ordnung ergeben sich aber zwischen den bei destruktiver Interferenz entstehenden Minima schwächere Nebenmaxima, deren Intensität mit zunehmender Ordnung schnell abnimmt.

Am Beispiel der Beugung am Einzelspalt wird deutlich, dass das Licht hinter einer Blende niemals im strengen Sinne eine ebene Welle ist. Vielmehr ist das Wellenfeld hinter einer Blende immer etwas divergent, selbst wenn eine streng ebene Welle auf die Blende trifft. Als Öffnungswinkel $\delta\alpha$ des Wellenfeldes hinter einer Blende gibt man gewöhnlich die Halbwertsbreite des nullten Beugungsmaximums an. Für eine Spaltblende mit der Breite b ist folglich:

$$\delta\varphi \approx \lambda / b$$

Ein (beugungsbegrenzter) Laserstrahl mit $\lambda = 1\ \mu\text{m}$, der von der Erde mit einem Durchmesser $D = 0{,}1$ m auf den Mond gerichtet wird, hat demnach auf dem Mond, also in einer Entfernung von etwa $s \approx 500\,000$ km, einen Durchmesser von etwa $D^* \approx \lambda s/D = 5$ km.

Aufgabe 4.9　Berechnen Sie die Winkelbreite des Beugungsmaximums nullter Ordnung für den Fall, dass rotes Licht auf einen Spalt mit der Breite $b = 1$ mm trifft.

> | **Merke** | Eine ebene Welle, die durch eine Lochblende mit dem Radius r begrenzt wird, läuft hinter der Lochblende kegelförmig auseinander. Der Öffnungswinkel des nullten Beugungsmaximums ist |
> von der Größenordnung $\lambda/2r$.

4.2.4   Auflösungsvermögen optischer Instrumente

Mit einem (optischen) Mikroskop kann man keine Atome sichtbar machen und mit einem Fernrohr keine Strukturen ferner Sterne auflösen. Die Beugung des Lichts an den *Aperturblenden* dieser optischen Instrumente begrenzt das *Auflösungsvermögen*.

Nach den Gesetzen der Strahlenoptik (Abschnitt 4.1.3) bildet das Objektiv eines Mikroskops jeden Punkt eines Objekts wieder als Punkt in der Ebene des Zwischenbildes ab. Nach den Gesetzen der Wellenoptik hingegen sieht man ein punktförmiges Objekt in der Ebene des Zwischenbildes als kleinen, aber ausgedehnten Lichtfleck, ein *Beugungsscheibchen*. Wenn sich die Beugungsscheibchen zweier benachbarter Lichtpunkte überlappen, können diese Lichtpunkte mit dem Mikroskop nicht getrennt wahrgenommen werden. Die Größe des Lichtflecks ergibt sich aus der Beugung des Lichts an der durch die Größe der Objektivlinse vorgegebenen Eintrittsöffnung des Mikroskops, der Aperturblende. Bei einem Mikroskop befindet sich das Objekt nahe am Brennpunkt der Objektivlinse, deren Brennweite gewöhnlich von gleicher Größenordnung wie ihr Durchmesser ist. In diesem Fall können nur Punkte des Objektes getrennt wahrgenommen werden, die mindestens einen Abstand von der Größenordnung der Lichtwellenlänge haben, also einen Abstand, der nicht wesentlich kleiner als 1 μm ist.

Für ein Fernrohr ergibt sich das Auflösungsvermögen unmittelbar aus der Winkelbreite $\Delta\varphi$ des bei der Beugung an der Aperturblende entstehenden nullten Beugungsmaximums. Zwei Sterne mit dem Winkelabstand δ können mit einem Fernrohr nur dann getrennt nachgewiesen werden, wenn $\delta > \Delta\varphi \approx \lambda/D$ ist. Dabei ist D der Durchmesser der Apertur und λ die Wellenlänge des Lichts.

> | **Aufgabe 4.10** | Schätzen Sie den Winkelabstand ab, den zwei Sterne mindestens haben müssen, damit sie mit bloßem Auge noch getrennt wahrgenommen werden können. |

> | **Merke** | Das Auflösungsvermögen eines Fernrohrs wird durch Beugung an der Aperturblende begrenzt und somit durch den Durchmesser D der Objektivlinse bestimmt. Der kleinste noch messbare |
> Winkelabstand ist von der Größenordnung $\delta\varphi = \lambda/D$.
>
> Die kleinsten räumlichen Strukturen, die mit einem Lichtmikroskop messbar sind, haben Ausdehnungen von der Größenordnung einer Lichtwellenlänge λ.

4.3   Photonen

A. Einstein publizierte im Jahr 1905, seinem *annus mirabilis*, vier bedeutende Arbeiten, mit denen er entscheidend die Entwicklung der modernen Physik bestimmte. Die erste dieser Arbeiten trägt den Titel „*Über einen die Erzeugung und Verwandlung des Lichtes betreffenden heuristischen Gesichtspunkt*" und beginnt mit dem Satz: „*Zwischen den theoretischen Vorstellungen, welche sich die Physiker über die Gase und andere ponderable Körper gebildet haben, und der Maxwellschen Theorie der elektromagnetischen Prozesse im so genannten leeren Raum besteht ein tief greifender formaler Unterschied.*" Während die ponderablen Körper als diskret strukturierte Systeme von zwar sehr vielen, aber endlich vielen Atomen gedacht werden, ändert sich nach der Maxwellschen Theorie bei elektromagnetischen Prozessen ein sich kontinuierlich über den Raum erstreckendes Feld. Dieser strukturelle Unterschied führt zu Schwierigkeiten bei der Deutung von Prozessen, bei denen Materie und elektromagnetisches Feld miteinander in Wechselwirkung treten, also insbesondere bei der Emission und Absorption elektromagnetischer Wellen. Die bei der Deutung dieser Prozesse auftretenden Probleme ließen sich nur lösen, indem auch den elektromagnetischen Wellen eine diskrete Struktur zugeschrieben wurde. Die in diesem Kapitel betrachtete *Photonenhypothese* ist in Bezug auf das elektromagnetische Feld ein Pendant zur Atomhypothese bei der Beschreibung der Materie.

4.3.1   Der Photoeffekt

Wenn Licht auf eine Metalloberfläche fällt, wird ein Teil des Lichtes absorbiert. Dabei nehmen vor allem die im Metall befindlichen Leitungselektronen die mit der Lichtwelle zugeführte Energie auf. Einige Elektronen gewinnen dabei so viel Energie, dass sie das Metall verlassen können. Mit einer einfachen experimentellen Anordnung können die Energie der Elektronen und der sich aus dem Elektronenfluss ergebende elektrische Strom untersucht werden (Abbildung 4.21).

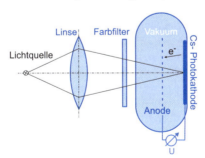

Abbildung 4.21: Versuchsanordnung zum Nachweis des Photoeffekts

Photoeffekt

Ein auf etwa 10^{-4} Pa evakuiertes Glasgefäß dient als Elektronenröhre mit einer Kathode und einer Anode. Eine solche Anordnung nennt man eine *Diode*. Die Kathode ist eine im Innern auf die Glaswand aufgedampfte Metallschicht des Alkalimetalls Cäsium (Cs) und die Anode ein Drahtring. Kathode und Anode haben nach draußen geführte elektrische Anschlüsse, an die Spannungs- oder Strommessgeräte angeschlossen werden können. Wir messen insbesondere die Spannung, die sich zwischen Kathode und Anode aufbaut, wenn die Cs-Kathode mit Licht bestrahlt wird. Dazu schalten wir zwischen Anode und Kathode ein hochohmiges Voltmeter, also ein Voltmeter mit einem hohen Eingangswiderstand ($R_E \sim !0^9 \, \Omega$).

Die Messungen zeigen zunächst, dass sich bei Beleuchtung der Cs-Kathode eine Spannung U im Voltbereich zwischen Anode und Kathode aufbaut. Offensichtlich gewinnen einige Elektronen bei Bestrahlung der Kathode genügend kinetische Energie, um nach dem Austritt aus der Kathode noch den Anodenring zu erreichen und diesen negativ aufzuladen. Dabei entsteht eine Gegenspannung zwischen Anode und Kathode, die die Elektronen überwinden müssen, bevor sie die Anode erreichen. Der Aufladungsprozess kann also nur so lange stattfinden, wie die kinetische Energie $E_{kin} > e \cdot U$ zumindest einiger freigesetzter Elektronen noch größer ist als die zu überwindende potenzielle Energie $e \cdot U$. Die Gegenspannung $U = q/C$ ergibt sich dabei aus der auf dem Anodenring angesammelten Ladung q und der Kapazität C der Diode (Abschnitt 3.4.4). Aus der Spannung U erhält man demnach die Maximalenergie der aus der Cs-Kathode austretenden Elektronen.

Ein höchst überraschendes Ergebnis erhält man aus einer Reihe von Messungen, bei denen die Kathode mit Licht unterschiedlicher Farbe beleuchtet wird. Das Ergebnis einer solchen Messung zeigt Abbildung 4.22. Die für verschiedene Farbfilter gemessene *Photospannung U* ist umso größer, je kürzer die Wellenlänge λ des Lichts ist, d. h. sie nimmt mit zunehmender Frequenz ν des Lichtes zu. Dieser Anstieg ist linear bezogen auf die Frequenz ν. Im Hinblick auf die Photonenhypothese ist die Frequenz als Photonenenergie $h\nu$ in der Energieeinheit [eV] (Abschnitt 3.4.1) angegeben (Anmerkung: Bei der Messung der Photospannung ist darauf zu achten, dass der Photostrom groß genug im Vergleich zum Eingangsstrom $I = U/R_E$ des Voltmeters ist.)

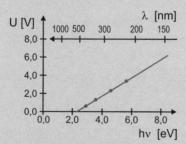

Abbildung 4.22: Photospannung als Funktion der Frequenz des Lichts

Zwischen der Energie $e \cdot U$, die die Elektronen benötigen, um von der Kathode aus die Anode zu erreichen, und der Lichtfrequenz ν ergibt sich aus dem Experiment die einfache lineare Beziehung:

$$e \cdot U = h \cdot \nu - W_A \qquad \text{(Einsteinsche Gleichung für den Photoeffekt)}$$

Dabei ist h eine vom Material der Kathode und von der Intensität des Lichtes unabhängige Konstante, nämlich das Plancksche Wirkungsquantum $h = 6{,}63 \cdot 10^{-34}$ J·s. Die Konstante W_A ist offensichtlich die Energie, die die Leitungselektronen benötigen, um die Kathode verlassen zu können. Für die Cs-Kathode ergeben die Messungen für die *Austrittsarbeit* den Wert $W_A = 2{,}14$ eV. Im Rahmen eines einfachen Modells stellt man sich vor, dass sich die Leitungselektronen im Metall wie in einem Potenzialtopf bewegen, dessen Energietiefe gleich der Austrittsarbeit W_A ist (Abbildung 4.23). Nur wenn ein Elektron bei der Beleuchtung der Kathode mit Licht eine Energie aufnimmt, die größer ist als W_A, kann das Elektron die Kathode verlassen. Demnach ergibt sich aus dem Experiment, dass die Elektronen bei der Absorption von Licht der Frequenz ν maximal eine Energie $h \cdot \nu$ aufnehmen. Nur wenn $h \cdot \nu > W_A$, können sie die Kathode verlassen.

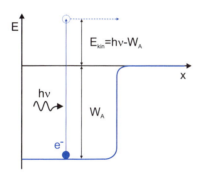

Abbildung 4.23: Potenzialtopf der Leitungselektronen im Metall und schematische Darstellung des Photoeffekts

Aufgrund der Maxwellschen Elektrodynamik hätte man ein ganz anderes Ergebnis erwartet. Denn nach der Maxwellschen Theorie werden Elektronen im elektrischen Feld der Lichtwelle kontinuierlich beschleunigt. Daher sollte die kinetische Energie, die die Elektronen unter der Einwirkung des Lichts gewinnen, von der elektrischen Feldstärke der Lichtwelle und damit von der Intensität des Lichts abhängen. Die Messungen zeigen aber, dass die *Photospannung* unabhängig von der Intensität des Lichts ist und nur von der Frequenz abhängt. Mit zunehmender Intensität wächst nur der *Photostrom*, also die Anzahl der pro Sekunde freigesetzten Elektronen.

Aufgabe 4.11 Für die meisten Metalle hat die Austrittsarbeit Werte von 4 bis 5 eV. Berechnen Sie die Wellenlänge der elektromagnetischen Strahlung, die aus diesen Materialien gerade noch Photoelektronen freisetzen kann. Zu welchem Spektralbereich des Spektrums der elektromagnetischen Wellen gehört diese Strahlung?

> **Merke**   Die Maximalenergie der Photoelektronen wird allein von der Frequenz oder Wellenlänge des Lichts bestimmt, hängt aber nicht von der Intensität ab. Mit zunehmender Intensität wächst nur die Anzahl der pro Zeiteinheit freigesetzten Photoelektronen.

4.3.2 Photonenhypothese

Zur Deutung des Photoeffekts schlug A. Einstein (1879 - 1955) in der eingangs erwähnten Arbeit vor, Licht nicht als eine sich kontinuierlich im Raum ausbreitende elektromagnetische Welle zu betrachten, sondern als ein aus Photonen bestehendes Gas. Er baute dabei auf einer Idee von M. Planck auf, die dieser fünf Jahre vorher formulierte, um das Spektrum der Wärmestrahlung zu erklären (Abschnitt 4.4.4). Nach dem Vorschlag von A. Einstein haben also nicht nur ponderable Körper eine atomistische Struktur, sondern auch elektromagnetische Wellen. Wie die Atome eines Gases bewegen sich auch die Photonen einer elektromagnetischen Welle über große Strecken geradlinig gleichförmig. Ihre Bewegung kann daher durch Energie und Impuls gekennzeichnet werden. In diesem Bild besteht eine ebene Welle mit der Kreisfrequenz ω und dem Wellenvektor **k** aus Photonen mit einer Energie E und einem Impuls **p**:

$$E = \hbar\omega = h\nu$$
$$\vec{p} = \hbar\vec{k}$$

mit $\quad \hbar = h/2\pi = 1{,}0546 \cdot 10^{-34}\,J \cdot s$

Die Photonenhypothese ist einerseits ein wichtiger Schritt in Richtung auf ein einheitliches physikalisches Weltbild, bedeutet aber andererseits eine radikale Abkehr von dem klassischen Bild des Lichts als elektromagnetische Welle. An dieser Stelle wollen wir den Zwiespalt zwischen Teilchenbild und Wellenbild des Lichts nicht weiter diskutieren und auf sich beruhen lassen. Wichtiger ist zunächst, dass mit der Photonenhypothese nicht nur der Photoeffekt, sondern auch andere Phänomene, die bei Absorption, Emission und Streuung von Licht an Elektronen zu beobachten sind, in einfacher Weise erklärt werden können.

Mit der Annahme, dass Licht aus Photonen besteht, wird der Photoeffekt unmittelbar verständlich. Denn mit dieser Annahme kann die Absorption von Licht nicht mehr als ein kontinuierlich stattfindender Prozess betrachtet werden, sondern ist als eine diskrete Folge von elementaren Absorptionsakten zu sehen, bei denen jeweils ein Photon seine Energie $E = h\nu$ auf ein Leitungselektron im Metall überträgt. Unter der Voraussetzung, dass unter den gegebenen Versuchsbedingungen ein einzelnes Elektron höchstens ein Photon absorbieren kann, folgt daher aus dem Teilchenbild des Lichts, dass nach dem Austritt eines Elektrons aus dem Metall die kinetische Energie eines Elektrons höchstens den Wert $E_{kin} = h\nu - W_A$ haben kann. Es hat genau diesen Wert, wenn es auf dem Weg aus dem Metall keine Energie bei Stößen mit anderen Elektronen oder Atomen des Metalls verliert.

| **Aufgabe 4.12** | Berechnen Sie die Energien der Photonen des sichtbaren Spektralbereichs und vergleichen Sie diese Energien mit dem Wert der thermischen Energie kT bei $T = 300$ K. Welche Energie haben die Photonen von Radiowellen mit der Frequenz $\nu = 100$ MHz? |

| **Merke** | Elektromagnetische Wellen mit einer Frequenz ν werden in Quanten mit der Energie $E = h\nu$ absorbiert. Dabei ist das Plancksche Wirkungsquantum $h = 6{,}6 \cdot 10^{-34}$ J·s eine universelle Naturkonstante. |

4.3.3 Röntgen-Bremsspektrum

Ebenso wie die Absorption von Licht muss man sich auch den Emissionsprozess als eine diskrete Folge von Elementarakten vorstellen, bei denen jeweils ein Photon mit der Energie $E = h\nu$ entsteht. Experimentell belegt wird diese Behauptung beispielsweise durch das Röntgen-Bremsspektrum einer *Röntgen-Röhre*.

Eine Röntgen-Röhre (Abbildung 4.24) ist eine Elektronenröhre mit einer Glühkathode (Wolframdraht) und einer massiven Anode, beispielsweise aus Molybdän (Mo). Aus der Glühkathode treten Leitungselektronen durch *Thermoemission* aus. Dazu wird die Kathode elektrisch auf eine Temperatur von etwa 3000 K erhitzt (Weißglut). Die Elektronen haben dann eine mittlere thermische Energie von etwa $kT \approx 0{,}25$ eV. Bei dieser thermischen Energie können die schnellsten Elektronen die Austrittsarbeit $W_A = 4{,}5$ eV von Wolfram überwinden und damit einen Elektronenstrom im mA-Bereich von der Kathode zur Anode ermöglichen.

| **Aufgabe 4.13** | Schätzen Sie die Wahrscheinlichkeit dafür ab, dass Leitungselektronen bei einer Temperatur von 3000 K eine kinetische Energie $E_{kin} > 4{,}5$ eV haben. Wie viele Leitungselektronen sind das in einer Menge von 1 mol Wolfram? |

Die thermisch emittierten Elektronen werden in der Diode mit einer zwischen Anode A und Kathode K anliegenden Hochspannung U_{AK} von einigen 10 kV auf die entsprechende Energie von einigen 10 keV beschleunigt und treffen mit dieser Energie auf die Anode. Dort werden sie, wenn sie genügend nah an einem Atomkern vorbeifliegen, im Coulomb-Feld des Kerns kräftig abgelenkt, d. h. sie erfahren eine Beschleunigung und strahlen folglich elektromagnetische Wellen ab (Abschnitt 3.6.2). Je näher die Elektronen am Kern vorbeifliegen, desto größer ist die Ablenkung und desto höher sind die Frequenzen der emittierten elektromagnetischen Wellen. Entsprechend der Abstrahlung verlieren die Elektronen Energie. Sie werden daher nicht nur abgelenkt, sondern auch abgebremst.

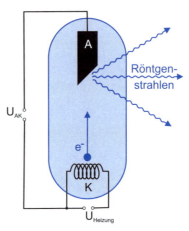

Abbildung 4.24: Aufbau einer Röntgen-Röhre

Aufgabe 4.14

Unter der Annahme, dass die Elektronen auf Kreisbahnen mit dem Radius r um den Atomkern laufen, können Sie Frequenz und Wellenlänge der abgestrahlten elektromagnetischen Wellen berechnen. Welche Wellenlänge erhält man für Elektronen, die im Abstand $r = 10^{-12}$ m einen *Mo*-Kern (Kernladungszahl $Z = 42$) umkreisen? Welche Energie haben die entsprechenden Photonen?

Aufgabe 4.15

Berechnen Sie die Leistung, mit der ein auf die Anode auftreffender Elektronenstrom $I \sim 1$ mA die Anode der Röntgenröhre heizt. Warum sind Molybdän und Wolfram geeignete Anodenmaterialien?

Das bei der Abbremsung der Elektronen in der Anode entstehende Röntgen-Bremsspektrum hat ein Maximum bei Wellenlängen unterhalb von 0,1 nm, also bei Wellenlängen, die kleiner sind als die Abstände der Atome in kristallinen Festkörpern. Röntgen-Bremsspektren können daher durch Beugung und Interferenz an Kristallgittern (Abschnitt 5.6.1) analysiert werden. Spektren von Röntgen-Strahlen, die von einer Röntgen-Röhre mit *Mo*-Anode erzeugt wurden, zeigt Abbildung 4.25.

Die scharfen Intensitätsmaxima, die bei allen Beschleunigungsspannungen U_{AK} stets bei denselben Wellenlängen auftreten, sind charakteristisch für das Anodenmaterial *Mo*. Sie werden in einer späteren Lektion erklärt (Abschnitt 5.3.2). Hier interessiert uns vor allem das unter den Maxima liegende breite Röntgen-Bremsspektrum. Es fällt auf, dass es sich mit zunehmender Spannung U_{AK} zu immer kleineren Wellenlängen erstreckt, dort aber plötzlich bei einer Wellenlänge λ_{min} abbricht. (Bei der Auswertung der Spektren ist das spektrale Auflösungsvermögen des Kristallspektrometers zu beachten.)

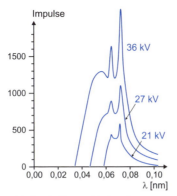

Abbildung 4.25: Röntgenspektren einer Mo-Anode für verschiedene Spannungen U_{AK}

Dieser plötzliche Abbruch des Röntgen-Bremsspektrums kann im Rahmen der Maxwellschen Elektrodynamik nicht erklärt werden, wohl aber mit der Photonenhypothese von Einstein. Denn jedes Elektron hat beim Auftreffen auf die Anode die kinetische Energie $E_{kin} = eU_{AK}$. Ein einzelnes Elektron kann daher auch nur Photonen mit höchstens dieser Energie erzeugen. Aus der Ungleichung $h\nu < eU_{Ak}$ ergibt sich für die Wellenlänge der Röntgen-Strahlen:

$$\lambda > \lambda_{\min} = \frac{hc}{e \cdot U_{AK}}$$

Aufgabe 4.16 Berechnen Sie die Wellenlängen λ_{min} für die Spektren der Abbildung 4.25 und vergleichen Sie die Ergebnisse mit den experimentellen Werten. (Hinweis: $hc = 1{,}237 \cdot 10^{-6}$ $eV \cdot m$)

Merke Elektromagnetische Wellen werden in Quanten $E = h\nu$ emittiert und absorbiert. Wenn $h\nu \gg kT$, führt die Quantennatur der Wellen zu vielen gut nachweisbaren Effekten, wie z. B. dem Photoeffekt. Wenn hingegen $h\nu \ll kT$, verlieren sich die Quantenstufen in den thermischen Schwankungen.

4.3.4 Compton-Effekt

Als Teilchen haben Photonen nicht nur eine Energie $E = h\nu$, sondern auch einen Impuls

$$\vec{p} = \hbar \vec{k} \quad \text{mit} \quad \hbar = \frac{h}{2\pi}.$$

Dabei ist **k** der Wellenvektor der dem Photon zugeordneten Lichtwelle. Da $|\mathbf{k}| = 2\pi/\lambda$, hat der Impuls des Photons den Betrag $p = h/\lambda$. Der Impuls wirkt sich in Experimenten aus, bei denen Photonen genügend hoher Energie an freien Elektronen gestreut werden. Denn im Teilchenbild sind solche Streuprozesse als elastische Stöße von Photonen und Elektronen zu betrachten. Dabei bleiben Energie und Impuls erhalten (Abschnitt 1.3.4). Bei der Streuung eines Photons an einem anfangs ruhenden Elektron ändert sich der Impuls des Photons um $\Delta\mathbf{p} = \mathbf{p}_i - \mathbf{p}_f$, und das Elektron erhält einen entsprechenden Rückstoß und damit eine *Rückstoßenergie* $E_R = (\Delta\mathbf{p})^2/2m$. Dabei ist m die Elektronenmasse. Diese Energie geht dem Photon verloren. Das gestreute Photon hat daher eine geringere Energie als das ursprüngliche Photon. Der Energieverlust nimmt mit wachsendem Streuwinkel ϑ zu und ist also am größten bei Rückwärtsstreuung ($\vartheta = \pi$). In diesem Fall ist $|\Delta\mathbf{p}| = h(\nu_i + \nu_f)/c$. Damit verliert das Photon bei der Streuung die Energie:

$$E_R = h(\nu_i - \nu_f) = \frac{h^2(\nu_i + \nu_f)^2}{2mc^2}$$

Da $2mc^2 \approx 1$ MeV, ist der Energieverlust vernachlässigbar klein bei der Streuung von Photonen des sichtbaren Lichts, aber experimentell gut nachweisbar bei der Streuung von Photonen im Röntgen-Bereich des Spektrums elektromagnetischer Strahlen (Abbildung 4.1).

> **Aufgabe 4.17**   Berechnen Sie die Energieänderung ΔE eines Photons des sichtbaren Spektralbereichs ($\lambda = 500$ nm) bei Rückwärtsstreuung an einem Elektron. Wie genau muss die Energie der Photonen gemessen werden, um die Energieänderung nachzuweisen? Wie groß ist die Energieänderung bei einem Röntgen-Quant mit der Energie $E = 50$ keV?

> **Merke**   Die Photonen einer elektromagnetischen Welle mit der Frequenz ν und dem Wellenvektor $\mathbf{k}$ verhalten sich bei Stößen wie Teilchen mit der Energie $E = h\nu$ und dem Impuls $\mathbf{p} = h\mathbf{k}/2\pi$.

4.4   Wärmestrahlung

Glühende Körper leuchten. Je höher die Temperatur eines Körpers ist, desto heller leuchtet er, und mit zunehmender Helligkeit ändert sich auch die Farbe von dunkler Rotglut bei etwa 1000 K über helle Rotglut zur Weißglut. Aber auch bei Temperaturen unter 1000 K geht von allen Körpern elektromagnetische Strahlung aus. Wir können sie zwar nicht sehen, aber wir können sie als Wärme fühlen oder mit Infrarotdetektoren nachweisen. Diese von Körpern mit einer Temperatur $T > 0$ K ausgehende Strahlung heißt *Wärmestrahlung*.

Außer Wärmeleitung und Konvektion (Abschnitt 3.2.3) trägt auch die Wärmestrahlung zum Temperaturausgleich bei. Aber im Gegensatz zu Wärmeleitung und Konvektion findet ein Austausch von Wärmestrahlung auch zwischen Körpern im Vakuum statt. Die uns wärmenden Sonnenstrahlen erreichen die Erde selbst durch den nahezu materiefreien interstellaren Raum. Die Gesetze der Wärmestrahlung sollen in dieser Lektion behandelt werden. Sie sind von überraschend fundamentaler Bedeutung für die Physik. Bei seinem Bemühen, die Gesetze der Wärmestrahlung theoretisch zu verstehen, sah sich M. Planck (1858 - 1947) im Jahre 1900 gezwungen, die *Quantenhypothese* zu postulieren und damit erstmals die Stetigkeitsaxiome der klassischen Physik anzuzweifeln.

4.4.1 Emissionsvermögen und Absorptionsgrad

Um die Gesetzmäßigkeiten der Wärmestrahlung zu untersuchen, braucht man vor allem Messgeräte, mit dem die Intensität und das Spektrum der Wärmestrahlung quantitativ bestimmt werden kann. Bei den Intensitätsmessungen ist darauf zu achten, dass das Messgerät das gesamte Spektrum der Wärmestrahlung vom fernen Infrarot bis in den sich mit zunehmender Temperatur zunächst in den sichtbaren und dann ins Ultraviolette verschiebenden kurzwelligen Grenzbereich mit gleichmäßiger Empfindlichkeit nachweist. Ein solcher Detektor heißt *Bolometer*. Als Bolometer gut geeignet ist die *Thermosäule* (Abbildung 4.26). Sie besteht aus einer Kette in Reihe geschalteter Thermoelemente (Abschnitt 2.1.3), deren Lötstellen sich wechselweise an einem der Strahlung ausgesetzten geschwärzten Plättchen und einem vor Bestrahlung geschützten Ort befinden. Bei Bestrahlung erwärmt sich das (im gesamten Spektralbereich gut absorbierende) geschwärzte Plättchen auf eine etwas erhöhte Temperatur. Die Temperaturdifferenz ΔT zur Umgebung von häufig weniger als 1 K, die als Thermospannung gemessen wird, ist ein Maß für die absorbierte Strahlungsleistung.

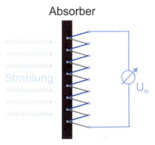

Abbildung 4.26: Schaltbild einer Thermosäule

Mit einer solchen Thermosäule kann die von einem heißen Körper emittierte Wärmestrahlung untersucht werden und insbesondere das totale und das spektrale *Emissionsvermögen* des Körpers bestimmt werden. Das totale Emissionsvermögen $E_K(T)$ ist die gesamte pro Flächeneinheit von der Oberfläche des Körpers emittierte Strahlungsleistung:

$$E_K(T) = \frac{Strahlungsleistung}{Fläche} \quad \text{(Einheit: W/m}^2\text{)}$$

Neben der gesamten Strahlungsleistung interessiert natürlich auch, wie sich die Strahlungsleistung auf die verschiedenen Spektralbereiche verteilt. Dabei kann man sich wahlweise auf die Frequenz ν oder die Wellenlänge λ der Strahlung beziehen. Bezogen auf die Frequenz ist das *spektrale Emissionsvermögen $E(\nu, T)$* definiert als die pro Fläche und Freqenzintervall $\Delta\nu$ emittierte Strahlungsleistung:

$$E_K(\nu, T) = \frac{Strahlungsleistung}{Fläche \times \Delta\nu} \quad \text{(Einheit: J/m}^2\text{)}.$$

Bezogen auf die Wellenlänge ergibt sich entsprechend:

$$E(\lambda, T) = \frac{Strahlungsleistung}{Fläche \times \Delta\lambda} = E(\nu, T) \cdot \left| \frac{d\nu}{d\lambda} \right| = E(\nu, T) \cdot \frac{c}{\lambda^2} \quad \text{(Einheit: W/m}^3)$$

Das Emissionsvermögen eines Körpers hängt gewöhnlich stark von der Beschaffenheit, insbesondere der Farbe seiner Oberfläche, ab. Das zeigt folgender Versuch:

Experiment 4.5   ## Leslie-Würfel

Ein würfelförmiger Kanister mit einer blanken und einer berußten Oberfläche wird mit kochendem Wasser gefüllt und die Wärmeabstrahlung dieser beiden Flächen mit einer Thermosäule gemessen (Abbildung 4.27). Die Wärmeabstrahlung der berußten Fläche ist etwa 10 Mal größer als die der blanken Fläche.

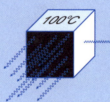

Abbildung 4.27: Lesliescher Würfel

Schwarze Flächen sind zwar dafür bekannt, dass sie Licht gut absorbieren, aber kaum dafür, dass sie auch viel Wärmestrahlung emittieren, wie dieser Versuch lehrt. Tatsächlich muss man eine schwarze Fläche nur genügend erhitzen, um zu *sehen*, wie hell eine schwarze Fläche leuchtet.

Experiment 4.6   ## Erhitzen eines mit schwarzer Schrift beschriebenen Keramikrohrs

Ein Keramikrohr mit der schwarzen Aufschrift *Pythagoras* wird mit einer heißen Flamme auf Rotglut erhitzt (Abbildung 4.28). Im kalten Zustand und bei normaler Beleuchtung erscheint die Schrift zwar schwarz und die Keramik weiß, weil die schwarzen Buchstaben das Licht absorbieren und die weiße Keramik das Licht reflektiert und weil Wärmestrahlung nur im unsichtbaren infraroten Spektralbereich emittiert wird. Erst wenn das Keramikrohr mit einer heißen Flamme auf eine Temperatur über 1000 K erhitzt wird, sieht man (am besten bei ausgeschaltetem Licht) die schwarze Schrift sehr viel heller leuchten als das Keramikrohr.

Abbildung 4.28: Beleuchtetes Keramikrohr mit schwarzer Schrift im kalten Zustand und selbst leuchtendes erhitztes Rohr

---

Es lohnt sich, die hier deutlich werdende Beziehung zwischen Absorption und Emissionsvermögen genauer zu untersuchen. Dazu definieren wir noch den *Absorptionsgrad* der Oberfläche eines Körpers. Unter der Voraussetzung, dass der Körper nicht transparent ist, werden auf ihn treffende elektromagnetische Strahlen mit einer spektralen Intensitätsverteilung $I(\nu)$ entweder absorbiert oder reflektiert:

$$I(\nu) = I_{abs}(\nu) + I_{refl}(\nu)$$

Welcher Anteil des Lichts absorbiert wird, hängt nicht nur von der Frequenz der Strahlung ab, sondern auch von vielen anderen Faktoren, wie Oberflächenbeschaffenheit, Farbe und Temperatur des Körpers. Wie beim Emissionsvermögen heben wir nur die Abhängigkeit von Frequenz und Temperatur bei der Definition des Absorptionsgrades $\alpha(\nu,T)$ hervor:

$$\alpha(\nu,T) = \frac{I_{abs}(\nu)}{I(\nu)}$$

Da $I_{abs}(\nu) < I(\nu)$, kann der Absorptionsgrad nur Werte zwischen 0 und 1 annehmen. Schwarze Körper haben im sichtbaren Spektralbereich einen Absorptionsgrad $\alpha \approx 1$, weiße Körper hingegen $\alpha \approx 0$. Im nächsten Abschnitt werden wir zeigen, dass der Absorptionsgrad eines Körpers in enger Beziehung zu seinem Emissionsvermögen steht.

Aufgabe 4.18 Schätzen Sie das spektrale Emissionsvermögen $E(\lambda)$ einer mit 1 kW geheizten Herdplatte im Bereich des Maximums der Verteilung (bei $\lambda \approx 3\,\mu$m) grob ab. Nehmen Sie dafür an, dass die effektive Breite der Verteilung $\Delta\lambda = \lambda$ ist. Wie groß ist die entsprechende Größe $E(\nu)$?

Merke Das spektrale Emissionsvermögen $E(\nu,T)$ ist Strahlungsleistung pro Fläche und Frequenzintervall. Hingegen ist $E(\lambda,T)$ Strahlungsleistung pro Fläche und Wellenlängenintervall. Dementsprechend gilt:

$$E(\nu,T) \cdot d\nu = E(\lambda,T) \cdot d\lambda$$

Dabei beziehen sich die (positiven) Intervalle $d\nu$ und $d\lambda$ betragsmäßig auf denselben infinitesimalen Spektralbereich.

4.4.2 Kirchhoffsches Strahlungsgesetz

Obwohl Emissionsvermögen $E(\nu,T)$ und Absorptionsgrad $\alpha(\nu,T)$ Funktionen sind, die von den Material- und Oberflächeneigenschaften der betrachteten Körper abhängen, ist das Verhältnis $E(\nu,T)/\alpha(\nu,T)$ eine universelle, für alle Körper gleiche Funktion und damit unabhängig von irgendwelchen Material- und Oberflächeneigenschaften der Körper. Dieses *Kirchhoffsche Strahlungsgesetz* ist eine Folge des 2. Hauptsatzes der Thermodynamik. Um es herzuleiten, betrachten wir zwei benachbarte Körper im

Vakuum. Ein Wärmeaustausch zwischen beiden Körpern ist dann nur durch Emission und Absorption von Wärmestrahlung möglich. Nach dem 2. Hauptsatz fließt netto Wärme stets vom wärmeren zum kälteren Körper. Wenn beide Körper dieselbe Temperatur haben, die Körper also im thermischen Gleichgewicht sind, müssen sich die Wärmeströme, die zwischen den Körpern hin und her fließen, exakt kompensieren.

Um ein leicht überschaubares Schema für den Wärmefluss zu erhalten, sei einer der beiden Körper ein ideal *schwarzer Körper* (SK). Ein solcher Körper zeichnet sich dadurch aus, dass er alle Strahlung, die auf ihn einfällt, absorbiert, d. h. sein Absorptionsgrad $\alpha_{SK}(\nu,T)$ ist bei jeder Temperatur im gesamten Spektralbereich maximal:

$$\alpha_{SK}(\nu,T) = 1 \quad \text{(Definition des schwarzen Körpers)}$$

Tatsächlich gibt es keine Oberfläche, die in diesem idealisierten Sinn schwarz ist, auch wenn sie noch so schwarz erscheint. Dem Ideal eines schwarzen Körpers sehr nahe kommt eine kleine Öffnung in einem großen, aus schwarzem Material gefertigten Kasten (Abbildung 4.29). Die auf die Öffnung treffende Strahlung wird im Innern des Kastens vielmals reflektiert und dabei durch Absorption so weit abgeschwächt, dass von der einfallenden Strahlung praktisch nichts wieder nach draußen gelangt.

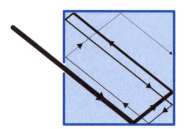

Abbildung 4.29: Realisierung eines (fast) schwarzen Körpers

Wir betrachten nun den Strahlungsfluss zwischen einem beliebigen Köper X und einem schwarzen Körper SK (Abbildung 4.30).

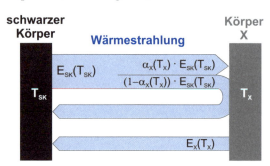

Abbildung 4.30: Strahlungsfluss zwischen einem schwarzen und einem x-beliebigen anderen Körper

Beide Körper emittieren Wärmestrahlung. Aber während der Körper X einen Teil der auf ihn treffenden Strahlung wieder reflektiert, wird alle auf den schwarzen Körper fallende Strahlung absorbiert. Sorgt man noch mit einem (ideal gedachten) Farbfilter dafür, dass nur Strahlung in einem schmalen Frequenzintervall $\Delta\nu$ zwischen den Körpern ausgetauscht wird, so fließt vom schwarzen Körper zum Körper X die Wärme $E_{SK}(v,T){\cdot}\Delta v{\cdot}\alpha_X(v,T)$ und vom Körper X zum schwarzen Körper die Wärme $E_X(v,T){\cdot}\Delta v$. Im thermischen Gleichgewicht gilt also die Bilanzgleichung $E_{SK}(v,T){\cdot}\Delta v{\cdot}\alpha_X(v,T) = E_X(v,T){\cdot}\Delta v$ oder:

$$\frac{E_X(v,T)}{\alpha_X(v,T)} = E_{SK}(v,T) \quad \text{(Kirchhoffsches Strahlungsgesetz)}$$

Für alle Körper ist also das Verhältnis von Emissionsvermögen und Absorptionsgrad dem 2. Hauptsatz zufolge gleich dem spektralen Emissionsvermögen des schwarzen Körpers. Dieser Funktion kommt demnach eine für die Physik grundlegende Bedeutung zu. Am Ende des 19. Jahrhunderts waren sich die Physiker der Bedeutung dieser Funktion bewusst. Man bemühte sich daher darum, einerseits diese Funktion möglichst genau experimentell zu bestimmen und andererseits theoretisch zu deuten. Bei diesen Bemühungen kam M. Planck im Jahr 1900 zu der Überzeugung, dass das spektrale Emissionsvermögen des schwarzen Körpers im Rahmen der damals bekannten physikalischen Theorien, der so genannten klassischen Physik, nicht gedeutet werden kann. Erst mit dem Postulat der für die damalige Zeit revolutionären Quantenhypothese konnte er das Spektrum des schwarzen Körpers erklären.

Aufgabe 4.19 Zeichnen Sie ein Schema für den Strahlungsfluss zwischen zwei schwarzen Körpern, die sich auf verschiedenen Temperaturen $T_1 > T_2$ befinden. In welche Richtung fließt mehr Strahlungsenergie? Betrachten Sie auch den Strahlungsfluss für den Fall, dass zwischen den schwarzen Körpern ein Farbfilter aufgestellt ist, dass Licht nur in einem schmalen Spektralbereich dλ optimal transmittiert und sonst vollständig reflektiert. Was folgt daraus für die spektralen Emissionsvermögen von schwarzen Körpern, die verschiedene Temperaturen haben?

Merke Der schwarze Körper hat von allen Körpern gleicher Temperatur T im gesamten Spektralbereich das größte spektrale Emissionsvermögen $E(v,T)$.

4.4.3 Emissionsvermögen des schwarzen Körpers

Eine für Messungen des Emissionsvermögens E_{SK} eines schwarzen Körpers geeignete Versuchsanordnung zeigt Abbildung 4.31. Als schwarzer Körper dient dabei ein Hohlkörper, der mit einer elektrischen Heizung erhitzt werden kann und dessen Temperatur mit einem Thermoelement gemessen wird. Die von der Öffnung des Hohlkörpers emittierte Wärmestrahlung wird mit einer Thermosäule gemessen. Um die Abstrahlung auf den Bereich der Öffnung zu begrenzen, umgibt die Öffnung eine wassergekühlte Blende.

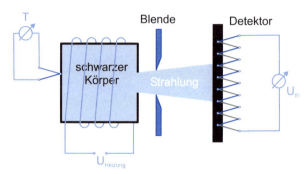

Abbildung 4.31: Versuchsanordnung zur Messung des Emissionsvermögens eines schwarzen Körpers

Am einfachsten ist es, die Gesamtintensität der von der Öffnung ausgehenden Wärmestrahlung und damit das totale Emissionsvermögen $E_{SK}(T)$ des schwarzen Körpers zu bestimmen. Definitionsgemäß gilt:

$$E_{SK}(T) = \int_0^\infty E_{SK}(\nu, T) d\nu$$

Messungen und auf dem 2. Hauptsatz basierende theoretische Überlegungen ergaben, dass die Intensität der Wärmestrahlung proportional zur vierten Potenz der absoluten Temperatur zunimmt:

$$E_{SK}(T) = \sigma \cdot T^4 \quad \text{(Stefan-Boltzmannsches Gesetz)}$$

Die Proportionalitätskonstante σ hat dabei den Wert $\sigma = 5{,}67 \cdot 10^{-8}$ Wm^{-2}K^{-4}. Demnach strahlt eine schwarze Fläche von 1 cm^2 bei 1000 K Wärme mit einer Leistung von 5,67 W ab.

Aufgabe 4.20   Auch die Sonne ist ein fast ideal schwarzer Körper. Ihre Oberfläche hat eine Temperatur von etwa 5800 K. Berechnen Sie die Strahlungsleistung der Sonne. (Aus der Entfernung Erde-Sonne 1 AE $= 150 \cdot 10^9$ m und der scheinbaren Größe ergibt sich der Radius der Sonne: $R_S = 0{,}7 \cdot 10^9$ m.) Berechnen Sie die *Solarkonstante* $S = 1{,}4 \cdot 10^3$ W/m^2, das ist die Intensität des Sonnenlichts auf der Erde.

Um auch das Spektrum der Wärmestrahlung zu untersuchen, muss man beispielsweise mit einem Prisma die Wärmestrahlung spektral zerlegen und dann die Intensität in Spektralbereichen $\Delta\lambda$ messen. Solche Messungen ergaben, dass mit wachsender Temperatur nicht nur die Intensität der Wärmestrahlung kräftig steigt, sondern dass sich dabei auch das Spektrum zu kürzern Wellenlängen verschiebt (Abbildung 4.32). Die Wellenlänge λ_{max} des Maximums der spektralen Verteilung $E_{SK}(\lambda, T)$ ist umgekehrt proportional zur Temperatur T:

$$\lambda_{max} \cdot T = const = 2{,}9 \cdot 10^{-3}\,\text{m} \cdot \text{K} \quad \text{(Wiensches Verschiebungsgesetz)}$$

Bei Temperaturen unter 1000 K liegt das Spektrum der Wärmestrahlung noch fast ausschließlich im (für Menschen unsichtbaren) infraroten Spektralbereich. Bei der Temperatur der Sonne hingegen liegt das Maximum der spektralen Verteilung bereits mitten im sichtbaren Bereich.

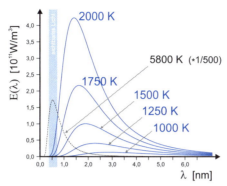

Abbildung 4.32: Spektrales Emissionsvermögen des schwarzen Körpers

Das spektrale Emissionsvermögen des schwarzen Körpers wird im Rahmen der experimentellen Genauigkeit von der 1900 von M. Planck aufgestellten Formel beschrieben. Als Funktion der Frequenz ν und der Temperatur T lautet sie:

$$E_{SK}(\nu,T) = \frac{2\pi\nu^2}{c^2} \cdot \frac{h\nu}{\exp(\frac{h\nu}{kT})-1} \qquad \text{(Plancksche Strahlungsformel)}$$

Außer den bereits vorher bekannten Konstanten c (Lichtgeschwindigkeit) und k (Boltzmann-Konstante) enthält sie das *Plancksche Wirkungsquantum* h als Parameter. Nach Integration über ν ergibt sich aus der Planckschen Strahlungsformel das Stefan-Boltzmannsche Gesetz mit der Konstanten:

$$\sigma = \frac{2\pi^5}{15} \cdot \frac{k^4}{c^2 h^3}$$

Der numerische Wert von σ ist, wie bereits angegeben, $\sigma = 5.67 \cdot 10^{-8}$ Wm^{-2}K^{-4}.

Aufgabe 4.21 Berechnen Sie die Strahlungsleistung eines rundum schwarzen Würfels mit der Kantenlänge 0,4 m und der Temperatur $T = 1000$ K.

Aufgabe 4.22 Bei welcher Wellenlänge ist das spektrale Emissionsvermögen $E(\lambda,T)$ der Sonne maximal? Bei welcher Frequenz ist $E(\nu,T)$ maximal? (Die Sonne ist ein fast schwarzer Körper. Die Temperatur der Sonnenoberfläche ist etwa $T = 5800$ K.)

> **Merke**   Das Emissionsvermögen des schwarzen Körpers nimmt mit T^4 zu. Die Strahlungsleistung eines schwarzen Körpers mit einer Oberfläche von 1 cm² hat bei $T = 1000$ K etwa den Wert $P = 5,7$ W.
>
> Das Maximum der spektralen Verteilung verschiebt sich mit zunehmender Temperatur von längeren zu kürzeren Wellenlängen. Dementsprechend ändert sich die Farbe glühender Körper mit zunehmender Temperatur von dunkler Rotglut zu heller Weißglut.

4.4.4 Quantenhypothese

Der Exponent $h\nu/kT$ im Nenner der Planckschen Formel macht deutlich, dass die spektrale Verteilung der Wärmestrahlung des schwarzen Körpers von dem Energiewert $h\nu$ abhängt. In seinem Bemühen, diesen Energiewert physikalisch zu deuten, postulierte M. Planck die *Quantenhypothese*. Unter der Annahme, dass elektromagnetische Strahlen nur in Quanten $h\nu$ emittiert und absorbiert werden können, konnte er die Strahlungsformel theoretisch herleiten. Wir wollen hier nur auf einige Konsequenzen der Quantenhypothese hinweisen.

Mit der Annahme, dass neben den bekannten Naturkonstanten c und k und der Elementarladung e auch das Plancksche Wirkungsquantum h eine für alle Bereiche der Physik grundlegende Bedeutung hat (für kosmologische Prozesse ist auch die Konstante G des Newtonschen Gravitationsgesetzes mit einzubeziehen), können physikalische Größen, auch wenn sie in verschiedenen Einheiten gemessen werden, sinnvoll in Energieeinheiten miteinander verglichen werden. In der Praxis bewährt sich ein Vergleich auf der Basis der Energieeinheit 1 $eV = 1{,}6 \cdot 10^{-19}$ J. So können beispielsweise Temperaturen (kT), Frequenzen ($h\nu$), Längen (hc/l), Spannungen (eU) und Massen (mc^2) in Energiewerte umgerechnet und miteinander verglichen werden. Ein Vergleich von Temperatur und Frequenz erlaubt uns, das Spektrum des schwarzen Körpers in drei zu unterscheidende Spektralgebiete einzuteilen (Abbildung 4.33):

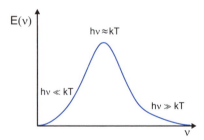

Abbildung 4.33: Zur Deutung der Planckschen Formel mit der Quantenhypothese

Welle-Teilchen-Dualismus

- $hv \ll kT$ **Wellengebiet**
- $hv \sim kT$ **Übergangsgebiet**
- $hv \gg kT$ **Teilchengebiet**

Im Bereich $hv \ll kT$ ändert sich bei Absorption und Emission eines Photons die Energie von thermisch bewegten Teilchen in so kleinen Schritten, dass Absorption und Emission als quasi kontinuierlich stattfindende Prozesse angesehen werden können. Damit ist zu erwarten, dass in diesem Bereich das Spektrum der Wärmestrahlung im Einklang mit der klassischen Physik ist. Die Strahlung darf daher in diesem Bereich als elektromagnetische Welle betrachtet werden. Für diesen Grenzbereich gilt näherungsweise $\exp(hv/kT) \approx 1 + hv/kT$. Im Einklang mit der klassischen Physik gilt daher für das Wellengebiet die Strahlungsformel:

$$E_{SK}(v,T) \approx \frac{2\pi v^2}{c^2} \cdot kT \quad \text{(Strahlungsformel von Rayleigh und Jeans)}$$

Das Plancksche Wirkungsquantum tritt in der Formel nicht mehr auf. Auf der Grundlage der klassischen Physik sollte diese Formel exakt gelten. Sie hätte zur Konsequenz, dass die Intensität der Wärmestrahlung mit zunehmender Frequenz immer weiter ansteigt und nicht nach einem Maximum wieder abnimmt. Dieses als *Ultraviolettkatastrophe* bekannte Ergebnis wird mit der Quantenhypothese korrigiert.

Denn im Bereich $hv \gg kT$ haben thermisch bewegte Teilchen nur noch mit sehr geringer Wahrscheinlichkeit genügend Energie, um ein Lichtquant mit der Energie hv abstrahlen zu können. Entsprechend der Maxwellschen Geschwindigkeitsverteilung (Abschnitt 2.1.4) ist daher zu erwarten, dass ebenso wie die Maxwellsche Verteilungsfunktion mit der kinetischen Energie der thermisch bewegten Teilchen auch die spektrale Intensität der Wärmestrahlung exponentiell mit der Energie der Lichtquanten abnimmt. Genau dieses Verhalten folgt aus der Planckschen Formel für das Teilchengebiet $hv \gg kT$. Denn in diesem Grenzgebiet ist $\exp(hv/kT) \gg 1$ und folglich:

$$E_{SK}(v,T) = \frac{2\pi h v^3}{c^2} \cdot \exp\left(-\frac{hv}{kT}\right) \quad \text{(Wiensches Strahlungsgesetz)}$$

Das Maximum des spektralen Emissionsvermögens liegt im Übergangsgebiet, wo hv und kT von gleicher Größenordnung sind. Die Frequenz v_{max} des Maximums von $E_{SK}(v,T)$ ist daher proportional und die Wellenlänge λ_{max} des Maximums von $E_{SK}(\lambda,T)$ umgekehrt proportional zu T. Diese elementare Konsequenz der Quantenhypothese ist die Aussage des Wienschen Verschiebungsgesetzes (Abschnitt 4.4.3). Die Konstante des Wienschen Gesetzes ist folglich von der Größenordnung hc/k.

Aufgabe 4.23   Bestimmen Sie den Spektralbereich, in dem die Strahlungsformel von Rayleigh und Jeans mit einer Genauigkeit von etwa 1 % gültig ist, wenn $T = 300$ K ist.

> **Merke**
>
> Das spektrale Emissionsvermögen $E(\nu,T)$ ist im Bereich, wo $h\nu \sim kT$, maximal. Wenn $h\nu \ll kT$, ist die Quantennatur der elektromagnetischen Wellen gegenüber thermischen Schwankungen vernachlässigbar klein. In diesem Bereich gelten daher die Formeln der klassischen Physik. Falls $h\nu \gg kT$, ist die Quantennatur der Strahlung bestimmend.
>
> Wie Frequenz und Temperatur können auch viele andere Größen der atomaren Physik in Energieeinheiten miteinander verglichen werden. Es ist vorteilhaft dabei die Einheit [eV] zu benutzen. Merken Sie sich deshalb die Werte:
>
> $$c \approx 3 \cdot 10^8 \text{ m/s} \quad \text{Lichtgeschwindigkeit}$$
>
> $$h \approx 4 \cdot 10^{-15} \text{ } eV \cdot s \quad \text{Plancksches Wirkungsquantum}$$
>
> $$hc \approx 1{,}2 \cdot 10^{-6} \text{ } eV \cdot m$$
>
> $$k \approx 0{,}8 \cdot 10^{-4} \text{ } eV/K \quad \text{Boltzmann-Konstante}$$
>
> $$e^2/(4\pi\varepsilon_0) \approx hc/861 \quad \text{Koeffizient der Coulomb-Wechselwirkung}$$
> $$\text{von Elementarladungen}$$

Atomare Struktur der Materie

5

ÜBERBLICK

Die statistische Theorie der Wärme basiert auf der Annahme, dass Materie und Strahlungsfeld diskrete Strukturen haben. Die Annahme, dass Materie aus Atomen, Elektronen und Ionen und das Strahlungsfeld aus Photonen besteht, hat sich aber auch in vielen anderen Bereichen der Physik bewährt. Im Rahmen der Wärmelehre konnten die Atome als Massenpunkte oder kleine Kugeln mit einem Durchmesser von etwa 10^{-10} m betrachtet werden. Um die elektrischen und magnetischen Eigenschaften der Materie zu deuten, nimmt man an, dass die elektrisch neutralen Atome in geladene Teilchen, wie Elektronen und Ionen, zerlegt werden können (Abschnitt 3.4.1). Dementsprechend geht man davon aus, dass Atome nicht nur eine Ausdehnung, sondern auch eine innere Struktur haben. Wir werden uns in diesem Kapitel zunächst darum bemühen, die Struktur der Atome zu erklären. Damit schaffen wir die Grundlage, auf der anschließend auch der Aufbau makroskopischer Körper aus Atomen, Elektronen und Ionen und viele Eigenschaften makroskopischer Körper erklärt werden können.

Als Schlüssel zur Atomphysik erweist sich das Plancksche Wirkungsquantum h. Die Quantenhypothese, der zufolge elektromagnetische Strahlung nur in diskreten Quanten $h\nu$ absorbiert werden kann, legt die Annahme nahe, dass ein harmonischer Oszillator auch nur in diskreten Stufen von der Größe $h\nu$ zu Schwingungen angeregt werden kann. Diese Annahme steht offensichtlich im Widerspruch zu den Vorstellungen der Newtonschen Mechanik und der Maxwellschen Elektrodynamik. Denn nach diesen Theorien ist die Anregung eines Oszillators durch einen Erreger ein kontinuierlicher Prozess (Abschnitt 1.6.3). Dennoch steht eine solche Annahme nicht im Widerspruch zu allen Experimenten, die zur Untersuchung erzwungener Schwingungen im Rahmen der klassischen Physik durchgeführt wurden. Denn dabei handelte es sich um Frequenzen im Bereich von wenigen Hz bis allenfalls kHz bei mechanischen Schwingungen und um Frequenzen bis zum MHz-Bereich bei elektromagnetischen Schwingungen. In allen Fällen war die Größe der Stufen $h\nu$ sehr viel kleiner als die thermische Schwingungsenergie kT des Oszillators. Wegen der experimentellen Unsicherheiten fielen die Energiestufen in diesen Experimenten ebenso wenig auf, wie die Stufen einer Treppe, bei der die Höhe H der einzelnen Stufen sehr viel kleiner ist als die Größe der Schuhe, mit denen wir sie betreten.

Statt zu versuchen, die Atomphysik im Rahmen von klassischer Mechanik und Elektrodynamik zu verstehen, ist es vernünftiger, neue Vorstellungen von der Natur der Materie zu entwickeln, in denen die in allen Bereichen der Natur erkennbaren diskreten Strukturen eine verbindende universelle Grundidee bilden. Historisch entstand aus solchen Bemühungen die Quantenmechanik, die in den zwanziger Jahren des vorigen Jahrhunderts von W. Heisenberg, E. Schrödinger, P. Dirac und anderen Physikern formuliert wurde.

5.1 Das Atom

Die Entdeckung elementarer Gesetze der Chemie, wie beispielsweise das Gesetz der konstanten und multiplen Proportionen, dem zufolge sich die chemischen Elemente nur in bestimmten Verhältnissen miteinander verbinden, führte um 1800 zu der Annahme, dass alle Materie aus kleinsten, unteilbaren Teilchen, den Atomen, besteht. Die chemische Atomtheorie erreichte in dem von D. Mendeleev aufgestellten periodischen System der Elemente (Abschnitt 5.3.3) ihren krönenden Abschluss. Demnach lässt sich die Vielfalt der in der Natur vorkommenden chemischen Stoffe mit der Annahme erklären, dass es nur etwa 92 verschiedene Atome gibt, die sich nach den Gesetzen der Chemie zu den verschiedenartigsten Molekülen verbinden können. Die Atome eines Elements verhalten sich chemisch exakt gleichartig. Diese Gleichartigkeit wäre im Rahmen der klassischen Physik verständlich, wenn die Atome, wie ursprünglich angenommen, wirklich kleinste unteilbare und unveränderliche Teilchen wären. Tatsächlich sind sie aber in Ionen und Elektronen zerlegbar, und man muss daher davon ausgehen, dass die Atome eines Elements auch eine innere Struktur haben. Angesichts einer solchen Struktur ist die Gleichartigkeit der Atome eine höchst erstaunliche Eigenschaft. Wie ist es möglich, dass Atome bei Gasentladungen oder in Elektrolyten (Abschnitt 3.4.1) in Ionen und Elektronen zerfallen, sich anschließend aber wieder zu den ursprünglichen Atomen zusammenfügen und sich dann in keiner Weise von allen anderen Atomen des Elements unterscheiden? Diese erstaunliche Stabilität der Atome findet ihre Erklärung in der Quantenhypothese.

5.1.1 Struktur der Atome

Die Struktur der Atome kann nicht mit einem Mikroskop untersucht werden, da das Auflösungsvermögen eines Mikroskops durch die Wellenlänge des Lichts $\lambda \sim 1\ \mu m$ begrenzt ist (Abschnitt 4.2.4) und daher nicht ausreicht, die um vier Größenordnungen kleineren Atome sichtbar zu machen. Größe und Struktur der Atome ist daher weitgehend indirekt zu erschließen. Aus der Dichte von Flüssigkeiten und Festkörpern und aus der mittleren freien Weglänge der Atome in Gasen schließt man, dass alle Atome einen Durchmesser in der Größenordnung von 10^{-10} m haben. Genauere Untersuchungen zeigen aber auch, dass die Größe der Atome von Element zu Element variiert. Die kleinsten Atome sind die Edelgase und die größten Atome die Alkalimetalle.

Die Masse der Atome ergibt sich aus der Masse der Stoffmenge 1 mol und der Avogadroschen Zahl $N_A = 6 \cdot 10^{23}$. Das leichteste Atom ist das Wasserstoffatom mit der Massenzahl $A = 1$. Daher ist die Masse eines H-Atoms $m_H \approx N_A^{-1} \cdot 10^{-3}$ kg $\approx 1{,}6 \cdot 10^{-27}$ kg. Aus Untersuchungen von *Gasentladungen* und den Gesetzmäßigkeiten der *Elektrolyse* (Zerlegung chemischer Verbindungen durch elektrischen Strom in Lösungen oder Schmelzen) schließt man, dass Atome in Elektronen und Ionen zerlegt werden können. Die Masse der Elektronen und Ionen ergibt sich aus der Beschleunigung und Ablenkung der Teilchen in elektrischen und magnetischen Feldern (Abschnitt 3.4.2). Die Masse der Ionen ist etwa gleich der Masse der entsprechenden Atome. Die Masse m_e eines Elektrons ist hingegen wesentlich kleiner:

$$m_e = \frac{m_H}{1837}$$

Um Gasentladungen bei Gasdrücken von etwa 100 Pa zu zünden, müssen an die Elektroden Spannungen $U \sim 100$ V angelegt werden. Auch während der Entladung liegen dort noch Spannungen von einigen 10 V an. Daraus ist zu schließen, dass Energien in der Größenordnung von 10 eV aufzubringen sind, um ein Atom zu ionisieren, da die geladenen Teilchen im elektrischen Feld zwischen den Elektroden höchstens auf diese Energie beschleunigt werden können.

Den ersten Einblick in die innere Struktur der Atome ermöglichten *Streuexperimente*, bei denen die Ablenkung geladener Teilchen sehr hoher Energie beim Durchfliegen dünner Folien (so genannter *Targets* — englisch: *Zielscheibe*) untersucht wurden. Solche Teilchen entstehen bei radioaktiven Zerfällen (Abschnitt 5.4.2).

Experiment 5.1	**Absorption von Elektronenstrahlen**

Beim Zerfall radioaktiver Strontiumatome (^{90}Sr) werden Elektronen mit kinetischen Energien bis zu 0,55 MeV emittiert. In einem Geiger-Zählrohr (Abschnitt 6.6.1) lösen geladene Teilchen so hoher Energie blitzartige Entladungen aus und können daher einzeln nachgewiesen und gezählt werden. Mit einer einfachen Versuchsanordnung (Abbildung 5.1) lässt sich folglich der Durchgang hochenergetischer Elektronen durch dünne Folien, z. B. aus Aluminium (Al), untersuchen.

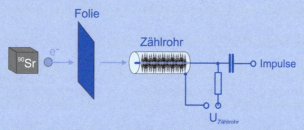

Abbildung 5.1: Versuchsanordnung zur Messung der Absorption von Elektronen hoher Energie

Die Anzahl der Elektronen, die z. B. in einer Zeitspanne von 10 s vom Detektor nachgewiesen werden, hängt von der Aktivität der ^{90}Sr-Quelle und dem Abstand des Detektors von der Quelle ab (Abschnitt 5.4.2). Um Strahlenschäden zu vermeiden, werden die Messungen mit Quellen geringer Aktivität durchgeführt. Bei einer mittleren Zählrate von etwa 100 Ereignissen pro Sekunde misst man etwa N = 1000 Ereignisse in 10 s. Da aber die radioaktiven Zerfälle den Gesetzen des Zufalls unterliegen, schwankt die Anzahl der in Einzelmessungen gezählten Ereignisse von Messung zu Messung. Die *Standardabweichung* (Abschnitt 6.6.2) vom Mittelwert beträgt $\sqrt{N} \approx 32$. Die Messungen liefern daher nur Werte mit mäßiger Genauigkeit. Mit Al-Folien (Aluminium) als Absorber ergeben sie, dass die Zählrate zwar mit zunehmender Dicke der Al-Folien exponentiell abnimmt, aber nur mit einem verblüffend kleinen Absorptionskoeffizienten. Durch eine 0,1 mm dicke Al-Folie – das sind etwa 10^6 aufeinander gestapelte Schichten von Al-Atomen – gehen noch etwa 80 % der einfallenden Elektronen hindurch.

Diese Messungen zeigen, dass man sich die Atome nicht als undurchdringliche Kugeln vorstellen darf. Offensichtlich enthalten sie viel freien Raum, in dem sich schnelle Elektronen ungehindert bewegen können.

Einen genaueren Einblick in die Struktur der Atome erlaubten Experimente von E. Rutherford (1910). Er untersuchte mit seinen Mitarbeitern die Streuung von α-Teilchen an Gold-Folien. Die beim α-Zerfall (Abschnitt 5.4.2) entstehenden Teilchen sind zweifach positiv geladene He-Ionen mit der Massenzahl $A = 4$. Sie haben eine kinetische Energie von etwa 5 MeV. Zur Überraschung der Experimentatoren prallten trotz ihrer hohen Energie einige dieser schweren Geschosse an den Au-Atomen einfach ab, so dass sie nach der Streuung mit fast unverminderter Energie in Rückwärtsrichtung flogen. Um die Ergebnisse dieser Experimente zu deuten, nahm E. Rutherford an, dass das Atom aus einem sehr kleinen, Z-fach positiv geladenen Kern besteht, in dem fast die gesamte Masse des Atoms konzentriert ist, und aus Z Elektronen, die den Kern ähnlich wie die Planeten die Sonne umkreisen. Dieses *Rutherfordsche Planetenmodell* ist die Grundlage der modernen Atomphysik. Um aber im Rahmen dieses Modells auch die Stabilität der Atome erklären zu können, musste die universelle Gültigkeit der Bewegungsgesetze der klassischen Mechanik infrage gestellt werden. Ein neuer Ansatz zur Erklärung – nicht nur der Stabilität, sondern auch der Spektren der Atome – ergab sich aus der Quantenhypothese von M. Planck (Abschnitt 5.1.3).

Aufgabe 5.1 Berechnen Sie den Abstand auf den sich α-Teilchen dem Atomkern eines Goldatoms bei Rückwärtsstreuung nähern. Welche Energie müssten die α-Teilchen haben, um den Goldkern (mit dem Durchmesser $2R \approx 10^{-14}$ m und der Ladungszahl $Z = 79$) bei Rückwärtsstreuung zu berühren? Wie groß ist die Massendichte ρ des Goldkerns?

Merke Atome bestehen aus einem Atomkern, der eine elektrische Ladung $+Ze$ trägt und einen Radius $R < 10^{-14}$ m hat. Den Atomkern umkreisen Z Elektronen auf Bahnen mit Radien von etwa 10^{-10} m. Die Ladungszahl Z der natürlichen Elemente ist eine ganze Zahl $1 < Z < 92$. Die Ladungszahl ist bestimmend für die chemischen Eigenschaften der Elemente des periodischen Systems.

5.1.2 Das Wasserstoffspektrum

Das einfachste Atom ist das Wasserstoffatom. Gemäß dem Rutherfordschen Planetenmodell besteht es aus einem einfach positiv geladenen Kern und nur einem Elektron, das den Kern umkreist. Zwischen Kern und Elektron wirkt die anziehende Coulomb-Kraft. Da die Coulomb-Kraft ebenso wie die Gravitationskraft mit dem Quadrat des Abstandes r zwischen den miteinander wechselwirkenden Körpern abnimmt, würde sich nach der klassischen Mechanik das Elektron in gleicher Weise um den Kern bewegen wie ein einzelner Planet um die Sonne. Insbesondere könnten die Keplerschen Gesetze (Abschnitt 1.1.4) auch auf die Elektronenbewegung angewendet werden. Nach dem dritten Keplerschen Gesetz wäre das Quadrat der Umlaufsfrequenz v bei Kreisbahnen umgekehrt proportional zur dritten Potenz des Radius r der Kreisbahn. Demnach würde man nach der klassischen Elektrodynamik erwarten, dass Wasserstoffatome elektromagnetische Wellen beliebiger Frequenz emittieren können.

Aufgabe 5.2　Welchen Radius haben die Kreisbahnen von Elektronen, die nach den Gesetzen der klassischen Physik elektromagnetische Wellen im sichtbaren Spektralbereich emittieren? Welchen Bahndrehimpuls haben diese Elektronen? Vergleichen Sie den berechneten Wert mit dem Planckschen Wirkungsquantum.

Spektroskopische Untersuchungen des Lichts, das bei Gasentladungen emittiert wird, zeigen demgegenüber, dass alle Atome ein Spektrum mit diskreten Spektrallinien emittieren. Besonders einfach ist das Spektrum des H-Atoms (Abbildung 5.2). Es hat im sichtbaren Spektralbereich vier Spektrallinien und weitere Spektrallinien im ultravioletten (UV) und infraroten (IR) Spektralbereich. Alle Wellenlängen λ dieser Spektrallinien lassen sich mit einer einfachen, bereits 1885 von J. J. Balmer angegebenen Formel berechnen:

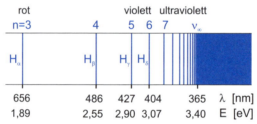

Abbildung 5.2: Spektrum des Wasserstoffatoms (Balmer-Serie)

$$\frac{1}{\lambda} = \text{Ry} \cdot \left(\frac{1}{n^2} - \frac{1}{m^2}\right) \quad \text{(Balmer-Formel)}$$

Dabei sind $n = 1, 2, 3,...$ und $m > n$ natürliche Zahlen und $Ry = 109737 \text{ cm}^{-1}$ die *Rydberg-Konstante*. Zu jedem n gibt es also eine Serie von Linien mit $m = n + 1, n + 2,....$ Die *Lyman-Serie* ($n = 1$) liegt ganz im UV, die *Balmer-Serie* ($n = 2$) im sichtbaren und nahen UV-Bereich und die *Paschen-Serie* ($n = 3$) und alle Serien mit höherem n ganz im infraroten Spektralbereich.

Diese Linien sind charakteristisch für Wasserstoffatome. Egal wie Wasserstoffgas, das bei gewöhnlicher Temperatur aus zweiatomigen Molekülen (H_2) besteht, angeregt wird – ob in einer Gasentladung oder in einer Flamme – stets werden von den Wasserstoffatomen exakt diese Linien emittiert. Als *Fraunhofer-Linien* werden die vier sichtbaren Linien der Balmer-Serie auch im Spektrum der Sonne und anderer Sterne beobachtet und lassen daher darauf schließen, dass diese Himmelskörper wesentlich aus Wasserstoff bestehen.

Auch alle anderen Elemente des periodischen Systems haben ein für sie charakteristisches Linienspektrum. Die Wellenlängen der Linien dieser Spektren können zwar nicht in so einfacher Weise berechnet werden wie die Wellenlängen des Wasserstoffspektrums. Dennoch bietet die Kenntnis der Spektren genau wie beim Wasserstoff die Möglichkeit, in Proben chemischer Stoffe die Elemente, aus denen die Proben bestehen, zu identifizieren. Darauf beruht die *Spektralanalyse* von **G. R. Kirchhoff (1824 - 1887)** und **R. W. Bunsen (1811 - 1899)**. Bringt man beispielsweise Kochsalz in die Flamme eines Bunsen-Brenners, so leuchtet die Flamme gelb auf und zeigt damit an, dass Kochsalz (NaCl) Natrium enthält. Denn im sichtbaren Spektralbereich emittieren Na-Atome eine intensive gelbe Spektrallinie bei $\lambda = 589$ nm (Abschnitt 5.3.4).

> **Merke**
>
> In heißen Flammen oder Gasentladungen emittieren Atome ein für das jeweilige chemische Element charakteristisches Spektrum diskreter Spektrallinien. Für das einfachste Atom, das Wasserstoffatom, das aus einem einfach geladenen Kern und nur einem Elektron besteht, lassen sich die Wellenlängen der Spektrallinien mit der Balmerschen Formel berechnen.

5.1.3 Bohrsches Atommodell

Aus der Sicht der klassischen Physik sind die Stabilität der Atome und ihre Linienspektren ein unlösbares Rätsel. Nur durch eine Kombination von Gesetzen der klassischen Physik mit andersartigen Gesetzmäßigkeiten, die auf der Quantenhypothese von Max Planck aufbauen, konnte das Rätsel gelöst werden. Es war **N. Bohr (1885 – 1962)**, der diesen revolutionären Schritt 1913 wagte. Aufbauend auf die Ideen von N. Bohr entwickelten die Physiker in den folgenden 15 Jahren die *Quantenmechanik* und schufen damit eine neue Grundlage für das Weltbild der Physik.

Die Plancksche Quantenhypothese legt, wie in der Einführung zu dieser Lektion erwähnt, die Vermutung nahe, dass ein harmonischer Oszillator nicht mit beliebiger Energie schwingen, sondern seine Schwingungsenergie E_{osz} nur in Stufen von der Größe $h\nu$ ändern kann. Demnach hat ein harmonischer Oszillator diskrete Energieniveaus. Sie haben Energiewerte, die wie die Sprossen einer Leiter angeordnet sind:

$$E_n = E_0 + n \cdot h\nu \quad \text{mit } n=0,1,2,\ldots$$

(diskrete Energieniveaus des harmonischen Oszillators)

Beim Übergang zu einem höheren oder tieferen Energieniveau wird jeweils ein Photon absorbiert bzw. emittiert.

N. Bohr verallgemeinerte dieses Konzept und wendete es auf das Planetenmodell von E. Rutherford an. Er konnte damit die Stabilität der Atome und die Existenz diskreter Spektrallinien erklären. Ausgehend von drei grundlegenden Postulaten konnte er insbesondere auch die Balmersche Formel für die Spektrallinien des Wasserstoffatoms theoretisch begründen.

Zwei der drei Bohrschen Postulate lauten:

Bohrsche Postulate

- Erstes Bohrsches Postulat: Die Elektronen bewegen sich auf Kreisbahnen um den Atomkern. Die Energie der Elektronen kann dabei aber nur diskrete Werte E_n annehmen. Während dieser stationären Bewegung emittieren die Elektronen keine elektromagnetischen Wellen.

- Zweites Bohrsches Postulat: Die Elektronen können Quantensprünge ausführen. Dabei springen sie von einem stationären Bewegungszustand mit der diskreten Energie E_n zu einem anderen stationären Zustand mit der Energie E_m. Bei diesen Quantensprüngen wird ein Photon emittiert, wenn $E_n > E_m$, oder absorbiert, wenn $E_n < E_m$. Die Energie $h\nu$ des Photons ergibt sich aus der Energiedifferenz $|E_m - E_n|$:

$$h\nu = |E_m - E_n| \quad \text{(Bohrsche Frequenzbedingung)}$$

Mit diesen beiden Postulaten werden allgemeine Grundsätze formuliert, die nicht im Einklang mit den Vorstellungen der klassischen Physik stehen. Nach der Maxwellschen Elektrodynamik müsste ein Elektron, das sich um einen Atomkern bewegt und dabei ständig beschleunigt wird (d. h. die Richtung seiner Geschwindigkeit ändert), kontinuierlich elektromagnetische Wellen abstrahlen (Abschnitt 3.6.2). Es gäbe keine stationären Elektronenzustände. Vielmehr würden die Elektronen permanent Energie verlieren und müssten schließlich in den Kern stürzen. Das erste Postulat ist offensichtlich nötig, um die Stabilität der Atome zu erklären. Mit dem zweiten Postulat wird das Linienspektrum der Atome gedeutet. Da stationäre Zustände nur mit bestimmten diskreten Energiewerten möglich sind, kann ein Atom gemäß der Bohrschen Frequenzbedingung auch nur Spektrallinien mit bestimmten diskreten Frequenzen emittieren und absorbieren. Im Widerspruch zum klassischen Bild, nach dem Emission und Absorption kontinuierlich stattfindende Prozesse sind, finden die Emissions- und Absorptionsprozesse diskontinuierlich in *Quantensprüngen* statt.

Es stellt sich nun die Aufgabe, auf dieser neuen gedanklichen Grundlage die Energiewerte E_n und damit die Linienspektren der Atome zu berechnen. Für das Wasserstoffatom löste Bohr die Aufgabe mit dem dritten Postulat:

Drittes Bohrsches Postulat

- Der Bahndrehimpuls L eines um den Atomkern kreisenden Elektrons kann nur ganzzahlige Vielfache von $h/2\pi$ annehmen:

$$L = n \cdot h / 2\pi = n \cdot \hbar \quad \text{(Quantisierung des Drehimpulses)}$$

Aus der Annahme, dass der Bahndrehimpuls eines Elektrons nur diskrete Werte annehmen kann, ergibt sich nach den Gesetzen der klassischen Mechanik, dass auch die Energie eines um den Atomkern kreisenden Elektrons nur bestimmte Werte haben kann. Denn für die Kreisbahnen der Elektronen im Coulomb-Feld des Atomkerns lassen sich die Energiewerte als Funktion des Drehimpulses angeben.

Aus dem zweiten Newtonschen Axiom $\mathbf{F} = m\mathbf{a}$ ergibt sich für die Kreisbewegung eines Elektrons im Coulomb-Feld eines Atomkerns mit der Ladung $Z \cdot e$:

$$\frac{Ze^2}{4\pi\varepsilon_0 \cdot r^2} = m_e\omega^2 r$$

(m_e Elektronenmasse, e Elementarladung, r Radius der Kreisbahn, ω Winkelgeschwindigkeit des Elektrons). Die potenzielle Energie eines Elektrons im Coulomb-Potenzial des Kerns ist $E_{pot} = -Ze^2/(4\pi\varepsilon_0 r)$, und aus obiger Beziehung ergibt sich nach Multiplikation mit r für die kinetische Energie: $E_{kin} = -E_{pot}/2$. Somit ergibt sich für die Gesamtenergie des Elektrons:

$$E_{ges} = -\frac{1}{2} \cdot \frac{Ze^2}{4\pi\varepsilon_0 \cdot r}$$

Da ferner $L = m\omega r^2$, erhält man aus der Beziehung zwischen Zentripetalkraft und Beschleunigung nach Multiplikation mit r^3 auch, dass der Radius r proportional zum Quadrat des Drehimpulses ist: $Lm_e^2 = mZe^2/(4\pi\varepsilon_0) \cdot r$. Die Gesamtenergie des Elektrons ist daher umgekehrt proportional zum Quadrat des Drehimpulses:

$$E_{ges} = -\frac{m_e}{2} \cdot \left(\frac{Ze^2}{4\pi\varepsilon_0}\right)^2 \cdot \frac{1}{L^2}$$

Aus der Quantisierung des Drehimpulses folgt daher, dass das Elektron sich nur auf Bahnen mit den Energien $E_{ges} = E_n$ bewegen kann. Als diskrete Energiewerte E_n erhält man:

$$E_n = -\frac{m_e}{2} \cdot \left(\frac{e^2}{2\varepsilon_0 \cdot h}\right)^2 \cdot \frac{Z^2}{n^2}$$ (diskrete Energieniveaus eines Elektrons im Coulomb-Feld)

Für ein Wasserstoffatom mit der Kernladungszahl $Z = 1$ erhält man die folgenden Werte:

$$E_n = -13{,}6\,eV/n^2$$

Die Lage der Energieniveaus E_n auf einer Energieskala zeigt das in Abbildung 5.3 dargestellte *Termschema*. Das energetisch tiefste Energieniveau E_1 ist der *Grundzustand* des Wasserstoffatoms. Um das Elektron vom Kern des Wasserstoffatoms zu trennen und damit das H-Atom zu ionisieren, muss dem Elektron mindestens eine Energie von 13,6 eV zugeführt werden. Im Grundzustand des Wasserstoffatoms sind also Kern und Elektron mit einer *Bindungsenergie* $E_B = 13{,}6$ eV aneinander gebunden.

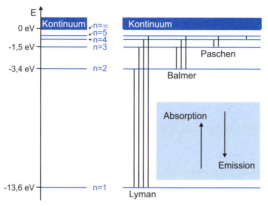

Abbildung 5.3: Termschema des Wasserstoffatoms

Aufgrund des zweiten Bohrschen Postulats ergibt sich aus dem Termschema das Spektrum des Wasserstoffatoms. Da $h\nu = E_m - E_n$ und $\nu = c/\lambda$, folgt für die reziproke Wellenlänge λ^{-1} der bei Quantensprüngen von E_m nach E_n emittierten Spektrallinie des H-Atoms:

$$\frac{1}{\lambda} = \frac{E_m - E_n}{hc} = \frac{m_e}{2hc} \cdot \left(\frac{e^2}{2\varepsilon_0 h}\right)^2 \cdot \left(\frac{1}{n^2} - \frac{1}{m^2}\right)$$

Das ist die Balmersche Formel. Der numerische Faktor $Ry = (m_e/2hc)\cdot(e^2/2\varepsilon_0 h)^2 = 1{,}09737\cdot10^7$ m^{-1} hat denselben Wert wie die *Rydberg-Konstante* der Balmerschen Formel (Abschnitt 5.1.2).

Aufgabe 5.3   Berechnen Sie die Energie, die einem Wasserstoffatom mindestens zugeführt werden muss, damit das Elektron aus dem Grundzustand in einen anderen Zustand springen kann. Kann diese Energie bei den thermischen Stößen eines Gases bei Raumtemperatur übertragen werden? Wie viel Energie wird benötigt, um Wasserstoffatome zu ionisieren?

Merke   Atome haben eine Folge $E_1 < E_2 < E_3 < \dots$ diskreter Energieniveaus E_n. Wenn das Energieniveau mit der tiefsten Energie besetzt ist, befindet sich das Atom im Grundzustand. Photonen können bei Quantensprüngen in höhere oder tiefere Energieniveaus absorbiert bzw. emittiert werden, wenn die Bohrsche Frequenzbedingung erfüllt ist:

$$h\nu = |E_m - E_n| \quad \text{(Bohrsche Frequenzbedingung)}$$

Die Energieniveaus des Wasserstoffatoms sind:

$$E_n = -13{,}6\,eV \cdot \frac{1}{n^2} \quad \text{(Energieniveaus des H-Atoms)}$$

Bei Energien $E > 0$ können sich Elektron und Atomkern beliebig weit voneinander entfernen. Das Atom ist dann ionisiert.

5.1.4 Diskrete Energieniveaus

Die tägliche Erfahrung scheint uns zu lehren, dass Körper sich kontinuierlich in Raum und Zeit bewegen und Wellen sich kontinuierlich in Raum und Zeit ausbreiten. Im Einklang mit dieser Erfahrung entstanden die Newtonsche Mechanik und die Maxwellsche Elektrodynamik. Die Quantenhypothese und die darauf aufbauenden Bohrschen Postulate stehen zwar in krassem Widerspruch zu der durch die tägliche Erfahrung geprägten Anschauung und zu den klassischen Kontinuumstheorien, nicht aber zur täglichen Erfahrung selbst. Denn gewöhnlich ändert sich bei einem Quantensprung der Zustand eines von uns wahrgenommenen Körpers so minimal wenig, dass uns trotz der sprunghaften Änderungen ein makroskopischer Prozess so erscheint, als ob er kontinuierlich abläuft.

Auf dem Prüfstand stehen aber nicht nur unsere Anschauungen, sondern auch die grundlegenden Theorien der klassischen Physik. Diese haben sich in so vielfältiger Weise in Naturwissenschaft und Technik bewährt, dass es schwer fällt zu glauben, dass die grundlegenden Konzepte dieser Theorien nicht uneingeschränkt gültig sind. Außer theoretischen Überlegungen haben letztlich zahlreiche Experimente dazu beigetragen, dass sich das revolutionär neue Bohrsche Konzept der stationären Zustände und der zwischen diesen Zuständen stattfindenden Quantensprünge wissenschaftlich durchgesetzt hat. Ein Experiment, das die Existenz diskreter Energieniveaus besonders deutlich werden lässt, ist der 1914 von J. Franck und G. Hertz durchgeführte Versuch.

Experiment 5.2   **Franck-Hertz-Versuch**

Franck und Hertz untersuchten die Anregung von Quecksilberatomen bei Stößen mit Elektronen und die Energie der Elektronen nach diesen Stößen. In gleicher Weise können auch Stöße von Elektronen mit anderen Atomen untersucht werden. Als Versuchsanordnung dient eine Elektronenröhre mit Glühkathode, Gitter und Anode (Triode), in der sich Quecksilberdampf bei niedrigem Druck (~1 Pa) befindet (Abbildung 5.4). Die Elektronen werden durch Thermoemission (Abschnitt 4.3.3) aus der Glühkathode freigesetzt und durch eine zwischen Kathode und Gitter anliegende Spannung U_{KG} von bis zu 20 V auf eine kinetische Energie von maximal eU_{KG} beschleunigt. Zwischen Gitter und Anode werden die Elektronen durch eine kleine, dort anliegende Gegenspannung von etwa –0,5 V abgebremst. Sie können also die Anode nur erreichen, wenn sie am Gitter noch eine kinetische Energie von mindestens 0,5 eV haben. Gemessen wird der auf die Anode auftreffende Elektronenstrom als Funktion der Spannung U_{KG}. Das Ergebnis einer solchen Messung zeigt Abbildung 5.5.

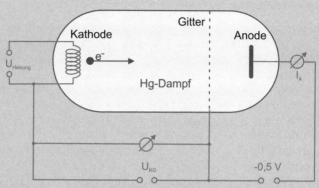

Abbildung 5.4: Schema der Versuchsanordnung von Franck und Hertz

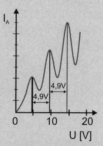

Abbildung 5.5: Anodenstrom I_A als Funktion der Spannung U_{KG}

Der Anodenstrom wächst zunächst mit der Spannung U_{KG}, da mit zunehmender Spannung mehr Elektronen aus dem Bereich der Glühkathode abgezogen werden. Sobald aber die Spannung U_{KG} den Wert von 4,9 V übersteigt, nimmt der Anodenstrom drastisch ab. Eine ähnliche Abnahme des Anodenstromes beobachtet man bei dem doppelten und dreifachen Wert dieser Spannung.

Das auffällige Absinken des Anodenstromes bestätigt die Existenz diskreter Energieniveaus. Denn bei Stößen der Elektronen mit den Atomen des Quecksilbers (Hg) prallen die Atome elastisch, also praktisch ohne Energieverlust von den Atomen ab, solange ihre Energie nicht ausreicht, die Hg-Atome anzuregen. Bei Hg-Atomen liegt das energetisch tiefste angeregte Energieniveau 4,9 eV über dem Grundzustand. Diese Energie müssen die Elektronen also mindestens haben, um bei einem Stoß Hg-Atome anzuregen und dabei Energie, nämlich 4,9 eV, zu verlieren. Bei Beschleunigungsspannungen U_{KG} knapp über 4,9 eV haben die Elektronen nach einem Stoß nicht mehr genügend Energie, um die Gegenspannung zu überwinden. Die Elektronen treffen dann vermehrt auf das Gitter und der Anodenstrom nimmt entsprechend ab. Bei doppelter und dreifacher Spannung kann jedes Elektron zwei bzw. drei Hg-Atome auf seinem Weg zum Gitter anregen. Daher nimmt auch bei diesen Spannungen der Anodenstrom ab.

Diese Deutung des Experiments wird bestätigt durch Messungen, bei denen auch das von den angeregten Hg-Atomen emittierte Licht nachgewiesen wird. Beim Zerfall der angeregten Atome in den Grundzustand werden nach dem zweiten Bohrschen Postulat Photonen mit der Energie $h\nu = 4{,}9$ eV emittiert, also ultraviolettes Licht mit einer Wellenlänge $\lambda = 253{,}7$ nm. Tatsächlich emittieren die Hg-Atome kein Licht, solange $U_{KG} < 4{,}9$ eV. Erst wenn $U_{KG} > 4{,}9$ eV, kann – wie erwartet – die ultraviolette Spektrallinie der Hg-Atome nachgewiesen werden.

Nicht nur Stöße zwischen Elektronen und Atomen sind vollkommen elastisch, wenn die Stoßenergie nicht zur Anregung der Atome ausreicht. Auch Stöße der Atome untereinander sind unter gleicher Bedingung vollkommen elastisch. Diese Bedingung ist praktisch immer für Atome erfüllt, die sich bei Raumtemperatur im Mittel mit einer kinetischen Energie von etwa $kT \approx 25$ meV bewegen. Die grundlegende Annahme der kinetischen Gastheorie (Abschnitt 2.1.2), dass Stöße zwischen Atomen bei Raumtemperatur vollkommen elastisch sind, findet daher mit dem ersten Bohrschen Postulat eine Erklärung.

Aufgabe 5.4 Berechnen Sie die Wahrscheinlichkeit dafür, dass ein Atom in einem Gas a) bei der Raumtemperatur $T = 300$ K und b) bei der Sonnentemperatur $T = 6000$ K genügend kinetische Energie hat, um ein Wasserstoffatom anzuregen.

Merke Stöße atomarer Teilchen sind vollkommen elastisch, wenn die kinetische Energie der Relativbewegung der beiden stoßenden Teilchen kleiner als die Anregungsenergie dieser Teilchen ist. Die meisten Atome haben Anregungsenergien von einigen eV.

5.2 Elektronenwellen

Bohrs Postulate sind unvereinbar mit den grundlegenden Konzepten der klassischen Physik. Die Existenz diskreter Energieniveaus und die Veränderung atomarer Systeme in Quantensprüngen stehen in auffälligem Gegensatz zur Idee stetiger Bewegungen und Entwicklungen von Körpern und Feldern. Die Bohrschen Postulate können daher nicht einfach als eine Ergänzung von Newtonscher Mechanik und Maxwellscher Elektrodynamik betrachtet werden. Vielmehr bilden sie zusammen mit Quanten- und Photonenhypothese erste tastende Schritte hin zu einer neuen Physik.

Diese neue Physik, die *Quanten-* oder *Wellenmechanik,* entstand in den zwanziger Jahren des 20. Jahrhunderts. In ihr werden so gegensätzlichen Konzepte der klassischen Physik, wie das deterministische Konzept der Mechanik und das Zufallskonzept der Wärmelehre, zu einer neuen Synthese zusammengeführt. Quantenmechanisch kann sich der Zustand eines physikalischen Objekts einerseits kontinuierlich, deterministischen Gesetzen folgend, ändern und andererseits in diskreten Quantensprüngen, den Gesetzen des Zufalls folgend. Wir werden in dieser Lektion einige der grundlegenden Ideen der modernen Wellenmechanik erläutern.

Ein anderer in den Konzepten der klassischen Physik angelegter Gegensatz ist der Gegensatz zwischen Welle und Teilchen. Eine ebene Welle $\exp(i\mathbf{k}\mathbf{r} - i\omega t)$ erstreckt sich kontinuierlich über den gesamten Raum. Sie ist überall. Ein Teilchen hingegen ist zu einer bestimmten Zeit an einem bestimmten Ort. Es ist lokalisierbar. Trotz dieses Gegensatzes haben wir die elektromagnetische Strahlung sowohl als Wellenfeld als auch als Teilchenstrom beschrieben (Kapitel 4). Zur Erklärung von Interferenz und Beugung betrachteten wir die Strahlung als elektromagnetische Welle (Abschnitt 4.2). Zur Erklärung des Spektrums der Wärmestrahlung und von Photo- und Compton-Effekt musste hingegen angenommen werden, dass die elektromagnetische Strahlung aus Photonen besteht (Abschnitt 4.3). Dieser Welle-Teilchen-Dualismus ist mit unserer durch die klassische Physik geprägten Anschauung nicht in Einklang zu bringen. Trotzdem müssen wir versuchen, ihn zu begreifen. Denn er ist keineswegs nur eine Besonderheit der elektromagnetischen Strahlung, sondern gleichermaßen eine Eigenart materieller Teilchen. Tatsächlich steht der Welle-Teilchen-Dualismus im Einklang mit allen bislang durchgeführten Experimenten. Auf der Basis der Quantenphysik sind auch keine Experimente denkbar, die diesen Dualismus in Frage stellen könnten. Und schließlich lässt sich der Welle-Teilchen-Dualismus mit der Quantenmechanik widerspruchslos theoretisch beschreiben. Es stellt sich daher die Aufgabe, unsere anschaulichen Bilder von der Natur den neuen, bei vielen Experimenten offenbar gewordenen Gegebenheiten der Natur anzupassen.

5.2.1 Elektronenbeugung

Dass materielle Teilchen auch Eigenschaften von Wellen haben können, wurde 1924 von L. de Broglie diskutiert und erstmals 1927 an Elektronenstrahlen nachgewiesen. Dieselbe Beziehung, die die Wellen- und Teilcheneigenschaften der elektromagnetischen Strahlung miteinander verknüpft (Abschnitt 4.3.4), gilt auch für materielle Teilchen:

$$\vec{p} = \hbar\vec{k} \quad \text{oder} \quad p = h/\lambda \quad \text{(de Broglie-Beziehung)}$$

Teilchen mit einem Impuls **p** können sich demnach wie Wellen mit einer Wellenlänge $\lambda = h/p$ verhalten. Für Elektronen mit der kinetischen Energie $E_{kin} = p^2/2m_e$ ergibt sich folglich:

$$\lambda = \frac{hc}{\sqrt{2m_e c^2 \cdot E_{kin}}}$$

Für die Berechnung von λ ist es nützlich, das Produkt hc von Planckschem Wirkungsquantum und Lichtgeschwindigkeit in der Einheit [eV·m] und die Ruhenergie mc^2 des Elektrons in [eV] zu wissen (Abschnitt 4.4.4):

$$hc = 1{,}237{\cdot}10^{-6} \text{ eV·m}$$

$$m_e c^2 = 0{,}511{\cdot}10^6 \text{ eV}$$

Nach Beschleunigung mit der Spannung $U = 10$ kV haben Elektronen demnach eine Wellenlänge $\lambda \approx 10^{-11}$ m. Elektronenstrahlen dieser Energie haben also eine Wellenlänge gleicher Größenordnung wie Röntgen-Strahlen (Abschnitt 4.3.3). Daher kann, wie für Röntgen-Strahlen, auch der Wellencharakter von Elektronenstrahlen durch Beugung an einem Kristallgitter nachgewiesen werden.

Experiment 5.3 — **Elektronenbeugung**

In einer Elektronenröhre werden Elektronen durch Thermoemission aus einer Glühkathode freigesetzt und auf etwa 10 keV beschleunigt (Abbildung 5.6). Der durch ein Loch in der Anode fliegende Elektronenstrahl trifft auf eine dünne Kohlenstofffolie (Dicke etwa 10 μm) und wird am Graphitgitter (Abschnitt 5.6) der Kohlenstofffolie gebeugt. Um sichtbar zu machen, wo die Elektronen auf die Glaswand der Elektronenröhre auftreffen, ist die Glaswand mit einer fluoreszierenden ZnS-Schicht belegt.

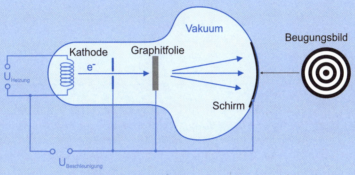

Abbildung 5.6: Elektronenröhre zum Nachweis der Elektronenbeugung und ein auf dem Fluoreszenzschirm zu beobachtendes Beugungsbild

Auf dem Fluoreszenzschirm erzeugen die Elektronen ein für die Beugung an mikrokristallinen Kristallgittern typisches, aus konzentrischen Ringen bestehendes Beugungsbild. Der Winkelabstand $\Delta\alpha$ benachbarter Beugungsmaxima ergibt sich aus den Gesetzen der Beugung (Abschnitt 4.2.3). In Analogie zur Beugung am Doppelspalt ergibt sich $\Delta\alpha \approx \lambda/D$. Hierbei ist D der Abstand benachbarter Atome im Kristall. Da λ mit zunehmender Energie der Elektronen abnimmt, verringert sich auch der Winkelabstand der Beugungsmaxima, wenn die Beschleunigungsspannung U_B erhöht wird.

Aufgabe 5.5 — Berechnen Sie den Winkelabstand $\Delta\alpha$ benachbarter Beugungsmaxima für die Beugung eines Elektronenstrahls an einem Kristall mit $D = 0,2$ nm bei den Beschleunigungsspannungen $U_B = 10$ kV und $U_B = 40$ kV.

Elektronenstrahlen können mit elektronenoptischen Linsen ähnlich wie Lichtstrahlen auch fokussiert werden. Eine einfache elektrostatische Linse besteht beispielsweise aus zwei geerdeten ringförmigen Elektroden und einer dazwischen liegenden Elektrode, an der eine (positive oder negative) Spannung U liegt (Abbildung 5.7). Wie in der Lichtoptik lässt sich aus solchen Linsen ein Mikroskop aufbauen. Man erreicht mit einem solchen Elektronenmikroskop ein wesentlich höheres Auflösungsvermögen als mit einem Lichtmikroskop. Aber auch das Auflösungsvermögen eines Elektronenmikroskops wird ebenso wie das Auflösungsvermögen eines Lichtmikroskops durch Beugung begrenzt.

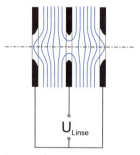

Abbildung 5.7: Elektrostatische Elektronenlinse mit Äquipotenziallinien.

Merke   Mit Elektronenstrahlen können Beugungs- und Interferenzbilder erzeugt werden. Diese Experimente belegen den Wellencharakter von Elektronen. Die Wellenlänge der Elektronenwellen errechnet sich aus dem Impuls der Elektronen. Impuls **p** der Teilchen und Wellenvektor **k** der Wellen erfüllen die grundlegende Beziehung:

$$\vec{p} = \hbar \vec{k} \quad \text{(de Broglie-Beziehung)}$$

Dieser Welle-Teilchen-Dualismus ist nicht nur Elektronen, sondern allen atomaren Teilchen eigen. Beugungsexperimente können z. B. auch mit Neutronen, ganzen Atomen und sogar mit Molekülen durchgeführt werden. Dabei ist aber darauf zu achten, dass die Teilchen auf dem Wege von der Quelle zum Detektor keine Quantensprünge machen.

5.2.2 Tunneleffekt

Um die Beugung eines Elektronenstrahls an einem Kristallgitter quantitativ zu beschreiben, betrachten wir den Elektronenstrahl als ebene Welle mit einer Amplitude A, einem Wellenvektor **k** und einer Frequenz ω. Mathematisch beschreiben wir dementsprechend den Elektronenstrahl mit einer Wellenfunktion:

$$\psi(\vec{r},t) = A \cdot \exp\{i(\vec{k}\vec{r} - \omega t)\}$$

Die Wellenzahl **k** ergibt sich nach der de Broglieschen Beziehung aus dem Impuls **p** der Elektronen. Wir nehmen an, dass wie im Fall elektromagnetischer Strahlen eine entsprechende Beziehung zwischen der Energie E der Elektronen und ihrer Frequenz $\omega = 2\pi\nu$ besteht: $E = h\nu$. Bei der Energie ist aber im Allgemeinen nicht nur die kinetische, sondern auch die potenzielle Energie $E_{pot}(\mathbf{r})$ der Elektronen zu berücksichtigen:

$E = E_{kin} + E_{pot}$ oder $E = \mathbf{p}^2/2m_e + E_{pot}$. Dabei ist m die Masse eines Elektrons. Elektronenenergie E und Frequenz ω der Elektronenwelle erfüllen die Beziehung $E = h\omega/2\pi$. Folglich gilt, falls $E_{pot}(\mathbf{r}) = const$:

$$\hbar\omega = \frac{\hbar^2 k^2}{2m_e} + E_{pot}$$

Ausgehend von diesem Ansatz zur Beschreibung der Elektronenwellen, kann man nun nach einer Wellengleichung suchen, die in dem Spezialfall $E_{pot}(\mathbf{r}) = const$ die Wellenfunktion des Elektronenstrahls als Lösung hat. Eine solche Wellengleichung ist die *Schrödinger-Gleichung*:

$$i\hbar\frac{\partial\psi(\vec{r},t)}{\partial t} = -\frac{\hbar^2}{2m_e}\cdot\Delta\psi(\vec{r},t) + E_{pot}(\vec{r})\cdot\psi(\vec{r},t) \quad \text{(Schrödinger-Gleichung)}$$

Dabei steht der *Laplace-Operator* Δ als Kürzel für die Summe der zweiten partiellen Ableitungen nach den drei Ortskoordinaten:

$$\Delta\psi(\vec{r},t) = \frac{\partial^2\psi(\vec{r},t)}{\partial x^2} + \frac{\partial^2\psi(\vec{r},t)}{\partial y^2} + \frac{\partial^2\psi(\vec{r},t)}{\partial z^2} \quad \text{(Laplace-Operator)}$$

Aufgabe 5.6 Bestätigen Sie, dass in dem Spezialfall $E_{pot}(\mathbf{r}) = const$ die oben angegebene Wellenfunktion $\psi(\mathbf{r},t)$ eine Lösung der Schrödinger-Gleichung ist. Welchen Wert hat die Frequenz $\omega = 2\pi\nu$ des Elektronenstrahls?

Der Wellenmechanik liegt die Annahme zugrunde, dass die Schrödinger-Gleichung auch die Bewegung von Elektronen in ortsabhängigen Potenzialen $E_{pot}(\mathbf{r})$ beschreibt. Um einen ersten Eindruck von den Konsequenzen dieser Annahme zu bekommen, untersuchen wir den Fall, in dem die potenzielle Energie stufenförmig von nur einer Raumkoordinate, z. B. der x-Koordinate abhängt. Wenn $E_{pot}(x)$ nur eine Stufe bei $x = 0$ hat (Abbildung 5.8), lassen sich Lösungen für den linken ($x < 0$) und rechten Halbraum ($x > 0$) leicht angeben. Es sei $E_{pot}(x) = 0$ für $x < 0$ und $E_{pot}(x) = E_0$ für $x > 0$.

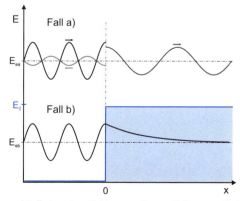

Abbildung 5.8: Transmission und Reflexion einer Elektronenwelle von Elektronen mit der kinetischen Energie E_e an Potenzialstufen $E_0 > E_e$ (a) und $E_0 < E_e$ (b)

Eine von links auf die Schwelle zulaufende Welle mit der Amplitude $A_0 = 1$ und der kinetischen Energie E_e hat bei $x < 0$ die Wellenfunktion $\psi_0(x,t) = \exp\{i(kx - \omega t)\}$ mit der Wellenzahl $k = 2\pi \cdot \sqrt{(2m_e E_e)}/h$ und der Frequenz $\omega = 2\pi E_e/h$. An der Potenzialstufe wird sie teils reflektiert und teils transmittiert. Die reflektierte Welle hat bei $x < 0$ die Wellenfunktion $\psi_R(x,t) = R \cdot \exp\{i(-kx - \omega t)\}$ mit der (reellen) Amplitude R. Im Halbraum $x > 0$ entsteht eine transmittierte Welle nur, wenn $E > E_0$. In diesem Fall wird sie (für $x > 0$) durch die Wellenfunktion $\psi_T(x,t) = T \cdot \exp\{i(k'x - \omega t)\}$ mit der (reellen) Amplitude T und der Wellenzahl

$$k' = 2\pi \frac{\sqrt{\{2m_e(E_e - E_0)\}}}{h}$$

beschrieben. Die Amplituden R und T ergeben sich aus der Bedingung, dass die Gesamtfunktion

$$\psi(x,t) = \psi_0(x,t) + \psi_R(x,t) \text{ für } x < 0 \text{ bzw. } \psi(x,t) = \psi_T(x,t) \text{ für } x > 0$$

bei $x = 0$ stetig und differenzierbar sein muss. Aus der Stetigkeitsbedingung folgt $1 + R = T$, und aus der Differenzierbarkeitsbedingung folgt $k(1 - R) = k'T$. Aus den Bedingungsgleichungen ergeben sich die Amplituden R und T:

$$R = \frac{k - k'}{k + k'}$$

$$T = \frac{2k}{k + k'}$$

Sie erfüllen die Beziehung $kR^2 + k'T^2 = k$. Diese Beziehung bringt zum Ausdruck, dass bei Reflexion und Transmission der Elektronenwelle an der Potenzialschwelle keine Elektronen verloren gehen (Abschnitt 5.2.4).

Wir betrachten nun den interessanten Fall $0 < E < E_0$. In diesem Fall haben die Elektronen nicht genügend Energie, um auf das Potenzialniveau des rechten Halbraums zu gelangen. Es werden deshalb alle Elektronen reflektiert, d. h. die reflektierte Welle hat die Amplitude $R = 1$. Trotzdem dringen die Elektronen auch in den rechten Halbraum ein. Denn aus der Beschreibung des Elektronenstrahls als Welle folgt jetzt, dass im linken Halbraum aus der Überlagerung von einlaufender und reflektierter Welle eine stehende Welle entsteht:

$$\psi(x,t) = \cos(kx + \varphi) \cdot e^{-i\omega t} \quad \text{für} \quad x < 0$$

Die Wellengleichung hat aber auch Lösungen für den rechten Halbraum. Es sind jedoch keine wellenförmig periodischen Lösungen, sondern exponentiell abklingende Lösungen (Abbildung 5.8):

$$\psi(x,t) = T \cdot e^{-Kx} \cdot e^{-i\omega t} \quad \text{für} \quad x > 0$$

Als Abklingkonstante K ergibt sich:

$$K = \frac{\sqrt{2m_e(E_0 - E_e)}}{\hbar}$$

Die Phase φ der stehenden Welle im linken Halbraum und die Amplitude T der exponentiell abklinkenden Lösung im rechten Halbraum ergeben sich wieder aus der Anpassung der beiden Teillösungen bei $x = 0$. Interessant ist aber vor allem, dass die Elektronenwelle auch in den energetisch verbotenen Bereich $x > 0$ eindringt.

Das Eindringen der Elektronen in den energetisch verbotenen Bereich wird physikalisch relevant, wenn die Elektronen auf eine Potenzialschwelle mit endlicher Breite d treffen (Abbildung 5.9). Auch in diesem Fall dringt die Elektronenwelle in den energetisch verbotenen Bereich ein, erreicht dann aber mit einer gewissen Amplitude auch den Raum hinter der Schwelle und kann sich dort wieder wellenförmig ausbreiten. Sie kann also die Potenzialschwelle *durchtunneln*.

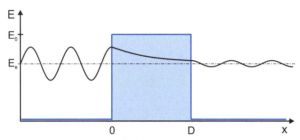

Abbildung 5.9: Elektronenwelle an einer Potenzialschwelle mit $E_1 > E$

Dieser *Tunneleffekt* spielt in vielen Bereichen der Physik eine wichtige Rolle. Ein Beispiel ist die *Feldemission* von Leitungselektronen.

Gewöhnlich können die Leitungselektronen eines Metalls nur dann in den Außenraum gelangen, wenn sie genügend Energie haben, um die Austrittsarbeit W_A zu überwinden. Bei der Photoemission (Abschnitt 4.3.1) wird den Elektronen die erforderliche Energie durch Absorption eines Photons zugeführt. Bei der Thermoemission (Abschnitt 4.3.3) ist die Temperatur des Metalls so hoch, dass einige Elektronen dank der thermischen Energieverteilung Energien $E > W_A$ haben. Bei der Feldemission hingegen gelangen auch Leitungselektronen mit Energien $E < W_A$ in den Außenraum.

Feldemission tritt auf, wenn an die Oberfläche eines Metalls ein sehr kräftiges elektrisches Feld angreift, bei dem sich die Metalloberfläche negativ auflädt. In diesem Fall ergibt sich für die Leitungselektronen an der Metalloberfläche eine Potenzialbarriere, die sie durchtunneln können (Abbildung 5.10).

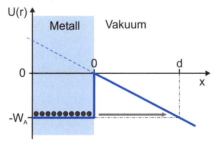

Abbildung 5.10: Potenzialbarriere an einer Metalloberfläche bei $x = 0$ mit negativer Ladung

Feldemission

Damit an einer Metalloberfläche ein Potenzialwall entsteht, der nur wenige Atomdurchmesser breit ist, muss am Metall ein elektrisches Feld **F** von der Größenordnung $F \sim 1$ V/nm $= 10^9$ V/m anliegen. Um ein Feld dieser Größenordnung zu erzeugen, benutzt man eine Elektronenröhre mit einer zu einer spitzen Metallnadel ausgezogenen Kathode (Abbildung 5.11). Der Krümmungsradius der Spitze sei etwa $R \sim 10\ \mu$m. Damit die Metallspitze hinreichend negativ aufgeladen ist, liegt an der Kathode relativ zu der geerdeten Anode eine Spannung U in der Größenordnung von -10 kV. In der Nähe der Metallspitze herrscht dann eine Feldstärke $F \approx U/R \sim 10^9$ V/m.

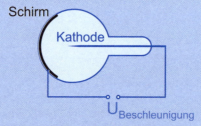

Abbildung 5.11: Versuchsanordnung zum Nachweis der Feldemission

Unter diesen Bedingungen fließt tatsächlich ein Elektronenstrom von der Kathode zur Anode. Als Anode dient dabei eine ZnS-Schicht auf der Glaswand der Röhre, die beim Auftreffen der Elektronen fluoresziert. Im Experiment erkennt man auf dem Leuchtschirm Strukturen, die als Beugungsbilder der atomaren Struktur der Kathodenoberfläche zu deuten sind. Die Anordnung kann dementsprechend auch als Elektronenmikroskop verwendet werden (*Feldelektronenmikroskop*).

Berechnen Sie die Eindringtiefe eines Elektronenstrahls mit der Energie $E_e = 10\ e$V in eine Potenzialstufe, deren Höhe $E_0 = 20\ e$V beträgt. Geben Sie die Strecke an, auf der die Amplitude der Elektronenwelle um den Faktor $e = 2{,}7$ (Eulersche Zahl) abnimmt. Diskutieren Sie auch den Fall einer Potenzialstufe, an der die Elektronen Energie gewinnen ($E_0 < 0$). Wie groß sind in diesem Fall die Amplituden der reflektierten und transmittierten Welle relativ zur Amplitude der einlaufenden Welle?

> **Merke** Elektronen können eine Potenzialschwelle, deren Höhe E_0 die kinetische Energie E_e der Elektronen übersteigt, durchtunneln. Die Amplitude A der Elektronenwelle nimmt dabei mit zunehmender Breite d der Potenzialschwelle exponentiell ab. Die Abklingkonstante K des exponentiellen Abfalls $A = A_0 \cdot \exp(-Kd)$ hat den Wert:
>
> $$K = \frac{\sqrt{2m_e(E_0 - E_e)}}{\hbar}$$

5.2.3 Wellenmechanik

Elektronenbeugung und Tunneleffekt machen deutlich, dass sich Elektronenstrahlen nicht nur wie ein Teilchenstrom, sondern unter geeigneten experimentellen Bedingungen auch wie Wellen verhalten. Da ein Teilchenstrom ebenso wie eine Welle eine gewisse Ausdehnung hat, steht dieses dualistische Verhalten von Elektronenstrahlen noch nicht in offensichtlichem Widerspruch zu unseren gewohnten Anschauungsformen. Der Widerspruch zwischen Wellen- und Teilchenbild schien aber unüberbrückbar, als W. Heisenberg und E. Schrödinger 1925 die Quanten- bzw. Wellenmechanik begründeten. Denn der Wellenmechanik liegt die Annahme zugrunde, dass auch die Bewegung eines *einzelnen* Elektrons als Welle beschrieben werden kann.

Insbesondere kann die Bewegung des Elektrons im Wasserstoffatom als Welle beschrieben werden. Im Rahmen der Wellenmechanik ist also das H-Atom als Resonator für Elektronenwellen zu betrachten. Wie andere Resonatoren (Abschnitt 3.1.2, Abschnitt 3.3.2) hat auch dieser Resonator eine diskrete Serie von Eigenschwingungen. Das erste Bohrsche Postulat, die Existenz diskreter Energieniveaus, ergibt sich somit als unmittelbare Folge der Schrödingerschen Annahme, dass die Bewegung eines einzelnen Elektrons als Welle beschrieben werden kann.

Um die Schwingungszustände und die dazugehörigen Energiewerte des H-Atoms und anderer wasserstoffähnlicher Systeme zu berechnen, ist die Schrödinger-Gleichung (Abschnitt 5.2.2) für ein Elektron im Coulomb-Potenzial eines Z-fach geladenen Kerns zu lösen:

$$i\hbar \frac{\partial \psi(\vec{r},t)}{\partial t} = -\frac{\hbar^2}{2m_e} \cdot \Delta\psi(\vec{r},t) - \frac{Ze^2}{4\pi\varepsilon_0 r} \cdot \psi(\vec{r},t) \quad \text{(zeitabhängige Schrödinger-Gleichung)}$$

Die Eigenschwingungen entsprechen den stationären Zuständen des Bohrschen Atommodells. Für sie ist $\psi(\mathbf{r},t) = \psi(\mathbf{r}) \cdot \exp(-i\omega t)$ eine in der Zeit periodische Funktion. Die nur noch ortsabhängigen Zustandsfunktionen $\psi(\mathbf{r})$ ergeben sich aus der zeitunabhängigen Schrödinger-Gleichung mit $E = h\nu$, $(2\pi\nu = \omega)$:

$$-\frac{\hbar^2}{2m_e} \cdot \Delta\psi(\vec{r},t) - \frac{Ze^2}{4\pi\varepsilon_0 r} \cdot \psi(\vec{r},t) = E \cdot \psi(\vec{r}) \quad \text{(zeitunabhängige Schrödinger-Gleichung)}$$

Die Eigenwerte E_n dieser Differentialgleichung sind exakt die Energiewerte, die sich auch aus dem dritten Bohrschen Postulat ergaben (Abschnitt 5.1.3):

$$E_n = -13,6 eV \cdot \frac{Z^2}{n^2}$$

Die Schrödinger-Gleichung führt aber nicht nur auf die bekannten diskreten Energieniveaus des H-Atoms. Vielmehr können auch die zugehörigen stationären Zustände berechnet werden. Dabei zeigt sich, dass zu jedem Energieniveau E_n nicht, wie im Bohrschen Atommodell angenommen, nur eine stationäre Kreisbahn, sondern n^2 verschiedene (zueinander orthogonale) Schwingungszustände gehören. Ähnlich wie die Chladnischen Klangfiguren von Kreisscheiben (Abschnitt 3.3.2) lassen sich diese Schwingungszustände durch ihre Schwingungsbäuche und Schwingungsknoten charakterisieren. Alternativ können sie mit den drei Quantenzahlen n, l und m gekennzeichnet werden:

Quantenzahlen

- Hauptquantenzahl n: $n = 1, 2, 3,...$
- Drehimpulsquantenzahl l: $l = 0, 1,..., n-1$
- Richtungsquantenzahl m: $m = -l, -(l-1),..., +(l-1), +l$

Ferner haben Elektronen einen Eigendrehimpuls (Spin), der nur zwei Richtungen haben kann (*up* und *down*). Dementsprechend ordnet man ihm eine Spinquantenzahl $s = 1/2$ mit den Richtungsquantenzahlen $m_s = \pm 1/2$ zu. Dadurch erhöht sich die Anzahl der zu einem Energiewert E_n gehörigen stationären Zustände um den Faktor 2 auf $2n^2$.

Aufgabe 5.8

Die stationären Zustände mit $l = 0$ haben Wellenfunktionen $\psi(r)$, die nur von der Radialkoordinate r, nicht aber von den Polarwinkeln ϑ und φ abhängen. Die zeitunabhängige Schrödinger-Gleichung für diese Zustände vereinfacht sich daher zu einer gewöhnlichen Differentialgleichung (Abschnitt 3.3.1). Wie lautet sie? Berechnen Sie die Zustandsfunktion $\psi_1(r)$ eines Elektrons im Grundzustand ($n = 1$) und dessen Bindungsenergie.

Merke

Die Wellenfunktionen $\psi(r)$ der stationären Zustände eines Elektrons im Coulomb-Potenzial mit der Ladungszahl Z können mit den drei Quantenzahlen n, l und m eindeutig gekennzeichnet werden. Die Zustände eines Elektrons können sich außerdem in der Spinrichtung unterscheiden. Die Richtungsquantenzahl des Elektronenspins kann die Werte $m_s = \pm 1/2$ annehmen. Die $2n^2$ Elektronenzustände mit der Hauptquantenzahl n haben alle denselben Energiewert

$$E_n = -13{,}6\,eV \cdot \frac{Z^2}{n^2}$$

5.2.4 Deutung der Elektronenwellen

Elektronen, die in einer Elektronenröhre durch elektrische und magnetische Felder abgelenkt werden (Abschnitt 3.4.2), folgen einer Teilchenbahn, die mit den Gesetzen der Newtonschen Mechanik berechnet werden kann. Im Experiment wird diese Teilchenbahn dadurch sichtbar, dass jedes auf den Leuchtschirm treffende Elektron dort einen kurz aufleuchtenden Punkt erzeugt. Daraus scheint zu folgen, dass Elektronen Teilchen im Sinne der Newtonschen Mechanik sind, die sich auf einer kontinuierlichen Bahn $r(t)$ bewegen.

Die Beugungsexperimente hingegen zeigen, dass Elektronen sich wie Wellen im Raum ausbreiten. Die Wellenbewegung ist nicht wie eine Teilchenbahn lokalisiert, sondern erstreckt sich über größere Raumbereiche. Sie kann mit der Schrödingerschen Wellengleichung berechnet werden. Aber auch bei den Beugungsexperimenten werden die Beugungsstrukturen dadurch sichtbar, dass jedes auf einen Leuchtschirm treffende Elektron dort einen kurz aufleuchtenden Punkt erzeugt. Trotz des Wellenbildes, mit dem die Beugungsstrukturen erklärt werden, erscheinen die Elektronen beim Nachweis als Teilchen. Wellen- und Teilchenbild der Elektronenbewegung scheinen sich zu widersprechen. Bei genauerer Betrachtung stehen sie aber nur im Widerspruch zu unseren Denkgewohnheiten, nicht aber zu den experimentellen Gegebenheiten.

Unseren Denkgewohnheiten liegt die Annahme zugrunde, dass Naturerscheinungen kontinuierlich beobachtet werden können. Dieser Annahme entsprechend, beschreiben wir die Phänomene der Natur entweder im Sinne der Newtonschen Mechanik als kontinuierliche Bewegung von (mehr oder minder) punktförmigen Teilchen oder als kontinuierliche Ausbreitung ausgedehnter Wellenfelder. Grundlage dieser Bilder ist die Annahme einer kontinuierlichen Raum-Zeit, in der diese Prozesse ablaufen.

Die *Kontinuumshypothese* der klassischen Physik wird jedoch infrage gestellt durch Atom- (Abschnitt 2.1.1) und Quantenhypothese (Abschnitt 4.4.4). Im Einklang mit diesen Hypothesen belegen moderne Experimentier- und Nachweistechniken, dass alle Beobachtungen auf Serien diskret stattfindender und deshalb zählbarer *Elementarereignisse* beruhen (Abschnitt 6.6.1). Ein Elektronenstrom wird als Serie einzeln nachgewiesener Elektronen gemessen und ein Lichtstrahl als Serie einzelner Photonen, wenn bei Experimenten die höchst möglich Genauigkeit angestrebt wird.

Da alle Messungen und Beobachtungen letztlich auf einer Zählung von Elementarereignissen beruhen, können die Kontinuumsbilder, die wir uns von physikalischen Prozessen machen, nur als Hilfen betrachtet werden, die wir brauchen, um über die Prozesse reden und dabei neue Ideen entwickeln zu können. Die anschaulichen Bilder entsprechen aber nicht unmittelbar einer raum-zeitlichen Realität.

Solange ein Elektron in seiner Umgebung kein beobachtbares Elementarereignis auslöst, können wir es als Welle betrachten, deren Bewegung mit der Schrödinger-Gleichung beschrieben wird. Diese Wellenbewegung ist also grundsätzlich nicht direkt beobachtbar. Insbesondere kann ein im Wasserstoffatom gebundenes Elektron als stehende Welle $\psi(r) \cdot \exp(-i\omega t)$ beschrieben werden, ohne dass Widersprüche zu irgendwelchen Messergebnissen zu befürchten sind. Denn solange kein Quantensprung stattfindet, löst das Elektron auch kein beobachtbares Ereignis aus.

Zu beantworten bleibt aber noch die Frage, wie die Wellenfunktion $\psi(r,t)$ der Elektronen mit den beobachtbaren Elementarereignissen verknüpft ist, die diese Elektronen auslösen können. Eine Antwort darauf gab M. Born im Jahre 1926. Demnach ist der Betrag $|\psi(r,t)|^2$ des Quadrates der Wellenfunktion die Wahrscheinlichkeit, mit der sich das Elektron zur Zeit t am Ort r aufhält. Es gibt also nur einen den Gesetzen der

Statistik genügenden Bezug zwischen der Wellenfunktion und dem Auftreten von Elementarereignissen. Die Wellenfunktion selbst ist als eine *Wahrscheinlichkeitsamplitude* zu betrachten. Wie die Amplituden der klassischen Wellen hat sie nicht nur einen Betrag, sondern auch eine Phase. Bei der Überlagerung zweier Wellenfunktionen können daher Interferenzstrukturen entstehen, die sich in der räumlichen oder zeitlichen Verteilung der beobachtbaren Elementarereignisse widerspiegeln.

Der Bornschen Interpretation entsprechend, hat ein Elektronenstrahl, der mit der Wellenfunktion $\psi(\mathbf{r},t) = A \cdot \exp\{-i(\mathbf{kr} - \omega t)\}$ beschrieben wird, die Teilchendichte $n = |A|^2$. Aus dem Impuls $\mathbf{p} = h\mathbf{k}/2\pi$ der Elektronen folgt, dass die Elektronen sich mit der Geschwindigkeit Impuls $\mathbf{v} = (h/m_e) \cdot \mathbf{k}/2\pi$ bewegen. Die Teilchenintensität $I = n \cdot |\mathbf{v}|$ des Elektronenstrahls ist folglich proportional zu $k \cdot |A|^2$. Auf diese Beziehung $I \propto k \cdot |A|^2$ wurde bereits in Abschnitt 5.2.2 hingewiesen, als wir die Transmission und Reflexion einer Elektronenwelle an einer Potenzialstufe untersuchten.

| **Aufgabe 5.9** | Ein Elektronenstahl mit der Intensität $I = 1$ mA/mm^2 soll als ebene Welle beschrieben werden. Die Amplitude A der Welle ist so zu wählen, dass $|A|^2 = n$. Berechnen Sie die Amplitude der |

Welle für den Fall, dass die Elektronen mit einer Spannung von 10 kV beschleunigt wurden.

| **Merke** | Bei der Beschreibung eines Elektronenstrahls als ebene Welle |

$$\psi(\vec{r},t) = A \cdot \exp\{i(\vec{k}\vec{r} - \omega t)\}$$

ist das Absolutquadrat $|A|^2$ der Amplitude ein Maß für die Teilchendichte n im Elektronenstrahl.

5.3   Die Elektronenhülle der Atome

Aus den Experimenten von E. Rutherford (Abschnitt 5.1.1) ergab sich, dass neutrale Atome aus einem Z-fach positiv geladenen Kern und Z Elektronen bestehen, die sich um den Kern bewegen. Die negativ geladenen Elektronen werden dabei einerseits von der positiven Ladung Ze des Kerns angezogen, stoßen sich andererseits aber untereinander gegenseitig ab. Die Bewegungen der Elektronen sind daher miteinander verkoppelt. Es lohnt sich kaum, ein derart kompliziertes System zu behandeln, wenn es darum geht, grundlegende Zusammenhänge darzustellen. Wir machen deshalb die stark vereinfachende Annahme, dass die Wechselwirkung der Elektronen untereinander vernachlässigt werden kann. In diesem Fall reduziert sich das Problem der Mehrelektronenatome auf das bereits gelöste Problem des Einelektronenatoms. Wie für das Wasserstoffatom können dann die stationären Zustände der einzelnen Elektronen eines Mehrelektronenatoms mit der bekannten Schrödinger-Gleichung für die Bewegung eines Elektrons im Coulomb-Potenzial berechnet werden. Viele Eigenschaften der Spektren von Mehrelektronenatomen und des periodischen Systems der Elemente

(Abschnitt 5.3.3) lassen sich tatsächlich auf dieser Grundlage erklären, wenn zusätzlich angenommen wird, dass die Elektronen ein fundamentales Prinzip erfüllen, das von W. Pauli 1924 formulierte und nach ihm benannte *Ausschließungsprinzip*.

5.3.1 Pauli-Prinzip und Schalenstruktur der Atomhülle

Bei Vernachlässigung der Coulomb-Abstoßung der Elektronen bewegen sich die Elektronen unabhängig voneinander im Coulomb-Potenzial $V(r) = -Ze^2/(4\pi\varepsilon_0 r)$ des Atomkerns. In diesem Fall können diskrete Energieniveaus und stationäre Zustände der einzelnen Elektronen mit der Schrödinger-Gleichung berechnet werden. Im energetisch tiefsten Niveau haben Elektronen dann die Energie $E_1 = -13,6$ eV$\cdot Z^2$, d. h. es muss die Energie $|E_1|$ aufgebracht werden, um Elektronen aus diesem Zustand vom Atom zu trennen. Für ein Atom mit $Z = 10$ ist demnach $|E_1| = 1,36$ keV und für $Z = 100$ sogar 136 keV. Die gemessenen Ionisierungsenergien der Elemente sind hingegen wesentlich kleiner. Sie liegen alle im Bereich unter 25 eV (Abbildung 5.15). Die Elektronen können sich daher nicht alle im energetisch tiefsten Zustand befinden.

Die Werte der Ionisierungsenergien der chemischen Elemente machen in auffallender Weise die bekannte Periodizität der chemischen Eigenschaften deutlich, die zur Aufstellung des Periodischen Systems der chemischen Elemente führte. Eine Erklärung der Ionisierungsenergien und des Periodischen Systems (Abschnitt 5.3.3) der Elemente ermöglicht das von W. Pauli postulierte *Ausschließungsprinzip*.

Bei Berücksichtigung des Elektronenspins mit den zwei verschiedenen Spinstellungen $m_s = \pm 1/2$ ergibt sich aus der Schrödinger-Gleichung, dass es zu jedem Energieniveau E_n insgesamt $2n^2$ verschiedene stationäre Elektronenzustände (kurz *Quantenzustände* genannt) gibt. Sie können wie beim Wasserstoffatom mit den vier Quantenzahlen n, l, m und m_s gekennzeichnet werden. Man bezeichnet sie dementsprechend mit dem Symbol $|n, l, m, m_s\rangle$. In Bezug auf diese Zustände formulierte W. Pauli das nach ihm benannte für alle Mehrelektronensysteme grundlegende Gesetz:

Experiment 5.5   **Pauli-Prinzip**

Jeder Quantenzustand $|n, l, m, m_s\rangle$ kann höchstens mit einem Elektron besetzt sein.

In dieser Form bildet das Pauli-Prinzip zunächst eine gedankliche Grundlage zur Erklärung vieler Eigenschaften von Mehrelektronenatomen. In verallgemeinerter Form wird es aber auch benötigt, um die Eigenschaften von Molekülen und Festkörpern theoretisch zu deuten. Es ist damit auch grundlegend für Chemie, Festkörper- und Halbleiterphysik.

Aus dem Pauli-Prinzip folgt, dass die *Elektronenhülle* der Mehrelektronenatome eine *Schalenstruktur* hat (Abbildung 5.12). Denn nach dem Pauli-Prinzip können nicht alle Elektronen in dem energetisch tiefsten Zustand sein. Beim Helium-Atom mit $Z = 2$ finden noch beide Elektronen in einem der Zustände mit $n = 1$ Platz. Aber schon beim Lithium-Atom mit $Z = 3$ muss eines der drei Elektronen in einem Elektronenzustand mit $n = 2$ Platz nehmen. Es bewegt sich in einem größeren Abstand vom

Kern als die beiden Elektronen, die die Elektronenzustände mit $n = 1$ besetzen. Da diese Elektronen die Kernladung teilweise abschirmen, bewegt sich das äußere Elektron hauptsächlich in einem Coulomb-Potenzial mit einer effektiven Ladungszahl Z_{eff} ≈ 1. Dieses Elektron ist daher nur mit einer Bindungsenergie $E_B \approx (1/4) \cdot 13{,}6\ eV = 3{,}4\ eV$ an das Atom gebunden. Tatsächlich wird eine etwas größere Energie, nämlich etwa 5 eV benötigt, um ein Li-Atom zu ionisieren.

Die Elektronen von Atomen mit Kernladungszahlen $Z > 2$ sind also infolge des Pauli-Prinzips mit unterschiedlichen Bindungsenergien im Atom gebunden und sind dementsprechend in Schalen angeordnet. Diese Schalen mit $n = 1, 2, 3, \ldots$ werden als K-, L-, M-Schale usw. bezeichnet. Die Bindungsenergie der Elektronen der K-Schale beträgt etwa:

$$E_B(K\text{-Schale}) \approx 13{,}6\ eV \cdot Z^2$$

Bei dem schwersten in der Natur vorkommenden Element, dem Uran mit $Z = 92$, sind also die K-Elektronen mit einer Bindungsenergie von etwa 100 keV gebunden. Die Bindungsenergien der Elektronen auf den weiter außen liegenden Schalen sind wesentlich geringer. Einerseits vermindert sich die Bindungsenergie um den Faktor n^2. Andererseits ist aber auch die Abschirmung der Kernladung durch die Elektronen auf den inneren Schalen zu berücksichtigen. Für die Elektronen auf der L-Schale kann etwa mit einer effektiven Kernladungszahl $Z_{eff} \approx Z - 2$ gerechnet werden und für die Elektronen der M-Schale mit $Z_{eff} \approx Z - 10$. Das äußerste Elektron bewegt sich hauptsächlich in einem Coulomb-Potenzial mit der effektiven Ladungszahl $Z_{eff} = 1$. Daher ist bei allen Elementen das äußerste Elektron ähnlich wie das Elektron im Wasserstoffatom mit einer Energie von einigen eV gebunden.

Aufgabe 5.10 Zeichnen Sie Atommodelle für die Elemente Wasserstoff ($Z = 1$) bis Argon ($Z = 18$). Wie ändern sich die Radien $r(Z,n)$ der Kreisbahnen der Elektronen mit der Kernladungszahl Z und der Hauptquantenzahl n?

Merke Jeder stationäre Elektronenzustand $|n, l, m, m_s\rangle$ eines Mehrelektronenatoms kann höchstens mit einem Elektron besetzt sein. Das Atom befindet sich im Grundzustand, wenn die Z Elektronenzustände mit den tiefstmöglichen Energien besetzt sind. Da alle Zustände mit gleicher Hauptquantenzahl n etwa gleiche Energie haben, sind die Elektronenhüllen schalenförmig strukturiert.

5.3.2 Charakteristisches Röntgen-Spektrum

Eine Bestätigung für die Schalenstruktur der Atome ergibt sich aus der Untersuchung von Röntgen-Spektren. Das von einer Molybdän(Mo)-Anode beim Auftreffen von Elektronen genügend hoher Energie emittierte Röntgen-Spektrum besteht einerseits aus dem kontinuierlichen Röntgen-Bremsspektrum (Abschnitt 4.3.3). Dem Bremsspektrum überlagert sind aber zwei diskrete Spektrallinien, die charakteristisch für die Mo-Anode sind. Die Photonenenergie dieser Spektrallinien ändert sich nicht bei einer Änderung der Anodenspannung U_{AK} der Röntgen-Röhre. Diese Spektrallinien sind vielmehr charakteristisch für das Anodenmaterial. Nur nach einem Wechsel des Anodenmaterials werden andere Linien beobachtet.

Das *charakteristische Röntgen-Spektrum* entsteht, wenn bei dem Beschuss der Anode ein Elektron aus der K-Schale heraus gestoßen wurde. Dazu muss die kinetische Energie der aufprallenden Elektronen größer als die Bindungsenergie der K-Elektronen sein. Nach der Ionisation der K-Schale kann ein Elektron aus einer der äußeren Schalen in die K-Schale springen und den dort frei gewordenen Elektronenzustand wieder auffüllen (Abbildung 5.12). Bei einem Quantensprung aus der L- oder M-Schale wird ein Photon der $K\alpha$- bzw. der $K\beta$-Linie emittiert. Die Energien dieser Photonen lassen sich auf der Grundlage des Schalenmodells der Elektronenhülle abschätzen. Für eine Molybdän-Anode ($Z = 42$) haben die $K\alpha$- und $K\beta$-Photonen Energien von etwa 18 keV bzw. 22 keV.

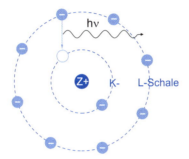

Abbildung 5.12: Schalenstruktur der Atome und Entstehung der charakteristischen Röntgen-Strahlung

---

Aufgabe 5.11 Berechnen Sie den Minimalwert der Beschleunigungsspannung U_B, die benötigt wird, um die charakteristischen Röntgen-Linien des Molybdäns zu erzeugen. Zeigen Sie außerdem, dass die angegebenen Energien der Röntgen-Linien im Einklang mit der Schalenstruktur des Mo-Atoms stehen.

Die Linien des charakteristischen Röntgen-Spektrums können nur emittiert werden, wenn zuvor die K-Schale ionisiert wurde. Ebenso kann ein Elektron der K-Schale nur dann in die L-Schale angeregt werden, wenn ein Elektronenzustand der L-Schale unbesetzt ist. Daher kann die von Mo-Atomen emittierte charakteristische Röntgen-Strahlung nicht von anderen (im Grundzustand befindlichen) Mo-Atomen absorbiert werden. Eine Absorption von Röntgenstrahlen ist nur möglich, wenn die Energie der Röntgen-Photonen ausreicht, die K-Schale zu ionisieren. Bei steigender Energie nimmt daher die Absorption schlagartig zu, wenn die Energie der Röntgen-Strahlen die Bindungsenergie der K-Elektronen überschreitet. Für das Element Zirkonium ($Z = 40$) liegt diese *Absorptionskante* genau zwischen den beiden charakteristischen Röntgen-Linien des Molybdän. Sie kann daher experimentell gut nachgewiesen werden. (Absorption ist auch möglich durch Ionisation der L- oder M-Schale. Aber die Absorptionskoeffizienten sind sehr klein, wenn die Energie der Röntgen-Photonen viel größer als die Bindungsenergie der Elektronen ist.)

Absorption von Röntgen-Strahlen

Zum Nachweis der Absorptionskante von Zirkonium (Zr) verwenden wir dieselbe Versuchsanordnung, mit der in Abschnitt 4.3.3 das Röntgen-Bremsspektrum untersucht wurde. Die von einer Röntgen-Röhre mit Molybdän-Anode emittierte Röntgen-Strahlung wird mit einem Kristallspektrometer (Abschnitt 5.6.1) spektral zerlegt. Außer dem Kontinuum des Röntgen-Bremsspektrums hat das Spektrum zwei ausgeprägte schmale Intensitätsmaxima bei den Wellenlängen $\lambda \approx 0{,}06$ nm und $\lambda \approx 0{,}07$ nm (Abbildung 5.13). Diese Wellenlängen entsprechen Photonenenergien $E = hc/\lambda$ von 22 keV bzw. 18 keV, also den charakteristischen Röntgen-Linien des Molybdäns.

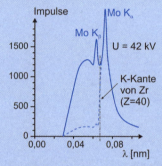

Abbildung 5.13: Röntgen-Spektren einer Mo-Anode mit und ohne Absorber und hinter einem Zr-Absorber (gestrichelt)

Nach einer Messung ohne Absorber, wird eine Zr-Folie in den Strahlengang gebracht. Sie absorbiert weitgehend die Röntgen-Strahlung des Spektralbereichs mit Photonenenergien oberhalb der Bindungsenergie $E_B \approx 13{,}6 \ eV \cdot 40^2 \approx 21{,}7$ keV der K-Elektronen der Zr-Atome. Bei Photonenenergien $h\nu < E_B$ wird hingegen die Intensität der Röntgenstrahlung kaum abgeschwächt. Daher ist hinter dem Absorber der kurzwellige Bereich des Röntgen-Bremsspektrums bis zur $K\beta$-Linie weitgehend absorbiert, nicht aber die $K\alpha$-Linie bei 18 keV.

Skizzieren Sie das Röntgen-Spektrum, das mit einem Mo-Absorber gemessen würde. Wo etwa liegt in diesem Fall die Absorptionskante?

> **Merke**
> Die Linien des charakteristischen Röntgen-Spektrums werden nach Ionisation der inneren Schalen eines Atoms emittiert. Elektronen der äußeren Schalen springen dabei in die frei gewordenen Plätze innerer Schalen.
> Eine Absorption von Röntgenstrahlen ist nur möglich, wenn die Photonenenergie $h\nu$ ausreicht, die inneren Schalen, insbesondere die K-Schale der Atome, zu ionisieren.

5.3.3 Periodisches System der Elemente

Im periodischen System sind die chemischen Elemente nach der Kernladungszahl Z geordnet und aufgrund ihrer chemischen und physikalischen Eigenschaften zu acht Hauptgruppen und weiteren Nebengruppen zusammengefasst (Abbildung 5.14). Die hier deutlich werdende Periodizität der chemischen Eigenschaften erklärt sich aus der Schalenstruktur der Atome. Denn die Neigung der Atome, molekulare Verbindungen mit anderen Atomen zu bilden, wird hauptsächlich durch die Anzahl der *Valenzelektronen*, also der Anzahl der Elektronen in der äußersten noch besetzten Schale, bestimmt.

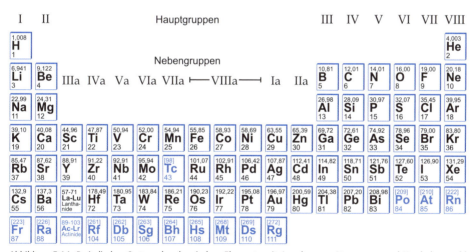

Abbildung 5.14: Periodisches System der chemischen Elemente mit Angaben zur Atommasse und Kernladungszahl (die blau beschrifteten Elemente haben nur instabile Isotope)

In der innersten Schale finden nur zwei Elektronen Platz. Daher umfasst die erste Periode nur zwei Elemente, Wasserstoff und Helium. In der zweiten Periode wird die L-Schale aufgefüllt. Zunächst werden die beiden Zustände mit $n = 2$ und $l = 0$ und anschließend die sechs Zustände mit $n = 2$ und $l = 1$ besetzt. So ergibt sich der Platz des jeweils leichtesten Elements der acht Hauptgruppen im periodischen System. Das Lithiumatom mit nur einem Valenzelektron gehört zur Gruppe der Alkalimetalle. Auf der anderen Seite des periodischen Systems stehen die Elemente mit einer abgeschlossenen äußersten Schale. Das ist die Gruppe der chemisch besonders trägen

Edelgase (inert gases), beginnend mit Helium und Neon. Direkt neben den Edelgasen stehen die Elemente, bei denen nur ein Elektronenzustand in der äußersten Schale unbesetzt ist. Die Elemente mit einem solchen *Elektronenlochzustand* bilden die Gruppe der Halogene.

Nach der *L*-Schale wird die *M*-Schale ($n = 3$) aufgefüllt, allerdings zunächst nur die Elektronenzustände mit $l = 0$ und 1. Daher gehören zur dritten ebenso wie zur zweiten Periode nur acht Elemente. Wegen der Abschirmung der Kernladung durch die Elektronen der inneren Schalen sind die Bindungsenergien der Elektronenzustände mit $n = 3$ und $l = 2$ relativ klein. Diese Elektronenzustände werden daher erst zusammen mit $n = 4$-Zuständen aufgefüllt. Dabei ergeben sich die Elemente der Nebengruppen. Insgesamt besteht die vierte Periode und in ähnlicher Weise auch die fünfte Periode aus 18 Elementen.

Die chemischen Eigenschaften der Elemente hängen wesentlich von der *Ionisierungsenergie* und der *Elektronenaffinität* der Atome ab, d. h. von der Energie, die zur Entfernung eines Valenzelektrons benötigt bzw. bei der Anlagerung eines zusätzlichen Elektrons freigesetzt wird. Abbildung 5.15 zeigt die Ionisierungsenergien I_Z der Elemente als Funktion der Kernladungszahl *Z*. Die Ionisierungsenergien der Edelgase sind am größten, da hier zur Ionisation eine abgeschlossene Schale aufgebrochen werden muss. Bei den Alkalimetallen hingegen bewegt sich das Valenzelektron weitgehend außerhalb der abgeschlossenen Schalen in einem Coulomb-Potenzial mit einer effektiven Kernladungszahl $Z_{eff} = 1$. Dieses Elektron ist daher sehr locker gebunden. Die Ionisierungsenergien der Alkalimetalle sind daher am kleinsten.

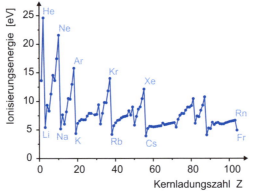

Abbildung 5.15: Ionisierungsenergien der chemischen Elemente

Aufgabe 5.13 N. Bohr hatte angenommen, dass sich die Elektronen auf Kreisbahnen bewegen. Die Bahndrehimpulse dieser Elektronen hätten in Einheiten von $h/2\pi$ den Wert $l = n$. Entwerfen Sie ein Atommodell mit Bahnen, auf denen die Elektronen Drehimpulse $l < n$ haben. Zeichnen Sie eine Bahn mit $l = 0$. Erklären Sie mit diesem Atommodell, dass die Bindungsenergie der Elektronen einer Schale mit zunehmendem l kleiner wird.

> **Merke**
>
> Die chemischen Eigenschaften der Atome werden vorwiegend durch die Bindungsenergien und Quantenzustände der Valenzelektronen bestimmt. Wegen der Schalenstruktur der Atomhülle ergeben sich mit zunehmendem Z für die Valenzelektronen Konfigurationen, die sich näherungsweise periodisch wiederholen. Die Schalenstruktur der Atomhülle bietet somit eine Erklärung für das periodische System der Elemente.

5.3.4 Atomspektren

Das Bohrsche Atommodell verknüpft die Spektrallinien des Wasserstoffatoms mit Quantensprüngen des Elektrons zwischen den diskreten Energieniveaus des Atoms. Bei allen anderen chemischen Elementen besteht die Elektronenhülle aus mehreren Elektronen. In diesem Fall gibt es im Allgemeinen keine stationären Zustände der einzelnen Elektronen, da sie sich gegenseitig abstoßen und daher nicht unabhängig voneinander bewegen, wohl aber stationäre Zustände der *ganzen* Elektronenhülle.

Ein Atom, das sich wie die Atome eines Gases frei im Raum bewegt, springt also bei einem Quantensprung *als Ganzes* von einem Energieniveau zu einem anderen. Nur unter der stark vereinfachenden Annahme, dass die Wechselwirkung der Elektronen untereinander vernachlässigt werden kann, ist es sinnvoll, von stationären Zuständen einzelner Elektronen zu sprechen. Von dieser Vereinfachung haben wir bislang Gebrauch gemacht und werden es auch weiterhin gewöhnlich tun. Dennoch ist es nützlich, sich bei quantenphysikalischen Betrachtungen daran zu erinnern, dass die mikroskopische Betrachtungsweise der klassischen Mechanik in der Quantenphysik keinen Platz hat.

Im Folgenden betrachten wir die Spektren der Atome im sichtbaren und den angrenzenden ultravioletten und infraroten Spektralbereichen. Bei der Emission und Absorption dieser Spektrallinien finden Quantensprünge des Atoms statt, bei denen sich vorwiegend die Zustände der Valenzelektronen ändern. In Analogie zum Termschema des H-Atoms können auch für die anderen chemischen Elemente die Energieniveaus der stationären Atomzustände grafisch dargestellt werden. Dabei werden gewöhnlich die Energieniveaus nicht nur nach der Energie, sondern auch nach anderen charakteristischen Merkmalen der stationären Zustände geordnet. Als einfaches Beispiel zeigt Abbildung 5.16 das Termschema des Natriums. Als Alkalimetall hat das Na-Atom nur ein Valenzelektron. In diesem Fall können die Energieniveaus nach der Quantenzahl l des Bahndrehimpulses der (fast) stationären Zustände des Valenzelektrons geordnet werden. Je nachdem, ob $l = 0$, 1 oder 2 ist, spricht man von s-, p bzw. d-Elektronen.

Obwohl auch bei den Alkalimetallen wie beim H-Atom im Wesentlichen Einelektronensprünge stattfinden, unterscheiden sich die Termschemata der Alkalimetalle grundlegend von dem des Wasserstoffs. Elektronenzustände mit gleicher Hauptquantenzahl n, aber verschiedener Drehimpulsquantenzahl l haben unterschiedliche Energiewerte. Dieser Unterschied rührt daher, dass sich das Valenzelektron eines Alkalimetalls nicht nur außerhalb der abgeschlossenen Schalen bewegt, sondern auch in die inneren Schalen eindringt. Sie bewegen sich also nicht wie das Elektron des H-Atoms in einem reinen Coulomb-Potenzial mit der Ladungszahl $Z = 1$.

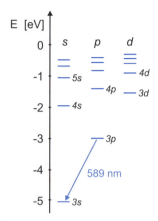

Abbildung 5.16: Termschema des Natriums

Im Natriumatom hat deshalb das Elektron im $3p$-Zustand eine um etwa $2\ eV$ geringere Bindungsenergie als im $3s$-Zustand. Bei $3p - 3s$-Quantensprüngen wird die für Na-Atome charakteristische gelbe Linie bei $\lambda = 589$ nm emittiert. Da im Raum frei bewegliche Atome sich gewöhnlich im Grundzustand befinden, können diese Atome die gelbe Spektrallinie absorbieren. Das Valenzelektron springt dabei aus dem $3s$-Grundzustand in den angeregten $3p$-Zustand. Innerhalb einer Zeit von etwa 10^{-8} s springt das Atom danach zurück in den Grundzustand und emittiert dabei wieder ein Photon der gelben Na-Linie. So entsteht zwar ein Photon derselben Wellenlänge, aber mit anderer Ausbreitungsrichtung. Ein Lichtstrahl der gelben Na-Linie wird daher beim Durchgang durch Na-Dampf geschwächt.

Experiment 5.7   ## Resonanzabsorption der gelben Natriumlinie

Zum Nachweis der Resonanzabsorption wird in einer Elektronenröhre, die Na-Dampf enthält, eine Entladung gezündet. Bei Stößen von Elektronen mit den Na-Atomen werden letztere angeregt. Sie emittieren beim anschließenden Zerfall in den Grundzustand insbesondere die gelbe Na-Linie. Mit dem Licht einer solchen Na-*Spektrallampe* beleuchten wir die Flamme eines Bunsenbrenners (Abbildung 5.1). Da sich in der Flamme zunächst keine Na-Atome befinden, wird das Licht in der Flamme nicht absorbiert. Auf einem Schirm hinter der Flamme leuchtet daher ein Abbild der Lichtquelle auf. Bringt man aber etwas Kochsalz, die chemische Verbindung NaCl aus Natrium und Chlor, in die Flamme, so wird das Licht in der Flamme absorbiert und gestreut. Gleichzeitig verdunkelt sich das Abbild der Lichtquelle.

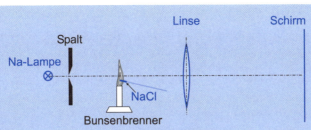

Abbildung 5.17: Versuchsanordnung zum Nachweis der Resonanzabsorption

Bei dem Versuch leuchtet die Flamme, auch wenn sie nicht beleuchtet wird, gelb auf. Dieses Aufleuchten zeigt, dass die NaCl-Moleküle in der Flamme nicht nur verdampft und dissoziiert, sondern auch angeregt werden. Die Anzahl angeregter Atome relativ zur Anzahl der Atome im Grundzustand ist allerdings sehr klein. Die Anregungswahrscheinlichkeit wird im Wesentlichen durch den Boltzmann-Faktor (Abschnitt 2.1.4) $\exp\{-(E_{3p} - E_{3s})/kT\}$ bestimmt. Da die Anregungsenergie $(E_{3p} - E_{3s})$ des Na-Atoms im $3p$-Zustand etwa 2 eV beträgt und in der Flamme $kT \approx 0{,}1$ eV ist, ergibt sich eine Anregungswahrscheinlichkeit von etwa $e^{-20} \approx 2 \cdot 10^{-9}$. Absolut betrachtet sind zwar viele Atome in der Flamme angeregt, und daher leuchtet die Flamme. Dennoch ist die Zahl der angeregten Atome nur ein minimaler Bruchteil aller Na-Atome in der Flamme. Die meisten Na-Atome sind im Grundzustand. Deshalb wird der einfallende Lichtstrahl in der Flamme absorbiert.

Aufgabe 5.14

Das Licht einer Wasserstoffspektrallampe wird auf eine Flamme gerichtet, und die Intensität der Balmer-α-Linie hinter der Flamme gemessen. Wie ändert sich die Intensität der Linie, wenn Wasserstoffatome in die Flamme gebracht werden? Diskutieren Sie das Ergebnis eines solchen Experiments. Welche Wasserstoffatome können die Balmer-α-Linie absorbieren?

Merke

In Gasentladungen emittieren die Atome eines chemischen Elements ein für sie charakteristisches Spektrum diskreter Spektrallinien. Die Energien der Photonen dieser Linien errechnen sich aus den Abständen der Energieniveaus eines Termschemas. Wenn sich ein Gas im thermischen Gleichgewicht befindet, sind die meisten Atome im Energieniveau des Grundzustands. Die Atome der meisten chemischen Elemente haben Anregungsenergien von einigen eV. Da bei Raumtemperatur $kT = 25$ $meV \ll 1$ eV, ist im thermischen Gleichgewicht gewöhnlich der Anteil angeregter Atome sehr gering.

5.4 Der Atomkern

Im Rutherfordschen Atommodell wird der Atomkern als ein im Vergleich zum Atom fast punktförmiger Körper mit einer positiven Ladung Ze betrachtet, in dem fast die gesamte Masse des Atoms konzentriert ist. Auch in den quantenphysikalischen Beschreibungen des Rutherfordschen Modells wird von der Annahme eines struktur-losen, nahezu punktförmigen Kerns ausgegangen. Dennoch erweisen sich auch die Atomkerne unter geeigneten experimentellen Bedingungen als Köper mit einer inne-ren Struktur.

Auch Atome haben wir zunächst bei der physikalischen Beschreibung von Gasen (Abschnitt 2.1.2) als strukturlose Massenpunkte betrachtet. Diese Annahme fand ihre Rechtfertigung in der Quantenphysik. Die Atome eines Gases erscheinen als struktur-lose Einheiten unter der Bedingung, dass die thermische Energie kT der Atome genü-gend klein im Vergleich mit der Mindestenergie ist, die für eine Anregung der Atome benötigt wird. Erst wenn wie beim Frank-Hertz-Versuch (Abschnitt 5.1.4) oder den Rutherfordschen Streuversuchen (Abschnitt 5.1.1) Energien umgesetzt werden, die größer als die Anregungsenergien der Atome sind, offenbaren die Atome ihre innere Struktur. Unterhalb der Anregungsschwelle hingegen erscheinen die Atome als unteil-bare Einheit.

Ebenso darf auch der Atomkern als unteilbare Einheit betrachtet werden, wenn bei den infrage stehenden Prozessen nur Energien umgesetzt werden, die klein im Ver-gleich zur Anregungsschwelle der Atomkerne ist. Diese Anregungsschwelle ist aber bei den Atomkernen um etwa sechs Größenordnungen höher als bei den Atomen. Bei den Kernen liegen die Anregungsschwellen nicht wie bei den Atomen im eV-, sondern im MeV-Bereich (1 $MeV = 10^6$ eV).

Die ersten Hinweise auf eine innere Struktur der Atomkerne ergaben sich aus Unter-suchungen der *Radioaktivität* der Atome. Sie wurde in den letzten Jahren des 19. Jahr-hunderts entdeckt. Nach der Entdeckung des Atomkerns wurde die Radioaktivität frühzeitig als eine Eigenschaft der Atomkerne erkannt. Aber erst seit der Entdeckung des *Neutrons* im Jahre 1932 durch J. Chadwick gelang es, Kernmodelle zu entwickeln, die eine quantenphysikalische Deutung von Kernstruktur und Kernprozessen erlauben.

5.4.1 Struktur der Atomkerne

Ein Kern mit der *Massenzahl A* und der *Kernladungszahl Z* besteht aus Z Protonen und $N = A - Z$ Neutronen. Die Protonen sind elektrisch positiv geladen, die Neutronen sind elektrisch neutral. Die Protonenzahl Z bestimmt folglich die Struktur der Elek-tronenhülle und damit die chemischen Eigenschaften des Atoms. Die Eigenschaften der Atomkerne werden aber sowohl von der Anzahl der Protonen als auch von der Anzahl der Neutronen bestimmt. Kerne mit gleicher Protonen-, aber unterschiedlicher Neutronenzahl heißen *Isotope*. Die mit solchen Kernen gebildeten Atome verhalten sich chemisch gleich.

Das Proton hat eine Masse $m_p = 1{,}6 \cdot 10^{-27}$ kg $= 1836 m_e$. Es ist also fast 2000-mal schwerer als ein Elektron. Seine Masse entspricht einer Ruhenergie $m_p c^2 = 938{,}3$ MeV. Das Neutron ist um etwa 0,1 % schwerer als das Proton und hat daher eine um 1,3 MeV höhere Ruhenergie. Dank des Energieüberschusses von 1,3 MeV kann es unter Emission eines Elektrons (Ruhenergie etwa 0,5 MeV) in ein Proton zerfallen. Als freies Teilchen ist es daher instabil, nicht aber in vielen Atomkernen. Protonen und

Neutronen sind nicht nur hinsichtlich ihrer Masse ähnliche Teilchen. Sie haben auch viele kernphysikalische Eigenschaften gemeinsam. Sie werden deshalb gemeinsam als *Nukleonen* bezeichnet.

Eine Übersicht über die in der Natur vorkommenden und viele künstlich hergestellte Atomkerne gibt die *Nuklidkarte* (Abbildung 5.18). Dabei gibt die Abszisse die Zahl der Neutronen und die Ordinate die Zahl der Protonen an. Die stabilen Atomkerne sind schwarz eingetragen. Die Kerne mit Massenzahlen $A < 40$ haben etwa gleich viele Protonen und Neutronen. Die schwereren Kerne hingegen haben einen mit A wachsenden Neutronenüberschuss. Außerdem gibt es viele instabile Kerne, die unter Emission *radioaktiver Strahlen* (Abschnitt 5.4.2) in benachbarte Kerne zerfallen.

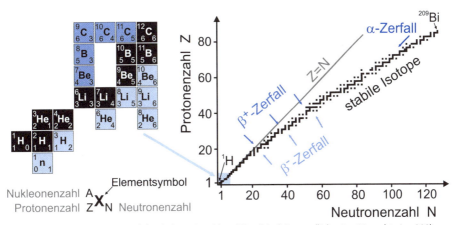

Abbildung 5.18: Nuklidkarte mit stabilen (schwarz) und instabilen (blau) Kernen (links: A < 12; rechts A < 209)

Die Stabilität der Kerne ergibt sich aus der Bindungsenergie der Nukleonen im Kern. Nur wenn die Bindungsenergie eines Kerns größer als die Bindungsenergie der benachbarten Atomkerne gleicher Massenzahl ist, ist der Kern stabil. Die Bindungsenergie E_B der Atomkerne ergibt sich aus ihrer Masse. Denn nach Einsteins spezieller Relativitätstheorie sind Energie und Masse äquivalent (Abschnitt 1.2.4):

$$E = mc^2$$

Wegen der Äquivalenz von Masse und Energie ist die Masse M_K eines Atomkerns kleiner als die Summe der Massen seiner Protonen und Neutronen. Der *Massendefekt* $\Delta M = Zm_p + Nm_n - M_K$ ergibt sich aus der Bindungsenergie E_B aller Nukleonen:

$$\Delta M = E_B/c^2$$

Die Bindungsenergie E_B gibt also an, wie viel Energie mindestens aufgebracht werden muss, um einen Kern in seine A Nukleonen zu zerlegen. Diese Bindungsenergie nimmt grob proportional zu A zu. Um einige interessante Strukturen der Bindungsenergie in Abhängigkeit von der Massenzahl A grafisch hervorzuheben, ist es vorteilhaft, die mittlere *Bindungsenergie pro Nukleon* E_B/A zu betrachten (Abbildung 5.19). Für die stabilen Kerne steigt E_B/A bei kleinen Massenzahlen zunächst auf Werte von fast 9 MeV und fällt bei Massenzahlen $A > 60$ wieder langsam ab. Auffallend ist ferner das Maximum bei dem Kern ^{4}He mit der Massenzahl $A = 4$ und $Z = N = 2$. Dank seiner hohen Stabilität wird er als α-Teilchen von den schwersten Kernen emittiert.

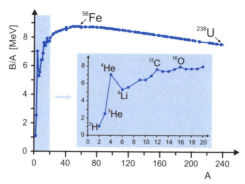

Abbildung 5.19: Bindungsenergie pro Nukleon der stabilen Atomkerne mit Massenzahlen A < 238 (Detail: A < 20)

Die Nukleonen werden im Kern von einer Kraft zusammengehalten, die außerhalb der Kerne bedeutungslos ist, im Kern aber die Nukleonen mit Energien der Größenordnung 10 MeV aneinander bindet. Sie wird deshalb *Kernkraft* genannt. Sie wirkt zwischen den Nukleonen nur bei Abständen $R < 1{,}4 \cdot 10^{-15}$ m. Das Volumen der Kerne nimmt daher ähnlich dem Volumen eines Wassertropfens mit der Anzahl A der in ihm enthaltenen Teilchen zu. Die Kernradien R_K haben folglich die Größe $R_K \approx 1{,}4 \cdot 10^{-15}$ m $\cdot A^{1/3}$. Den Kernkräften entgegen wirken die abstoßenden Coulomb-Kräfte der positiv geladenen Protonen. Sie erniedrigen die Bindungsenergie der Protonen im Kern. In schwere Kerne werden deshalb bevorzugt Neutronen eingebaut. Infolge dessen haben schwere Kerne einen mit Z wachsenden *Neutronenüberschuss*.

> **Aufgabe 5.15**
>
> Die Masse eines Kohlenstoffatoms mit der Massenzahl $A = 12$ ist $m(^{12}\text{C}) = 12 \cdot 1{,}6606 \cdot 10^{-27}$ kg. Berechnen Sie die Bindungsenergie E_B des ^{12}C-Kerns.

> **Merke**
>
> Atomkerne bestehen aus Protonen und Neutronen. Die beiden Nukleonen haben etwa die gleiche Ruhmasse. Die Ruhenergie $E = mc^2$ der Nukleonen hat einen Wert von knapp 1 GeV $= 10^9$ eV. Protonen sind einfach positiv geladen, Neutronen sind elektrisch neutral. Im Kern sind die Nukleonen mit einer Bindungsenergie pro Nukleon von mehreren MeV gebunden.

5.4.2 Radioaktivität

Einige in der Natur vorkommende Atomkerne und viele künstlich erzeugte Kerne sind instabil. Sie zerfallen unter Emission geladener Teilchen oder γ-Quanten mit Energien im MeV-Bereich. Die *Radioaktivität* einiger schwerer Elemente, wie z. B. Uran wurde 1896 entdeckt. Bei einem radioaktiven Zerfall ändert sich der Atomkern in gleicher Weise, wie das Atom bei einem Quantensprung, d. h. der Zerfall findet spontan statt und folgt den Gesetzen des Zufalls: Bei einer Ausgangsmenge N_0 nimmt die Anzahl N der noch nicht zerfallenen Atome exponentiell mit der Zeit ab:

$$N(t) = N_0 \cdot \exp(-t/\tau)$$

Man kann deshalb für instabile Kerne nur eine mittlere Lebensdauer τ angeben. Gewöhnlich wird die *Halbwertszeit* $\tau_{1/2} = \tau \cdot \ln 2$ eines Kerns tabelliert. Sie gibt an, nach welcher Zeit die Hälfte einer Menge von Atomen zerfallen ist. Die Halbwertszeiten der beiden in der Natur vorkommenden *Isotope* des Urans ^{235}U und ^{238}U (mit $A = 235$ bzw. 238) sind so groß, dass seit ihrer Entstehung vor etwa 10^{10} Jahren noch nicht alle Uranatome zerfallen sind. Sie haben Halbwertszeiten in der Größenordnung von 10^9 Jahren. Andere Kerne zerfallen sehr viel schneller.

Bei den in der Natur vorkommenden radioaktiven Kernen gibt es drei verschiedene Zerfallsarten, nämlich den α-, β-, und γ-Zerfall. Der α-Zerfall tritt insbesondere bei den schwersten Elementen auf. Beim *α-Zerfall* verliert der Kern ein α-Teilchen, das aus zwei Protonen und zwei Neutronen besteht und folglich dem Kern des Heliumatoms gleicht. Bei dem Zerfall des Urans wird es mit einer kinetischen Energie von etwas über 4 MeV ausgestoßen. Die Kernladungszahl verringert sich dabei um zwei, die Massenzahl um vier Einheiten. Aus den Uran-Isotopen mit $Z = 92$ entstehen folglich Thorium-Isotope mit $Z = 90$. Allgemein gilt für den α-Zerfall eines Kerns X in einen Tochterkern Y:

$$_Z^A X \rightarrow {}_{Z-2}^{A-4} Y + {}_2^4 \alpha$$

Die große Lebensdauer vieler α-Strahler kann mit dem Tunneleffekt (Abschnitt 5.2.2) erklärt werden. Zwischen dem α-Teilchen und dem Tochterkern wirken nicht nur die Kernkräfte, sondern auch die Coulomb-Kräfte. Bei kleinen Abständen dominieren die anziehenden Kernkräfte, bei großen Abständen hingegen die abstoßenden Coulomb-kräfte. Die potenzielle Energie des α-Teilchens hat daher in der Nähe des Mutterkerns den in Abbildung 5.1 dargestellten Verlauf. Ein α-Teilchen kann daher im Potenzial-topf des Kerns gebunden sein, auch wenn sein Energieniveau oberhalb der Separa-tionsenergie liegt. Dennoch kann es den Kern verlassen, indem es den so genannten Coulomb-Wall durchtunnelt. Je höher und breiter der Wall vom Energieniveau des α-Teilchens aus gesehen ist, desto länger ist die Lebensdauer des Kerns.

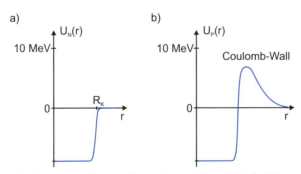

Abbildung 5.20: Potenzielle Energie eines Neutrons (a) und eines α-Teilchens (b) in der Nähe eines Urankerns

In der Natur gibt es drei α-Strahler mit Halbwertszeiten in der Größenordnung von 10^9 bis 10^{10} Jahren, nämlich die Uran-Isotope ^{235}U und ^{238}Uran und das Thorium-Isotop ^{232}Th. Sie sind die Ausgangskerne von radioaktiven *Zerfallsreihen*, die bei den Blei-

Isotopen ^{207}Pb, ^{206}Pb bzw. ^{208}Pb enden. Dabei finden außer weiteren α-Zerfällen auch β- und γ-Zerfälle statt.

Während beim α-Zerfall ein Teilchen emittiert wird, dass aus den Konstituenten des Kerns, den Nukleonen besteht, werden beim *β-Zerfall* Elektronen emittiert, die erst beim Zerfall entstehen. Dabei wandelt sich ein Neutron in ein Proton um. Bei diesen Zerfällen ändert sich also die Nukleonenzahl A nicht, es wird aber der hohe Neutronenüberschuss der schweren Kerne reduziert.

Außer diesem in den natürlichen Zerfallsreihen vorkommenden β^--Zerfall, bei dem Elektronen emittiert werden, gibt es auch einen β^+- Zerfall, bei dem ein Proton sich in ein Neutron umwandelt und *Positronen* emittiert werden. Sie haben die gleiche Masse wie Elektronen, tragen aber eine positive Elementarladung. Der β^+-Zerfall tritt bei protonenreichen Kernen auf, die bei Kernreaktionen (Abschnitt 5.4.3) entstehen können.

Messungen zur Energiebilanz beim β-Zerfall führten zu dem Schluss, dass dabei außer einem geladenen Teilchen auch ein neutrales (fast) masseloses Teilchen emittiert wird, ein Neutrino ν (oder Antineutrino). Der in den natürlichen Zerfallsreihen vorkommende β^--Zerfall wird daher durch die folgende Reaktionsgleichung beschrieben:

$$_Z^A X \rightarrow {}_{Z+1}^A Y + e^- + \overline{\nu}$$

Die Gesamtenergie von Elektron und Neutrino ist dabei gleich der Differenz der Ruhenergien von Mutter- und Tochterkern.

Ebenso wie Atome haben auch die Atomkerne über dem Grundzustand gelegene angeregte Quantenzustände. Häufig bleibt der Tochterkern nach einem β- oder α-Zerfall in einem angeregten Zustand zurück. Dieser zerfällt dann anschließend unter Emission eines Photons oder auch mehrerer Photonen hoher Energie in den Grundzustand. Die Energie der bei diesen *γ-Zerfällen* emittierten Photonen ergibt sich, wie bei den Zerfällen der Atomhülle, aus dem zweiten Bohrschen Postulat (Abschnitt 5.1.3). Bei einem γ-Zerfall ändert sich weder die Ladungs- noch die Massenzahl des Kerns.

Aufgabe 5.16
   Das in Kernreaktoren entstehende radioaktive Isotop ^{137}Cs hat eine Halbwertszeit von 30 Jahren. Nach der Tschernobyl-Katastrophe wurden große Landstriche damit verseucht. Berechnen Sie die Zeit, in der sich die Menge dieses Cs-Isotops um den Faktor 10 verringert.

Merke
   Radioaktive Strahlen entstehen bei Kernumwandlungen. Es gibt α-, β- und γ-Strahlen. Bei α- und β-Zerfällen werden geladene Teilchen, nämlich He-Kerne bzw. Elektronen, emittiert. Bei γ-Zerfällen entstehen elektromagnetische Strahlen, also Photonen. Bei allen radioaktiven Zerfällen werden Energien im keV- und MeV-Bereich freigesetzt.

Die Aktivität radioaktiver Proben klingt exponentiell ab. Innerhalb einer Halbwertszeit reduziert sich die Menge der radioaktiven Kerne auf die Hälfte.

5.4.3 Kernfusion und Kernspaltung

Die Sonne scheint eine unerschöpfliche Energiequelle zu sein. Seit einigen 10^9 Jahren wärmt sie mit ihrem Licht die Erde. Aus der Solarkonstanten (Abschnitt 4.4.3) $S = 1{,}4 \cdot 10^3$ W/m^2 folgt, dass die Sonne Energie mit einer Gesamtleistung $P \approx 4 \cdot 10^{26}$ W in den Weltenraum abstrahlt. Die gigantische Energiemenge, die die Sonne seit ihrer Entstehung vor fast 10^{10} Jahren abgestrahlt hat, entspricht nach der Einsteinschen Beziehung $E = mc^2$ einem Masseäquivalent in der Größenordnung von 0,1 % der Sonnenmasse $M_S \approx 2 \cdot 10^{30}$ kg. Sie wird im Innern der Sonne durch die *Fusion* von Wasserstoff zu Helium erzeugt.

> **Aufgabe 5.17** Schätzen Sie die von der Sonne seit ihrer Entstehung abgestrahlte Energie unter der Annahme ab, dass ihre Strahlungsleistung sich nicht verändert hat, und berechnen Sie die zur Energie äquivalente Masse.

Beim Verschmelzen von vier Protonen und zwei Elektronen zu einem α-Teilchen (und zwei Neutrinos) wird etwa die Bindungsenergie $E_B = 28$ MeV des α-Teilchens (Abbildung 5.19) freigesetzt. Der Fusionsprozess läuft in mehreren Schritten ab, bei dem sich zunächst die schweren Isotope des Wasserstoffs mit Massenzahlen $A = 2$ und 3 bilden, die anschließend zu Helium verschmelzen:

$$^3_1 H + {}^2_1 H \rightarrow {}^4_2 He + n + 17{,}6 MeV$$

Da die Wasserstoffkerne geladene Teilchen sind, kann die Fusion nur stattfinden, wenn ihre kinetische Energie ausreicht, die Coulomb-Abstoßung zu überwinden, oder zumindest ein Durchtunneln des Coulomb-Walls genügend wahrscheinlich ist. Eine Kernfusion findet daher nur bei hohen Temperaturen statt. Im Innern der Sonne ist die mittlere thermische Energie $kT \approx 1$ keV. Das entspricht einer Temperatur von über 10^7 K.

Es ist bislang nicht gelungen, diesen Prozess auch technisch zur Energieerzeugung zu nutzen. Günstiger ist es, Kernenergie durch Spaltung von schweren Kernen zu erzeugen. Nach Abbildung 5.19 hat die Bindungsenergie E_B/A pro Nukleon ein Maximum bei $A = 60$. Daher wird Bindungsenergie sowohl bei der Fusion leichter Kerne als auch bei der Spaltung schwerer Kerne frei. Die Spaltung schwerer Kerne kann durch Neutronen ausgelöst werden. Da Neutronen ungeladen sind, gibt es keinen Coulomb-Wall, der die Neutronen daran hindert, in einen Kern einzudringen (Abbildung 5.20). Sie können daher auch bei gewöhnlichen Temperaturen Kernreaktionen auslösen. Von den meisten Kernen werden sie einfach eingefangen, d. h. in den Kern eingebaut. Die dabei frei werdende Bindungsenergie von etwa 7 MeV wird bei γ-Zerfällen in Form von Photonen abgegeben.

1938 entdeckten O. Hahn und F. Straßmann, dass Neutronen Uran auch spalten können. Wenn ein ^{235}U-Kern ein Neutron einfängt, entsteht zunächst ein hoch angeregter Kern des Isotops ^{236}U. Er vibriert ähnlich wie ein sich von einem Wasserhahn lösender Wassertropfen und zerreißt dann in zwei Tochterkerne mit Massenzahlen bei $A = 140$ und $A = 90$ (Abbildung 5.21). Die Bindungsenergie pro Nukleon dieser Kerne ist etwa um 1 MeV höher als beim Uran. Daher wird bei der Spaltung eines Urankerns insgesamt eine Bindungsenergie von etwa 200 MeV frei.

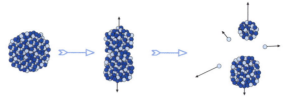

Abbildung 5.21: Zerplatzen eines Urankerns

Diese Bindungsenergie entspricht recht genau der potenziellen Energie der beiden Tochterkerne, die sie aufgrund der Coulomb-Abstoßung im Moment ihrer Entstehung haben. Die hoch geladenen Kerne stoßen sich also ab und fliegen anschließend mit einer kinetischen Energie von etwa 200 MeV auseinander.

Aufgabe 5.18   Schätzen Sie die Coulomb-Energie der Tochterkerne beim Zerplatzen des Urankerns ab.

Beim Zerplatzen des Urankerns entstehen aber außer den beiden Tochterkernen im Mittel auch etwa drei Neutronen. Dadurch reduziert sich etwas der hohe Neutronenüberschuss, der zwar günstig für die Stabilität des Urankerns war, aber nicht die Bildung stabiler Tochterkerne ermöglicht. Dank der bei der Spaltung entstehenden Neutronen kann ein einzelnes Neutron im Uran eine *Kettenreaktion* auslösen. Bei jeder Spaltung wird zwar ein Neutron absorbiert, aber es entstehen gleichzeitig drei neue. Wenn diese Neutronen wieder auf spaltbares Uran treffen, führt eine Kettenreaktion zur Explosion.

Aufgabe 5.19   Berechnen Sie die Energie, die bei der Spaltung von 1 kg ^{235}U freigesetzt wird. Wie lange braucht ein 1000 MW-Kraftwerk, um diese Energiemenge zu erzeugen?

Um die Kernenergie für die Energieversorgung nutzen zu können, muss die Kettenreaktion kontrolliert ablaufen. Beim Betrieb eines Kernreaktors wird der Neutronenfluss gesteuert. Im Mittel löst dann von den drei bei einer Spaltung entstehenden Neutronen nur ein Neutron eine weitere Spaltung aus. Die anderen werden in einem geeigneten Absorber absorbiert.

Merke   Sowohl bei der Fusion leichter Kerne, als auch bei der Spaltung schwerer Kerne wird Energie freigesetzt. Auf der Sonne finden Fusionsprozesse statt, in heutigen Kernreaktoren hingegen Spaltungsprozesse. In beiden Fällen wird gemäß der Einsteinschen Beziehung

$$E = mc^2$$

Masse in Energie umgesetzt. Bei den Fusionsprozessen auf der Sonne werden pro Nukleon etwa 7 MeV und bei der Kernspaltung etwa 1 MeV pro Nukleon gewonnen.

5.4.4 Absorption radioaktiver Strahlen

Bei allen radioaktiven Zerfällen werden Teilchen oder γ-Quanten mit Energien im keV- und MeV-Bereich emittiert. Diese Energien sind ein Vielfaches der Ionisierungsenergien der Atome (Abbildung 5.15). Daher können radioaktive Strahlen in Materie viele Atome ionisieren und Moleküle dissoziieren. Ein einzelnes α-Teilchen, z. B. mit einer Energie von etwa 4 MeV, kann beim Durchgang durch Materie in dichter Folge mehr als 10^5 Atome ionisieren. Das hohe Ionisationsvermögen radioaktiver Strahlen kann einerseits dazu genutzt werden, die Strahlung nachzuweisen. Andererseits stellen sie aus dem gleichen Grunde eine große Gefahr dar, wenn die Intensität dieser Strahlen gewisse Grenzwerte überschreitet.

Generell gehören Strahlen hoher Energie zu unserer Umwelt. Sie erreichen uns als Höhenstrahlung aus dem Weltall oder als radioaktive Strahlen aus der Erde, insbesondere in der Nähe von Uranerzlagern. Einige radioaktive Elemente finden sich selbst in den Körpern aller Lebewesen. Diese natürliche Strahlenbelastung ist maßgebend für die Festlegung von Grenzwerten, die beim Umgang mit radioaktiven Stoffen zu beachten sind.

Experiment 5.8 **Wilsonsche Nebelkammer**

Der Durchgang von α-Teilchen durch Materie lässt sich in einer Nebelkammer beobachten (Abbildung 5.22). Übersättigter Dampf neigt dazu, an Ionen zu kondensieren und Nebeltröpfchen zu bilden. Deshalb hinterlassen α-Teilchen in einer Nebelkammer eine Spur von Nebeltröpfchen. Die Spuren sind praktisch geradlinig, da die hochenergetischen α-Teilchen beim Ionisieren der Atome kaum abgelenkt werden. Die Länge der Spuren ergibt sich aus der mittleren freien Weglänge ($l \approx 10^{-7}$ m in Luft) und der mittleren Energie (von etwa 30 eV), die das α-Teilchen pro Ionisationsprozess verliert.

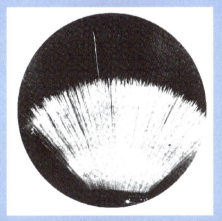

Abbildung 5.22: Spuren von α-Teilchen in einer Nebelkammer

In Luft verlieren α-Teilchen von einigen MeV ihre Energie auf einer Strecke von wenigen cm. In dichterer Materie werden sie auf entsprechend kürzeren Strecken abgebremst. Das Produkt aus Reichweite d der α-Teilchen und der Dichte ρ des Materials ist für Teilchen gleicher Energie für alle Materialien etwa gleich groß. In fester Materie werden α-Teilchen daher auf einigen 10^{-5} m abgebremst. β-Strahlen mit Energien im MeV-Bereich durchdringen in festen Körpern Schichten bis zu einigen mm. Das zeigten bereits die Messungen zur Absorption von Elektronenstrahlen in Al-Folien (Abschnitt 5.1.1).

Wie α- und β-Strahlen werden alle geladenen Teilchen hoher Energie in Materie schnell abgebremst. Weniger effizient werden γ-Strahlen in Materie absorbiert. Die Intensität I von γ-Strahlen nimmt in allen Absorbern exponentiell mit der Schichtdicke d ab:

$$I(d) = I_0 \cdot e^{-\mu d}$$

Der Absorptionskoeffizient μ hängt stark von der Energie der γ-Quanten und der Kernladungszahl Z des Absorbers ab. Am besten absorbieren Materialien mit hohem Z. Daher wird gewöhnlich Blei als Absorber für γ-Strahlen genutzt.

Die Absorption von γ-Strahlung beruht auf drei verschiedenen Effekten (Abbildung 5.23): Im Bereich tiefer Energien, wo die Energie $h\nu$ der γ-Quanten von gleicher Größenordnung wie die Bindungsenergien der Elektronen in der Atomhülle der Bleiatome ist, dominiert der Photoeffekt (Abschnitt 4.3.1). Bei Energien von über 100 keV werden bei der Absorption des Photons vor allem Elektronen aus der K-Schale ionisiert. Bei mittleren Energien um 1 MeV dominiert der Compton-Effekt (Abschnitt 4.3.4). Bei der Streuung an den nur locker gebundenen Valenzelektronen des Bleis geben die Photonen einen großen Teil ihrer Energie an die Elektronen ab. Die gestreuten Photonen werden anschließend durch Photoionisation absorbiert. Bei Energien über 1 MeV reicht die Energie der Photonen aus, ein Elektron und ein Positron (Abschnitt 5.4.2) zu erzeugen. Bei dieser *Paarbildung* wird die Energie des Photons im Coulomb-Feld der Atomkerne in Ruhenergie und kinetische Energie eines Elektron-Positron-Paars verwandelt.

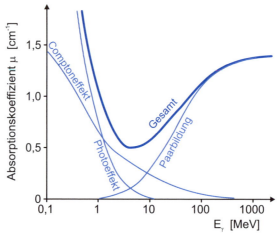

Abbildung 5.23: Absorptionskoeffizient für γ-Strahlung in Blei

Da der Absorptionskoeffizient für γ-Strahlung im Energiebereich von wenigen MeV selbst für Blei nur etwa 0,4 cm^{-1} beträgt, kann γ-Strahlung nur durch dicke Bleiplatten abgeschirmt werden.

> **Aufgabe 5.20** Welche Dicke muss eine Bleiabschirmung haben, mit der die Intensität von γ-Strahlen im MeV-Bereich um einen Faktor 1000 reduziert werden soll?

> **Merke** Alle radioaktiven Strahlen bestehen aus Teilchen oder Quanten mit Energien im keV- und MeV-Bereich. Sie können daher viele tausend Atome ionisieren oder Moleküle dissoziieren und damit chemisch aktivieren. Sie schädigen folglich, wenn gewisse Grenzwerte überschritten werden, nicht nur alle Lebewesen, sondern zerstören auch Materialien.

5.5 Chemische Bindung

Die Atome sind die Bausteine der Materie. Die Struktur der Atome bestimmt folglich entscheidend die Eigenschaften makroskopischer Stoffmengen. Sie können gasförmig, flüssig oder fest sein. Einige Stoffe sind elektrische Leiter und andere Isolatoren, einige transparent und andere undurchsichtig. Einige Stoffe sind permanent magnetisch, andere lassen sich nur in einem Magnetfeld magnetisieren. Manche Stoffe zeigen bei sehr tiefen Temperaturen überraschende Eigenschaften. Sie werden beispielsweise *supraleitend* oder *superfluid*, d. h. es verschwindet bei diesen Stoffen der elektrische Widerstand (Abschnitt 3.4.4) bzw. die innere Reibung (Abschnitt 3.2.1).

Diese und viele weitere Eigenschaften der Materie stehen in enger Beziehung zur Struktur ihrer atomaren Konstituenten. Für ein gründliches Verständnis der Eigenschaften der Materie ist es daher unerlässlich, die Gesetzmäßigkeiten zu kennen, nach denen sich Atome zu Molekülen und makroskopischen Körpern zusammenfügen. Das sind die Gesetze der chemischen Bindung.

In Abschnitt 2.1.1 haben wir die Wechselwirkung der Atome untereinander phänomenologisch mit der Annahme erklärt, dass zwischen den Atomen konservative Kräfte wirken, die sich mit einem interatomaren Potenzial beschreiben lassen. Jetzt kommt es einerseits darauf an, den Potenzialverlauf und insbesondere die Tiefe ε_0 und Lage R_{min} des Potenzialminimums mit Hilfe der Struktur der Atome zu erklären. Andererseits ist es aber auch wichtig zu verstehen, warum manche Atome, wie beispielsweise das H-Atom, nachdem sie mit anderen Atomen ein Molekül wie das Wasserstoffmolekül H_2 gebildet haben, ihre Neigung, sich mit weiteren Atomen oder Molekülen zu verbinden, verlieren, andere hingegen, wie z. B. die Metalle Cu und Fe, makroskopische Kristalle bilden.

Grundlegend für die chemischen Bindungen zwischen Atomen und Molekülen ist die Schalenstruktur der Atomhülle. Insbesondere bestimmt die Anzahl der Valenzelektronen, also die Anzahl der relativ locker gebundenen Elektronen in der äußersten

Schale, die chemische Aktivität eines Elements. Chemisch besonders inaktiv sind die Edelgase. Sie sind dadurch gekennzeichnet, dass sie eine abgeschlossene, d. h. mit Elektronen voll besetzte äußerste Schale haben. Atome mit nicht-abgeschlossener äußerster Schale haben das Bestreben, in Verbindungen mit anderen Atomen zu einem Schalenabschluss zu gelangen. Die Art und Weise, wie das erreicht wird, ist unterschiedlich. Man unterscheidet im Wesentlichen fünf Bindungstypen. Sie werden im Folgenden skizziert.

5.5.1   Ionenbindung und Wasserstoffbrücke

Wir beginnen mit der Beschreibung von Bindungen zwischen ungleichartigen Atomen. Eine leicht überschaubare Situation ergibt sich, wenn sich zwei Atome mit komplementären Valenzschalen miteinander verbinden. Ein typisches Beispiel ist das Kochsalz, eine Verbindung aus Natrium und Chlor. Als Alkalimetall hat das Na-Atom ein locker gebundenes Valenzelektron, und dem Cl-Atom fehlt als Halogen ein Elektron in der Valenzschale zum Schalenabschluss (Abbildung 5.24). Abgeschlossene Schalen entstehen, wenn das Valenzelektron des Na-Atoms vom Cl-Atom übernommen wird.

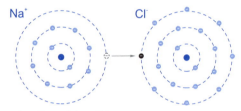

Abbildung 5.24: Ionenbindung eines Na- und eines Cl-Atoms

Wenn beide Atome weit voneinander getrennt sind, erfordert dieser Prozess eine Energie von 1,4 eV; denn um das Na-Atom zu ionisieren, wird die Ionisierungsenergie $I_{Na} = 5,1$ eV benötigt, bei der Anlagerung des Elektrons an das Cl-Atom wird aber nur eine Energie von $A_{Cl} = 3,7$ eV, die *Elektronenaffinität* des Chlor, wieder zurückgewonnen. Dennoch wird aber insgesamt Energie frei, wenn auch die Coulomb-Anziehung der beiden entstandenen Ionen zur Wirkung kommt. Bei einem Kernabstand $R \approx 2,5 \cdot 10^{-10}$ m, bei dem die Elektronenhüllen der beiden Ionen sich etwa berühren, ist die potenzielle Energie um etwa $\Delta E_{pot} = 6$ eV geringer als bei großem Abstand. Als Bindungsenergie E_B des NaCl-Moleküls ergibt sich folglich:

$$E_B(NaCl) \approx \Delta E_{pot} + A_{Cl} - I_{Na} \approx 4,6 eV$$

Die so gebildeten *heteropolaren* Moleküle sind elektrische Dipole. Das Dipolmoment des Na^+Cl^--Dipols hat den Wert $d \approx e \cdot R$. Diese Dipolmomente bewirken, dass die entstandenen Moleküle sich wie kleine Permanentmagnete aneinander anlagern. Sie ordnen sich zu einem Kristallgitter, in dem Ionen mit entgegengesetzter Ladung sich abwechseln. Auf diese Weise entstehen aus den NaCl-Molekülen Kochsalz-Kristalle, bei denen jedes Na^+-Ion von sechs Chlorionen und jedes Cl^--Ion von sechs Natriumionen umgeben ist (Abbildung 5.25).

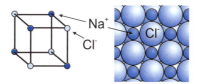

Abbildung 5.25: NaCl-Kristall (Kochsalz)

Bei der Kristallbildung erhöht sich nochmals die Bindungsenergie pro NaCl-Molekül um einen Faktor 1,75 von 4,6 eV auf 8 eV. Folglich wird bei der Erzeugung von 1 mol Kochsalz mit $N_A = 6 \cdot 10^{23}$ Molekülen aus 1 mol Na und 1 mol Cl eine Wärmemenge von knapp 800 kJ frei.

Na$^+$- und Cl$^-$-Ionen fügen sich aufgrund ihres Größenverhältnisses räumlich gut zu einem Kristall zusammen. Eine andere Situation ergibt sich, wenn Wasserstoffionen an der Molekülbildung beteiligt sind, wie beispielsweise beim H$_2$O-Molekül oder bei den in vielen chemischen Verbindungen auftretenden Radikalen OH und NH$_2$. Im H$_2$O-Molekül zieht das Sauerstoffatom die beiden Elektronen der Wasserstoffatome an sich und kann damit eine abgeschlossene Valenzschale bilden. Das übrig bleibende positiv geladene Wasserstoffion ist ein hüllenloses Proton. Seine räumliche Ausdehnung ist folglich vernachlässigbar klein. Wegen seiner geringen Ausdehnung kann sich in makroskopischen Strukturen jedes Proton höchstens mit zwei negativen Ionen umgeben (Abbildung 5.26). Das Proton wirkt gewissermaßen als Brücke. Diese *Wasserstoffbrückenbindung* ist bestimmend für die Eigenschaften des Wassers und ermöglicht bei vielen chemischen Stoffen die Bildung langer Kettenmoleküle (*Polymerisation*).

Abbildung 5.26: Wasserstoffbrückenbindung

Aufgabe 5.21 Bestimmen Sie den für die Berechnung von Reaktionswärmen wichtigen Umrechnungsfaktor von eV pro Molekül auf kJ pro mol.

Merke Ionenbindungen bilden sich zwischen Atomen mit wenigen Valenzelektronen und Atomen mit fast abgeschlossenen Schalen. Durch Umlagerung der Valenzelektronen entstehen positive und negative Ionen mit abgeschlossenen Schalen, die sich dank der Coulomb-Kräfte zu einem Kristallgitter zusammenfügen.

5.5.2 Atombindung

Moleküle und Kristalle werden nicht nur von ungleichartigen, sondern auch von gleichartigen Atomen gebildet. Beispiele für Moleküle aus gleichartigen Atomen sind die zweiatomigen Moleküle H_2, N_2 und O_2 der Gase Wasserstoff, Stickstoff bzw. Sauerstoff. Die bekannten Metalle der Elemente Cu, Ag, Au etc. sind Beispiele für Kristalle aus gleichartigen Atomen. Wegen der Gleichartigkeit der Atome ist die Ionenbindung für die hier vorliegenden chemischen Bindungen ohne Bedeutung. Bei den chemischen Bindungen zwischen gleichartigen Atomen unterscheidet man im Wesentlichen zwei Bindungstypen, die Atombindung und die metallische Bindung.

Den grundlegenden Mechanismus der *Atombindung* erläutern wir am Beispiel des Wasserstoffmoleküls H_2. Das H_2-Molekül hat wie das He-Atom zwei Elektronen. Wie beim He-Atom bilden die beiden Elektronen auch im Wasserstoffmolekül eine abgeschlossene Schale. Während aber beim Helium die Elektronenhülle konzentrisch um den zweifach geladenen Kern liegt, bewegen sich die beiden Elektronen des Wasserstoffmoleküls in dem Zweizentrenpotenzial der beiden Protonen (Abbildung 5.27). Wie im He-Atom haben die Elektronenwellen auch im Zweizentrenpotenzial des H_2-Moleküls einen energetisch tiefsten Resonanzzustand, in dem zwei Elektronen mit entgegengesetzten Spinrichtungen Platz finden.

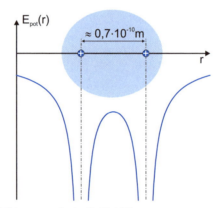

Abbildung 5.27: Potenzial und Elektronenwolke des H_2-Moleküls

Bei der Berechnung der Bindungsenergie des Moleküls ist einerseits die Bindungsenergie der Elektronen in dem Zweizentrenpotenzial zu beachten. Diese nimmt mit kleiner werdendem Abstand R der beiden Protonen zu. Beim Abstand $R = 0$ hätten sie dieselbe Bindungsenergie wie die Elektronen im He-Atom. Andererseits ist die Coulomb-Abstoßung der beiden Protonen zu berücksichtigen. Sie wirkt einer Bindung entgegen. Die Gesamtenergie des Moleküls $E(R)$ ändert sich also mit dem Abstand R der beiden Protonen. Bei Annäherung der beiden Protonen nimmt sie zunächst ab, steigt aber bei sehr kleinen Abständen wegen der Coulomb-Abstoßung der Protonen wieder an und strebt bei $R \rightarrow 0$ gegen unendlich. Die Funktion $E(R)$ bestimmt die zwischen Wasserstoffatomen wirkenden Kräfte. Ähnliche Potenzialfunktionen ergeben sich auch für andere Atome. Ein Beispiel für eine solche Funktion wurde in Abschnitt 2.1.1 dargestellt.

Für Wasserstoffatome hat die Funktion $E(R)$ ein Minimum bei $r_0 \approx 0{,}7\cdot10^{-10}$ m mit einer Tiefe $\varepsilon_0 \approx 4{,}5$ eV. Dieser Wert ist näherungsweise gleich der Bindungsenergie des H_2-Moleküls. Um ein Wasserstoffmolekül in zwei Atome zu dissoziieren, werden also mindestens 4,5 eV benötigt.

Wasserstoffatome bilden zwar Moleküle, aber die Moleküle neigen ähnlich wie Heliumatome nicht dazu, sich zu größeren Körpern zu verbinden. Wasserstoff ist deshalb bei gewöhnlichen Temperaturen gasförmig und wird erst bei Temperaturen unter 27 K (kritischer Punkt) flüssig. Diese chemische Trägheit der Moleküle ist eine Folge des Schalenabschlusses. Zwar sind die Resonanzzustände der Elektronenwellen in dem Zweizentrenpotenzial der beiden Protonen grundsätzlich verschieden von den Elektronzuständen im Potenzial des zweifach geladenen He-Kerns. Aber der Unterschied ist nicht gravierend. Die Ladungsverteilung der Elektronen ändert sich beim Übergang vom He-Atom zum H_2-Molekül nur wenig, da die Energie der $n = 1$-Zustände weit niedriger als alle anderen Elektronzustände ist. Nur die positiven Kernladungen sind unterschiedlich verteilt. Beim Wasserstoffmolekül liegen sie am Rande der Elektronenwolke (Abbildung 5.27), beim He-Atom hingegen im Zentrum. Da die Ladungsverteilung insgesamt symmetrisch zum Schwerpunkt des Moleküls ist, haben H_2-Moleküle, wie erwartet, kein elektrisches Dipolmoment.

Eine schwache Restwechselwirkung gibt es auch zwischen Atomen mit einer abgeschlossenen Elektronenhülle. Sie erklärt die zwischen Edelgasatomen wirkenden van der Waals-Kräfte (Abschnitt 2.2.4). Wegen ihrer geringen Stärke ermöglichen sie eine chemische Bindung nur bei sehr tiefen Temperaturen, wenn nämlich kT genügend klein im Vergleich mit der Tiefe ε_0 der Potenzialfunktion $E(R)$ ist. Man spricht dann von einer *van der Waals-Bindung*. Im Gegensatz zur Atombindung des H_2-Moleküls, wo beide Atome gemeinsam eine abgeschlossene Valenzschale bilden, hat bei van der Waals-Bindungen jedes einzelne Atom eine abgeschlossene Elektronenhülle. Diese van der Waals-Bindung ermöglicht auch die Kondensation von Wasserstoff bei tiefen Temperaturen.

Aufgabe 5.22 Schätzen Sie die Bindungsenergie einer van der Waals-Bindung zwischen zwei Wasserstoffmolekülen aus der kritischen Temperatur $T_K = 27$ K des Wasserstoffs ab. Vergleichen Sie Ihre Schätzung mit der Verdampfungswärme $Q_{mol} = 454$ kJ/kg von Wasserstoff bei Normaldruck.

Merke Bei Atombindungen bildet sich zwischen den Atomrümpfen zweier Atome (bei Wasserstoffatomen bestehen die Atomrümpfe nur aus dem jeweiligen Kern, einem Proton) eine mit zwei Elektronen voll besetzte K-Schale, ähnlich der Grundzustandskonfiguration des He-Atoms. Diese Elektronen sind dort fest lokalisiert. Die so gebundenen Moleküle haben kein elektrisches Dipolmoment. Ein typisches Beispiel ist das H_2-Molekül. Die Bindungsenergie des H_2-Moleküls beträgt 4,5 eV.

5.5.3 Metallische Bindung

Ebenso wie die Atombindung ermöglicht auch die metallische Bindung Verbindungen von gleichartigen Atomen. Während aber bei der Atombindung die beiden gemeinsamen Valenzelektronen, die die zwei Atome aneinander binden, fest an das Paar von Atomen gebunden sind, ist bei Metallen die Bindung der Valenzelektronen an die einzelnen Atome wesentlich lockerer. Auch Atome mit nur einem Valenzelektron können daher Kristalle bilden.

Wir erläutern die metallische Bindung am Beispiel der Alkalimetalle. Alkaliatome haben ebenso wie Wasserstoffatome ein Valenzelektron, aber im Gegensatz zum H-Atom auch voll besetzte innere Schalen. Das Valenzelektron ist daher in einem Elektronenzustand mit einer Hauptquantenzahl $n \geq 2$. Es gibt daher nicht nur zwei Elektronenzustände etwa gleicher Energie wie für $n = 1$, sondern mindestens acht. Die größere Vielfalt an Elektronenzuständen hat zur Folge, dass sich einerseits die Elektronenzustände bei einer Änderung des Abstandes der Atomkerne deutlicher ändern als beim H_2-System. Andererseits finden aber auch im gleichen Raumgebiet mehr Elektronen mit etwa gleicher Bindungsenergie Platz.

Dank der größeren Vielfalt an Elektronenzuständen neigt ein aus zwei Na-Atomen bestehendes Na_2-Dimer anders als ein H_2-Molekül dazu, weitere Natriumatome an sich zu binden. Die Ladungsverteilung der Valenzelektronen ist in einem Na_2-Dimer nicht wie beim H_2-Molekül weitgehend zwischen den Kernen lokalisiert, sondern reicht weit über die Kerne hinaus (Abbildung 5.28). Daher können sich weitere Na-Atome an das Dimer anlagern.

Abbildung 5.28: Ladungsverteilung der Valenzelektronen in einem Na_2-Dimer

In einem aus sehr vielen Na-Atomen bestehenden Na-Kristall sind die Valenzelektronen nicht mehr bestimmten Atomen zugeordnet. Die Zustände der Valenzelektronen eines Metalls werden vorzugsweise mit Wellenfunktionen beschrieben, die über den gesamten Kristall sich erstreckende Wellen darstellen (Abschnitt 6.3.1). Auch die Ladungsverteilung der Valenzelektronen erstreckt sich dementsprechend gleichmäßig über den gesamten Kristall.

Aufgabe 5.23 Die Dichte des Alkalimetalls Natrium (Massenzahl $A = 23$) hat den Wert $\rho = 0{,}971 \cdot 10^3$ kg/m³. Es schwimmt also auf Wasser. Berechnen Sie den Abstand benachbarter Atome in einem Na-Kristall und vergleichen Sie das Ergebnis mit dem Abstand der Protonen im H_2-Molekül.

> | **Merke** | Bei der metallischen Bindung teilen sich wie bei der Atombindung mehrere Atome die Valenzelektronen. Aber die Elektronen, die die Atome aneinander binden, sind nicht zwischen den Atomen lokalisiert. Die metallische Bindung führt daher zur Kristallbildung. Im Kristall bilden die Valenzelektronen ein allen Atomen gemeinsames Gas von Leitungselektronen. |

5.5.4 Kristallbildung

Wenn ein Proton und ein Elektron sich verbinden, entsteht immer ein Wasserstoffatom im Grundzustand. Alle so entstandenen Wasserstoffatome sind exakt gleich und ununterscheidbar. Um ein H-Atom zu verändern, muss ihm mindestens die Anregungsenergie von etwa 10 eV zugeführt werden.

Auch wenn zwei H-Atome sich verbinden, entsteht immer ein H_2-Molekül. In einer hinreichend kalten Umgebung ist auch dieses Molekül im Grundzustand. Um es in Rotation zu versetzen, wird aber nur eine Energie $E_{rot} > (h/2\pi)^2/(m_H R^2) \approx 8$ meV benötigt. Es kann daher bei gewöhnlichen Temperaturen $T \sim 300$ K schon durch die Photonen der Wärmestrahlung angeregt werden.

Wenn aber eine große Anzahl von Atomen einen Kristall bilden, können sehr unterschiedliche Strukturen entstehen, auch wenn Anzahl und Art der Atome exakt vorgegeben ist. Ein Kristall hat so viele energetisch dicht beieinander liegende Quantenzustände, dass er zu keinem Zeitpunkt in einem bestimmten Quantenzustand vorliegt, sondern ständig aufgrund der Wechselwirkung mit der Umgebung zwischen verschiedenen Quantenzuständen hin und her wechselt. Die dabei stattfindenden Quantensprünge sind so winzig, dass sie bei makroskopischer Betrachtung als kontinuierlich ablaufende Prozesse erscheinen. Die Kristallbildung folgt daher weitgehend den Vorstellungen der klassischen Physik.

Während sich Wasserstoffatome und -moleküle praktisch von allein bilden, ist es eine große Kunst, die für die moderne Elektrotechnik benötigten hochreinen Einkristalle herzustellen. Häufig werden sie unter streng kontrollierten Bedingungen aus einer Schmelze gezogen. Im Idealfall sind alle Atome eines Einkristalls regelmäßig in streng periodischen Strukturen angeordnet. Aber auch bei optimalen experimentellen Bedingungen lassen sich in der Realität *Kristallfehler* nie ganz vermeiden. Wir demonstrieren das Entstehen von Kristallfehlern mit einem Modellversuch.

   „Kondensation" von Stahlkugeln

Eine große Menge kleiner Stahlkugeln wird auf einer umrahmten ebenen Fläche verstreut. Bei einer schwachen Neigung der Fläche „kondensiert" dieses Gas von Stahlkugeln am unteren Rand der Fläche (Abbildung 5.29). Meist entstehen zunächst nur kleine Bereiche mit periodisch angeordneten Stahlkugeln. Die Stahlkugeln sind *polykristallin* angeordnet. Bei leichtem Schütteln (Tempern) ordnen sich die Kugeln mehr und mehr und es entsteht ein *Einkristall* mit einigen Fehlern.

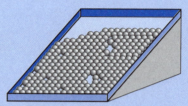

Abbildung 5.29: Kristallisiertes Ensemble von Stahlkugeln

Gewöhnlich treten die folgenden Fehler auf:

Kristallfehler

- **Leerstellen:** In ansonsten streng periodischen Anordnungen unbesetzte Plätze.
- **Zwischengitteratome:** Atome auf Plätzen, die nicht der Kristallordnung entsprechen.
- **Versetzungen:** Linienförmige Kristallbaufehler.
- **Fremdatome:** Um den Einbau andersartiger Atome zu vermeiden, müssen Kristalle in Reinstlabors gezogen werden.

Für die moderne Halbleitertechnik braucht man große, makellose, hochreine Einkristalle. Da die elementaren Bauelemente der Mikro- und Nanoelektronik weniger als 1 μm groß sind (auf der Querschnittsfläche eines Haares finden einige 100 dieser Bauelemente Platz!), müssen die Atome der Kristallscheiben (englisch: wafer = Waffel), auf die diese Bauelemente aufgebracht werden, streng periodisch angeordnet sein. Damit die elektronischen Bauelemente einwandfrei funktionieren, muss die kristalline Ordnung auch bei thermischen Belastungen erhalten bleiben. Die Herstellung hochreiner und thermisch widerstandsfähiger Einkristalle gelingt am besten mit Silizium. Es ist das Ausgangsmaterial der modernen Elektronik.

Aufgabe 5.24

Berechnen Sie, wie viele elementare Schaltelemente auf einer Fläche von 100 cm^2 Platz finden, wenn die einzelnen Schaltelemente eine Ausdehnung (Durchmesser) a) von 1 μm, b) von 100 nm = 10^{-9} m haben. Aus wie vielen Atomen besteht ein Schaltelement?

Merke

In Einkristallen sind die Atome eines oder mehrerer chemischer Elemente (bis auf wenige Kristallfehler) in allen Raumrichtungen streng periodisch angeordnet.

5.6 Gitterstruktur der Kristalle

Kristalle faszinieren als Eiskristalle auf Fensterscheiben und als geschliffene Edelsteine an Schmuckstücken. Seit der Entdeckung des Transistors (1947) und der Erfindung des Chips (1958) werden sie mit zunehmender Perfektion für die moderne Mikro- und Nanoelektronik technisch hergestellt. Die auf atomarer Ebene regelmäßige Struktur der Kristalle ermöglichte so die Entwicklung hoch integrierter Schaltungen, Gigabit-Speicher und mikromechanischer Bauelemente.

In Kristallen verschiedener chemischer Elemente können die Atome sehr unterschiedlich angeordnet sein. Sie bilden unterschiedliche *Kristallgitter*. So wie ein Eiskristall durch hübsche symmetrische Formen auffällt, hat auch jedes Kristallgitter charakteristische Symmetrien, aufgrund derer sie klassifiziert werden. Einfache Gitterstrukturen haben das Kochsalz und die beim Stapeln von Kugeln entstehenden dichtesten Kugelpackungen. Komplizierter ist das für die Halbleiterphysik wichtige Diamantgitter. Diese Gitterstrukturen werden uns als Beispiele dienen, um die Bedeutung der Symmetrien für die Kristallphysik aufzuzeigen.

Die Anordnung der Atome bekannter Kristalle lässt sich mit Modellen aus Kugeln und Stäben leicht veranschaulichen. Schwieriger ist es, die Gitterstruktur eines unbekannten Kristalls zu bestimmen. Das klassische Verfahren zur Bestimmung der Gitterstruktur ist die Beugung von Röntgen-Strahlen. M. von Laue wies 1912 durch Beugung von Röntgen-Strahlen an Kristallen sowohl nach, dass Röntgenstrahlen Wellen sind, als auch, dass Kristalle regelmäßige Anordnungen von Atomen sind. Wir erläutern die Röntgen-Beugung im folgenden Abschnitt.

5.6.1 Röntgen-Beugung

Wenn eine ebene Lichtwelle auf einen Doppelspalt trifft, geht von jedem Einzelspalt (mit Breiten $b \sim \lambda$) eine Elementarwelle aus (Abschnitt 4.2.3). Aufgrund der Interferenz beider Elementarwellen entsteht hinter dem Doppelspalt ein Beugungsbild mit Intensitätsmaxima und -minima. Wenn elektromagnetische Wellen (oder andere sich im Raum ausbreitende Wellen) auf eine räumliche Gitterstruktur treffen, entsteht in gleicher Weise ein Beugungsbild, das Eigenschaften des Gitters widerspiegelt. An jedem Gitterpunkt wird die einfallende Welle gestreut, und die gestreuten Wellen interferieren miteinander. Wegen der periodischen Struktur des Gitters entstehen Intensitätsmaxima nur in solchen Richtungen, in denen *alle* gestreuten Wellen gleichphasig sind. In allen anderen Richtungen interferiert die Gesamtheit der gestreuten Wellen destruktiv, so dass sie sich gegenseitig auslöschen.

Bei Durchstrahlung eines Einkristalls mit monochromatischer Röntgen-Strahlung der Wellenlänge λ ergibt sich daher hinter dem Einkristall auf einem Schirm als Beugungsbild ein punktförmiges Muster (Abbildung 5.30). Die Symmetrie des Beugungsbildes spiegelt die Symmetrie des Kristalls wider. Die Winkelabstände zwischen den punktförmigen Intensitätsmaxima sind korreliert mit den Abständen d der Atome im Kristallgitter. Für $\lambda \ll d$ ergeben sich die Winkelabstände $\Delta\varphi$ der Intensitätsmaxima in gleicher Weise wie beim Doppelspalt aus der Beziehung $\Delta\varphi \approx \lambda/d$. Das Beugungsbild in Abbildung 5.30 wurde also mit Röntgen-Licht aufgenommen, dessen Wellenlänge klein im Vergleich zu den Abständen der Atome im Kristallgitter ist.

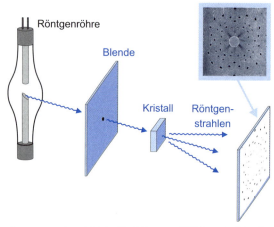

Abbildung 5.30: Röntgen-Beugung an einem Einkristall mit Beugungsbild (Laue-Verfahren)

Die Winkelpositionen der Intensitätsmaxima lassen sich in einfacher Weise geometrisch, einer Überlegung von W. L. Bragg folgend, bestimmen. Die Atome eines Kristallgitters bilden in vielfältiger Weise Serien von parallelen Gitterebenen (Abbildung 5.31). Die an den Atomen einer Gitterebene gestreuten Röntgen-Strahlen sind in Reflexionsrichtung gleichphasig und interferieren daher in dieser Richtung konstruktiv. Damit auch die an Atomen in zueinander parallelen Gitterebenen gestreuten Wellen konstruktiv interferieren, muss die *Braggsche Reflexionsbedingung* zwischen Gitterebenenabstand d, Reflexionswinkel α und Wellenlänge λ erfüllt sein:

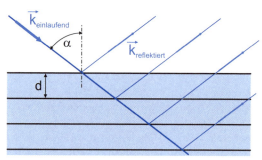

Abbildung 5.31: Reflexion von Röntgen-Strahlen an Gitterebenen

$$2d \cdot \cos\alpha = n\lambda \quad \text{(Braggsche Reflexionsbedingung)}$$

Ein Röntgen-Strahl wird also an einer Serie von parallelen Gitterebenen nur dann reflektiert, wenn wie bei der Reflexion von Licht an dünnen Plättchen (Abschnitt 4.2.1) der optische Gangunterschied der an verschiedenen Ebenen reflektierten Wellen ein ganzzahliges Vielfaches der Wellenlänge λ ist.

Häufig wird die Bragg-Reflexion von Röntgen-Strahlung bei streifendem Einfall an einer Kristalloberfläche untersucht. Von dieser Messtechnik haben wir beispielsweise in (Abschnitt 4.3.3) Gebrauch gemacht, als wir das Spektrum einer Röntgen-Röhre mit Mo-Anode gemessen haben. Bei Messungen mit streifendem Einfall liegt es nahe, sich auf den Komplementärwinkel $\alpha' = \pi/2 - \alpha$ von α zu beziehen. Die Braggsche Reflexionsbedingung lautet dann: $2d \cdot \sin\alpha' = n\lambda$.

Außer Röntgen-Strahlen eignen sich auch Teilchenstrahlen zur Untersuchung von Kristallstrukturen. Insbesondere können Beugungsexperimente mit thermischen Neutronen an Kristallen durchgeführt werden. Bei Raumtemperatur haben thermische Neutronen kinetische Energien in der Größenordnung von $kT = 25$ meV. Als Wellenlänge $\lambda = hc/\sqrt{(kT \cdot m_n c^2)}$ der Neutronen ergeben sich damit größenordnungsmäßig Werte von $\lambda \sim 10^{-10}$ m. Sie liegen also in dem für Beugungsexperimente an Kristallgittern interessanten Bereich.

Aufgabe 5.25 Ein kubisches Gitter hat Achsen mit dreizähliger und vierzähliger Symmetrie, d. h. es ist nach Drehungen um $2\pi/3$ bzw. $\pi/2$ in deckungsgleichen Positionen. Nehmen Sie einen Würfel und bestimmen Sie dessen drei- und vierzählige Symmetrieachsen.

Merke Die Anordnung der Atome in Kristallgittern kann durch Röntgen-Beugung und Neutronenbeugung untersucht werden. Die Symmetrie der Beugungsbilder entspricht der Symmetrie der Kristallstruktur.

5.6.2 Ionengitter

Moleküle mit Ionenbindungen (Abschnitt 5.5.1) bilden Gitter, die aus dicht gestapelten Ionen bestehen. Typische Ionengitter bilden die Alkalihalogenide. Der bekannteste Vertreter ist das Kochsalz NaCl. Es bildet ein Gitter, in dem jedes positiv geladene Na^+-Ion sechs negativ geladenen Cl^--Ionen und jedes Cl^--Ion sechs Na^+-Ionen als nächste Nachbarn hat (Abbildung 5.32). Bei dieser Gitterstruktur wird der Raum optimal ausgefüllt. Die kleinen Kugeln der Na^+-Ionen liegen zwischen den wesentlich größeren Kugeln der Cl^--Ionen. Die atomaren Kugeln wären dicht gepackt, wenn sich die Radien R und r der Kugeln wie $1 : (\sqrt{2} - 1)$ verhielten.

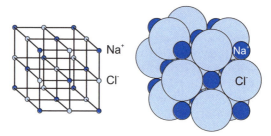

Abbildung 5.32: Ionengitter eines NaCl-Kristalls

Das Beispiel macht deutlich, dass die Struktur ionischer Kristallgitter wesentlich von der Größe der Ionen bestimmt wird. Alkalihalogenide, deren Ionen andere Größenverhältnisse haben, bilden andere Kristallgitter. Cs^+-Ionen finden zwischen sechs Cl^--Ionen nicht genügend Raum. In einem CsCl-Kristall haben daher die Cs^+-Ionen acht Cl^--Ionen als nächste Nachbarn. Sie liegen auf den acht Ecken eines das Cäsiumion umgebenden Würfels (Abbildung 5.33).

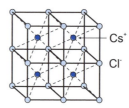

Abbildung 5.33: Ionengitter eines CsCl-Kristalls

Die Symmetrie dieser Kristalle ergibt sich aus der würfelförmigen Anordnung der Ionen. Sie haben verschiedene Symmetrieachsen. Dreht man einen Würfel um eine Raumdiagonale, so erfüllt er nach einer Drehung um den Winkel $2\pi/3$ dasselbe würfelförmige Raumelement wie in der Ausgangslage. Die Raumdiagonale ist also eine *dreizählige* Symmetrieachse des Würfels. Würfelachsen, die senkrecht auf den Seitenflächen stehen, haben hingegen eine *vierzählige* Symmetrie.

Aufgabe 5.26   Bestimmen Sie für das CsCl-Gitter das für eine maximale Raumausfüllung optimale Verhältnis $R : r$ der Ionenradien.

Merke   Die Gitterstruktur typischer Ionengitter wird wesentlich durch das Verhältnis $R : r$ der Ionenradien bestimmt. Beim NaCl-Gitter haben die kleinen Na^+-Ionen sechs benachbarte Cl--Ionen (und vice versa).

5.6.3 Dichteste Kugelpackungen

Elementkristalle bestehen aus lauter gleich großen atomaren Kugeln. In vielen dieser Kristalle sind die Atome so angeordnet wie ordentlich gestapelte Äpfel einheitlicher Größe. Die so entstehenden Gitterstrukturen sind die *dichtesten Kugelpackungen*. In allen dichtesten Kugelpackungen hat jede Kugel zwölf nächste Nachbarn. In einer Ebene kann eine Kugel von sechs gleich großen Kugeln umgeben sein (Abbildung 5.34). In der Ebene darüber und in der Ebene darunter können je drei weitere Kugeln an die Kugel in der Mitte angelegt werden.

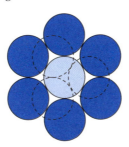

Abbildung 5.34: Sechs um eine zentrale Kugel angeordnete Kugeln gleicher Größe

Die *Koordinationszahl* 12, d. h. die Zahl nächster Nachbarn bestimmt aber die Gitterstruktur nicht eindeutig. Kugeln können auf zwei verschiedene Arten streng periodisch gestapelt werden. Denn es gibt zwei Möglichkeiten, die Kugeln oberhalb und unterhalb der Ausgangsebene relativ zueinander anzuordnen. Entweder sie bedecken die gleichen drei Lücken zwischen den Kugeln der Ausgangsebene oder relativ zueinander versetzte. Im ersten Fall entsteht eine *hexagonal dichteste Kugelpackung* (hcp = hexagonal closely packed), im anderen Fall bilden die Kugeln ein *kubisch flächenzentriertes* Gitter (fcc = face centered cubic).

Das kubisch flächenzentrierte Gitter entsteht beim Bau tetraedrischer Pyramiden aus gleich großen Kugeln. Erst die Kugeln der vierten Schicht liegen senkrecht über den Kugeln der ersten Schicht. Das kubisch flächenzentrierte Gitter ist demzufolge charakterisiert durch eine Schichtfolge A-B-C-A-B-C.... Es lässt sich aber auch ausgehend von einer Würfelstruktur aufbauen (Abbildung 5.35). In dem Würfel sind die acht Ecken und die Mittelpunkte der sechs Seitenflächen mit Atomen belegt. Die in Abbildung 5.35 eingezeichnete tetraedrische Pyramide weist darauf hin, dass dieses Gitter mit dem Gitter der A-B-C-Kugelpackung identisch ist. In Anlehnung an die Würfeldarstellung ist das Gitter benannt worden.

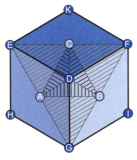

Abbildung 5.35: Kubisch flächenzentriertes Gitter mit Kennzeichnung eines Tetraeders

Die hexagonal dichteste Kugelpackung hat die periodische Schichtfolge A-B-A-B....
Sie entsteht beim Stapeln einer hexagonalen Pyramide, in der die Kugeln jeder zweiten Schicht ein gleichseitiges Sechseck bilden. Auf die Anordnung in Abbildung 5.34
würde also eine Schicht mit drei Kugeln kommen und dann wieder eine Kugel, die
senkrecht über der mittleren Kugel liegt.

Beide Gitter, das fcc- und das hcp-Gitter, füllen den Raum optimal mit Kugeln aus.
Viele metallische Elemente kristallisieren in einem dieser beiden Gitter. Die elektrisch
gut leitenden Metalle der ersten Nebengruppe des periodischen Systems Cu, Ag und
Au bilden ein kubisch flächenzentriertes Gitter, die Metalle der zweiten Gruppe, wie
z. B. Be und Mg, hingegen ein hexagonales Gitter. Kristalle mit einer Koordinationszahl $K \neq 12$ werden von Elementen gebildet, bei denen die Atome durch Atombindungen zusammengehalten werden (Abschnitt 5.6.4).

Aufgabe 5.27 Bauen Sie Pyramiden aus gleich großen Kugeln oder Äpfeln, und
versuchen Sie die Würfelstruktur des fcc-Gitters zu erkennen.

Merke Es gibt zwei verschiedene dichteste Kugelpackungen. Die
Schichtfolge A-B-C-A-B-C... ergibt das kubisch flächenzentrierte Gitter und die Schichtfolge A-B-A-B... die hexagonal
dichteste Kugelpackung. Beide Gitter haben die Koordinationszahl $K = 12$.

5.6.4 Diamantgitter

Die Elemente der vierten Hauptgruppe des periodischen Systems, Kohlenstoff und
Silizium, sind chemisch vierwertig. Die Bindungskräfte dieser Elemente sind wie die
Ecken eines Tetraeders in vier Richtungen gerichtet. Daher kristallisieren diese Elemente nicht in dichtesten Kugelpackungen, sondern bilden Gitter mit der Koordinationszahl $K = 4$. Ein solches Gitter haben insbesondere Diamanten und Silizium. Auch
viele Verbindungshalbleiter haben ähnliche Kristallgitter (Abschnitt 6.5.1). Daher
betrachten wir die Struktur des Diamantgitters etwas genauer.

Das Diamantgitter entsteht aus einem kubisch flächenzentrierten Gitter, in dem man
im Innern eines jeden Würfels vier weitere Atome einbaut. Dadurch verdoppelt sich
die Dichte der Atome im Kristall. Denn da im fcc-Gitter die Atome entweder auf den
Seitenflächen oder an den Ecken des Würfels sitzen, befindet sich von diesen Atomen
nur die Hälfte bzw. 1/8 im Innern eines Würfels, dessen Ecken die Mittelpunkte der
dortigen Atome sind. Insgesamt hat das fcc-Gitter also auch nur vier Atome pro Würfel.

Die vier hinzukommenden Atome liegen auf den vier Hauptdiagonalen des Würfels,
und zwar auf den Mittelpunkten von vier gleichseitigen Tetraedern. Eines der Tetraeder ist in Abbildung 5.35 hervorgehoben. Die vier Eckpunkte bilden die Atome A, B
und C auf den drei Seitenflächen mit einer gemeinsamen Ecke und das dort befindliche Eckatom D. Die drei anderen mit zusätzlichen Atomen besetzten Tetraeder liegen
an den Ecken H, I und K.

Aufgabe 5.28

Beweisen Sie, dass die Atome A, B, C der Seitenflächen und die Eckatome E, F und G in einer Ebene liegen, und zeigen Sie, dass je vier der acht Ecken eines Würfels die Eckpunkte eines gleichseitigen Tetraeders bilden.

Die zusätzlichen Atome für sich genommen bilden wiederum ein fcc-Gitter. Es entsteht aus dem ursprünglichen fcc-Gitter durch eine Verschiebung in Richtung einer Hauptdiagonalen d um die Strecke $d/4$. Diese Translationseigenschaft des Diamantgitters ist von großer Bedeutung für Halbleiterkristalle, die zu gleichen Anteilen aus Atomen der dritten und fünften Hauptgruppe oder auch zweiten und sechsten Hauptgruppe des periodischen Systems bestehen. In diesen III-V- und II-VI-Verbindungen bildet jede Komponente für sich ein fcc-Gitter. Beide Komponenten zusammen haben die gleiche Gitterstruktur wie das Diamantgitter.

Aufgabe 5.29

Bauen Sie sich aus Knetekugeln und Streichhölzern ein Diamantgitter und zeigen Sie damit, dass ein Diamantgitter aus zwei gegeneinander verschobenen fcc-Gittern besteht. Erklären Sie anhand Ihres Modells, dass bei den dichtesten Kugelpackungen der Raum mit mehr als doppelt so viel Materie ausgefüllt ist als beim Diamantgitter. Die *Packungsdichten* betragen 74 % bzw. 34 %.

Merke

Das Diamantgitter hat die Koordinationszahl $K = 4$. Jedes Atom ist tetraedrisch von vier nächsten Nachbarn umgeben. Die Atome des Diamantgitters bilden zwei fcc-Gitter, die um ein Viertel der Diagonale eines Würfels gegeneinander versetzt sind.

Quantengase

6

ÜBERBLICK

Das ideale Gas der klassischen Physik dient in vieler Hinsicht als Vorbild für die Beschreibung physikalischer Prozesse in Festkörpern. Ein ideales Gas ist ein Ensemble von sehr vielen Massenpunkten, deren Bewegung im freien Raum dem Newtonschen Trägheitsgesetz folgt, aber bei Stößen den Gesetzen des Zufalls unterliegt. Viele Vorgänge in Festkörpern lassen sich auf der Basis von Modellbildern verstehen, denen die Idee des idealen Gases zugrunde liegt. So haben wir beispielsweise in Abschnitt 4.3.1 die Leitungselektronen in Metallen als ideales Gas betrachtet.

Das Modell des idealen Gases ermöglicht ein sehr viel tieferes Verständnis für die Vorgänge in Festkörpern, wenn die Bewegung der einzelnen Teilchen quantenphysikalisch beschrieben wird. Wir sprechen dann von einem *Quantengas*. Da in der Quantenphysik alle Teilchen auch Wellencharakter und alle Wellen auch Teilchencharakter haben, kann das Modellbild des Quantengases auf sehr verschiedenartige Bereiche der Physik angewendet werden.

Ein Quantengas bilden beispielsweise die Leitungselektronen in einem Metall. Ein Quantengas bilden aber auch die Photonen elektromagnetischer Wellenfelder. Auch andere Wellenfelder, wie die Gitterschwingungen eines Kristalls, lassen sich als Quantengas, nämlich als ein Quantengas von *Phononen,* beschreiben.

Im Gegensatz zu den Atomen des idealen Gases der klassischen Wärmetheorie haben die Teilchen der Quantengase auch eine Wellenlänge, die de Broglie-Wellenlänge λ_{dB} (Abschnitt 5.2.1). Die Größe von λ_{dB} im Vergleich mit dem mittleren Abstand der Teilchen ist maßgebend dafür, ob das Gas klassisch oder wellenmechanisch zu beschreiben ist. Für thermische Elektronen hat die de Broglie-Wellenlänge größenordnungsmäßig den Wert $\lambda_{dB} \sim hc/\sqrt{(kT \cdot m_e c^2)}$. Für $T = 300$ K ist also $\lambda_{dB} \sim 5$ nm und somit wesentlich größer als der Durchmesser eines Atoms. Da in Metallen jedes Atom ein Leitungselektron beisteuert, ist für das Gas der Leitungselektronen die Teilchendichte $n > \lambda_{dB}^{-3}$ oder:

$$\lambda_{dB} > \sqrt[3]{1/n}$$

Diese Beziehung macht deutlich, dass die Leitungselektronen der Metalle nicht als ein Gas klassischer Teilchen, sondern als Quantengas beschrieben werden müssen.

Vor zehn Jahren (1995) ist es gelungen, auch atomare Gase so weit abzukühlen, dass sie die typischen Eigenschaften eines Quantengases zeigten (Bose-Einstein-Gas). In diesem Fall kommt es auf die de Broglie-Wellenlänge λ_{dB} der *Atome* an. Eine *Bose-Einstein-Kondensation* des atomaren Gases setzt ein, wenn die Temperatur des Gases so weit erniedrigt wird, dass λ_{dB} größer als der mittlere Abstand $d = n^{-1/3}$ benachbarter Atome ist.

6.1 Gitterschwingungen und Phononen

In einem idealen Kristall sind die Atome unbegrenzt streng periodisch angeordnet. Ein realer Kristall hingegen hat eine Temperatur T, viele Kristallfehler und eine Oberfläche. Die Periodizität ist daher vielfältig gestört. Nach dem Äquipartitionsgesetz der klassischen Physik (Abschnitt 2.3.3) bewegen sich die Atome mit einer mittleren kinetischen Energie $E_{kin} = 3kT/2$. In einem Kristall schwingen sie um ihre durch das Gitter vorgegebene Ruhelage. Im Rahmen der klassischen Physik kann ein Kristall als die dreidimensionale Variante einer linearen Kette (Abschnitt 3.1.1) betrachtet werden. Wie die Massenpunkte einer linearen Kette durch Federn sind in einem Kristall die Atome durch die interatomaren Bindungskräfte mit ihren nächsten Nachbarn verbunden. Wenn ein Atom zu Schwingungen um die Ruhelage angeregt wird, breiten sich wie auf einer linearen Kette, von dem angeregten Atom ausgehend, Wellen im Kristall aus. Diese thermischen Wellenbewegungen des Kristalls können quantenphysikalisch als ein Quantengas von Phononen beschrieben werden.

Um einen Einblick in das Verhalten dieses Quantengases zu geben, gehen wir ähnlich vor wie bei der linearen Kette. Wir betrachten zunächst einen „Kristall", der aus einem einzigen Atom besteht, das in einer parabelförmigen Potenzialmulde hin und her schwingen kann. Wie eine zwischen zwei Federn eingespannte Kugel ist ein solches Atom ein harmonischer Oszillator (Abschnitt 1.6.1). Dieser Oszillator ist jetzt aber quantenphysikalisch zu beschreiben. Einige wesentliche Eigenschaften des quantenphysikalischen Oszillators ergeben sich bereits aus den Bohrschen Postulaten (Abschnitt 5.1.3).

6.1.1 Harmonischer Oszillator

In einem räumlichen parabelförmigen Potenzial erfährt ein Atom eine rücktreibende Kraft $\mathbf{F} = -D\mathbf{r}$, die auf das Zentrum gerichtet ist und deren Betrag proportional mit dem Abstand r vom Zentrum zunimmt. Die potenzielle Energie nimmt also quadratisch mit dem Abstand r und die kinetische Energie quadratisch mit der Geschwindigkeit v des Atoms (mit der Masse m) zu:

$$E_{pot} = \frac{1}{2} D \cdot r^2 \text{ bzw. } E_{kin} = \frac{1}{2} m \cdot v^2$$

Um in einfacher Weise die Bohrschen Postulate anwenden zu können, nehmen wir an, dass sich das Atom wie das Elektron im Bohrschen Modell (Abschnitt 5.1.3) des Wasserstoffatoms auf einer Kreisbahn um das Zentrum bewegt. In diesem Fall ergibt sich die Zentripetalbeschleunigung $a = \omega^2 \cdot r$ aus der Winkelgeschwindigkeit ω und dem Radius r der Kreisbahn. Nach dem Newtonschen Aktionsprinzip gilt also $D \cdot r = m\omega^2 \cdot r$ und folglich wie für den linearen harmonischen Oszillator:

$$D = m\omega^2$$

Da $v = \omega \cdot r$, sind kinetische und potenzielle Energie des kreisenden Atoms gleich groß. Seine Gesamtenergie $E_{ges} = E_{kin} + E_{pot}$ ist $E_{ges} = m\omega^2 \cdot r^2$.

So weit folgen die Überlegungen der klassischen Mechanik. Quantenphysikalisch haben Teilchen, die in einem Potenzialtopf gebunden sind, diskrete Energieniveaus, die sich in einfachen Fällen aus der Quantisierung des Drehimpulses ($L = n \cdot h/2\pi$, drittes Bohrsches Postulat) ergeben. Der Betrag L des Drehimpulses des kreisenden Atoms hat den Wert $L = m\omega \cdot r^2$. Daher ist $E_{ges} = \omega \cdot L$. Folglich haben die diskreten Energieniveaus E_n des harmonischen Oszillators nach der Bohrschen Theorie die Energiewerte:

$$E_n = \hbar\omega \cdot n$$

Die Energieniveaus des harmonischen Oszillators sind also auf einer Energieskala wie die Sprossen einer Leiter äquidistant angeordnet (Abbildung 6.1).

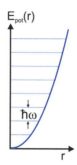

Abbildung 6.1: Schema der Energieniveaus und Potenzialkurve des harmonischen Oszillators

Nach der klassischen Physik kann ein mit der Frequenz ω harmonisch schwingender Oszillator Wellen dieser Frequenz abstrahlen. Ein geladenes Teilchen, wie z. B. ein Ion, würde elektromagnetische Wellen abstrahlen. Von einem neutralen Atom in einem Kristall hingegen gehen Schallwellen aus. Quantenphysikalisch ergibt sich die Frequenz der emittierten Wellen aus den Abständen der Energieniveaus gemäß dem zweiten Bohrschen Postulat. In einem *harmonisch* schwingenden Oszillator finden nur Übergänge zwischen benachbarten Energieniveaus statt. Auch nach den Gesetzen der Quantenphysik emittiert daher ein harmonischer Oszillator nur Wellen mit der Schwingungsfrequenz ω.

Aufgabe 6.1 Schätzen Sie die Schwingungsfrequenz ν eines Na-Atoms (Massenzahl $A = 23$) in einem Na-Kristall ab und berechnen Sie die entsprechende Energie der Schwingungsquanten $h\nu$ in eV. Nehmen Sie für die Abschätzung an, dass die potenzielle Energie eines Na-Atoms bei einer Auslenkung von 0,1 nm aus der Ruhelage um etwa 1 eV zunimmt.

Merke Die Energieniveaus eines harmonischen Oszillators sind äquidistant mit Abständen $\Delta E = h\nu$. Dabei ist ν gleich der aus der klassischen Bewegungsgleichung resultierenden Eigenfrequenz des Oszillators.

6.1.2 Molare Wärmekapazität von Kristallen

Ein harmonischer Oszillator, der im thermischen Gleichgewicht mit seiner Umgebung ist, ist nicht in Ruhe. Nach dem Äquipartitionsgesetz der klassischen Physik (Abschnitt 2.3.3) hat er im Mittel eine kinetische Energie $\langle E_{kin} \rangle = fkT/2$. Ein räumlicher Oszillator hat $f = 3$ Freiheitsgrade und im Mittel genau so viel potenzielle wie kinetische Energie. Daher hat ein Oszillator, der sich im thermischen Gleichgewicht mit seiner Umgebung befindet, nach der klassischen Physik im Mittel eine Energie:

$$\langle E_{osz} \rangle = 3kT$$

Ein Kristall mit N_A Atomen pro mol hätte folglich im thermischen Gleichgewicht pro mol die innere Energie $U_{mol} = 3RT$. Für die molare Wärmekapazität des Kristalls ergibt sich daraus $C_{mol} = 3R$ (Dulong-Petitsches Gesetz, Abschnitt 2.3.3). Tatsächlich erfüllen viele Elementkristalle (Kristalle mit nur einer Sorte von Atomen) bei Temperaturen um $T = 300$ K das Dulong-Petitsche Gesetz. In Abbildung 6.2 ist die molare Wärmekapazität $C_V = dU/dT$ verschiedener Elementkristalle als Funktion der Temperatur T aufgetragen. Nach dem Dulong-Petitschen Gesetz sollte sie für alle Kristalle $C_V = 3R \approx$ 25 Jmol^{-1}K^{-1} betragen. Tatsächlich nähert sich die molare Wärmekapazität diesem Wert bei hohen Temperaturen, fällt aber bei tiefen Temperaturen zu Null ab.

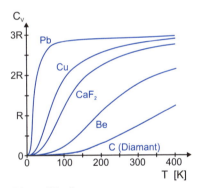

Abbildung 6.2: Molare Wärmekapazität von Kristallen

Das *Einfrieren* der Schwingungsfreiheitsgrade der Atome in einem Kristall folgt wie das Einfrieren der Rotationsfreiheitsgrade von H_2-Molekülen (Abschnitt 2.5.4) aus der Quantenphysik. Quantenphysikalisch ergibt sich die mittlere thermische Energie eines Oszillators aus den Besetzungswahrscheinlichkeiten W_n der Energieniveaus E_n. Die Wahrscheinlichkeit, mit der ein Quantenzustand $|n\rangle$ thermisch besetzt ist, wird durch den *Boltzmann-Faktor* (Abschnitt 2.1.4) bestimmt:

$$W_n \propto \exp(-\frac{E_n}{kT}) \quad \text{(thermische Besetzung von Quantenzuständen)}$$

Bei einem linearen Oszillator (der nur in einer Raumrichtung schwingen kann und also nur einen Freiheitsgrad hat) gehört zu jedem Energieniveau E_n genau ein Quantenzustand $|n\rangle$. Für einen solchen Oszillator nehmen die Besetzungswahrscheinlichkeiten der Energieniveaus wie die Glieder einer geometrischen Reihe mit n ab:

$$W_n = W_0 \cdot x^n \quad \text{mit} \quad x = \exp(-\frac{h\nu}{kT})$$

Dabei ist W_0 die Besetzungswahrscheinlichkeit des energetisch tiefsten Niveaus mit $n = 0$. Sie ergibt sich aus der Bedingung, dass die Summe $\sum W_n = 1$ aller Besetzungswahrscheinlichkeiten gleich Eins ist. Die mittlere thermische Energie $\langle E_{osz} \rangle$ eines harmonischen Oszillators ist gleich der folgenden Summe:

$$\langle E_{osz} \rangle = \sum_{n=0}^{\infty} nh\nu \cdot W_n$$

Die mathematische Auswertung dieser Summe ergibt den einfachen Ausdruck:

$$\langle E_{osz} \rangle = \frac{h\nu}{\exp(\frac{h\nu}{kT}) - 1}$$

Es ist derselbe Ausdruck, der in der Planckschen Formel (Abschnitt 4.4.4) auch das Abklingen der spektralen Intensität der Wärmestrahlung bei hohen Frequenzen bestimmt. Bei hinreichend hohen Temperaturen, wenn $kT \gg h\nu$, ist näherungsweise $\exp(h\nu/kT) \approx 1 + h\nu/kT$. Daher liefert die Quantenphysik im Grenzfall hoher Temperaturen für den linearen harmonischen Oszillator dieselbe mittlere Energie $\langle E_{osz} \rangle = kT$ wie das klassische Äquipartitionsgesetz. Der Schwingungsfreiheitsgrad des Oszillators friert aber ein, wenn $kT \sim h\nu$, d. h. die thermische Energie kT vergleichbar mit oder gar kleiner als die Anregungsenergie des Oszillators wird.

Das Einfrieren der Schwingungsfreiheitsgrade der atomaren Oszillatoren von Kristallen erklärt die Abweichungen der molaren Wärmekapazitäten vom Dulong-Petitschen Gesetz. Da die Eigenfrequenzen $\omega = 2\pi\nu = \sqrt{(D/m)}$ durch den Parameter D des Parabelpotenzials (Abschnitt 1.6.1) und die Masse m der Atome bestimmt ist, frieren die Schwingungsfreiheitsgrade weicher Kristalle mit schweren Atomen (z. B. Blei) erst bei sehr viel tieferen Temperaturen ein als die von harten Kristallen mit leichten Atomen (z. B. Diamant). Die für das Einfrieren charakteristische Temperatur $T_D = h\nu/k$ heißt *Debye-Temperatur* des Kristalls.

Aufgabe 6.2

Schätzen Sie die Debye-Temperaturen von Blei und Diamant (Kohlenstoffatome) ab und vergleichen Sie Ihre Abschätzungen mit den experimentellen Kurven in Abbildung 6.3. Grobe Werte für den Parameter D des Parabelpotenzials der Atome im Kristallgitter ergeben sich aus den Bindungsenergien der Atome im Kristall und den interatomaren Abständen.

Merke

Die Schwingungsfreiheitsgrade der Atome eines Kristalls sind eingefroren, wenn die thermische Energie kT kleiner als der Abstand $h\nu$ der diskreten Schwingungsniveaus der Atome im Kristall ist: $kT < h\nu$.

6.1.3 Schallwellen in Kristallen

In einem Kristall ist die Bewegung eines jeden Atoms über die interatomaren Kräfte an die Bewegungen seiner Nachbarn gekoppelt. Modellgemäß kann man sich einen Kristall als eine räumliche Anordnung von Massenpunkten vorstellen, die untereinander wie die Massenpunkte einer linearen Kette (Abschnitt 3.1.1) mit elastischen Federn verbunden sind (Abbildung 6.3). Wie auf einer linearen Kette können sich daher auch in einem Kristall Wellen ausbreiten. Es gibt sowohl Transversalwellen, bei denen die Atome senkrecht zur Ausbreitungsrichtung der Wellen schwingen, als auch Longitudinalwellen, bei denen die Atome in Richtung der Ausbreitungsrichtung schwingen. Beide Wellentypen tragen zur Schallausbreitung in Kristallen bei. Man spricht daher allgemein von *Schallwellen*.

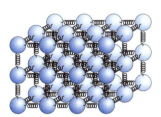

Abbildung 6.3: Kristallmodell aus elastisch gekoppelten Kugeln

Eine lineare Kette, deren N Massenpunkte nur in *einer* Richtung schwingen können, hat N Eigenschwingungen mit den Frequenzen $\nu_n = n \cdot (c/2L)$ mit $n = 1, 2, ..., N$. Dabei ist L die Länge der linearen Kette (Abschnitt 3.1.2). Die höchstmögliche Frequenz hat die Eigenschwingung, bei der benachbarte Atome mit dem Abstand $a = L/N$ in Gegenphase schwingen. Die Phasengeschwindigkeit c der Wellen ist nur für niedrige Frequenzen näherungsweise eine Konstante, ändert sich aber bei hohen Frequenzen. Daher nimmt die Frequenz der Wellen nicht proportional zur Wellenzahl k der Wellen zu, sondern erfüllt eine sinusförmige Dispersionsrelation (Abschnitt 3.1.4).

Ein Kristall, dessen N Atome in drei Raumrichtungen schwingen können, hat entsprechend $3N$ Eigenschwingungen. Die höchsten Frequenzen ergeben sich auch hier, wenn benachbarte Atome in Gegenphase schwingen. Es sind Frequenzen von der Größe $\omega = \sqrt{(D/m)}$, die sich für die harmonische Schwingung eines einzelnen Atoms (bei fest fixierten Nachbaratomen) ergibt (Abschnitt 6.1.1).

Die Dispersionsrelationen $\omega(\mathbf{k})$ der Schallwellen in einem Kristall können sehr kompliziert sein. Sie hängen gewöhnlich nicht nur vom Betrag, sondern auch von der Ausbreitungsrichtung der Schallwellen ab. Eine Besonderheit zeigen ionische Kristalle. Da sich in ihnen positiv und negativ geladene Ionen abwechseln, gibt es hier zwei verschiedenartige Wellentypen. Entweder schwingen benachbarte positive und negative Ionen in Phase oder in Gegenphase (Abbildung 6.4). Dementsprechend haben die Dispersionsrelationen dieser Kristalle einen *akustischen* und einen *optischen Zweig*.

Für eine lineare Kette mit abwechselnd schweren und leichten Massenpunkten lassen sich die Dispersionsrelationen für den akustischen und optischen Zweig berechnen (Abbildung 6.5). Da bei den Wellen des optischen Zweiges benachbarte Massenpunkte stets in Gegenphase schwingen, haben auch die Wellen mit großer Wellenlänge (d. h. kleiner Wellenzahl) eine hohe Frequenz.

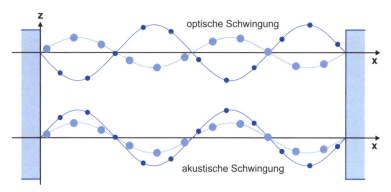

Abbildung 6.4: Optische und akustische Schwingung einer linearen Kette mit $m_1 \neq m_2$

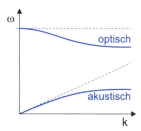

Abbildung 6.5: Dispersionsrelation einer linearen Kette mit Massen $m_1 \neq m_2$ mit optischem und akustischem Zweig

Da in einem Ionengitter die atomaren Massen Ladungen tragen und folglich benachbarte Massen elektrische Dipole bilden, können die optischen Schwingungen elektromagnetische Wellen emittieren und durch solche angeregt werden. Daher rührt die Bezeichnung *optisch*.

Aufgabe 6.3   Berechnen Sie die Dispersionsrelation $\omega(k)$ einer aus gleichartigen Atomen bestehenden linearen Kette.

Merke   Die Gitterschwingungen eines Kristalls mit N Atomen können als Superpositionen von $3N$ Eigenschwingungen (Schwingungsmoden) dargestellt werden. Die Dispersionsrelationen $\omega(\mathbf{k})$ zwischen den Frequenzen ω und den Wellenvektoren $\mathbf{k}$ der Schwingungsmoden hängen in komplizierter Weise von der Struktur der Kristalle ab. Einfache Dispersionsrelationen ergeben sich für lineare Ketten. Die Dispersionsrelation einer unendlichen linearen Kette mit gleichartigen Atomen (Abschnitt 3.1.4) lautet: $\omega(k) = 2\omega_0 \cdot \sin(ka/2)$. Dabei ist a der Abstand benachbarter Massenpunkte und ω_0 die Eigenfrequenz, mit der ein Massenpunkt zwischen fest eingespannten Nachbarn schwingen würde.

6.1.4 Phononen

Jede Eigenschwingung eines Kristalls verhält sich wie ein harmonischer Oszillator. Bei Wahl der jeweiligen Resonanzfrequenz können sie wie die stehenden Wellen einer linearen Kette (Abschnitt 3.1.2) zu Schwingungen angeregt werden. Nach den Gesetzen der Quantenphysik sind diese Schwingungen genauso zu quantisieren wie die Schwingungen eines einzelnen Atoms. Zu jeder Schwingungsmode des Kristalls mit einer Frequenz v gehört also eine Serie von Energieniveaus $E_n = n \cdot hv$. Wenn die Schwingungsmode nicht angeregt ist, ist nur ihr Grundzustand mit $n = 0$ besetzt. Wenn sie angeregt wird, sind je nach Stärke der Anregung auch Niveaus mit hohem oder niederem n besetzt. Im Fall des thermischen Gleichgewichts bestimmt der Boltzmann-Faktor die Anregungswahrscheinlichkeit (Abschnitt 6.1.2).

Analog zu den stehenden Wellen und Schwingungsmoden von Resonatoren sind auch laufende Wellen zu quantisieren. Die Quantisierung laufender Wellen legt nahe, von dem Wellenbild zu einem Teilchenbild zu wechseln. Den Wechsel wollen wir am Beispiel von Streuprozessen verdeutlichen.

Bislang sind wir von der Annahme ausgegangen, dass die Schallwellen in Kristallen linearen Differentialgleichungen genügen und daher das Superpositionsprinzip (Abschnitt 3.1.3) erfüllen. Diese Annahme ist aber nur näherungsweise erfüllt. Daher kann eine Schallwelle an einer anderen gestreut werden. Bei einer solchen Streuung ändern sich die Besetzungswahrscheinlichkeiten der am Streuprozess beteiligten Schwingungsmoden. Im einfachsten Fall ist vor der Streuung eine Schwingungsmode a im ersten angeregten Quantenzustand $|1\rangle_a$ und nach der Streuung im Grundzustand. Stattdessen ist dann eine Schwingungsmode b im ersten angeregten Zustand $|1\rangle_b$.

Im Teilchenbild beschreibt man diesen Vorgang als Streuung eines Phonons aus der Schwingungsmode a in die Schwingungsmode b. Vor dem Streuprozess ist die Schwingungsmode a mit einem Phonon besetzt, nach dem Streuprozess hingegen die Schwingungsmode b.

Laufende Wellen werden gewöhnlich als ebene Wellen mit einem Wellenvektor $\mathbf{k}$ beschrieben. Bezug nehmend auf laufende Schallwellen sagt man, dass ein Phonon mit dem Wellenvektor $\mathbf{k}$ bei der Streuung in ein Phonon mit dem Wellenvektor $\mathbf{k}'$ übergegangen ist.

Eine Schwingungsmode kann aber auch in einem Quantenzustand mit $n > 1$ sein. In diesem Fall ist die Schwingungsmode mit mehreren Phononen besetzt. Da n beliebig große Werte annehmen kann, können sich beliebig viele Phononen in einer Schwingungsmode befinden.

Der Wechsel vom Wellenbild zum Teilchenbild zeigt, wie quantenphysikalische Prozesse mit grundlegend verschiedenen Vorstellungen verknüpft werden können. Statt die Gitterschwingungen als ein Wellenfeld zu begreifen, können wir sie auch als ein Gas von Phononen betrachten. Diesen Phononen können wie anderen Teilchen auch Geschwindigkeiten, Massen und Impulse zugeordnet werden. Insbesondere ergibt sich der Impuls $\mathbf{p}$ eines Phonons aus der de Broglie-Beziehung:

$$\vec{p} = \hbar \cdot \vec{k}$$

Die Energie E der Phononen ist $E = hv$. Bei Streuprozessen bleiben wie bei elastischen Stößen (Abschnitt 1.3.4) Energie und Impuls erhalten.

Aufgabe 6.4 Berechnen Sie für eine lineare Kette, wie die Energie der Phononen von ihrem Impuls abhängt. Berechnen Sie die (effektive) Masse der Phononen unter der Annahme, dass die Gruppengeschwindigkeit gleich der Teilchengeschwindigkeit ist.

Merke Die Schallausbreitung in Kristallen kann sowohl im Wellenbild als auch im Teilchenbild beschrieben werden. Die Energiequanten der Schallwellen heißen *Phononen*.

6.2 Laser

Ausgehend von den Eigenschwingungen eines Hohlraumresonators (die auch Schwingungsmoden genannt werden) kann das elektromagnetische Feld in einem Hohlraum in gleicher Weise quantisiert werden wie die Gitterschwingungen eines Kristalls. Und ebenso wie die quantisierten Gitterschwingungen als ein Ensemble von Phononen interpretiert wurden, können auch die quantisierten Eigenschwingungen eines Hohlraumresonators als ein Ensemble von *Photonen* gedeutet werden. Photonen wie Phononen bilden ein Quantengas. Für das ideale Gas der klassischen Physik ergibt sich die mittlere thermische Energie der Atome (und damit auch die innere Energie und die Wärmekapazität) aus dem Äquipartitionsgesetz:

$$\langle E_{kin} \rangle = \frac{3}{2} kT$$

Für Quantengase von Photonen oder Phononen, die mit ihrer Umgebung im thermischen Gleichgewicht sind, ergibt sich die innere Energie aus der mittleren Energie $\langle E_{mod}(v) \rangle$ pro Schwingungsmode:

$$\langle E_{\mathrm{mod}}(v) \rangle = \frac{hv}{\exp(\frac{hv}{kT}) - 1}$$

Dabei ist v die Eigenfrequenz der Schwingungsmode.

Ein Hohlraum mit einer kleinen Öffnung emittiert das Spektrum eines schwarzen Körpers (Abschnitt 4.4.2). Es wird durch die Plancksche Strahlungsformel beschrieben (Abschnitt 4.4.3). Da die Wärmestrahlung in einem Hohlraum auch als Quantengas gedeutet werden kann, kann auch die Plancksche Strahlungsformel aus der mittleren thermischen Energie pro Schwingungsmode hergeleitet werden. Dazu ist lediglich noch die Dichte der Schwingungsmoden im Hohlraum zu bestimmen.

Die herkömmlichen Lichtquellen, wie Sonne, Kerze und Glühbirne, sind ebenso wie der schwarze Körper thermische Strahler. Das Kirchhoffsche Strahlungsgesetz (Abschnitt 4.4.2) besagt, dass bei vorgegebener Temperatur von allen thermischen Strahlern der schwarze Körper das größte Emissionsvermögen hat. Auch in einer Gasentladung herrscht gewöhnlich zumindest näherungsweise thermisches Gleichgewicht bei Temperaturen im Bereich von wenigen 1000 K. Daher ist selbst das hohe spektrale Emissionsvermögen einer Gasentladung im Bereich der diskreten atomaren Spektrallinien (Abschnitt 4.2.2) kleiner als das spektrale Emissionsvermögen des schwarzen Körpers bei gleicher Temperatur.

Bei allen thermischen Lichtquellen wird zunächst ein Gas oder ein Körper erhitzt, indem man z. B. durch einen Verbrennungsprozess oder elektrisch der Lichtquelle Energie zuführt. Die Abstrahlung unterliegt dann den Gesetzen der Wärmestrahlung. Eine unmittelbare Umsetzung elektrischer Energie in Strahlungsenergie gelingt mit dem *Laser* (Light Amplification by Stimulated Emission of Radiation). Er besitzt im Vergleich zu thermischen Lichtquellen phantastisch anmutende Eigenschaften.

6.2.1 Induzierte Emission

Gemäß dem zweiten Bohrschen Postulat finden zwischen den diskreten Energieniveaus der Atome und Moleküle Quantensprünge statt. Bei einem Übergang vom energetisch höheren zum tieferen Energieniveau wird ein Photon emittiert und bei einem Übergang vom tieferen zum höheren Energieniveau ein Photon absorbiert. In beiden Fällen ist die Energie $h\nu = E_> - E_<$ des Photons gleich dem Energieabstand der beiden Niveaus.

Die Elementarprozesse der Absorption und Emission sind in Abbildung 6.6 schematisch dargestellt. Bei einem Absorptionsprozess trifft beispielsweise ein Photon der Energie $h\nu = E_> - E_<$ auf ein Atom im Grundzustand. Nach dem Absorptionsprozess ist das Atom im angeregten Niveau $E_>$, und das Photon ist verschwunden. Diese Absorptionsprozesse finden statt, wenn wie in dem Versuch zur Resonanzabsorption der gelben Na-Spektrallinie (Abschnitt 5.3.4) Natriumatome im Grundzustand mit dem gelben Licht einer Na-Spektrallampe beleuchtet werden. Die *Absorptionsrate* (das ist die Wahrscheinlichkeit, mit der ein Na-Atom pro Zeiteinheit ein Photon absorbiert) ist proportional zur spektralen Intensität $I(\nu)$ des eingestrahlten Lichts.

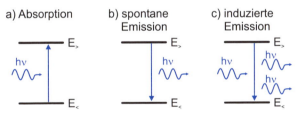

Abbildung 6.6: Die Elementarprozesse der Absorption und Emission

Bei der Emission sind zwei Situationen zu unterscheiden. Entweder das angeregte Atom wird mit dem Licht der Resonanzlinie bestrahlt, oder es sind zunächst keine Photonen der Resonanzlinie vorhanden. Im letzteren Fall zerfällt das Atom *spontan*. Wie die radioaktiven Zerfälle der Atomkerne gehorcht der spontane Zerfall den Gesetzen des Zufalls. In einem Ensemble von Atomen nimmt die Anzahl $N(t)$ der angeregten Atome exponentiell mit der Zeit ab:

$$N(t) = N_0 \cdot \exp(-t/\tau)$$

Die Zeit τ, in der die Anzahl der angeregten Atome um einen Faktor $e \approx 2{,}7$ abnimmt, heißt die natürliche Lebensdauer des angeregten Niveaus. Für Energieniveaus, die Photonen im sichtbaren Spektralbereich emittieren, liegt die Lebensdauer typischerweise bei $\tau \sim 10^{-8}$ s. Auch die Emissionsrichtung und die Polarisation der spontan emittierten Photonen werden durch die Gesetze des Zufalls bestimmt. Bei den spontanen Zerfällen können also Photonen in beliebige Richtungen und mit beliebiger Polarisation emittiert werden.

Anders ist es bei der von A. Einstein 1917 erstmals erörterten *induzierten Emission*. Wenn ein Photon mit der Energie $h\nu = E_> - E_<$ auf ein Atom im Energieniveau $E_>$ trifft, kann es einen Emissionsprozess auslösen. In diesem Fall ist wie bei der Absorption zunächst ein Photon vorhanden, das Atom aber im angeregten Energieniveau. Nach einem induzierten Emissionsprozess sind zwei Photonen vorhanden, und das Atom ist im Grundzustand. Die beiden Photonen befinden sich in *derselben* Schwingungsmode. Sie haben folglich dieselbe Ausbreitungsrichtung, dieselbe Frequenz und dieselbe Polarisation.

Dank der induzierten Emission kann ein Lichtstrahl, der auf ein Ensemble angeregter Atome trifft, verstärkt werden. Würde man also ein Ensemble von Na-Atomen so präparieren, dass sie alle in dem angeregten Energieniveau sind, das unter Emission der gelben Na-Linie zerfällt, so würde das gelbe Licht der Na-Spektrallampe beim Durchgang durch das atomare Ensemble nicht absorbiert, sondern verstärkt.

Die induzierte Emission steht in Konkurrenz zur spontanen Emission. Die Wahrscheinlichkeit, dass ein angeregtes Atom ein Photon spontan emittiert, also die Rate A der spontanen Emissionsprozesse, ergibt sich aus der natürlichen Lebensdauer τ:

$$A = \frac{1}{\tau} \quad \text{(spontane Zerfallsrate)}$$

Die Rate der induzierten Emissionsprozesse ist wie die Absorptionsrate proportional zur spektralen Intensität $I(\nu)$ des eingestrahlten Lichts bei der Frequenz $\nu = E_> - E_</h$. Sie ist von gleicher Größe wie die spontane Zerfallsrate, wenn $I(\nu) \approx hc/\lambda^3$, wobei $\lambda = c/\nu$ ist.

Aufgabe 6.5 Schätzen Sie die Temperatur ab, auf die ein schwarzer Körper erhitzt werden muss, damit das spektrale Emissionsvermögen $E_{SK}(\nu)$ den Wert $E_{SK}(\nu) = hc/\lambda^3$ erreicht. Mit wie vielen Photonen sind bei dieser Temperatur die Schwingungsmoden mit der Frequenz ν in einem Hohlraum besetzt?

Merke Wenn Photonen der Energie $h\nu$ auf ein angeregtes Atom mit der Energie $E_>$ treffen, können sie Übergänge in ein tieferes Energieniveau $E_<$ induzieren, wenn die Bohrsche Frequenzbedingung $h\nu = E_> - E_<$ erfüllt ist. Dabei erhöht sich die Anzahl der Photonen in der Schwingungsmode des induzierenden Photons um 1. Das induzierte Photon gleicht also dem induzierenden Photon in Frequenz, Ausbreitungsrichtung und Polarisation.

6.2.2 Besetzungsumkehr

Die thermische Besetzungswahrscheinlichkeit $W(E_n)$ der Energieniveaus E_n eines Ensembles von Atomen mit der Temperatur T wird wie beim harmonischen Oszillator (Abschnitt 6.1.2) durch den Boltzmann-Faktor bestimmt:

$$W(E_n) \propto \exp\left(-\frac{E_n}{kT}\right)$$

Die Besetzungswahrscheinlichkeit nimmt folglich mit zunehmender Energie der atomaren Niveaus exponentiell ab (Abbildung 6.7). Bei Atomen, die sich im thermischen Gleichgewicht mit der Umgebung befinden, ist also das energetisch höhere Energieniveau stets schwächer besetzt als das energetisch tiefere:

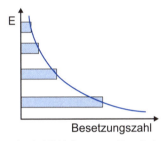

Abbildung 6.7: Thermische Besetzungswahrscheinlichkeit atomarer Energieniveaus

$$W(E_>) < W(E_<) \quad \text{bei thermischer Besetzung}$$

Folglich induziert Licht, das ein thermisches Ensemble von Atomen passiert, stets mehr Absorptions- als Emissionsprozesse. Der Lichtstrahl wird also beim Passieren des Ensembles abgeschwächt.

Damit das Ensemble von Atomen als Lichtverstärker wirkt, muss offensichtlich eine umgekehrte Besetzungsverteilung vorliegen. Ein Energieniveau $E_>$ muss mit einer höheren Wahrscheinlichkeit besetzt sein als ein tiefer liegendes Energieniveau $E_<$:

$$W(E_>) > W(E_<) \quad \text{(Besetzungsumkehr)}$$

Eine Besetzungsumkehr kann auf verschiedene Weisen erreicht werden. Ein gängiges Verfahren ist das *optische Pumpen*. Wir erläutern es am Beispiel eines Vier-Niveau-Systems (Abbildung 6.8). Nach diesem Verfahren wird beispielsweise eine Besetzungsumkehr bei in Glas oder Kristallen eingelagerten Nd-Ionen in Neodym-Lasern erzielt, die infrarotes Licht mit einer Wellenlänge $\lambda \approx 1\,\mu$m emittieren.

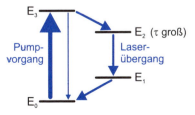

Abbildung 6.8: Pumpschema für ein Vier-Niveau-System

Die Energieniveaus angeregter Atome (oder Ionen), die beim Zerfall Licht des sichtbaren oder nahen infraroten Spektralbereichs emittieren, liegen mindestens 1 eV über dem Grundzustand. Da bei gewöhnlichen Temperaturen $kT = 25$ meV $\ll 1$ eV, dürfen wir davon ausgehen, dass im thermischen Gleichgewicht nur der Grundzustand der Atome mit der Energie E_0 besetzt ist. Mit einer starken Lichtquelle werden die Atome in ein hoch angeregtes kurzlebiges Pumpniveau E_3 gepumpt. Bei gepulstem Laser-Betrieb können dabei Blitzlichtlampen verwendet werden. Dieses Niveau zerfällt mit großer Wahrscheinlichkeit in einer dreistufigen Kaskade zurück in den Grundzustand.

Bei dem Kaskadenzerfall wird zunächst ein langlebiges Niveau E_2 mit einer natürlichen Lebensdauer τ_2 im μs-Bereich und anschließend ein kurzlebiges Niveau E_3 mit einer Lebensdauer τ_3 im ns-Bereich besetzt, bevor das Atom wieder in den Grundzustand gelangt. Dank der unterschiedlichen Lebensdauern ergibt sich für die beiden Zwischenniveaus eine *Besetzungsumkehr*. Die Besetzungswahrscheinlichkeiten $W(E_n)$ dieser Niveaus sind proportional zu den Lebensdauern τ_n:

$$\frac{W(E_2)}{W(E_1)} = \frac{\tau_2}{\tau_1}$$

Dabei wird angenommen, dass alle Zerfälle, bei denen nicht nur Photonen, sondern – in Kristallen – auch Phononen entstehen, *spontan* stattfinden. Bestrahlt man ein solches *aktives Medium* mit Licht, das die Bohrsche Frequenzbedingung $h\nu = E_2 - E_1$ erfüllt, entstehen mehr Photonen durch induzierte Emission, als durch Absorption verloren gehen. Das Ensemble wirkt daher als *Lichtverstärker*.

> **Merke**
>
> Bei einer Besetzungsumkehr sind in einem Ensemble von Atomen Zustände mit der höheren Energie $E_>$ mit größerer Wahrscheinlichkeit besetzt als Zustände mit der tieferen Energie $E_<$. Ein solches Ensemble von Atomen kann Licht, das die Bohrsche Frequenzbedingung $h\nu = E_> - E_<$ erfüllt, verstärken.

6.2.3 Rückkopplung im Resonator

Wird ein *aktives Medium* mit einer Besetzungsumkehr in den Energieniveaus E_1 und E_2 mit Photonen der Energie $h\nu = E_2 - E_1$ bestrahlt, so führt induzierte Emission zu einer Verstärkung des Lichtstrahls. Ein Lichtverstärker wird zu einem Laser, wenn man dafür sorgt, dass die von dem aktiven Medium emittierten Photonen wieder in das Medium zurückreflektiert werden und dort weitere Emissionsprozesse induzieren. Eine solche Rückkopplung gelingt, indem man das aktive Medium in einen Resonator bringt (Abbildung 6.9).

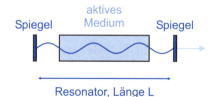

Abbildung 6.9: Schematischer Aufbau eines Lasers aus aktivem Medium und Resonator

Im einfachsten Fall besteht der Resonator aus zwei planparallelen Spiegeln, die in einem Abstand L voneinander aufgestellt sind und senkrecht auftreffendes Licht hin und her reflektieren. Bei jedem Durchgang durch das aktive Medium induzieren die Photonen weitere Emissionsprozesse. Sie verändern damit aber auch die relative Besetzung der Laser-Niveaus E_1 und E_2. Das Medium ist nur so lange aktiv, wie durch optisches Pumpen die Besetzungsumkehr auch während des Laser-Betriebs aufrechterhalten bleibt.

Bei dem Aufbau von Laser-Anordnungen ist zu beachten, dass Licht auch Wellen-eigenschaften hat. Einerseits ist dafür zu sorgen, dass die zwischen den Spiegeln hin und her reflektierten Wellen konstruktiv interferieren, so dass zwischen den Spiegeln eine stehende Welle mit möglichst großer Amplitude entsteht. Die Spiegel bilden dann einen linearen Resonator (Abschnitt 3.1.2). Die Eigenschwingungen des Resonators haben Wellenlängen $\lambda_n = 2L/n$. Verstärkt werden die Eigenschwingungen mit Frequenzen $\nu_n = c/\lambda_n$, die bezogen auf die Laser-Niveaus des aktiven Mediums die Bohrsche Frequenzbedingung erfüllen.

Andererseits wirken die Spiegel bei jeder Reflexion wie eine Blende, an der das Licht gebeugt wird. Nach der Beugung (Abschnitt 4.2.3) an einem kreisförmigen Spiegel mit dem Radius r hat der Lichtstrahl eine Divergenz von der Größenordnung $\delta\varphi \sim \lambda_n/r$. Der Lichtstrahl läuft also nach jeder Reflexion etwas auseinander und wird daher bei der folgenden Reflexion nur partiell reflektiert. Um diese und andere Verluste auszugleichen, muss das Licht beim Durchgang durch das aktive Medium hinreichend kräftig verstärkt werden. Nur wenn bei der Verstärkung ein *Schwellenwert* überschritten wird, bildet sich im Resonator ein Laserstrahl aus.

Um einen Laserstrahl aus dem Resonator austreten zu lassen, ist einer der beiden Resonatorspiegel schwach durchlässig. Bei einem Transmissionsgrad von 1 % ist die vom Laser abgestrahlte Leistung $P = 0{,}01 \cdot cE/2L$ gleich 1 % der im Laser-Resonator gespeicherten Energie E dividiert durch die Zeitspanne $\Delta t = 2L/c$, die das Licht für einen Hin- und Rücklauf im Resonator benötigt. Bei einem Monomode-Betrieb des Lasers ist die Energie E in einer einzigen Schwingungsmode des Laser-Resonators gespeichert.

Aufgabe 6.6 Berechnen Sie die Anzahl N der Photonen in der aktiven Schwingungsmode eines Lasers im Monomode-Betrieb mit einer Ausgangsleistung $P = 1$ W. Die Länge des Lasers sei $L = 1$ m und die Wellenlänge des emittierten Lichts $\lambda = 1\ \mu$m. Um wie viele Größenordnungen ist die Besetzungszahl der Schwingungsmode in einem Laser-Resonator größer als die Besetzungszahl einer solchen Schwingungsmode in einer thermischen Lichtquelle wie der Sonne ($T = 6000$ K)?

Bei laufendem Betrieb sind die Besetzungszahlen der aktiven Schwingungsmoden eines Laser-Resonators um viele Größenordnungen höher als die Besetzungszahl der Schwingungsmoden gleicher Frequenz in thermischen Lichtquellen. Daher zeichnet sich Laserlicht durch viele ungewöhnliche Eigenschaften aus:

Eigenschaften von Laserstrahlen

■ Hohe spektrale Intensität $I(\lambda)$ und hohe Gesamtintensität I

■ Gerichteter Strahl mit extrem kleiner Divergenz (sie ist letztlich durch Beugung an der Austrittsblende begrenzt)

■ Große Kohärenzbreite (der Lichtstrahl eines Monomode-Lasers ist über seine gesamte Breite kohärent)

■ Große Kohärenzlänge (die spektrale Breite $\Delta\nu$ einer Laserlinie beträgt häufig nur wenige MHz oder gar kHz. Daraus ergeben sich Kohärenzlängen im km-Bereich.)

■ Kurze Lichtpulse (mit modernen Lasern können Lichtpulse erzeugt werden, die nur wenige Schwingungsperioden $1/\nu$, d. h. einige 10^{-15} s dauern)

■ Durchstimmbarkeit (einige aktive Medien haben energetisch verbreiterte Energieniveaus. Mit solchen Medien betriebene Laser ermöglichen es, die Frequenz des Lasers durch Änderung der optischen Resonatorlänge kontinuierlich durchzustimmen.)

Aufgabe 6.7

Berechnen Sie die Besetzungswahrscheinlichkeit der Schwingungsmoden im Spektralbereich der gelben Na-Linie für das Sonnenlicht.

Merke

In Laserstrahlen sind wenige Schwingungsmoden der elektromagnetischen Wellen mit sehr vielen Photonen besetzt. Die Besetzungszahlen, sind um viele Größenordnungen größer als bei dem Licht thermischer Lichtquellen.

6.2.4   He-Ne-Laser

Eine Besetzungsumkehr entsteht auch in manchen Gasentladungen. Lässt man eine solche Gasentladung in einem optischen Resonator brennen, so kann durch Rückkopplung die Lichtemission verstärkt werden. Die Gasentladung wird damit zu einem Laser. Ein Beispiel ist der He-Ne-Laser, bei dem eine Gasentladung in einem Gasgemisch der Edelgase Helium und Neon bei einem Gesamtdruck von etwa 10^2 Pa brennt. Er wurde als einer der ersten Laser 1960 entwickelt und mag hier als Illustration der Funktionsweise von Lasern dienen.

Abbildung 6.10 zeigt in vereinfachter Form die Termschemata der beiden Edelgase. Da bei der Anregung abgeschlossene Elektronenschalen aufgebrochen werden müssen, liegen die tiefsten angeregten Energieniveaus fast 20 eV bzw. 17 eV über dem Grundzustand. Wie die Ionisierungsenergie (Abschnitt 5.3.3) ist auch die Anregungsenergie der Heliumatome größer als die der Neonatome. Die tiefsten angeregten Energieniveaus der Edelgase sind metastabil, d. h. sie zerfallen in Gasentladungen nicht durch Abstrahlung eines Photons, sondern nur durch Stöße mit anderen Teilchen. Daher sind sie in einer Gasentladung mit relativ hoher Wahrscheinlichkeit besetzt.

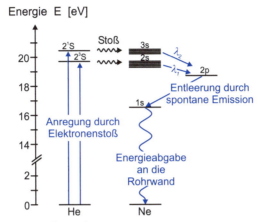

Abbildung 6.10: Termschemata von Helium und Neon

In einem Gasgemisch von Helium und Neon geben die metastabilen Heliumatome ihre Anregungsenergie vorwiegend bei Stößen mit Neonatomen ab und regen diese in Energieniveaus an, die etwa dieselbe Anregungsenergie haben wie die metastabilen He-Atome. Dank dieser Stoßanregung sind diese Energieniveaus des Neons stärker besetzt als einige energetisch tiefer liegende Niveaus, in die erstere unter Emission von Photonen im sichtbaren und infraroten Spektralbereich zerfallen können. Diese Besetzungsumkehr wird beim He-Ne-Laser genutzt (Abbildung 6.11).

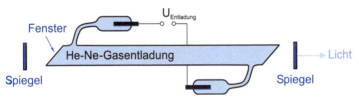

Abbildung 6.11: Aufbau des He-Ne-Lasers

Das Entladungsrohr ist zwischen den Resonatorspiegeln aufgestellt und an beiden Enden durch schräg gestellte Glasplatten abgeschlossen. Durch die Schrägstellung wird vermieden, dass für eine Polarisationsrichtung das zwischen den Spiegeln hin und her reflektierte Licht auch von den Abschlussplatten reflektiert wird. Die Entladung brennt zwischen den außerhalb des Strahlenganges angebrachten Elektroden.

He-Ne-Laser können einen kontinuierlichen Laserstrahl emittieren. Da er auf mehreren Übergängen lasern kann, muss für einen Monomode-Betrieb die Verstärkung der unerwünschten Spektrallinien unterdrückt werden. Eine gute Laser-Verstärkung erhält man für Spektrallinien bei $\lambda = 633$ nm und $\lambda = 1150$ nm.

| Experiment 6.1 | **He-Ne-Laser als Lichtquelle** |

In einigen Experimenten zur Ausbreitung des Lichts haben wir einen He-Ne-Laser als Lichtquelle benutzt. Diese Experimente lassen sich zwar auch mit gewöhnlichen Lichtquellen durchführen, aber schwerlich vor großem Publikum. Wir machen deshalb noch einmal auf die Eigenschaften des Lasers aufmerksam, von denen bei den Experimenten Gebrauch gemacht wurde:

Messung der Lichtgeschwindigkeit (Abschnitt 4.1.4): Geringe Divergenz und hohe Intensität des Laserstrahls

Beugung am Spalt (Abschnitt 4.2.3): Hohe Intensität und große Kohärenzbreite des Laserlichts

---

| Merke | Bei Gasentladungen in einem Gemisch aus Helium und Neon führen Stöße zwischen metastabilen He-Atomen und Ne-Atomen zu einer Besetzungsumkehr bei den Ne-Atomen. Daher |

kann das Licht einiger Spektrallinien der Neonatome in solchen Gasentladungen verstärkt werden.

6.3 Bändermodell

Wie die Phononen und Photonen bilden auch die Leitungselektronen in einem Metall ein Quantengas. Allerdings besteht ein wesentlicher Unterschied zwischen diesen Quantengasen. Die Schwingungsmoden eines Kristalls und eines optischen Resonators können beliebig viele Phononen bzw. Photonen aufnehmen. Für Elektronen hingegen gilt das Pauli-Prinzip (Abschnitt 5.3.1). Jede Schwingungsmode von Elektronenwellen kann bei Einbeziehung des Elektronenspins mit höchstens einem Elektron besetzt werden. Man unterscheidet dementsprechend zwischen *Bosonen* und *Fermionen*. Alle Teilchen, die unbeschränkt in einer Schwingungsmode Platz finden, heißen Bosonen (nach **S. Bose, 1894 - 1974**). Teilchen, die dem Pauli-Prinzip genügen, heißen Fermionen (nach **E. Fermi, 1901 - 1954**). Phononen und Photonen sind demnach Bosonen, Elektronen hingegen Fermionen.

Das unterschiedliche Verhalten von Bosonen und Fermionen ist bei der Berechnung von Zufallsverteilungen (Abschnitt 2.1.4) zu beachten. Bei hinreichend tiefen Temperaturen sammeln sich die Bosonen in der energetisch tiefsten Schwingungsmode. Es findet ein Phasenübergang, die *Bose-Einstein-Kondensation*, statt. Den Fermionen hingegen ist die mehrfache Besetzung einer Schwingungsmode verboten. Die Z Elektronen eines Atoms belegen die Z energetisch tiefsten Elektronenzustände des Atoms (Abschnitt 5.3.1). Entsprechend belegen die N Leitungselektronen eines Metalls bei tiefen Temperaturen $T \to 0$ die N energetisch tiefsten Schwingungsmoden für Leitungselektronen im Kristall.

Außer den Metallen gibt es auch Isolatoren und – für die moderne Elektrotechnik besonders wichtig – Halbleiter. Die elektrischen Eigenschaften dieser kristallinen Festkörper sind eng verknüpft mit dem Pauli-Verbot und den Energieniveaus der Valenzelektronen der Atome im Kristall. Um die Eigenschaften dieser Festkörper erklären zu können, müssen wir daher zunächst die Energieschemata der Elektronenzustände im Kristall bestimmen und anschließend ihre Besetzung mit Elektronen diskutieren.

6.3.1 Resonanzaufspaltung

Während sich die Elektronenzustände in den inneren Schalen der Atomhülle nur wenig ändern, wenn das Atom sich mit anderen Atomen zu einem Molekül oder einem Kristall verbindet, ändern sich die Elektronenzustände der Valenzelektronen dabei erheblich (Abschnitt 5.5). Die Änderung der Elektronenzustände ist begleitet von einer Änderung der Bindungsenergien dieser Elektronen. Hier interessieren wir uns vor allem für die Änderung der Bindungsenergien, wenn gleichartige Atome oder Moleküle sich zu einem Kristall zusammenfügen.

Da die Elektronenzustände im Coulomb-Potenzial eines Atomkerns als stehende Elektronenwellen und damit als Eigenschwingungen eines Resonators betrachtet werden können, ist das Zusammenführen zweier gleichartiger Atome mit der Kopplung der Eigenschwingungen dieser Atome verbunden. Daher verhalten sich die Elektronenzustände dabei wie zwei gekoppelte Pendel gleicher Länge (Abschnitt 1.6.4).

Im ungekoppelten Zustand haben die Pendel ein und dieselbe Eigenfrequenz ω_0. Bei einer Kopplung hingegen hat das System der gekoppelten Pendel zwei verschiedene Eigenfrequenzen. Bei der tieferen Frequenz schwingen beide Pendel in Phase, bei der höheren in Gegenphase. Wenn N Oszillatoren schwach aneinander gekoppelt werden, hat das Gesamtsystem (ähnlich wie die lineare Kette, Abschnitt 3.1.1) entsprechend N verschiedene, aber nah beieinander liegende Eigenfrequenzen. Wir demonstrieren dieses Verhalten mit einem Modellversuch.

| Experiment 6.2 | **Gekoppelte Schwingkreise** |

Auf einem Plastikstab sind fünf aus gleichen Spulen und Kondensatoren bestehende elektromagnetische Schwingkreise (Abschnitt 3.4.4) aufgereiht (Abbildung 6.12). Sie werden von einem Sender mit variierbarer Frequenz zu Schwingungen erregt. Wenn nur ein Schwingkreis vom Sender zu Schwingungen erregt wird, ändert sich die Amplitude der Schwingung beim Durchstimmen der Senderfrequenz durch den Resonanzbereich des Schwingkreises in bekannter Weise (Abschnitt 1.6.3). Werden aber weitere Schwingkreise in die Nähe des Senders gebracht und damit induktiv an die erste Schwingkreisspule gekoppelt, so spaltet sich die Resonanzkurve auf (Abbildung 6.13). Mit jedem hinzukommenden Schwingkreis ergibt sich ein weiteres Resonanzmaximum.

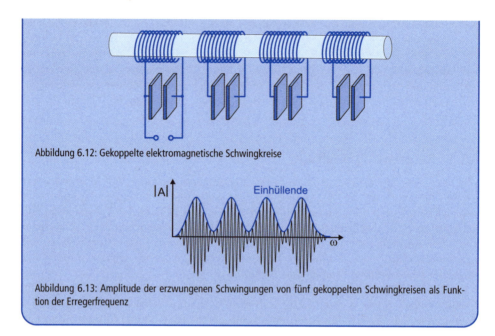

Abbildung 6.12: Gekoppelte elektromagnetische Schwingkreise

Abbildung 6.13: Amplitude der erzwungenen Schwingungen von fünf gekoppelten Schwingkreisen als Funktion der Erregerfrequenz

In gleicher Weise spalten auch die Energieniveaus der Elektronenzustände der Atome auf, wenn diese zu einem Molekül oder einem Kristall zusammenrücken. Der Grundzustand des Elektrons in einem Wasserstoffatom spaltet in einen bindenden und einen antibindenden Zustand auf, wenn sich dem Atom ein weiterer Wasserstoffkern nähert (Abbildung 6.14). Da es zwei verschiedene Spinzustände gibt, kann das bindende Energieniveau zwei Elektronen mit entgegengesetzten Spinrichtungen aufnehmen. Auch in dieser Weise lässt sich die Stabilität der Atombindung des H_2-Moleküls (Abschnitt 5.5.2) erklären.

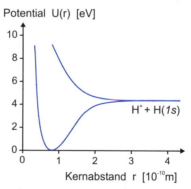

Abbildung 6.14: Resonanzaufspaltung des Grundniveaus eines H_2^+-Moleküls

Wie das Wasserstoffmolekül, bestehen auch alle Kristalle aus gleichartigen Teilchen (Atomen oder Molekülen). Daher ist auch hier die Resonanzaufspaltung bestimmend für die Energien der Elektronenzustände.

Aufgabe 6.8 Untersuchen Sie anhand eines eindimensionalen Modells die Resonanzaufspaltung der Energieniveaus eines Teilchens in einem doppeltöpfigen Potenzial mit einer schmalen Barriere zwischen den beiden Topfhälften. Auch wenn die Energie E_0 des Grundzustandes kleiner als die Energiehöhe der Barriere ist, sind die Wellenfunktionen in den beiden Topfhälften aufgrund des Tunneleffekts (Abschnitt 5.2.2) aneinander gekoppelt. Wie ändert sich die Resonanzaufspaltung mit der Breite der Barriere?

Merke Wenn zwei gleichartige Atome sich einander annähern, spalten sich die Energieniveaus auf. Aus den Grundzuständen der beiden Atome entstehen dabei ein bindender und ein antibindender Molekülzustand. Diese Aufspaltung entspricht der Resonanzaufspaltung der Eigenschwingungen gekoppelter Oszillatoren.

6.3.2 Energieband und Fermi-Energie

Ein Kristall wird von einer sehr großen Anzahl N gleichartiger Atome oder Moleküle gebildet. Pro mol sind es $N_A = 6 \cdot 10^{23}$ Atome. Daher spaltet das Energieniveau eines Valenzelektrons im Kristall in N dicht beieinander liegende Energieniveaus auf. Zusammen bilden sie ein *Energieband*. Als Beispiel betrachten wir einen Na-Kristall mit N Atomen. Der 3s-Grundzustand des Valenzelektrons im Na-Atom hat die Hauptquantenzahl $n = 3$ und die Drehimpulsquantenzahl $l = 0$ (Abschnitt 5.3.4). Wie das Wasserstoffmolekül hat auch das Natriumdimer Na_2 einen bindenden und einen antibindenden Elektronenzustand. Jeder kann zwei Elektronen mit entgegengesetzten Spinrichtungen aufnehmen. In einem Na-Kristall aus N Atomen ergibt sich bei Einbeziehung des Elektronenspins ein Band von $2N$ energetisch eng benachbarten Elektronenzuständen (Abbildung 6.15).

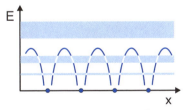

Abbildung 6.15: Energiebänder der Elektronenzustände in einem Kristall

Auch die Elektronenzustände der inneren Schalen verbreitern sich im Kristall zu Energiebändern. Allerdings ist die Kopplung dieser Elektronenzustände wesentlich schwächer und die Bandbreite entsprechend kleiner. Weitere Energiebänder entstehen bei der Kristallisation aus den angeregten, gewöhnlich unbesetzten Elektronenzuständen der Atome. Wegen der stärkeren Kopplung dieser Zustände sind sie stark verbreitert und überlappen einander.

Die Bandstruktur der Elektronenzustände ist allen Kristallen gemeinsam. Grundlegende Unterschiede gibt es aber bei der Besetzung der Zustände mit Elektronen. Alle aus inneren Schalen entstandenen Energiebänder sind voll besetzt. Für die Eigenschaften des Kristalls sind sie von untergeordneter Bedeutung. Wichtig ist das Energieband der Valenzelektronen. In einem Na-Kristall hat es $2N$ Elektronenzustände, muss aber nur die N Valenzelektronen des Kristalls aufnehmen. Es ist folglich nur zur Hälfte besetzt.

Die teilweise Besetzung des Energiebandes der Valenzelektronen ist typisch für alle metallischen Leiter (Abbildung 6.16). Aus ihr resultiert die elektrische Leitfähigkeit der Metalle. Es wird daher *Leitungsband* genannt. Im Grenzfall tiefer Temperaturen $T \to 0$ ist das Leitungsband bis zu einer Obergrenze E_F, der *Fermi-Energie*, besetzt.

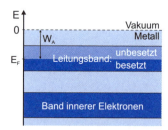

Abbildung 6.16: Besetzung von Energiebändern in Metallen

Bei Isolatoren ist im Gegensatz zu den Metallen die Anzahl der Valenzelektronen gleich der Anzahl der Elektronenzustände im Energieband der Valenzelektronen. Das *Valenzband* von Isolatoren ist folglich gewöhnlich voll besetzt (Abbildung 6.17). Das darüber liegende Leitungsband ist unbesetzt. Um ein Elektron aus dem Valenzband eines Isolators zu entfernen, so dass dort ein Platz frei wird, man sagt auch: *ein Lochzustand entsteht*, muss dem Elektron mindestens die Energie E_G der Energielücke (gap) zum nächsthöheren Energieband, dem *Leitungsband*, zugeführt werden.

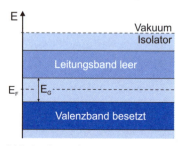

Abbildung 6.17: Besetzung der Energiebänder eines Isolators

Wenn die Energielücke $E_G \gg 25$ meV, ist auch bei normaler Raumtemperatur das Valenzband voll besetzt und das Leitungsband leer. Es können sich dann praktisch keine Elektronen im Kristall bewegen. Der Kristall ist folglich ein Isolator. Für gute Isolatoren ist $E_G > 3$ eV.

Aufgabe 6.9 Gegeben sei ein Isolator mit der Stoffmenge 1 mol. Schätzen Sie ab, wie viele Elektronen sich bei Raumtemperatur ($T = 300$ K) im Leitungsband befinden, wenn $E_G = 1$ eV, 2 eV bzw. 3 eV ist.

> **Merke**
> In metallischen Leitern ist das Leitungsband teilweise mit Elektronen besetzt. Bei Isolatoren ist das Valenzband mit Elektronen voll besetzt, das Leitungsband hingegen unbesetzt. Zwischen Leitungsband und Valenzband gibt es eine Energielücke $E_G \gg kT$.

6.3.3 Thermische Besetzung der Energiebänder

Im Grenzfall tiefer Temperaturen $T \to 0$ sind die Elektronenzustände des Leitungsbands eines Metalls bis zur Fermi-Energie E_F mit der Wahrscheinlichkeit $W(E < E_F) = 1$ besetzt, und alle Elektronenzustände mit höheren Energien sind unbesetzt. Die Besetzungswahrscheinlichkeit ist also eine Stufenfunktion (Abbildung 6.18). Bei $T \neq 0$ hingegen gibt es ein Übergangsgebiet, in dem die Besetzungswahrscheinlichkeit von 1 auf 0 abklingt.

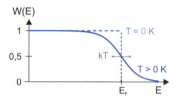

Abbildung 6.18: Besetzungswahrscheinlichkeit W(E) als Funktion der Energie E der Elektronenzustände für T = 0 und T ≠ 0 (Fermi-Verteilung)

Da Elektronen Fermionen sind und folglich dem Pauli-Verbot unterliegen, ergibt sich für die Besetzungswahrscheinlichkeit $W(E)$ eine andere Funktion als für Bosonen:

$$W_F(E) = \frac{1}{\exp(\dfrac{E - E_F}{kT}) + 1} \quad \text{(Fermi-Verteilung)}$$

Für Fermionen ist im Einklang mit dem Pauli-Verbot $W(E) < 1$. Für Bosonen hingegen kann $W(E) > 1$ sein. Die Besetzungswahrscheinlichkeit $W(E)$ der Schwingungsmoden von Bosonen ergibt sich aus der mittleren Energie $\langle E_{mod} \rangle$ der Schwingungsmoden (Abschnitt 6.2) und der Energie $h\nu$ der Bosonen: $W(E) = \langle E_{mod} \rangle / h\nu$. Für Bosonen ist folglich:

$$W_B(E) = \frac{1}{\exp(\dfrac{E}{kT}) - 1} \quad \text{(Bose-Einstein-Verteilung)}$$

> **Aufgabe 6.10**
> Zeigen Sie, dass die Fermi-Verteilung im Grenzfall $T \to 0$ eine Stufenfunktion mit Werten 1 oder 0 wird.

Auch für Isolatoren kann die Besetzungswahrscheinlichkeit der Elektronenzustände mit der Fermischen Verteilungsfunktion berechnet werden. Allerdings muss zuvor ein sinnvoller Wert für die Fermi-Energie E_F bestimmt werden. Da bei Isolatoren für $T \to 0$ das Valenzband voll besetzt und das Leitungsband unbesetzt ist, liegt die Fermi-Energie in der Lücke zwischen Valenz- und Leitungsband. Der genaue Wert von E_F ergibt sich aus der Bedingung, dass bei $T > 0$ die Dichte n_L der Elektronen im Leitungsband gleich der Dichte n_V der *Defektelektronen*, d. h. der unbesetzten Lochzustände im Valenzband sein muss:

$$n_L(T) = n_V(T)$$

Da gewöhnlich die Energielücke $E_G \gg kT$ sehr viel größer als die thermische Energie kT ist, kann die Besetzungswahrscheinlichkeit der Elektronenzustände des Leitungs- und Valenzbandes von Isolatoren mit Näherungsformeln berechnet werden (Abschnitt 6.5.3). Im Leitungsband sind praktisch nur Zustände am unteren Rand E_L des Leitungsbandes besetzt. Die Besetzungswahrscheinlichkeit dieser Zustände ist gleich dem Boltzmann-Faktor:

$$W(E_L) = \exp(-\frac{E_L - E_F}{kT})$$

Im Valenzband andererseits sind praktisch nur Zustände am oberen Rand E_V unbesetzt. Die Wahrscheinlichkeit, dass dort Zustände unbesetzt sind, ist in entsprechender Weise gleich dem Boltzmann-Faktor:

$$W(E_V) = \exp(-\frac{E_F - E_V}{kT})$$

In jedem Isolator gibt es also mit einer gewissen Wahrscheinlichkeit Elektronen im Leitungsband und Defektelektronen im Valenzband. Das Produkt $W(E_L) \cdot W(E_V) = \exp(-E_G/kT)$ wird durch die Breite $E_G = E_L - E_V$ der Energielücke zwischen Leitungs- und Valenzband im Verhältnis zur thermischen Energie kT bestimmt. Die Güte eines Isolators ist daher von der Breite der Energielücke abhängig.

Aufgabe 6.11   Berechnen Sie das Produkt $W(E_L) \cdot W(E_V)$ für einen Isolator mit E_G = 3 eV bei Raumtemperatur.

Merke   Bei einer Temperatur T fällt in metallischen Leitern die Besetzungswahrscheinlichkeit $W(E)$ der Elektronenzustände des Leitungsbandes im Bereich der Fermi-Energie E_F von $W(E) = 1$ auf $W(E) = 0$ ab. Der Übergangsbereich hat eine Breite von der Größenordnung kT.

In Isolatoren sind bei Temperaturen $T > 0$ wegen $kT \ll E_G$ nur wenige Zustände an der Unterkante des Leitungsbandes mit Elektronen besetzt und gleich viele Zustände an der Oberkante des Valenzbandes unbesetzt.

6.3.4 Austrittsarbeit und Kontaktspannung

Elektronen können in metallischen Leitern und Isolatoren nicht nur angeregt, sondern auch aus dem Material herausgelöst werden. Dabei ist die Austrittsarbeit W_A des Materials zu überwinden. Beim Photoeffekt (Abschnitt 4.3.1) gewinnen die Elektronen die erforderliche Energie durch Absorption eines Photons. Bei der Thermoemission (Abschnitt 4.3.3) haben einige Elektronen dank der thermischen Energieverteilung die benötigte Energie. Die potenzielle Energie E_{Vac} der Elektronen im Außenraum (Vakuum) ist also um W_A höher als die Energie der Elektronen mit der höchsten Energie im Material. Für metallische Leiter gilt folglich:

$$W_A = E_{Vac} - E_F$$

Eine hohe Austrittsarbeit hat Gold ($W_A = 5{,}1$ eV), eine besonders niedrige Austrittsarbeit hat Cäsium ($W_A = 2{,}1$ eV). Daher konnten im Versuch zum Photoeffekt (Abschnitt 4.3.1) mit Photonen des sichtbaren Spektralbereichs Elektronen aus der Cs-Kathode herausgelöst werden.

Wird zwischen zwei metallischen Leitern mit verschiedenen Austrittsarbeiten W_A $(I) \neq W_A(II)$ ein Kontakt hergestellt, so stellt sich ein Gleichgewichtszustand ein, bei dem die Fermi-Energien der beiden Leiter denselben Wert haben (Abbildung 6.19). Denn andernfalls würden die Elektronen von dem Metall mit der höheren Fermi-Energie zum Metall mit der tieferen Fermi-Energie fließen, bis ein Potenzialausgleich erreicht worden ist. Bei gleichen Fermi-Energien haben aber beide metallischen Leiter verschiedene Potenziale im Außenraum. Zwischen beiden Leitern liegt also eine *Kontaktspannung* U_K:

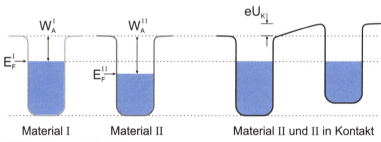

Abbildung 6.19: Zur Deutung der Kontaktspannung

$$eU_K = W_A(I) - W_A(II)$$

Experiment 6.3   Kontaktspannung

Die Kontaktspannung zwischen zwei Leitungsdrähten aus verschiedenen Materialien kann nicht wie gewöhnlich mit einem Voltmeter gemessen werden. Denn auch bei den Kontakten, die beim Anschließen des Voltmeters entstehen, treten Kontaktspannungen auf. In einem geschlossenen Stromkreis heben sich die Kontaktspannungen auf. Andernfalls würde in dem Stromkreis (mit Ohmschen Widerstand) ständig ein Strom fließen, ohne dass eine Energiequelle vorhanden wäre.

Die Kontaktspannung zwischen zwei Leitern kann man aber messen, indem man das elektrische Feld zwischen beiden Leitern nachweist. Bei Abständen von einigen μm entsteht zwischen den Leitern eine Feldstärke von einigen 100 V/cm. Diese Feldstärken reichen aus, um beispielsweise Elektronenstrahlen abzulenken.

Experimentell einfacher ist der Nachweis der an der Kontaktstelle gebildeten Oberflächenladungen (Abbildung 6.20). Bei einer plötzlichen Trennung einer Kupfer- und einer Aluminiumplatte (Abbildung 6.39) bleibt keine Zeit für einen Ladungsausgleich. Daher bildet sich zwischen beiden Platten ein elektrisches Feld **D**, dessen Betrag D gleich der Ladungsdichte auf den Oberflächen der Platten ist. Die Spannung $U = d{\cdot}D/\varepsilon_0$ des geladenen Plattenkondensators mit dem Plattenabstand d kann mit einem Voltmeter gemessen werden.

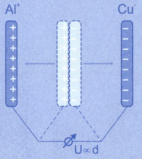

Abbildung 6.20: Oberflächenladungen auf plötzlich getrennten Leiterplatten aus Al und Cu

Die Kontaktspannungen eines Stromkreises heben sich nur dann exakt auf, wenn der gesamte Stromkreis im thermischen Gleichgewicht ist. Befinden sich zwei Kontaktstellen auf verschiedenen Temperaturen $T_1 \neq T_2$, so zeigt ein in den Stromkreis geschaltetes empfindliches Voltmeter eine Spannung in der Größenordnung von μV an. Diese *Thermospannung* steht im Einklang mit den Hauptsätzen der Thermodynamik (Abschnitt 2.3.2, Abschnitt 2.4.2). Sie ergibt sich daraus, dass die Kontaktspannungen etwas von der Temperatur der Kontaktstellen abhängen. Denn mit der Temperatur ändern sich etwas die Gitterabstände und damit die Austrittsarbeiten W_A der Leiter.

Solche Stromkreise mit zwei Kontaktstellen und einem empfindlichen Voltmeter werden als Thermoelemente zur Messung von Temperaturdifferenzen genutzt (Abschnitt 2.1.3). Für viele Kontaktstellen ist die Thermospannug $U_{th} \propto \Delta T$ in guter Näherung proportional zur Temperaturdifferenz ΔT. Für Cu-Konstantan-Thermoelemente hat die Proportionalitätskonstante den Wert $a = 41\ \mu$V/K.

Aufgabe 6.12 Schlagen Sie in einem physikalisch-technischen Taschenbuch die Austrittsarbeiten von Metallen nach und bestimmen Sie die Kontaktspannungen.

Merke An Kontaktstellen fließen Elektronen von einem Metall zum anderen, bis die Fermi-Niveaus der beiden Metalle auf gleicher Höhe sind. An der Grenzfläche entsteht dabei eine elektrische Doppelschicht. Die Oberfläche des einen Metalls ist negativ, die des anderen positiv geladen. Die daraus resultierende Kontaktspannung ist gleich der Differenz der Austrittsarbeiten beider Metalle.

Die Kontaktspannungen ändern sich etwas mit der Temperatur des Metalls. Wegen der Temperaturabhängigkeit der Kontaktspannungen treten Thermospannungen auf.

6.4 Elektronenbewegung im Kristall

Wenn an einem metallischen Leiter eine Spannung U anliegt, fließt in dem Leiter ein elektrischer Strom $I = U/R$ (Abschnitt 3.4.4) und erwärmt dabei den Leiter. Die Heizleistung des Stromes ist $P = R \cdot I^2$. Dabei ist R der Ohmsche Widerstand des Leiters. Diese Gesetze der elementaren Elektrizitätslehre zeigen, dass die Leitungselektronen in metallischen Leitern nicht fest in den Elektronenzuständen des Kristalls gebunden sind, sondern sich auch im Kristall bewegen können.

Um diese Bewegung zu beschreiben, betrachten wir die Leitungselektronen zunächst als ein Ensemble von Teilchen, das sich wie ein klassisches Gas verhält. Dieses Modell ermöglicht die Deutung einiger elementarer Gesetzmäßigkeiten. Insbesondere kann der Ohmsche Widerstand des Elektronenstromes in Analogie zur inneren Reibung einer Strömung auf die thermische Zufallsbewegung der Elektronen zurückgeführt werden. Da auch die Wärmeleitung der Metalle im Wesentlichen auf der thermischen Bewegung der Elektronen beruht, folgt aus dem Elektronengas-Modell eine quantitative Beziehung zwischen elektrischer Leitung und Wärmeleitung, das Wiedemann-Franzsche Gesetz. Es ist experimentell gut bestätigt.

Das klassische Modell für die Bewegung der Leitungselektronen in Metallen führt aber auch zu Folgerungen, die in krassem Widerspruch zu den experimentellen Daten stehen. Eine angemessene Beschreibung des Leitungsmechanismus in Metallen und mehr noch in Halbleitern ist nur auf der Grundlage der Quantenphysik möglich. Nur bei Berücksichtigung des Wellencharakters der Elektronen und des Pauli-Verbots, d. h. nur wenn man die Leitungselektronen als ein Quantengas von Fermionen begreift, können die elektrischen Vorgänge in Metallen und Halbleitern umfassend gedeutet werden.

6.4.1 Klassisches Elektronengas

Nach dem einfachen Modellbild, das wir zur Deutung der Gesetzmäßigkeiten von Photoeffekt (Abschnitt 4.3.1) und Thermoemission (Abschnitt 4.3.3) nutzten, bewegen sich die Leitungselektronen wie die klassischen Teilchen eines idealen Gases in einem Potenzialtopf, dessen Grundpotenzial $E_0 = -W_A$ gegenüber dem Außenraum mit $E_{pot} = 0$ um die Austrittsarbeit W_A abgesenkt ist. Aufgrund der thermischen Zufallsbewegung haben die Leitungselektronen also eine mittlere kinetische Energie $\langle E_{kin} \rangle = 3kT/2$.

Liegt an dem elektrischen Leiter mit der Länge l eine Spannung U, so werden die Elektronen zusätzlich durch ein elektrisches Feld **E** mit $|\mathbf{E}| = U/l$ beschleunigt. Sie haben dann außer der ungerichteten thermischen Bewegung auch eine (zum positiven Pol hin) gerichtete Bewegung. Die mittlere Geschwindigkeit $\langle \mathbf{v} \rangle$ dieser Bewegung hängt einerseits von der Beschleunigung und andererseits von der mittleren Dauer τ der Beschleunigung ab.

In gleicher Weise wie in einem strömenden Gas (Abschnitt 3.2.2) durch die interatomaren Stöße ständig die gerichtete Strömungsbewegung in eine ungerichtete thermische Zufallsbewegung umgesetzt wird, geht auch in einem Leiter durch Stöße der Elektronen mit dem Kristallgitter Strömungsbewegung in thermische Bewegung über. Daher erwärmt sich ein Leiter, wenn er von einem elektrischen Strom durchflossen wird.

Nach diesem klassischen Modellbild (Abbildung 6.21) ist die elektrische Stromdichte **i** (mit $|\mathbf{i}| = I/A$) eines Stromes I in einem elektrischen Leiter mit der Querschnittsfläche A gleich dem Produkt aus Teilchendichte n der Leitungselektronen, Elektronenladung $(-e)$ und mittlerer Geschwindigkeit $\langle \mathbf{v} \rangle$:

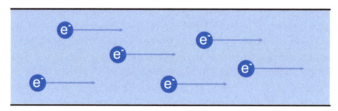

Abbildung 6.21: Elektronenstrom in einem elektrischen Leiter

$$\vec{i} = -n \cdot e \cdot \langle \vec{v} \rangle$$

Dabei ist die mittlere Geschwindigkeit $\langle \mathbf{v} \rangle$ der Leitungselektronen (mit der Masse m_e) gleich der halben Endgeschwindigkeit, die die Elektronen nach einer Beschleunigungszeit τ erreichen:

$$\langle \vec{v} \rangle = -\frac{1}{2} \cdot \frac{e}{m_e} \cdot \tau \cdot \vec{E}$$

Die mittlere Geschwindigkeit der Leitungselektronen ist demnach proportional zur elektrischen Feldstärke **E**. Der Proportionalitätsfaktor $\mu = (e/m_e) \cdot \tau/2$ ist die *Beweglichkeit* der Leitungselektronen. Sie bestimmt neben der Teilchendichte n der Leitungselektronen die spezifische elektrische Leitfähigkeit σ des Leiters. Diese ist definiert als Proportionalitätsfaktor der Beziehung zwischen Stromdichte **i** und elektrischer Feldstärke **E**:

$$\vec{i} = \sigma \cdot \vec{E}$$

Somit gilt:

$$\sigma = n \cdot e \cdot \mu$$

Setzt man hier den für μ erhaltenen Wert ein, so ergibt sich:

$$\sigma = \frac{1}{2} \cdot \frac{e^2}{m_e} \cdot n \cdot \tau$$

Für quantitative Abschätzungen von σ müssen Annahmen über die Werte von n und τ gemacht werden. Dafür ist das hier verwendete klassische Modell des idealen Gases nicht geeignet. Das Produkt $n \cdot \tau$ bestimmt aber auch die Wärmeleitfähigkeit der Metalle. Daher ergibt sich aus der Vorstellung, dass die Leitungselektronen sich wie die Atome eines idealen Gases verhalten, eine grundlegende Beziehung zwischen der elektrischen Leitfähigkeit und der Wärmeleitfähigkeit der Metalle.

Aufgabe 6.13

Die elektrische Leitfähigkeit von Cu hat den Wert $\sigma = 0{,}58 \cdot 10^8$ A/(V·m). Berechnen Sie den Wert des Produkts $n \cdot \tau$ und diskutieren Sie das Ergebnis unter der Annahme, dass jedes Cu-Atom ein Leitungselektron beisteuert. Welcher Wert ergibt sich in diesem Fall für die mittlere freie Weglänge der Leitungselektronen?

Merke

Die Zufallsbewegung der Leitungselektronen im Kristallgitter wird durch Stöße der Elektronen mit den Gitteratomen bestimmt. Diese Stöße führen zu einer Erwärmung des Kristalls, wenn durch den Kristall ein elektrischer Strom fließt.

Die elektrische Leitfähigkeit σ metallischer Leiter ist proportional zu dem Produkt $n \cdot \tau$ aus Teilchendichte n und mittlerer freier Flugzeit τ der Leitungselektronen.

6.4.2 Wiedemann-Franzsches Gesetz

Der Temperaturausgleich durch Wärmeleitung wurde in Abschnitt 3.2.3 behandelt. Für die spezifische Wärmeleitfähigkeit λ eines Gases ergab sich dort:

$$\lambda \approx c \cdot \rho \cdot D$$

Für ein atomares Gas ist das Produkt $c \cdot \rho$ aus spezifischer Wärmekapazität c und Dichte ρ:

$$c \cdot \rho = \frac{3}{2} k \cdot n$$

Aus der Zufallsbewegung der Atome (Abschnitt 3.2.2) ergab sich für die Diffusionskonstante $D = l \cdot v_{th}/3$. Ersetzt man hier die mittlere freie Weglänge $l = v_{th} \cdot \tau$ durch die mittlere freie Flugdauer τ der Elektronen, so ergibt sich, da $m_e v_{th}^2/2 = 3kT/2$, für die Diffusionskonstante eines Elektronengases:

$$D = \frac{kT}{m_e} \cdot \tau$$

Als Wärmeleitfähigkeit der Leitungselektronen erhält man damit:

$$\lambda \approx \frac{3}{2} \cdot \frac{k^2 T}{m_e} \cdot n \cdot \tau$$

Wie die elektrische Leitfähigkeit σ, wird also auch die Wärmeleitfähigkeit λ der Metalle durch das Produkt aus Dichte n und mittlerer freier Flugdauer τ der Leitungs-elektronen im Metall bestimmt. Für das Verhältnis λ/σ ergibt sich daher eine von n und τ unabhängige Beziehung:

$$\frac{\lambda}{\sigma} \approx 3 \cdot \frac{k^2}{e^2} \cdot T \quad \text{(Wiedemann-Franzsches Gesetz)}$$

Der Quotient λ/σ ist also proportional zur absoluten Temperatur T des Metalls. Der Proportionalitätsfaktor L ist eine universelle Konstante, die Lorenz-Konstante. Eine genauere quantenphysikalische Theorie liefert den Wert:

$$L = \frac{\pi^2}{3} \cdot \frac{k^2}{e^2} = 2,4 \cdot 10^{-8} V^2 K^{-2}$$

Die Beziehung zwischen den Leitfähigkeiten λ und σ ist bei allen Metallen recht gut erfüllt. Beispielsweise ist für Kupfer bei $T = 293$ K: $\lambda = 393$ W m^{-1} K^{-1} und $\sigma = 0,58 \cdot 10^8$ A V^{-1} m^{-1}. Damit erhält man $L_{Cu} = 2,3 \cdot 10^{-8}$ V^{2}K^{-2} in guter Übereinstimmung mit dem theoretischen Wert.

Experiment 6.4   Messung des Quotienten λ/σ für Kupfer

Den Aufbau der Messanordnung zeigt Abbildung 6.22. Der Cu-Stab mit der Quer-schnittsfläche A ist einerseits ein elektrischer Leiter. Um die elektrische Leitfä-higkeit σ zu bestimmen, wird ein Strom I durch den Stab geschickt und der Span-nungsabfall U auf einer Strecke s gemessen. Dann gilt: $I/A = \sigma \cdot (U/s)$. Andererseits ist der Cu-Stab ein Wärmeleiter. Um die Wärmeleitfähigkeit λ zu bestimmen, wird das obere Stabende elektrisch beheizt und das untere Stabende mit einem großen Kupferblock gekühlt. Gemessen wird in diesem Fall die Heizleistung P und mit einem Thermoelement der Temperaturabfall ΔT auf der Länge l. Dann gilt: $P/A = \lambda \cdot (\Delta T/l)$. Aus beiden Messungen ergibt sich ein Wert für die Lorenz-Konstante.

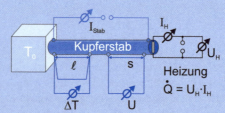

Abbildung 6.22: Versuchsaufbau zur Messung von λ und σ

Aufgabe 6.14 Überprüfen Sie, wie gut das Wiedemann-Franzsche Gesetz für die Metalle Eisen und Aluminium erfüllt ist. Elektrische Leitfähigkeit und Wärmeleitfähigkeit dieser Metalle finden Sie in einem physikalisch-technischen Taschenbuch.

Merke In Metallen bestimmt die Beweglichkeit der Leitungselektronen nicht nur die elektrische Leitfähigkeit σ, sondern auch die Wärmeleitfähigkeit λ. Dementsprechend ist der Quotient $\lambda/\sigma T = (\pi^2/3)k^2/e^2$ eine universelle Konstante.

6.4.3 Das Fermi-Gas der Leitungselektronen

Die Beweglichkeit der Leitungselektronen im Kristall ist zwar bestimmend für die relativ gute Wärmeleitfähigkeit der Metalle, aber sie tragen kaum zur Wärmekapazität der Metalle bei. Denn im Einklang mit dem Dulong-Petitschen Gesetz (Abschnitt 6.1.2) haben alle Metalle bei gewöhnlichen Temperaturen eine molare Wärmekapazität $C \approx 3R$. Dieser Wert ergibt sich aber allein aus der thermischen Bewegung der Atome um ihre Ruhelage. Obwohl die Leitungselektronen an der thermischen Bewegung teilnehmen, tragen sie kaum merklich zur Wärmekapazität der Metalle bei.

Dieser Widerspruch löst sich, wenn man die Leitungselektronen nicht als ein klassisches Elektronengas betrachtet, sondern als ein Fermi-Gas aus Fermionen, die das Pauli-Verbot erfüllen. Von den Elektronen des Leitungsbandes der Metalle (Abschnitt 6.3.2) ist tatsächlich nur ein kleiner Teil frei beweglich. Denn alle Elektronen, die sich in Zuständen genügend weit unterhalb der Fermi-Energie befinden, also nicht nur alle Elektronen in voll besetzten Bändern, sondern auch die meisten Elektronen des Leitungsbandes, können ihre Quantenzustände gar nicht ändern, da alle energetisch benachbarten Elektronenzustände besetzt sind. Nur die Leitungselektronen in Quantenzuständen mit Energien E nahe der Fermi-Energie E_F können ihren Zustand verlassen. Frei beweglich sind also nur Elektronen mit Energien E in einem schmalen Bereich oberhalb und unterhalb der Fermi-Grenze E_F:

$$|E - E_F| < kT$$

Die Ausbreitung dieser Elektronen im Kristall ist mit der Wellenmechanik zu beschreiben.

Wir illustrieren das wellenmechanische Konzept zur Beschreibung der Leitungselektronen in Metallen an einem einfachen eindimensionalen Modellsystem. Es basiert auf der Annahme, dass die Leitungselektronen sich in einem flachen Potenzialtopf bewegen. In Abschnitt 4.3.2 haben wir ausgehend von diesem Modellbild die Einsteinsche Formel für den Photoeffekt gedeutet. In einem solchen Potenzialtopf, der entlang der x-Achse die Länge L hat und dessen Austrittsarbeit W_A groß im

Vergleich zur kinetischen Energie E der Elektronen ist, haben die Elektronenwellen eine abzählbare Folge von Eigenzuständen (Abschnitt 3.1.2). Es sind die stehenden Wellen:

$$\psi(x,t) = \sin(k_n x)\cdot \exp(-i\omega_n t) \ \ \text{mit} \ \ k_n = \frac{\pi}{L}\cdot n$$

Da $E = p^2/2m_e$, erfüllen sie die Dispersionsrelation:

$$\hbar\omega = \frac{(\hbar k)^2}{2m_e} \ \ \text{mit} \ \ \hbar = \frac{h}{2\pi} \ \ \ \text{(Energieparabel)}$$

Diese Elektronenzustände können mit je zwei Elektronen, die sich in der Spinquantenzahl m_S unterscheiden, besetzt sein. Die Wellenzahl k_F der Elektronenzustände an der Fermi-Grenze ist folglich $k_F = (\pi/L)\cdot(N/2)$. Dabei ist $N = L/a$ die Anzahl der Leitungselektronen des linearen Kristalls, wenn a der Abstand benachbarter Atome ist. Damit ergibt sich als Fermi-Energie E_F dieses einfachen Modells:

$$E_F = \frac{(\hbar k_F)^2}{2m_e} = \frac{(h/4a)^2}{2m_e}$$

Für das hier betrachtete einfache Modellsystem ist die Fermi-Energie von der Größenordnung 1 eV. Damit ist $E_F \gg kT$. Die elektrische und thermische Leitfähigkeit der Metalle beruht also auf der Beweglichkeit eines nur kleinen Teils der Elektronen im Leitungsband, und der Beitrag dieser Elektronen zur Wärmekapazität der Metalle ist in erster Näherung vernachlässigbar.

In einem flachen Potenzialtopf hat die Dispersionsrelation der Elektronenwellen die Form einer Parabel. Die Energie $E = h\nu$ der Elektronenzustände kann daher unbegrenzt große Werte annehmen. In einem Kristall mit einem periodisch variierenden Potenzial hingegen gibt es Energiebänder und dazwischen Energielücken. Das Band der Leitungselektronen ist zur Hälfte besetzt und hat daher eine endliche Breite ΔE_L von der Größenordnung $2E_F$. Die Dispersionsrelationen der Elektronenwellen in einem periodisch variierenden Kristallpotenzial diskutieren wir im nächsten Abschnitt.

Aufgabe 6.15   Schätzen Sie die Breite des Leitungsbandes eines linearen Kristalls ab, in dem benachbarte Atome einen Abstand $a = 0{,}2$ nm haben. Nehmen Sie dafür an, dass das Fermi-Niveau in der Mitte des Leitungsbandes liegt.

Merke   Die Leitungselektronen der Metalle lassen sich als Quantengas von Teilchen beschreiben, die das Pauli-Verbot erfüllen. Die Elektronenzustände sind bis zu einer Energie E_F besetzt. Die Fermi-Energie E_F ist groß im Vergleich mit der thermischen Energie kT.

6.4.4 Dispersionsrelationen der Elektronenwellen in Kristallen

In einem Kristall bewegen sich die Elektronen in einem periodisch strukturierten Potenzial. Nur wenn die Wellenlänge $\lambda \gg 2a$ der Elektronenwellen sehr viel größer als die Abstände benachbarter Atome ist, d. h. $k \ll \pi/a$, ist eine Mittelung des Potenzials gerechtfertigt, und damit auch die Annahme, dass sich die Leitungselektronen näherungsweise in einem flachen Potenzialtopf bewegen. Wenn hingegen $k \sim \pi/a$ von der Größenordnung des reziproken Gitterabstands ist, muss der Einfluss der periodischen Potenzialstruktur auf die Elektronenwellen berücksichtigt werden. Die Periodizität des Kristallpotenzials wirkt sich insbesondere auch auf die Dispersionsrelation $\omega(\mathbf{k})$ der Elektronenwellen im Kristall aus. Die einfache Energieparabel (Abschnitt 6.4.3) zerfällt bei Berücksichtigung der Periodizität des Kristallpotenzials in mehrere Teilabschnitte (Abbildung 6.23). Die Teilabschnitte entsprechen den Energiebändern der Elektronenzustände (Abschnitt 6.3.2).

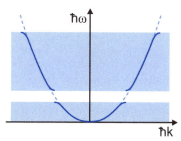

Abbildung 6.23: Dispersionsrelation der Elektronenwellen in einem linearen Kristall

Um den Übergang von der Energieparabel des freien Elektronengases zu den Energiebändern der Elektronen in einem Kristallfeld verständlich zu machen, betrachten wir wieder einen linearen Kristall, nehmen dabei aber an, dass er unendlich ausgedehnt ist. In dem periodischen Kristallfeld gibt es für die Wellenzahl $k = \pi/a$ zwei stehende Wellen mit verschiedenen Energien (Abbildung 6.24). Wenn die Knoten der stehenden Welle zwischen den Atomen liegen, befinden sich die Elektronen vorwiegend in den Potenzialtrichtern in der Nähe der Atomkerne. Dementsprechend ist die Energie $E_<$ dieses Elektronenzustandes vergleichsweise klein. Wenn hingegen die Knoten der stehenden Welle bei den Atomkernen liegen, befinden sich die Elektronen vorwiegend auf den Potenzialhöhen zwischen den Atomen. Die Energie $E_>$ dieses Elektronenzustandes ist folglich wesentlich höher. Zwischen den Energiewerten der beiden stehenden Wellen ist eine *Energielücke* $E_G = E_> - E_<$, für die es keine Elektronenzustände im Kristallfeld gibt.

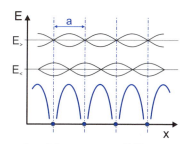

Abbildung 6.24: Stehende Elektronenwellen mit $k = \pi/a$ im Kristallfeld

Stehende Wellen mit Wellenzahlen $k = \pi/a \pm k'$ mit $k' \ll \pi/a$ haben entweder Energiewerte, die etwas kleiner als $E_<$ oder etwas größer als $E_>$ sind. Die Dispersionsrelationen der Elektronenwellen im Kristall haben folglich nicht nur bei $k = 0$, sondern auch bei $k = \pi/a$ (und allen Vielfachen von π/a) einen parabelförmigen Verlauf (Abbildung 6.23). Alle diese Energieparabeln können als Wellen von Teilchen mit einer Wellenzahl k' und einer effektiven Masse m_{eff} gedeutet werden. Die effektive Masse ist dabei so zu wählen, dass die Energieparabel

$$E'(k') = \pm \frac{(\hbar k')^2}{2m_{eff}}$$

in der Umgebung von $k' = 0$ gleich der Dispersionsrelation ist. Wenn die Energieparabel bei $k' = 0$ ein Minimum hat, also die Dispersionsrelation für die Unterkante eines Energiebandes darstellt, beschreiben die zugehörigen Elektronenzustände die Bewegung von Elektronen. Wenn hingegen die Energieparabel bei $k' = 0$ ein Maximum hat, also die Dispersionsrelation sich auf die Elektronenzustände an der Oberkante eines Energiebandes bezieht, beschreiben die zugehörigen Elektronenzustände die Bewegung von Defektelektronen (Abschnitt 6.3.3). Die Dispersionsrelationen in der Nähe der Unter- und Oberkante von Energiebändern sind von besonderer Bedeutung für die Elektronenbewegung in Halbleitern. Sie werden daher zur Erklärung der Eigenschaften von Halbleitern benötigt (Abschnitt 6.5.3).

Die wellenmechanische Beschreibung der Elektronenbewegung im Kristall führt zu einer weiteren wichtigen Konsequenz. In einem streng periodischen Kristall können sich laufende Wellen ungehindert ausbreiten. Eine Streuung der Elektronenwellen findet nur dort statt, wo die Periodizität des Kristalls gestört ist. Solche Störungen liegen einerseits bei Kristallfehlern (Abschnitt 5.5.4) vor. Andererseits führt auch die thermische Bewegung der Atome zu Abweichungen von der Periodizität der Kristallstruktur. Daher haben auch Elektronenwellen in Kristallen eine endliche freie Weglänge l. Sie nimmt mit zunehmender Temperatur ab, hat aber bei Raumtemperaturen von $T \sim 300$ K noch Werte in der Größenordnung von 100 nm.

Die freie Weglänge der Elektronenwellen in Kristallen ist bei gewöhnlichen Temperaturen etwa 100 Mal größer als der Abstand benachbarter Atome des Gitters. Sie ist damit um etwa zwei Größenordnungen größer als die freie Weglänge klassischer Teilchen in einem Gitter.

Aufgabe 6.16   Elektrische und thermische Leitfähigkeit der Metalle hängen von dem Produkt $n \cdot \tau$ von Teilchendichte n und mittlerer freier Flugzeit τ der Leitungselektronen ab. Untersuchen Sie, wie sich das Produkt $n \cdot \tau$ ändert, wenn man bei der Beschreibung der Leitungselektronen vom Modellbild des klassischen Gases zum Quantengas wechselt.

> **Merke**
>
> In der Nähe von Bandkanten erfüllen die Elektronenwellen parabelförmige Dispersionsrelationen, die entweder als Beziehungen zwischen den Variablen E und $\mathbf{p}$ der Teilchen oder den Variablen ω und $\mathbf{k}$ der Wellen geschrieben werden können:
>
> $$E = \frac{\vec{p}^2}{2m_{eff}} \quad \text{oder} \quad \hbar\omega = \frac{(\hbar\vec{k})^2}{2m_{eff}}$$

6.5 Halbleiter

Bei hinreichend tiefen Temperaturen sind Kristalle, deren Elektronenzustände mit dem Bändermodell beschrieben werden können, entweder elektrische Leiter oder Isolatoren. Alle elektrischen Leiter haben ein teilweise besetztes Leitungsband. Bei den Isolatoren hingegen sind die Energiebänder entweder voll besetzt oder leer. Wenn aber die Energielücke zwischen dem voll besetzten Valenzband und dem leeren Leitungsband nicht allzu groß im Vergleich mit der thermischen Energie kT ist, können bei gewöhnlichen Temperaturen einige Elektronen aus dem Valenzband in das Leitungsband gelangen. Die Besetzungswahrscheinlichkeit der Elektronenzustände an der Unterkante des Leitungsbandes und die Wahrscheinlichkeit von Lochzuständen an der Oberkante des Valenzbandes ergibt sich aus der Fermi-Verteilung (Abschnitt 6.3.3).

Nicht-metallische Kristalle, deren Energielücke im Bereich von 1 eV liegt, können daher nicht als Isolatoren dienen. Sie sind aber von großem technischen Interesse als *Halbleiter*. Grundlage der Halbleitertechnik sind hochreine Kristalle der Elemente der vierten Hauptgruppe des periodischen Systems, insbesondere des Siliziums, dessen Bandlücke den Wert $E_G = 1,2$ eV hat, und die III-V- und II-VI-Verbindungen. Sie kristallisieren in diamantartigen Gittern (Abschnitt 5.6.4). Die elektronische Bandstruktur dieser Kristalle ergibt sich aus der sp^3-Hybridbindung. Sie ist bestimmend für viele Eigenschaften der technisch interessanten Halbleiter. Wir betrachten die sp^3-Hybridbindung daher zunächst etwas ausführlicher.

6.5.1 sp^3-Hybridbindung

Die sp^3-Hybridbindung ähnelt in vieler Hinsicht der Atombindung des H_2-Moleküls. Sie ist bestimmend für die Kristallstruktur des Diamanten (Abschnitt 5.6.4). Im Gegensatz zum H-Atom mit nur einem Valenzelektron haben Kohlenstoffatome aber vier Valenzelektronen. Daher können sie je vier weitere C-Atome an sich binden und somit Kristalle bilden, in denen jedes Atom vier nächste Nachbarn hat.

Die vier Valenzelektronen des C-Atoms haben die Hauptquantenzahl $n = 2$. Die $n = 2$-Schale ist damit zur Hälfte gefüllt. Die Elektronenzustände der $n = 2$-Schale sind näherungsweise Lösungen der folgenden (zeitunabhängigen) Schrödinger-Gleichung (Abschnitt 5.2.3):

$$-\frac{\hbar^2}{2m_e} \cdot \Delta\psi(\vec{r},t) - \frac{Z_{eff}e^2}{4\pi\varepsilon_0 r} \cdot \psi(\vec{r},t) = E \cdot \psi(\vec{r},t) \, .$$

Dabei wurde vereinfachend angenommen, dass sich die Valenzelektronen unabhängig voneinander in einem Coulomb-Potenzial mit der effektiven Ladungszahl Z_{eff} des C^{4+}-Ions bewegen. In dieser Näherung haben alle Elektronenzustände mit $n = 2$ (wie beim H-Atom) dieselbe Bindungsenergie. In welcher Weise sich die vier Valenzelektronen auf die acht Elektronenzustände der $n = 2$-Schale verteilen, kann nur im Rahmen einer genaueren Theorie geklärt werden und hängt von den äußeren Umständen ab.

Beim freien (chemisch nicht gebundenen) C-Atom sind die beiden Elektronenzustände mit $l = 0$ und zwei Zustände mit $l = 1$ besetzt, also zwei s- und zwei p-Zustände mit jeweils entgegengesetzten Spinstellungen. In einer chemischen Bindung, wie z. B. einem CH_4-Molekül (Methan) oder einem Diamanten, sind hingegen ein s- und drei p-Zustände besetzt. Man spricht deshalb von einer sp^3-Bindung.

Man spricht von einer *Hybridbindung*, weil die vier Elektronen der sp^3-Konfiguration als Elektronen mit gleichartigen Wellenfunktionen betrachtet werden können, die sich lediglich in ihrer räumlichen Orientierung unterscheiden (Abbildung 6.25). Diese von der $|n, l, m, m_S\rangle$-Klassifikation abweichende Betrachtungsweise ist möglich, weil die Schrödinger-Gleichung eine lineare Differentialgleichung ist und folglich alle Superpositionen (Abschnitt 3.1.3) von Eigenzuständen mit gleichen Eigenwerten ebenfalls Eigenzustände der Schrödinger-Gleichung sind. Durch Superposition von s- und p-Zuständen lassen sich Elektronenzustände bilden, deren Ladungsverteilungen tetraedrisch, wie bei einem CH_4-Molekül, ausgerichtet sind. Durch Paarung mit dem Valenzelektron eines H-Atoms können die vier Valenzelektronen eines C-Atoms vier H-Atome binden. Wie die Bindung des H_2-Moleküls wird auch jede Bindung des CH_4-Moleküls von je zwei Elektronen mit entgegengesetzten Spinstellungen gebildet. So entsteht zwischen dem C-Atom und jedem H-Atom jeweils eine stabile Elektronenkonfiguration, die der abgeschlossenen Schale eines He-Atoms ähnelt.

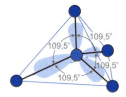

Abbildung 6.25: Tetraedrische Struktur des CH_4-Moleküls

In gleicher Weise wie beim CH_4-Molekül befinden sich auch zwischen je zwei benachbarten C-Atomen eines Diamanten heliumartige Elektronenkonfigurationen. Die Stabilität dieser Konfigurationen erklärt die Festigkeit eines Diamanten.

Auch die Elemente Silizium und Germanium gehören zur vierten Hauptgruppe des periodischen Systems und haben dementsprechend vier Valenzelektronen. Auch sie bilden Kristalle mit der Gitterstruktur des Diamanten. Während aber der Diamant ein guter Isolator ist, sind Silizium und Germanium typische Halbleiter. Im Vergleich zum Diamanten mit einer großen Energielücke zwischen Valenz- und Leitungsband haben Si- und Ge-Kristalle relativ kleine Bandlücken, nämlich $E_G = 1{,}12$ eV bzw. $0{,}67$ eV.

Die Bandstruktur der Elektronenzustände im Kristall ergibt sich, wie in Abschnitt 6.3.1 besprochen, aus der Resonanzaufspaltung der atomaren Energieniveaus bei der Kristallbildung. Bei den Elementen der vierten Hauptgruppe besetzen die Valenzelektronen die Zustände mit $l = 0$ und $l = 1$. Bei den freien Atomen, also großen Abständen zwischen den Atomen, liegen die s-Zustände energetisch etwas tiefer als die p-Zustände

(Abbildung 6.26). Bei kleiner werdendem Abstand zwischen benachbarten Atomen spalten sich die *s*- und *p*-Niveaus zunächst zu Bändern auf. Mit der Aufspaltung ändern sich aber auch die Elektronenzustände.

Während bei großen interatomaren Abständen das energetisch tiefere *s*-Band nur zwei Elektronen (mit entgegengesetzten Spinstellungen) und das energetisch höhere *p*-Band dafür sechs Elektronen pro Atom aufnehmen kann, gibt es bei kleinen interatomaren Abständen ein bindendes und ein antibindendes Energieband, die jeweils vier Elektronen pro Atom aufnehmen können. Die beiden Energiebänder entsprechen dem bindenden bzw. antibindenden Energiezustand des H_2^+-Moleküls (Abschnitt 6.3.1). Im Kristall ist (bei hinreichend tiefer Temperatur) das bindende Band voll besetzt und das antibindende Band unbesetzt. Sie bilden also das Valenz- bzw. Leitungsband der Elektronen im Diamantgitter.

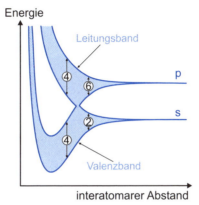

Abbildung 6.26: Bandaufspaltung im Diamantgitter als Funktion des interatomaren Abstands

Die Energielücke zwischen Valenz- und Leitungsband hängt von den Abständen benachbarter Atome im Kristallgitter ab. Die C-Atome mit nur einer abgeschlossenen inneren Schale haben im Diamantgitter einen Abstand von nur 0,154 nm. In Si-Kristallen hingegen haben die Atome, (die hier zwei abgeschlossene innere Schalen haben), einen Abstand von 0,235 nm. Entsprechend dem größeren Abstand ist in diesem Fall die Energielücke zwischen Valenz- und Leitungsband wesentlich kleiner als bei Diamanten.

In gleicher Weise wie bei den *Elementhalbleitern* Si und Ge entstehen die Energiebänder in den Kristallen der *Verbindungshalbleiter*, in denen jeweils ein Atom der dritten oder zweiten Hauptgruppe des periodischen Systems von vier Atomen der fünften bzw. sechsten Hauptgruppe (und vice versa) tetraedrisch umgeben ist. Die Energielücken E_G der Verbindungshalbleiter haben recht unterschiedliche Werte. Für einige II-VI-Verbindungen wie ZnS ist $E_G > 3$ eV, für einige III-V-Verbindungen wie InAs hingegen ist $E_G < 1$ eV.

Aufgabe 6.17

Zeigen Sie, dass bei den Verbindungshalbleitern jedes Atom des einen Elements vier nächste Nachbarn des anderen Elements hat. Benutzen Sie dafür wie bei der Bearbeitung der Aufgabe in Abschnitt 5.6.4 ein Gittermodell.

> | **Merke** | Die Kristalle der Elementhalbleiter Silizium und Germanium haben Diamantgitter. Die Koordinationszahl $K = 4$ ergibt sich aus den tetraedrisch gerichteten sp³-Hybridbindungen. |
>
> Die Kristalle der Verbindungshalbleiter haben eine dem Diamantgitter ähnliche Gitterstruktur, bei der jedes Atom des einen Elements von vier Atomen des anderen Elements umgeben ist.

6.5.2 Dotierte Halbleiter

Die bisher betrachteten Element- und Verbindungshalbleiter sind so genannte *intrinsische* Halbleiter. Bei diesen intrinsischen Halbleitern ist die Dichte n_L der Elektronen im Leitungsband stets gleich der Dichte n_V der Defektelektronen im Valenzband. In Si-Kristallen mit einer Energielücke $E_G = 1{,}12$ eV ist bei gewöhnlichen Temperaturen $n_L = n_V \approx 1{,}5 \cdot 10^{10}/\text{cm}^3$. Höhere Ladungsträgerdichten und für Elektronen und Defektelektronen verschiedene Dichten hat man in *dotierten* Halbleitern.

Zur Dotierung werden Donator- und Akzeptoratome in den Halbleiterkristall eingebaut. In einem Si-Kristall wirken Atome der fünften Hauptgruppe wie P, As und Sb als *Donatoren* und Atome der dritten Hauptgruppe wie Al, Ga und In als *Akzeptoren*. Am Gitterplatz eines Donatoratoms befindet sich ein überschüssiges Elektron, das nur schwach an das Donatoratom gebunden ist. Die Radien der Bohrschen Kreisbahnen dieser Elektronen sind einige nm groß. Die Kreisbahnen erstrecken sich also über viele Gitterplätze. Daher ist die Bindungsenergie, mit der diese Elektronen an das Donatoratom gebunden sind, nur von der Größenordnung 10 meV. Im Bändermodell besetzen diese Elektronen dementsprechend Energieniveaus, die knapp unter der Unterkante des Leitungsbandes liegen (Abbildung 6.27). Aus diesen Zuständen können die Elektronen leicht durch thermische Anregung ins Leitungsband gelangen. Mit Donatoren dotierte Halbleiter haben daher eine hohe Elektronendichte n_L im Leitungsband bei fast voll besetztem Valenzband ($n_V = 0$). Da die Ladungsträger negativ geladen sind, heißen sie *n*-Halbleiter.

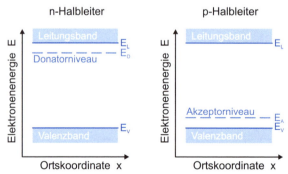

Abbildung 6.27: Donator- und Akzeptorniveaus in dotierten Halbleitern

Mit Akzeptoren dotierte Halbleiter haben an den Gitterplätzen von Akzeptoratomen ein Elektron weniger als sonst. Daher gibt es dort einen unbesetzten Elektronenzustand, der ein Elektron aus dem Valenzband des Kristalls aufnehmen kann. Da die

Akzeptorniveaus nur einige meV über dem Valenzband liegen, sind die meisten von ihnen bei gewöhnlichen Temperaturen mit Elektronen aus dem Valenzband besetzt. Mit Akzeptoren dotierte Halbleiter haben daher eine hohe Dichte n_V von Defektelektronen im Valenzband bei gleichzeitig leerem Leitungsband. Da sich Defektelektronen wie positive Ladungsträger verhalten, spricht man in diesem Fall von p-Halbleitern.

Aufgabe 6.18

Berechnen Sie die Besetzungswahrscheinlichkeiten der Donator- und Akzeptorniveaus dotierter Halbleiter bei $T = 300$ K für den Fall, dass der Energieabstand zur jeweiligen Bandkante $\Delta E = 10$ meV ist.

Experiment 6.5

Thermolumineszenz

Ein Pulver des Verbindungshalbleiters ZnS wird bei Raumtemperatur mit UV-Licht ($h\nu > 3{,}6$ eV) bestrahlt. Dabei leuchtet es auf und leuchtet auch nach der Bestrahlung noch kurze Zeit nach. Anders verhält sich das ZnS-Pulver, wenn es erst auf die Temperatur des flüssigen Stickstoffs abgekühlt wird und dann bestrahlt wird. Es leuchtet zunächst nicht. Es beginnt aber zu leuchten, wenn es nach der Bestrahlung z. B. mit einem Fön aufgewärmt wird.

Die Deutung des Versuchs folgt aus der Bandstruktur von ZnS. Es hat eine Bandlücke $E_G = 3{,}6$ eV. Die kristallinen Teilchen des Pulvers haben aber auch viele Verunreinigungen und Störstellen. Daher gibt es im Energiebereich der Bandlücke viele Donator- und Akzeptorniveaus. Bei Bestrahlung werden Elektronen aus dem Valenzband in das Leitungsband angeregt. Bei Streuprozessen geben sie ihre kinetische Energie schnell ab und sammeln sich in den Donatorniveaus des Kristalls. Diese Zustände sind metastabil. Die Elektronen können aus diesen Zuständen nicht in unbesetzte, energetisch tiefer gelegene Energieniveaus springen. Nur wenn die thermische Energie kT ausreicht, Elektronen aus den Donatorniveaus (sie liegen beim ZnS etwa 1 eV unterhalb der Unterkante des Leitungsbandes) wieder in das Leitungsband zu befördern, können Sie unter Lichtemission in unbesetzte Akzeptorniveaus springen und dabei Photonen des sichtbaren Spektralbereichs erzeugen.

Merke

Wenn ein Si-Kristall mit Atomen von Elementen der fünften Hauptgruppe dotiert wird, entsteht ein n-Halbleiter. Die Donatorniveaus liegen knapp unterhalb der Unterkante des Leitungsbandes. Wird hingegen ein Si-Kristall mit Atomen der Elemente der dritten Hauptgruppe dotiert, so entsteht ein p-Halbleiter. Die Akzeptorniveaus liegen knapp oberhalb der Oberkante des Valenzbands.

6.5.3 Ladungsträgerdichte im Halbleiter

Bei intrinsischen Halbleitern ist überall die Dichte n_L der Leitungselektronen gleich der Dichte n_V der Defektelektronen. Zur Berechnung der Ladungsträgerdichten $n_L = n_V$ sind einerseits die Wahrscheinlichkeiten $W(E_L)$ und $W(E_V)$ zu bestimmen, mit der Zustände an der Unterkante E_L des Leitungsbandes mit Elektronen bzw. Zustände an der Oberkante E_V des Valenzbandes mit Defektelektronen besetzt sind. Sie ergeben sich aus der Fermischen Verteilungsfunktion (Abschnitt 6.3.3):

$$W(E_L) = \exp(-\frac{E_L - E_F}{kT}) \text{ bzw. } W(E_V) = \exp(-\frac{E_F - E_V}{kT})$$

Das Produkt dieser Wahrscheinlichkeiten ist $W(E_L) \cdot W(E_V) = \exp(-E_G/kT)$. Um auch die Wahrscheinlichkeiten $W(E_L)$ und $W(E_V)$ einzeln zu berechnen, ist zunächst die Fermi-Energie E_F zu bestimmen. Für intrinsische Halbleiter ergibt sie sich aus der Bedingung, dass hier die Dichte n_L der Leitungselektronen gleich der Dichte n_V der Defektelektronen ist.

Diese Ladungsträgerdichten hängen aber andererseits auch von den Dichten $N_{eff}(E_L)$ und $N_{eff}(E_V)$ der Elektronenzustände (Anzahl pro Volumen und Energieintervall) ab, die bei einer Temperatur T effektiv für eine Besetzung mit Elektronen bzw. für eine Besetzung mit Defektelektronen infrage kommen. Diese *effektiven Zustandsdichten* ergeben sich aus den effektiven Massen m_n und m_p der jeweiligen Ladungsträger:

$$N_{eff}(E_L) = 2(\frac{2\pi \cdot m_n kT}{h^2})^{3/2} \text{ bzw. } N_{eff}(E_V) = 2(\frac{2\pi \cdot m_p kT}{h^2})^{3/2}$$

Für das Produkt $n_L \cdot n_V$ der Ladungsträgerdichten ergibt sich damit das so genannte *Massenwirkungsgesetz* für die Ladungsträger in Halbleitern:

$$n_L \cdot n_V = 4(\frac{2\pi \cdot \sqrt{m_n m_p} \cdot kT}{h^2})^3 \cdot \exp(-\frac{E_G}{kT}) \quad \text{(Massenwirkungsgesetz)}$$

Für intrinsische Halbleiter lassen sich damit, da $n_L = n_V$, die Ladungsträgerdichten berechnen. Für dotierte Halbleiter hängen die Ladungsträgerdichten auch von den Dichten n_D und n_A der Donator- und Akzeptoratome im Kristall ab. Bei gewöhnlichen Temperaturen haben fast alle Donatorniveaus ihre Elektronen an das Leitungsband abgegeben. Fast alle Akzeptorniveaus sind hingegen mit Elektronen aus dem Valenzband besetzt. Daher gilt dann für dotierte Kristalle:

$$n_L - n_D \approx n_V - n_A$$

Da das Produkt $n_L \cdot n_V$ dem Massenwirkungsgesetz zufolge unabhängig von der Dotierung des Halbleiters ist, ergibt sich für einen stark n-dotierten Halbleiter ($n_D \gg n_V$), dass er fast ausschließlich n-leitend ist: $n_L \approx n_D \gg n_V$. Entsprechend ergibt sich für einen stark p-dotierten Halbleiter ($n_A \gg n_L$), dass er fast ausschließlich p-leitend ist.

Aufgabe 6.19 Um welchen Faktor ändert sich das Produkt der Ladungsträgerdichten, wenn die Temperatur von 0 °C auf 20 °C erhöht wird?

> **Merke**
>
> Das Produkt $n_L \cdot n_V$ der Ladungsträgerdichten in Leitungs- und Valenzband eines Halbleiters ist dem Massenwirkungsgesetz zufolge unabhängig von der Dotierung des Halbleiters. Der Wert des Produktes ändert sich mit der Temperatur des Halbleiters.

6.5.4 Der p-n-Übergang

Die moderne Elektrotechnik beruht wesentlich auf Halbleiterbauelementen, in denen p-dotierte und n-dotierte Bereiche eines Halbleiters aneinander grenzen. Im Grenzbereich gibt es dann sowohl Leitungselektronen im Leitungsband des n-Halbleiters als auch Defektelektronen im Valenzband des p-Halbleiters. Die Ladungsträgerdichten eines solchen p-n-Übergangs sind bestimmend für die Eigenschaften vieler Halbleiterbauelemente.

Wir betrachten zunächst einen p-n-Übergang im thermischen Gleichgewicht (Abbildung 6.28). In einem ersten Schritt sei angenommen, dass p- und n-Bereich noch räumlich getrennt sind und unabhängig voneinander in beiden Bereichen eine Gleichgewichtsbesetzung vorliegt. Bei nicht zu hoher Temperatur ist dann das Leitungsband des p-Halbleiters praktisch leer und das Valenzband des n-Halbleiters voll besetzt. Die Fermi-Energie des p-Halbleiters liegt dementsprechend zwischen den Energien E_A der Akzeptorniveaus und E_V der Oberkante des Valenzbands, und die Fermi-Energie des n-Halbleiters zwischen den Energien E_D der Donatorniveaus und E_L der Unterkante *des* Leitungsbandes.

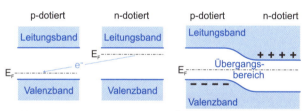

Abbildung 6.28: Bandstruktur und Ladungsdichte bei einem p-n-Übergang

In einem zweiten Schritt betrachten wir die Bandstruktur eines Halbleiters, dessen eine Hälfte p-dotiert und dessen andere Hälfte n-dotiert ist. Beide Hälften zusammen bilden eine *Diode*. Wie beim Kontakt zweier verschiedener Metalle (Abschnitt 6.3.4) findet auch hier ein Ausgleichsprozess statt, bis die Fermi-Energien beider Hälften auf gleicher Höhe liegen. Im Übergangsbereich wandern einige Leitungselektronen des n-Halbleiters zum p-Halbleiter und besetzen dort Lochzustände im Valenzband (oder freie Donatorniveaus). Dadurch entsteht (wie bei Kontakten zwischen verschiedenen Metallen, Abschnitt 6.3.4) im Grenzbereich eine elektrische Doppelschicht, die zu einer Verbiegung der Bandstruktur führt. Im thermischen Gleichgewicht haben beide Hälften dieselbe Fermi-Energie. Dabei ist aber im Übergangsbereich die Ladungsträgerdichte geringer als im übrigen Kristall. Es fehlen Leitungselektronen im n-Halbleiter und Defektelektronen im p-Halbleiter.

Das thermische Gleichgewicht wird gestört, wenn eine Spannung U an den p-n-Übergang gelegt wird (Abbildung 6.29). Bei positiver Polung des p-Halbleiters und negativer Polung des n-Halbleiters wird die *Verarmungszone* des Übergangsbereichs wieder mit Ladungsträgern aufgefüllt. Sowohl Leitungselektronen des n-Halbleiters als auch Defektelektronen des p-Halbleiters werden zum Grenzbereich hingezogen. Bei dieser Polung ist daher die Diode elektrisch leitend. Es ist die *Durchlassrichtung* der Diode.

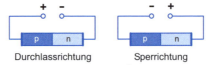

Durchlassrichtung   Sperrrichtung

Abbildung 6.29: Durchlassrichtung und Sperrrichtung eines p-n-Übergangs

Bei umgekehrter Polung hingegen werden die Ladungsträger aus dem Grenzbereich weggezogen. Dadurch verbreitert sich die Verarmungszone. Es entsteht ein isolierender Bereich. Bei negativer Polung des p-Halbleiters und positiver Polung des n-Halbleiters kann daher fast kein Strom durch die Diode fließen. Es ist die *Sperr-Richtung*. Erst bei hinreichend hohen Spannungen kann die Sperrschicht durchbrochen werden und wieder ein Strom fließen (*Zener-Durchbruch*).

Experiment 6.6   ## Laser-Diode

In der Grenzschicht eines p-n-Übergangs entsteht beim Anlegen einer Spannung in Durchlassrichtung eine Besetzungsumkehr (Abschnitt 6.2.2). Denn die zum p-Halbleiter gezogenen Leitungselektronen bleiben zunächst im Leitungsband, ehe sie mit Defektelektronen *rekombinieren*, d. h. ehe sie aus dem Leitungsband in einen unbesetzten Zustand des Valenzbandes springen und dabei die Anregungsenergie als Phononen oder Photonen abgeben (Abbildung 6.30). Bei Halbleitern mit hinreichend großer Bandlücke ($E_G > 1{,}7$ eV) lässt sich die Lichtemission beobachten (LED = Light Emitting Diode).

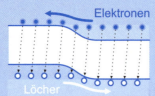

Abbildung 6.30: Besetzungsumkehr in der Grenzschicht einer in Durchlassrichtung betriebenen Diode

Die Besetzungsumkehr in der Grenzschicht einer in Durchlassrichtung betriebenen Diode ist Grundlage der Laser-Dioden. Bei Erhöhung des Diodenstromes über einen Schwellenwert wird in geeignet konstruierten Dioden (Abbildung 6.31) die Lichtemission durch induzierte Emission verstärkt (Abschnitt 6.2.3). Die Kristalloberflächen wirken dabei als Resonatorspiegel.

Abbildung 6.31: Aufbau einer Laser-Diode

Experiment 6.7 | **Solarzelle**

Einerseits kann man mit einer Diode elektrische Leistung in Licht umwandeln. Umgekehrt kann man mit geeignet konstruierten Dioden auch Licht in Elektrizität umwandeln (Abbildung 6.32). Die Diode wirkt dann als Solarzelle. Eine hinreichend dünne p-leitende Schicht wird mit Licht bestrahlt. Nahe der Grenzschicht werden dabei Elektronen aus dem Valenzband in das Leitungsband gehoben, sofern die Energie $h\nu$ der Photonen größer als die Energie E_G der Bandlücke ist. Die in das Leitungsband angeregten Elektronen können in den n-leitenden Bereich fließen, bis die elektrische Doppelschicht im Übergangsbereich abgebaut (Abbildung 6.28) und somit die Bandverbiegung aufgehoben ist. Wie zwischen Kathode und Anode beim Versuch zum Photoeffekt (Abschnitt 4.3.1), entsteht auch hier zwischen der p- und n-leitenden Schicht der Solarzelle eine Photospannung $U = E_G/e$.

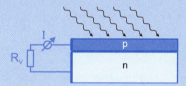

Abbildung 6.32: Aufbau einer Solarzelle

Aufgabe 6.20 | Wie und warum verschieben sich die Fermi-Energien dotierer Halbleiter bei Erwärmung?

Merke | Bei gewöhnlichen Temperaturen liegt die Fermi-Energie eines n-Halbleiter nahe der Unterkante des Leitungsbandes und die Fermi-Energie eines p-Halbleiters nahe der Oberkante des Valenzbandes. An den Grenzflächen von n- und p-Halbleitern entstehen daher Kontaktpotenziale.

6.6 Elementarereignisse

Die Atomhypothese (Abschnitt 2.1.1), die Entdeckung der Elementarladung (Abschnitt 3.4.1) und die Quantenhypothese (Abschnitt 4.4.4) sind grundlegend für das moderne Weltbild der Physik. Der Newtonschen Mechanik und der Maxwellschen Elektrodynamik lag noch die Vorstellung zugrunde, dass sich Materie, elektrische Ladung und elektromagnetisches Feld *kontinuierlich* in Raum und Zeit ändern. Dieses

Kontinuumsbild musste Schritt für Schritt aufgegeben werden. Zunächst wurde die diskrete Struktur von Materie, Ladung und Feld nur indirekt erschlossen und deshalb in Form von Hypothesen formuliert. Moderne Präzisionstechniken ermöglichen es aber, bei vielen Messungen Atome, Elektronen, Ionen und Lichtquanten Stück für Stück zu zählen und damit auch direkt nachzuweisen.

Die diskrete Struktur von Materie und Feld ist die Grundlage der statistischen Physik. Temperatur und Wärme lassen sich nur unter der Annahme deuten, dass neben den dynamischen Gesetzmäßigkeiten von Mechanik und Elektrodynamik auch die Gesetze des Zufalls das Naturgeschehen bestimmen. Die Formulierung der Zufallsgesetze basiert auf den diskreten Strukturen, während die deterministischen Gesetze ein Kontinuumsbild voraussetzen. Erst in der Quantenphysik kommt es zu einer Synthese der beiden Aspekte der klassischen Physik. Determinismus und Zufall – dynamische Entwicklung und Quantensprung – beides gibt es in der Quantenphysik.

Diese Synthese war aber nur möglich auf Kosten der Anschaulichkeit. Im Rahmen des Weltbilds der klassischen Physik ist es nicht vorstellbar, dass sich Teilchen (Elektronen ebenso wie ganze Atome) wie Wellen ausbreiten. Ebenso wenig war es vorstellbar, dass sich Wellen als Teilchen, nämlich als Photonen oder Phononen, nachweisen lassen. Aber die Bilder der klassischen Physik beruhen auf der durch die tägliche Erfahrung scheinbar gut begründeten Annahme, dass wir die Bewegungen von Körpern und Wellen *kontinuierlich* beobachten können. Eine kontinuierliche Beobachtung ist aber grundsätzlich nicht möglich. Denn letztlich werden bei allen Messungen elementare *Ereignisse gezählt*.

Die diskrete Struktur des Messprozesses ist einerseits von grundsätzlichem Interesse und zwingt uns, unser naturwissenschaftliches Weltbild zu überdenken. Sie ist andererseits aber auch von sehr praktischem Interesse. Denn sie ist bestimmend für die Grenzen der Messgenauigkeit. Auch bei größter Sorgfalt sind alle Messungen mit Unsicherheiten behaftet, bei denen gewisse Grenzen nicht unterschritten werden können. Wir betrachten deshalb abschließend noch einmal den Messprozess.

6.6.1 Der Messprozess

Präzise und reproduzierbare Messungen sind die Grundlage der exakten Naturwissenschaften. Darauf haben wir bereits in der Einleitung zu diesem Einführungskurs in die Physik hingewiesen. In den sechs Kapiteln des Lehrbuchs haben wir versucht, die grundlegenden Konzepte der physikalischen Naturbeschreibung darzulegen. Aufbauend auf diese Konzepte ist es möglich, viele Vorgänge in der Natur zu erklären, nachzubilden und technisch zu nutzen. Dennoch stellt gerade der Messprozess auch für die moderne Physik ein in vieler Hinsicht ungelöstes Problem dar.

Dieses Problem soll hier nicht weiter erörtert werden, wohl aber die Konsequenzen, die sich aus der diskreten Struktur des Messprozesses ergeben. Diese diskrete Struktur zeigt sich bei allen Messungen, in denen physikalische Vorgänge mit hoher räumlicher und zeitlicher Auflösung untersucht werden. Statt eines kontinuierlichen Vorgangs zeigen die Messgeräte dann eine diskrete Folge von Elementarereignissen an, die nicht weiter zerlegt oder zeitlich aufgelöst werden können. Wir verdeutlichen diese bei Präzisionsmessungen beobachtbaren Folgen von Ereignissen anhand einiger Beispiele.

Offensichtlich und als *Ticken* wahrnehmbar sind die einzelnen Ereignisse beim Nachweis radioaktiver Strahlen (Abschnitt 5.4.2). In dem 1908 von H. Geiger erfundenen *Zählrohr* (Abbildung 6.33) werden beim Durchgang radioaktiver Strahlung kurzzeitige Entladungsstöße ausgelöst, die als Strompuls gemessen und mit einem Mikrophon hörbar gemacht werden können. Ein solches Zählrohr besteht aus einem zylindrischen, mit Gas gefüllten Rohr, in dessen Mitte ein dünner Draht gespannt ist. Zwischen Rohrwand und Draht liegt eine Hochspannung, die aber nicht ausreicht, eine selbstständige Entladung zu zünden. Nur wenn ein hochenergetisches geladenes Teilchen das Zählrohr passiert und im Gas eine Spur von Ionen und Elektronen erzeugt, wird ein kurzer Entladungsstoß durch die Elektronen, die zum positiv geladenen Draht hin beschleunigt werden, gezündet. Der über den Widerstand R abfließende Stromstoß wird mit einem empfindlichen Elektrometer nachgewiesen.

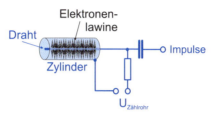

Abbildung 6.33: Geiger-Müller-Zählrohr

Das Zählrohr war historisch das erste Gerät, mit dem Elementarereignisse gezählt werden konnten. Mit einem *Sekundärelektronenvervielfacher* (SEV oder *Photomultiplier*, Abbildung 6.67) können heute auch Photonen des sichtbaren Spektralbereichs gezählt werden, um die Intensität schwacher Lichtquellen zu bestimmen. Wie beim Nachweis des Photoeffekts (Abschnitt 4.3.1) können auch aus der Photokathode eines SEV durch Lichtquanten (mit Energien $h\nu > W_A$) Elektronen freigesetzt werden. In einem SEV setzt jedes Photoelektron in einer Kaskade von Folgeprozessen weitere Elektronen frei. Die Photokathode liegt relativ zur Anode auf einer negativen Spannung im kV-Bereich. Mit einem Spannungsteiler wird das elektrische Potenzial einer Serie von zwischengeschalteten *Dynoden* festgelegt. Die Photoelektronen werden zur ersten Dynode hin beschleunigt und setzen dort beim Auftreffen etwa drei Sekundärelektronen frei, die dann ihrerseits zur nächsten Dynode hin beschleunigt werden. Dieser Prozess setzt sich von Dynode zu Dynode fort, so dass an der Anode schließlich ein Stromstoß von etwa 10^5 Elektronen ankommt. Bei nicht zu hoher Lichtintensität können auch diese Stromstöße gezählt werden.

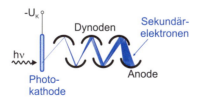

Abbildung 6.34: Photomultiplier

Jedoch sind die Stromstöße, die ein Photoelektron auslöst, wesentlich schwächer als die Stromstöße, die bei der Entladung eines Geigerzählers nach dem Durchgang eines ionisierenden Teilchens entstehen. Daher muss der Stromstoß erst in einem Vorverstärker verstärkt werden, bevor er in einem Zähler gezählt werden kann. Die zur Verstärkung genutzte Anordnung ist schematisch in Abbildung 6.35 dargestellt. Die Anode des SEV ist hier als Kondensator C symbolisiert. Der mit N Elektronen geladene Kondensator entlädt sich über den Eingangswiderstand R des Vorverstärkers V. Dabei fällt der durch R fließende Strom $I(t) = I_0 \cdot \exp(-t/\tau)$ exponentiell ab. Die Zeitkonstante τ des exponentiellen Abfalls ergibt sich aus der Kapazität des Kondensators und dem Eingangswiderstand des Vorverstärkers:

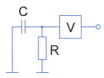

Abbildung 6.35: Schaltbild für die Verstärkung der Stromstöße eines SEV

$$\tau = R \cdot C$$

Ob ein Stromstoß eindeutig als solcher identifiziert werden kann, hängt wesentlich von der Energie E ab, die während der Entladung des Kondensators dem Eingangswiderstand des Vorverstärkers zugeführt wird. Wir wollen sie deshalb berechnen. Der Stromstoß $\int I(t) \mathrm{d}t = I_0 \cdot \tau$ ist gleich der Ladung $N \cdot e$ auf der Anode des SEV und die während des Stromstoßes im Eingangswiderstand verbrauchte elektrische Energie ist $E = \int R \cdot I^2(t) \cdot \mathrm{d}t = R \cdot I_0^2 \cdot \tau/2$. Wie zu erwarten war, ergibt sich daraus, dass E gleich der im geladenen Kondensator C gespeicherten Energie (Abschnitt 3.4.4) ist:

$$E = \frac{(N \cdot e)^2}{2C} \, .$$

Dieses *Signal* eines Photoelektrons ist zu vergleichen mit dem thermischen *Rauschen* Abschnitt 6.6.3 des Stromes im Eingangswiderstand des Vorverstärkers. Nur wenn sich das Signal vom Rauschen abhebt, das *Signal-zu-Rausch-Verhältnis* also größer als eins ist, lassen sich die Strompulse eindeutig als solche identifizieren.

> **Merke** Bei hoher zeitlicher und räumlicher Auflösung erweisen sich alle Messungen als diskrete Folgen von Elementarereignissen.

6.6.2 Statistisches Rauschen

Das Ticken eines Geigerschen Zählrohrs erfolgt nicht wie das Ticken einer Uhr in einem bestimmten Rhythmus, sondern rein zufällig. Diese für alle Elementarereignisse charakteristische Zufälligkeit wird in einer einfachen Serie von Messungen deutlich:

Experiment 6.8	Messung einer Zählrate

In der Nähe eines radioaktiven Präparats sei ein Zählrohr aufgestellt (Abbildung 6.36). Das Zählrohr tickt in unregelmäßigen Zeitabständen, nämlich immer dann, wenn ein Teilchen der Strahlen eine Entladung im Detektor auslöst. Zu messen ist die Anzahl von Entladungen in 1 s. Da die Folge von Entladungen unregelmäßig ist, werden mal mehr und mal weniger Ereignisse pro Sekunde gezählt. Eine gute Uhr tickt im Gegensatz dazu exakt einmal pro Sekunde. Ein wesentliches Merkmal für die Zufälligkeit der Ereignisse sind daher die Schwankungen der in einer Serie von n Messungen gemessenen Zahlen N_i (i = 1, 2,…,n) von Ereignissen, die beispielsweise in 10 s gezählt wurden.

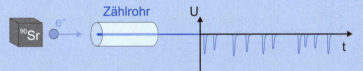

Abbildung 6.36: Versuchsanordnung und eine zufällige Folge der Signale des Zählrohrs

Aus den gemessenen Zahlen ergibt sich zunächst der Mittelwert:

$$\bar{N} = \frac{1}{n} \cdot \sum_{n=1}^{n} N_i$$

Die Größe der Schwankungen um den Mittelwert wird durch die *Standardabweichung s* charakterisiert:

$$s = \sqrt{\frac{1}{n-1} \cdot \sum_{n=1}^{n} (N_i - \bar{N})^2}$$

Für eine streng rhythmische Folge von Ereignissen wie das Ticken einer Uhr ist $s = 0$. Für eine rein zufällige Folge, in der die Ereignisse in keiner Weise miteinander korreliert sind und dementsprechend unabhängig voneinander stattfinden, ergeben mathematische Überlegungen, dass im Grenzfall sehr vieler Messungen ($n \rightarrow \infty$) s gleich der Wurzel aus der mittleren Anzahl von Ereignissen ist:

$$s = \sqrt{\bar{N}}$$

Dieses aus der Zufälligkeit der Elementarereignisse resultierende Schwanken der Messergebnisse wird als *statistisches Rauschen* oder *Schrotrauschen* bezeichnet. Es ergibt sich ursächlich aus der Physik des Messprozesses und kann daher nicht durch ausgeklügelte messtechnische Maßnahmen vermieden oder reduziert werden. Als einzige Möglichkeit, den Messfehler zu verringern, bleibt dem Experimentator der Ausweg, die Messzeit zu verlängern (oder dafür zu sorgen, dass mehr Ereignisse stattfinden). Denn die Zahl der Ereignisse steigt linear mit der Zeit an, die Standardabweichung hingegen nur mit der Wurzel aus der Zahl der Ereignisse. Die (relative) Genauigkeit einer Messung ist durch das Verhältnis von Standardabweichung s zur Zahl der nachgewiesenen Ereignisse gegeben:

$$\frac{s}{\overline{N}} = \frac{1}{\sqrt{\overline{N}}}$$

Die relative Unsicherheit des Messwerts nimmt folglich mit der Wurzel aus der Anzahl der gemessenen Elementarereignisse ab.

Aufgabe 6.21 Wie viele Ereignisse müssen mindestens gemessen werden, damit die Zählrate mit einer Genauigkeit von 0,1 % angegeben werden kann? Um welchen Faktor ist die Messzeit zu verlängern, um die Unsicherheit des Messwerts um einen Faktor 10 zu reduzieren?

Merke Die Genauigkeit einer Messung steigt mit der Wurzel aus der Zahl der gemessenen Ereignisse.

6.6.3 Thermisches Rauschen

Neben der Zufälligkeit der Elementarereignisse beeinträchtigen die thermische Bewegung der Atome und die thermischen Fluktuationen der Felder die Genauigkeit aller Messungen. Bei allen Messungen, bei denen ein Signal auf den Eingangswiderstand eines Vorverstärkers gegeben wird (Abschnitt 6.6.1), ist die thermische Bewegung der Leitungselektronen im Eingangswiderstand zu beachten. Auch die aus der thermischen Bewegung der Leitungselektronen resultierenden Ströme werden vom Vorverstärker verstärkt und können daher die zu messenden Signale überlagern, so dass diese nicht erkannt werden können. Diese thermischen Ströme im Eingangswiderstand folgen ebenso wie die Elementarereignisse den Gesetzen des Zufalls und werden dementsprechend als *thermisches Rauschen* bezeichnet.

Das thermische Rauschen eines Widerstandes R ergibt sich unmittelbar aus der Tatsache, dass ein rein Ohmscher Widerstand wie ein schwarzer Körper (Abschnitt 4.4.3) wirkt. Wie ein schwarzer Körper absorbiert er alle entlang der Zuleitungen auf ihn zufließenden elektromagnetischen Wellen. Und ebenso wie ein schwarzer Körper emittiert er auch elektromagnetische Wellen. Bei der Berechnung des spektralen Emissionsvermögens eines Widerstandes ist aber zu beachten, dass die elektromagnetischen Wellen sich nur in einer Dimension, nämlich entlang der Zuleitungen, ausbreiten können.

Wir betrachten dementsprechend die Strahlungsleistung, die ein Widerstand R pro Zuleitung emittiert. Sie ergibt sich aus der thermischen Anregung der elektromagnetischen Schwingungen auf einem Leitungsdraht (Abschnitt 6.1.1). Die Strahlungsleistung P, die ein Widerstand im Bereich eines Frequenzintervalls $d\nu$ emittiert, ist das Produkt $P = P(\nu) \cdot d\nu$ aus spektraler Strahlungsleistung $P(\nu)$ und Frequenzintervall $d\nu$. Die spektrale Strahlungsleistung hat die Dimension einer Energie und ist gegeben durch den aus der Planckschen Strahlungsformel (Abschnitt 4.4.3) bekannten Ausdruck:

$$P(\nu) = \frac{h\nu}{\exp(\frac{h\nu}{kT}) - 1}$$

Für Frequenzen in dem für die Nieder- und Hochfrequenztechnik interessanten Bereich ist gewöhnlich $h\nu \ll kT$. Daher gilt für diesen Bereich die Näherung:

$$P(\nu) = kT \quad \text{(Nyquist-Formel)}$$

Im thermischen Gleichgewicht wird von dem Widerstand genau so viel Strahlungsleistung absorbiert wie emittiert. Die spektrale Gesamtleistung auf beiden Zuleitungen ist daher $4 \cdot P(\nu)$.

Die in einer Zeitspanne τ emittierte thermische Strahlungsenergie E_{th} ist etwa gleich der im Frequenzbereich $0 < 2\pi\nu < 1/\tau$ emittierten Strahlungsleistung multipliziert mit der Zeitspanne τ. Daher ist $E_{th} \approx kT$. Der Stromstoß, der bei der Entladung eines Kondensators mit der Kapazität C entsteht, ist also nur dann eindeutig nachweisbar, wenn die Energie $E = (N \cdot e)^2/2C$ wesentlich größer als die thermische Energie $E_{th} \approx kT$ ist.

Aufgabe 6.22

Schätzen Sie die Verstärkung ab, die ein Photomultiplier haben sollte, damit ein einzelnes Photoelektron einen nachweisbaren Stromstoß im Eingangswiderstand eines Vorverstärkers auslöst.

Merke

Die spektrale Strahlungsleistung $P(\nu)$, mit der Ohmsche Widerstände elektromagnetische Wellen mit $h\nu \ll kT$ entlang eines Anschlussdrahtes emittieren, ergibt sich aus der Nyquist-Formel:

$$P(\nu) = kT$$

6.6.4 Determinismus und Zufall

Das statistische Rauschen, das Bezug nehmend auf die Körnigkeit von Körpern und Feldern auch sehr anschaulich *Schrotrauschen* genannt wird, und das thermische Rauschen, das aus der thermisch bedingten Unruhe der elementaren Körner resultiert, haben zur Folge, dass prinzipiell das Ergebnis einer Messung nicht exakt sein kann. Alle Messergebnisse sind grundsätzlich mit einer Messunsicherheit behaftet.

Ausgehend von dieser fundamentalen Einsicht, wollen wir rückblickend noch einmal die verschiedenen, häufig widersprüchlich erscheinenden Konzepte der Physik erörtern. Grundlage der exakten Naturwissenschaften sind auf experimenteller Seite das Experiment und auf theoretischer Seite die logischen Strukturen der Mathematik. Beide Seiten sind für die Physik gleichermaßen wichtig. Die Mechanik (Kapitel 1) basiert noch auf der Annahme, dass zwischen verschiedenen Messgrößen wie *Kraft*, *Masse* und *Beschleunigung* exakte, uneingeschränkt gültige Beziehungen aufgestellt werden können. Diese Annahme steht im Gegensatz zum Experiment, das nur mit Messunsicherheiten behaftete Messwerte liefert.

Tatsächlich sind die Gesetze der Mechanik nur eingeschränkt gültig. Nur bei hinreichend großen Körpern sind die durch statistisches und thermisches Rauschen bedingten Messunsicherheiten bedeutungslos, und daher die Gesetze der Mechanik praktisch exakt erfüllt. Aber je kleiner die Körper werden, desto bedeutungsvoller wird das Rauschen und desto mehr ist das Weltbild der Mechanik in Frage zu stellen. Die heutige Mikro-

und Nanotechnologie kann nicht mehr allein auf der Grundlage dieses Weltbildes erklärt werden. Und erst recht versagt dieses Weltbild bei der Beschreibung atomarer Prozesse.

Daher steht die Atomhypothese (Abschnitt 2.1.1) am Anfang einer Entwicklung der Physik, die vom Weltbild der Mechanik zu dem heutigen modernen Weltbild der Physik führte. Die Atomhypothese bot zunächst die Möglichkeit, neben den deterministischen Gesetzen der Mechanik Zufallsgesetze zu formulieren und damit die Erscheinungen der Wärme und die Irreversibilität des Naturgeschehens zu deuten.

Die Erfolge von Wärmelehre und statistischer Mechanik wurden aber erkauft mit verschiedenen scheinbaren Widersprüchen im physikalischen Weltbild. Auf der einen Seite das Kontinuumsbild und der Determinismus der klassischen Mechanik, nach der in letzter Konsequenz alle Prozesse reversibel sind, auf der anderen Seite die diskrete Struktur der Materie und der Zufall, die zur Deutung der Irreversibilität benötigt wurden.

Dieser scheinbare Widerspruch ist aber nicht ein Widerspruch zur experimentellen Grundlage der Physik. Nur im Rahmen des Weltbildes der klassischen Mechanik konnte ein Maxwellscher Dämon (Abschnitt 2.4.1) ersonnen werden. Angesichts der experimentellen Tatsache, dass zufällig stattfindende Elementarereignisse Grundlage aller Messungen sind, entbehrt die Idee eines die Bewegung der Atome verfolgenden Dämons, der notwendigen experimentellen Grundlage. Nur bei kontinuierlicher Beobachtung könnten die vollkommen gleichartigen Atome eines Gases unterschieden und die Bahnen einzelner Atome verfolgt werden.

Der Gegensatz zwischen Kontinuum und diskreter Struktur und damit auch der Gegensatz zwischen Determinismus und Zufall wurde erneut aktuell, als J. C. Maxwell die Grundgesetze des elektromagnetischen Feldes formuliert hatte (Abschnitt 3.5.4). Denn die Gesetze der Elektrodynamik basieren genau so wie die Mechanik auf dem Kontinuumsbild und führen in letzter Konsequenz wie die Mechanik zu dem Schluss, dass alle Prozesse reversibel sind. Diese Schlussfolgerung steht im Widerspruch zum Temperaturausgleich durch Wärmestrahlung. Auch dieser Widerspruch wurde beseitigt, indem man das Kontinuumsbild diskretisierte. In diesem Fall tat M. Planck den entscheidenden Schritt, indem er die Quantenhypothese (Abschnitt Abschnitt 4.4.4) formulierte.

Mit Atom- und Quantenhypothese waren die Grundlagen für das moderne Weltbild der Physik gelegt. Nach der Entwicklung der Quantenmechanik, die hier nur in Ansätzen behandelt werden konnte, war es möglich, ausgehend von den Bohrschen Postulaten (Abschnitt 5.1.3) und der Schrödingerschen Wellengleichung (Abschnitt 5.2.3) zunächst die Atomspektren (Abschnitt 5.3.2, Abschnitt 5.3.4) und die Radioaktivität der Atomkerne (Abschnitt 5.4.2) zu deuten. Schwierigkeiten bereitet dabei die anschauliche Interpretation der Quantenmechanik. Der in der häufig benutzten Bezeichnung *Wellenmechanik* zum Ausdruck kommende Dualismus, dass sich Wellen auch wie Teilchen verhalten und Teilchen wie Wellen, kann im Rahmen unserer durch die Newtonsche Mechanik geprägten Anschauung nicht erklärt werden. Aber nicht die Newtonsche Mechanik ist das Maß der Physik, sondern das Experiment. Und das Experiment spricht nicht gegen den Welle-Teilchen-Dualismus.

Da der Messprozess auf Elementarereignissen beruht, können wir weder Wellen noch Teilchen kontinuierlich beobachten. Trotzdem benutzen wir diese Bilder, um uns die mathematisch formulierten Gesetze der Quantenmechanik *anschaulich* zu machen. Nur wenn wir diese anschaulichen Bilder als raum-zeitliche Realität begreifen wollen, erscheint uns die Quantenmechanik widersprüchlich. Die Quantenmechanik selbst ist hingegen hinsichtlich ihrer inneren mathematischen Struktur in sich weitgehend konsistent und widerspruchsfrei und steht im Einklang mit den experimentellen Grundlagen.

Physikalische Größen mit SI-Einheiten

Tabelle A.1

Physikalische Größe	Symbol	SI-Einheit
Kapitel 1		
Länge	l	m
Zeit	t	s
Geschwindigkeit	v	m/s
Winkelgeschwindigkeit	ω	s^{-1}
Masse	m	kg
Kraft	**F**	$N = kg{\cdot}m/s^2$
Arbeit	W_A	$J = kg{\cdot}m^2/s^2$
Energie	E	$J = kg{\cdot}m^2/s^2$
Impuls	**p**	$N{\cdot}s = kg{\cdot}m/s$
Drehimpuls	**L**	$J{\cdot}s = kg{\cdot}m^2/s$
Drehmoment	**T**	$N{\cdot}m = kg{\cdot}m^2/s^2$
Trägheitsmoment	J	$kg{\cdot}m^2$
Frequenz	ν	$Hz = s^{-1}$
Kapitel 2		
Druck	P	$Pa = kg{\cdot}m^{-1}{\cdot}s^{-2}$
Teilchendichte	n	m^{-3}
Temperatur	T	K
Wärmemenge	Q	$J = kg{\cdot}m^2/s^2$
Stoffmenge		mol
Wärmekapazität	C	J/K
Molare Wärmekapazität	C_V	$J/(K{\cdot}mol)$
Spezifische Wärmekapazität	c	$J/(K{\cdot}kg)$
Kapitel 3		
Energiedichte	u	J/m^3
Diffusionskoeffizient	D	m^2/s
Viskosität	η	$Pa{\cdot}s = kg{\cdot}m^{-1}{\cdot}s^{-1}$
Spezifische Wärmeleitfähigkeit	λ	$J{\cdot}m^{-1}{\cdot}s^{-1}{\cdot}K^{-1}$
Intensität	I	$J{\cdot}m^{-2}{\cdot}s^{-1}$
Leistung	P	$W = J/s$
Elektrische Ladung	q	$A{\cdot}s$
Elektrischer Strom	I	A

Physikalische Größe	Symbol	SI-Einheit
Stromdichte	I	A/m^2
Spezifische elektrische Leitfähigkeit	σ	$A \cdot m^{-1} \cdot V^{-1}$
Elektrische Feldstärke	**E**	V/m
Elektrische Spannung	U	$V = J\,A^{-1} \cdot s^{-1}$
Magnetische Induktion	**B**	$V \cdot s/m^2$
Kapazität	C	$A \cdot s/V$
Induktivität	L	$V \cdot s/A$
Widerstand	R	$\Omega = V/A$
Verschiebungspolarisation	**P**	$A \cdot s/m^2$
Elektrische Verschiebungsdichte	**D**	$A \cdot s/m^2$
Magnetisierung	**M**	A/m
Magnetische Erregung	**H**	A/m
Kapitel 4		
Emissionsvermögen	$E(T)$	W/m^2
Spektrales Emissionsvermögen	$E(\nu, T)$ $E(\lambda, T)$	J/m^2 W/m^3

Physikalische Konstanten

Tabelle B.1

Physikalische Konstante	Symbol	Wert in SI-Einheiten	Wert in eV-Einheiten
Lichtgeschwindigkeit	c	$2{,}997\ 792\ 458 \cdot 10^8$ m/s	
Gravitationskonstante	G	$0{,}667 \cdot 10^{-10}$ m^3 kg^{-1} s^{-2}	
Boltzmann-Konstante	k	$1{,}38 \cdot 10^{-23}$ J/K	$0{,}862 \cdot 10^{-4}$ eV/K
Avogadrosche Zahl	N_A	$6{,}022 \cdot 10^{23}$ mol^{-1}	
Universelle Gaskonstante	$R = N_\mathrm{A} \cdot k$	$8{,}314$ J mol^{-1} K^{-1}	
Elementarladung	e	$1.602 \cdot 10^{-19}$ A s	
Magnetische Feldkonstante	μ_0	$4\pi \cdot 10^{-7}$ V s A^{-1} m^{-1}	
Elektrische Feldkonstante	ε_0	$8{,}854 \cdot 10^{-12}$ A s V^{-1} m^{-1}	
Koeffizient der Coulomb-Wechselwirkung	$e^2/(4\pi\varepsilon_0)$	$0{,}23 \cdot 10^{-27}$ J m	$hc/(2\pi \cdot 137{,}036)$ $= 1{,}44 \cdot 10^{-9}$ eV·m
Plancksches Wirkungsquantum	h $h/2\pi$ hc	$6{,}626 \cdot 10^{-34}$ J s $1{,}055 \cdot 10^{-34}$ J s $1{,}986 \cdot 10^{-26}$ J m	$4{,}136 \cdot 10^{-15}$ eV s $0{,}658 \cdot 10^{-15}$ eV s $1{,}24 \cdot 10^{-6}$ eV m
Elektronenmasse	m_e	$0{,}911 \cdot 10^{-30}$ kg	$0{,}511 \cdot 10^6$ eV/c^2
Protonenmasse	m_p	$1{,}673 \cdot 10^{-27}$ kg	$0{,}938 \cdot 10^9$ eV/c^2
p/e-Massenverhältnis	$m_\mathrm{p}/m_\mathrm{e}$	$1836{,}153$	

Register